高等院校规划教材·软件工程系列

软件测试与维护基础教程

黄武　洪玫　杨秋辉　余静　编著

机械工业出版社

本书内容丰富完整，包括软件测试基础（软件测试的历史、原则、基本模型、流程等），软件测试技术（软件评审、白盒测试及黑盒测试技术等），软件测试级别（单元测试、集成测试、系统测试、确认测试及回归测试等），软件测试管理（构建测试环境、测试计划、测试设计、测试执行及测试评估等），软件测试工具（测试自动化及测试工具），软件测试应用（配置测试、兼容性测试、本地化测试、网站测试、安全性测试及面向对象测试等）及软件维护等七大部分25个章节的内容。

本书不仅内容丰富翔实，而且参考了众多软件测试的国际标准，力求做到概念和原理讲解的精确。为了让读者易于理解，该书注重循序渐进的知识讲解方法，注重背景知识介绍及列举大量的实际测试案例来讲解测试知识。

本书可作为高等院校计算机（软件）学院或软件培训机构的教材使用，面向的读者对象包括：高校学生，专业软件培训机构学生，软件公司的测试人员，学习软件测试知识的入门者等。

图书在版编目（CIP）数据

软件测试与维护基础教程/黄武等编著. —北京：机械工业出版社，2011.12
(2015.1重印)
高等院校规划教材·软件工程系列
ISBN 978-7-111-36402-3

Ⅰ.①软… Ⅱ.①黄… Ⅲ.①软件-测试-高等学校-教材 ②软件维护-高等学校-教材 Ⅳ.①TP311.5

中国版本图书馆CIP数据核字（2011）第230393号

机械工业出版社（北京市百万庄大街22号 邮政编码100037）
责任编辑：张宝珠
责任印制：李 洋
北京振兴源印务有限公司印刷
2015年1月第1版·第2次印刷
184mm×260mm·20.5印张·501千字
3001—4500册
标准书号：ISBN 978-7-111-36402-3
定价：39.00元

凡购本书，如有缺页、倒页、脱页，由本社发行部调换

电话服务
社服务中心：(010) 88361066
销 售 一 部：(010) 68326294
销 售 二 部：(010) 88379649
读者购书热线：(010) 88379203

网络服务
门户网：http://www.cmpbook.com
教材网：http://www.cmpedu.com
封面无防伪标均为盗版

出版说明

计算机技术的发展极大地促进了现代科学技术的发展，明显地加快了社会发展的进程。因此，各国都非常重视计算机教育。

近年来，随着我国信息化建设的全面推进和高等教育的蓬勃发展，高等院校的计算机教育模式也在不断改革，计算机学科的课程体系和教学内容趋于更加科学和合理，计算机教材建设逐渐成熟。在“十五”期间，机械工业出版社组织出版了大量计算机教材，包括“21世纪高等院校计算机教材系列”、“21世纪重点大学规划教材”、“高等院校计算机科学与技术‘十五’规划教材”、“21世纪高等院校应用型规划教材”等，均取得了可喜成果，其中多个品种的教材被评为国家级、省部级的精品教材。

为了进一步满足计算机教育的需求，机械工业出版社策划开发了“高等院校规划教材”。这套教材是在总结我社以往计算机教材出版经验的基础上策划的，同时借鉴了其他出版社同类教材的优点，对我社已有的计算机教材资源进行整合，旨在大幅提高教材质量。我们邀请多所高校的计算机专家、教师及教务部门针对此次计算机教材建设进行了充分的研讨，达成了许多共识，并由此形成了“高等院校规划教材”的体系架构与编写原则，以保证本套教材与各高等院校的办学层次、学科设置和人才培养模式等相匹配，满足其计算机教学的需要。

本套教材包括计算机科学与技术、软件工程、网络工程、信息管理与信息系统、计算机应用技术以及计算机基础教育等系列。其中，计算机科学与技术系列、软件工程系列、网络工程系列和信息管理与信息系统系列是针对高校相应专业方向的课程设置而组织编写的，体系完整，讲解透彻；计算机应用技术系列是针对计算机应用类课程而组织编写的，着重培养学生利用计算机技术解决实际问题的能力；计算机基础教育系列是为大学公共基础课层面的计算机基础教学而设计的，采用通俗易懂的方法讲解计算机的基础理论、常用技术及应用。

本套教材的内容源自致力于教学与科研一线的骨干教师与资深专家的实践经验和研究成果，融合了先进的教学理念，涵盖了计算机领域的核心理论和最新的应用技术，真正在教材体系、内容和方法上做到了创新。同时本套教材根据实际需要配有电子教案、实验指导或多媒体光盘等教学资源，实现了教材的“立体化”配套。本套教材将随着计算机技术的进步和计算机应用领域的扩展而及时改版，并及时吸纳新兴课程和特色课程的教材。我们将努力把这套教材打造成为国家级或省部级精品教材，为高等院校的计算机教育提供更好的服务。

对于本套教材的组织出版工作，希望计算机教育界的专家和老师能提出宝贵的意见和建议。衷心感谢计算机教育工作者和广大读者的支持与帮助！

机械工业出版社

前　言

今天，我们还有什么方面离得开计算机，离得开软件呢？无论在办公室还是在家里，我们通过网络查收 E-mail，看新闻，听音乐，在线聊天，上微博；我们开车需要电子导航系统；我们的手机，除了通信之外，还运行各种各样的软件，2011 年 6 月苹果公司宣布其 iPhoneApp Store 应用软件下载次数超过 140 亿次……

中国软件行业的发展速度可以用惊人来形容，据赛迪网（http://news.ccidnet.com/art/945/20100602/2076169_1.html）消息：中国计算机报社承办的 2010 第十四届中国国际软件博览会于 2010 年 6 月 2 日在北京展览馆召开，工业和信息化部部长李毅中在演讲中表示：我国软件服务业 2009 年业务收入为 9970 亿元，接近一万亿元，是 2000 年的 16 倍；软件出口当年是 196 亿美元，是 2000 年的 49 倍。而且他还透露，工信部将出台进一步鼓励软件产业发展的政策。

从 2000 年开始，中国政府就出台《鼓励软件产业和集成电路产业发展的若干政策》文件，给予软件企业较大幅度的税收优惠，将企业 17% 的增值税降为 3%，促使中国软件产业保持每年 38% 的迅猛增长速度。

尽管中国的软件行业发展是惊人的，但是依然存在很多问题，比如中国很少能开发出世界范围内通用的基础性软件，如操作系统、应用于科学计算的 MATLAB、应用于虚拟仪器的 LabView 等软件，而且即使开发出了同类产品，在性能和质量上也无法和国外大公司开发的产品相比较。

为什么会出现这种情况呢？一方面是由于中国软件公司的规模一般比不上国外软件公司，比如，截至 2010 年 6 月 30 日，微软公司的全球员工大约有 8.8 万人（经历 35 年），Google 公司的员工也到达了 2.2 万人（经历 12 年），而中国最大的软件公司东软的员工为 1.7 万人（经历 19 年），由此可以看出，中国的软件公司和国外相比在规模上还存在不小的差距。我们知道，中国经济近 20 年来的强劲发展，与中国企业的规模化经营是分不开的，只有达到规模化经营，才能在开发投入、产品质量提升、成本下降等方面起到推动作用。除了规模之外，人力资源结构不合理也是制约国内软件业发展的一个关键因素。软件开发需要各种不同层次的人才：商业分析人员、项目领导人员、知识过程专业技术人员、数据库分析人员、系统分析人员、网络分析设计人员、质量保证专业技术人员以及编程人员、文档和培训人员、测试工程师等。但是，中国很多软件公司的人才结构都不合理，很多公司仅重视软件的开发，而对于前期的设计和后期的测试则较为轻视，这种结构不合理必然会导致开发不出高质量的优秀软件。

软件测试作为软件开发过程中的重要一环，长期以来一直滞后于中国软件产业的发展。这一方面是由于小规模的企业不懂得或不重视软件测试，另一方面则是由于国内软件测试专业人员的缺失。据国内专业的软件测试培训机构调查，2010 年前，国内 120 万软件从业人员中，真正能担当软件测试职位的不超过 5 万人，软件测试人才缺口高达 30 多万人，同时还存在持续上升趋势，因此对软件测试人员的培训已经成为各个公司、高等院校等机构和单位的重要责任。

本书作者在高校承担软件测试课程讲解多年，发觉市面上鲜有一本能够致力于引领软件测试人员从无到有地全面掌握软件测试知识的书籍。很多软件测试书籍仅致力于阐述某种软件测试技术，比如黑盒测试；而有些书籍则详略不明，不能使人纵观软件测试的全貌，于是萌生了写一本软件测试书籍的想法，一方面可以作为高校及其他软件培训机构进行软件测试培训的教材使用；另一方面也为那些对软件测试感兴趣的各种人员提供指导。

本书是一本入门级的软件测试书籍，虽然是入门级的书籍，但内容非常丰富、完整，从软件测试的历史、各种测试的基本概念、各种测试模型与技术、软件测试管理的整个流程以及软件测试自动化及工具等方面对软件测试进行了全面的介绍，并且引入了与软件测试相近的软件维护的部分内容，系统地阐明了软件测试的全貌。可以说，该书基本上包含了软件测试所有主要方面的内容，既是一把打开软件测试大门的金钥匙，又是进入更高级软件测试的重要基石。

本书具有以下 5 个方面的特征。

1. 该书内容非常完整、丰富，涵盖了从测试概念、测试原则、测试技术、测试管理以及测试应用等知识，便于学生全面地掌握软件测试的整个知识体系；

2. 参考了众多的软件测试国际标准，比如 IEEE Std610，IEEE Std829，IEEE 1028 等，力求做到概念和原理讲解的精准；

3. 与国际软件测试认证委员会（ISTQB）软件测试初级认证大纲的要求相一致，便于学生学到的知识与国际接轨；

4. 该书力求循序渐进地讲解知识，不仅要学生学习到软件测试的知识，更重要的是通过背景的讲解、例子的讲解让学生理解和领会到学习的知识，并融会贯通；

5. 该书首次将部分软件维护的知识加入到软件测试之中，满足了全国示范性软件学院开设软件测试与维护课程的教材需要。

本书可作为高等院校计算机学院或软件学院软件测试相关课程教材，也可作为软件测试培训机构的教材，还可作为软件测试入门者自学的教材。总之，该书将引领致力于软件测试的人员进入到一个如此丰富的软件测试领域，为将来的软件测试工作提供帮助。

本书中的例子均采用 C 语言编写，由于是程序片断，且不涉及过多的编程细节，由于 C 语言语法本身的通用性，即使只学习过 Java 语言的程序员也可以轻松理解例子所表达的含义。

本书中，我们并没有严格区分程序与软件、缺陷与错误、过程与流程、测试案例与测试用例等术语，如果没有特别说明，则视为相同。

本书第 1 ~ 7 章和第 13 ~ 17 章由黄武编写，第 18、22 和 23 章由洪玫编写，第 19 ~ 21 章和第 24、25 章由杨秋辉编写，第 8 ~ 12 章由余静编写。

非常感谢整个编写小组成员的辛勤努力工作，也感谢帮助过本书编写的其他同志，最后还要感谢我的妻子刘玫和儿子黄瀚钦对我工作的支持。

由于本人知识水平有限，本书中难免存在错误或不当的地方，欢迎各位读者批评指正。

黄　武
2011. 11

目　录

第二部分　开始软件测试

第三部分　软件测试基本技术

第四部分 软件测试级别

第八部分 软件维护

第一部分　软件测试概述

在日常生活、工作中，测试工作无处不在，当我们搬入新房时，我们会对照房屋开发商给出的图样测量房屋的面积是否如他们宣传那样；当我们购买了新的汽车，要发动起来跑一跑，检查一下灯光、音响等；当我们买了一部新的手机，首先用它来给朋友打个电话，看看能否正常通话，通话的音质如何等。实际上，这些日常生活中的各种测试与我们的软件测试有很多相似之处，或者说这些测试属于软件测试的一个阶段（确认测试）。对于上述的任何一项检查失败，我们都会抱怨制造商，为什么生产如此低劣质量的商品！是的，我们的测试是可以发现商品缺陷的。

软件测试来源于我们对日常生活中各种商品的测试，如图1所示，只不过软件测试只与软件相关，从某种角度来说它和对一件具体事物（如汽车）进行测试是相似的，换句话讲，我们可以用日常生活中的测试经验进行类比以促进软件测试的学习、理解和发展。

除了经常对日常生活用品进行测试之外，我们也经常自觉不自觉地对日常使用的各种软件进行测试，比如我们常常听到某人抱怨程序运行得慢，网速慢（性能测试），软件死机（可靠性测试），说某个浏览器不能打开某些网页（兼容性测试）等等。

图1　软件测试并不神秘，其来源于日常生活中的各种检查

的确，各种软件测试的工作就在身边，是否这就说明我们已经学会了软件测试呢？当然不是，要成为一个优秀的软件测试人员，需要系统地、理论地和规范地学习软件测试的概念、技术及流程，才能使经过正规测试的软件产品将错误降到最低，从而减少软件应用在用户那里的抱怨。

下面就从软件测试的历史、软件缺陷对于软件的影响等方面开始认识软件测试。

第 1 章　软件测试的历史

1.1　最早的计算机程序员和最早发现的计算机 Bug

与人类很多发明，比如中国的四大发明的历史相比，编写软件以及软件测试的历史是非常短的。软件测试的历史是与计算机技术的发展、软件的编写以及软件缺陷的发现分不开的，从 19 世纪 40 年代中期电子计算机发明至今，软件测试仅仅有 60 多年的历史。

如果我们编写的程序从来都没有出现过与我们想象不一致的地方，软件测试也就永远没有用武之地。计算机软件的编写和软件缺陷的发现与人类历史上两位伟大的女性是分不开的。

1842 年英国数学家、哲学家和发明家卡洛斯·巴比奇（Charles　Babbage 1791 ~ 1871）发明了他的分析计算机，作为巴比奇合作伙伴的阿达·洛甫雷斯（Ada　Lovelace 1815 ~ 1852）于 1842 年根据巴比奇的要求在分析机上翻译了意大利数学家 Menabrea 的文章。在阿达留下的笔记字母 G 一章中记录了她为巴贝奇分析机设计的一个求解伯努利数（Bernoulli number）的算法，她甚至还建立了循环和子程序的概念。由于她在程序设计上的开创性工作，Ada　Lovelace 被称为世界上第一位程序员，后来美国军方开发的 Ada 编程语言正是为了纪念这位伟大的女性。

图 1-1 所示为世界上最早的计算机和程序员。

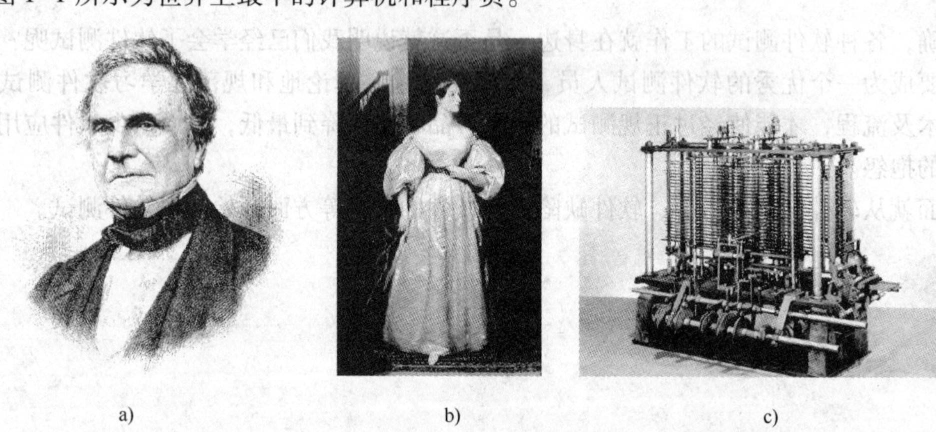

a)　　b)　　c)

图 1-1　世界上最早的计算机和程序员（来源于 Wikipedia 网站）
a）Charles　Babbage　b）Ada　Lovelace　c）巴比奇分析机

由于巴比奇计算机从来没有真正运转起来，Ada 的程序也没有执行过。在其后的 100 多年时间中，都没有出现过真正可以实用的计算机及其软件，因此软件缺陷也没有出现过，当然也就没有软件测试。

直到 1946 年，当美国计算机科学家格蕾丝·霍珀（Grace　Hopper　1906 ~ 1992）在哈佛大学最早发明的电子计算机之一 Mark II 上工作时，机器突然停止工作，查找原因结果是一只飞蛾掉在了机器的继电器上，清除该只飞蛾后 MarkII 机器工作正常，她在工作日志上粘贴了这只蛾子，并写下术语 Bug。从此以后，计算机的缺陷统统被称为 Bug，而清除缺陷的工作则被称为 Debug，这就是最初软件测试的来源。Hopper 不仅提出了 Bug 的概念，她还是世界上第一位设计编译器的计算机科学家，并且提出了独立于机器的编程语言的概念性构想，最终导致早期的现代编程语言 COBOL 的诞生（1959 年），这是计算机科学界的另一位伟大的女性。

图 1-2 为 Hopper 和她发现的第一个计算机 Bug 的笔记。

a)

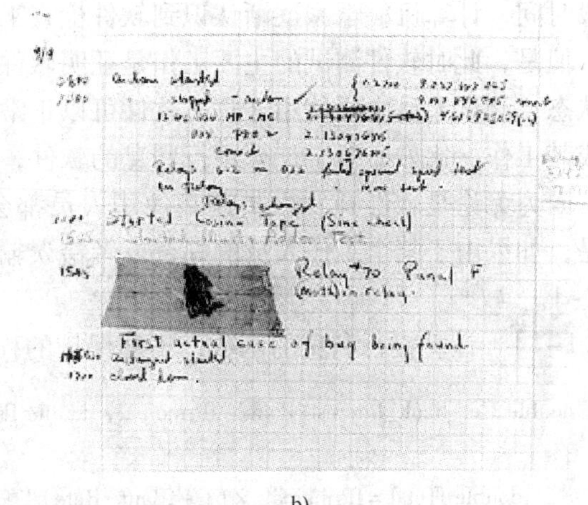

b)

图 1-2　Grace. Hopper 和她发现的第一个计算机 Bug（来源于 Wikipedia 网站）

a）Grace. Hopper　b）Hopper 发现第一个 Bug 的笔记

1.2　软件测试的发展历程

1988 年，Dave Gelperin 和 William C. Hetzel 将软件测试的历史按照时间分为了 5 个阶段，这与 Boris Beizer 在《软件测试技术》一书中将软件测试成熟度分为 5 个等级是一致的，参见表 1-1。

表 1-1　软件测试的历史年代划分和目的

序　号	年　代	目　　的
1	1956 年之前	面向调试的测试，测试和调试没有清晰的区分
2	1957 ~ 1978	面向证明的测试，证明程序可以运行
3	1979 ~ 1982	面向查错的测试，证明程序会出现错误
4	1982 ~ 1987	面向评估的测试，仅对软件的风险进行评估
5	1988 ~ 2000	面向预防的测试，防止软件不要出现错误

1.2.1　面向调试的测试（1956 年前）

在 1956 年之前，真正可用的高级编程语言还很少，当时所有可用的程序几乎都使用机器语言和汇编语言来开发，发现软件错误和修改错误的是同样的编程人员。那个时候是不区分软件调试和测试的，既没有系统的测试理论出现，也没有专人从事发现软件错误的测试工作。软件设计人员仅在机器出现不正常状态时去找问题，然后修复它。

1.2.2 面向证明的测试（1957～1978）

在这一阶段，软件测试和调试之间已经开始分家。从 1957 年开始，高级语言逐渐应用到计算机软件编程中，软件编程工作变得相对容易，但是由于开发软件本身复杂度的上升，又使得软件编写在时间、质量上变得不易控制，容易出现错误，直到爆发了软件危机。

这段时间，计算机科学家逐渐认识到软件检查工作的重要性，于是开始出现了软件测试的理论。但是，此时软件测试的主要工作是证明软件可以使用的，测试还处于一种软件开发的辅助状态，测试人员主要使用计算机软件可以正常运行的合法数据来检验软件是否能够正常地完成其工作。比如，对于计算银行利息的软件，只使用正的利率进行测试而不会使用负的利率，因为无论是软件开发人员还是使用人员都会说负的利率没有意义，因此不需要验证。但是，如果由于某个工作人员的好奇或者错误输入了负的利率程序会出现什么状况呢？参见例 1-1。

【例 1-1】 计算银行利息的函数，不加保护的程序。

```
double Get_Bank_Interest(double fPrincipal, double fBank_Rate, int iYear)
{
    double fTotal = fPrincipal × (1 + fBank_Rate)^iYear;
    return(fTotal - fPrincipal);
}
```

表 1-2 所列为 1957～1978 年对于软件测试有影响的事件。

表 1-2 1957～1978 年对于软件测试有影响的事件

序 号	时 间	事 件
1	1961.1	Herbert Leeds 和 Jerry Weinberg 编写的《计算机编程基础》一书中描述有软件测试
2	1967	Herm Schiller 创造了第一个软件代码覆盖监视器，被称为 Memmap，它用于支持 IBM 360/370 汇编语言
3	1968	第一次提出了软件工程和结构化编程的概念
4	1969	Richard Bender 和 Earl Pottorff 创建了第一个静态和动态的使用数据流分析，以提高测试覆盖率的工具，它把 Memmap 中基于代码的语句和分支测试覆盖率提高了 25%
5	1973	Elmendorf 和 William R. 介绍了软件功能测试中的因果图，Elmendorf 还是创立了基于边界分析的等价类测试的第一人，该理论基础奠定了动态黑盒测试的基础
6	1975	Hamlet. R. G. 发表了基于编译器的系统测试，为编译器检查软件缺陷奠定了基础
7	1976	Fagan 和 Michael 发表了文章《设计和代码审查以减少程序开发中的错误》，提出了代码审查的过程
8	1977	基于需求的测试被引入

1.2.3 面向查错的测试（1979 ~ 1982）

经过了面向证明测试的漫长时代后，软件人员设计和开发程序的逻辑越来越严密，不仅要考虑程序正常状态下的运行情况，也要考虑程序在各种错误操作和数据下的承受能力，从这个意义上说，软件测试促进了程序质量的提高，参见例 1-2。

【例 1-2】 计算银行利息的函数，加保护的程序。

```
double Get_Bank_Interest(double fPrincipal, double fBank_Rate, int iYear)
{
    if(fPrincipal < 0.0)                    /// 对本金加以保护,必须大于或等于 0
    {
        return(0);
    }
    if(fBank_Rate < 0.0)                    /// 对利率加以保护,必须大于或等于 0
    {
        return(0);
    }
    if(iYear <= 0)                          /// 对年加以保护,必须大于 0
    {
        return(0);
    }
    double fTotal = fPrincipal × (1 + fBank_Rate)^iYear;
    return(fTotal - fPrincipal);
}
```

但是这一阶段对于软件测试的理解并不太成熟，往往过分强调找到软件中的错误，这是对软件测试目的的迷惑。实际上，对于不同程序其错误的影响会有比较大的差异，对于少量人员使用的小型程序而言，并非一定要花巨大代价找出所有软件错误，这属于测试经济学的范畴。

表 1-3 所列为 1979 ~ 1982 年对于软件测试有影响的事件。

表 1-3 1979 ~ 1982 年对于软件测试有影响的事件

序 号	时 间	事 件
1	1979	Philip Crosby 发表他的著作《质量是免费的》
2	1979	Glenford J. Myers 发表了他对软件测试有影响的著作《软件测试的艺术》，对软件测试的原则进行了深入阐述

1.2.4 面向评估的测试（1983 ~ 1987）

1983 年，Boris Beizer 发表了他关于软件测试的代表作《软件测试技术》一书，在这本书中他将软件测试的成熟度划分为 5 个等级，其中第 4 个等级即面向评估的测试，测试的目的不是为了证明软件的对错，而是将可观察到的软件缺陷减少到一个可以接受的程度，因此需要我们测试各种输入数据的有效和无效组合。在这种测试下，测试员为程序员提供软件缺陷的信息，为管理员提供如果现在把软件系统发布给客户会对公司造成负面影响的评估报告。

在这个阶段，软件测试不仅得到了蓬勃地发展，而且软件测试的目的变得客观成熟。

1.2.5 面向预防的测试（1988～2000）

面向预防的测试，软件测试不仅是操作，而且是一种智力训练，它将导致即使进行较少地软件测试也可使软件是低风险的。在这种成熟的软件测试情况下，软件从开发初期就是可测试的，这包括回顾和审查软件需求、设计和代码，另外，这也意味着编写具有合作能力（Incorporates Facilities）的代码，使测试员在代码运行时很容易查错。将来，意味着可以写具有自诊断力的代码，它自己报告缺陷而非测试员去发现它们，这是面向未来的软件测试，参见例 1-3。

【例 1-3】 计算银行利息的函数，具有自诊断能力的代码。

```
double Get_Bank_Interest(double fPrincipal, double fBank_Rate, int iYear)
{
    if(fPrincipal < 0.0)              /// 对本金加以保护,必须大于或等于 0
    {
        #ifdef _DEBUG                 /// 自诊断能力的加入,便于错误定位
            printf("Principal can't less 0. Please reinput!");
        #endif
        return(0);
    }
    if(fBank_Rate < 0.0)              /// 对利率加以保护,必须大于或等于 0
    {
        #ifdef _DEBUG
            printf("Bank rate can't less 0. Please reinput!");
        #endif
        return(0);
    }
    if(iYear <= 0)                    /// 对年加以保护,必须大于 0
    {
        #ifdef _DEBUG
            printf("year can't less 0. Please reinput!");
        #endif
            return(0);
    }
    double fTotal = fPrincipal × (1 + fBank_Rate)^iYear;
    return(fTotal - fPrincipal);
}
```

具有自诊断能力的代码，或者说具有更强保护能力的代码往往会使程序变得复杂，但是随着程序开发技术的成熟和组件技术的普及应用，开发具有高度稳定性的可重用的程序组件

是值得的，这种代码可以减少程序的后期维护，取得用户的信任，提高代码的重用率。由于测试要求编写更易于测试的和更稳健的代码，说明了程序开发和测试是相辅相成，互相促进的。

表 1-4 所列为 1988 ~ 2000 年对于软件测试有影响的事件。

表 1-4　1988 ~ 2000 年对于软件测试有影响的事件

序　号	时　间	事　　件
1	1988	Dave. Gelperin 和 William C. Hetzel 对软件测试的阶段和目标进行了分类
2	1990	持续质量提高（Continuous Quality Improvement）方法被实现
3	1990	缺陷跟踪和版本控制工具变得流行
4	1991.6	ISO 9000 - 3：《质量管理和质量保证标准》第三部分《ISO 9001 针对软件开发、供给和维护应用的指导方针》发表
5	1996	Poston，Robert 发表了《基于规格说明书的自动软件测试》一书（IEEE 计算机科学出版社）
6	1998	《软件质量保证手册》第二版发表，G. Gordon　Schulmeyer

软件测试作为一门年轻的学科，还处在不断的发展变化过程之中，随着时间的推移，会不断涌现出新的软件测试技术。比如，第 4 代白盒测试技术强调的调测一体，在模糊调试和测试的概念方面，好像是又回到了从前，但是这已经不是最初单纯找错误的调试概念，而是上升了一个层次，是展示如何将软件错误扼杀在摇篮中的技术。

1.3　小结

本章从计算机的历史，计算机软件的历史引出了软件测试的历史，按照 William C. Hetzel 的划分，将软件测试的历史分为了 5 个阶段：

1）1956 年之前是面向调试的测试。

2）1957 ~ 1978 年是面向证明的测试。

3）1979 ~ 1982 年是面向查错的测试。

4）1983 ~ 1987 年是面向评估的测试。

5）1988 年之后是面向预防的测试。

软件测试是一门年轻的科学，发展至今也不过 50 多年的历史，因此还处在不断的发展变化之中，由于软件本身的社会需求及发展，必然导致软件测试的发展。

习题 1

1. 谁被称为世界上第一位程序员？哪位科学家首次提出了 Bug 的概念？
2. 软件测试发展 5 个阶段的时间和目的是什么？
3. 请列举出 1957 ~ 1978 年对于软件测试有影响的事件。

第2章　软件测试在软件工程中的地位

2.1　为什么引入软件工程

德国计算机科学家福瑞兹·鲍尔（Fritz Bauer 生于1924年）于1968年在北大西洋公约组织的计算机国际学术会议上第一次提出了软件工程（Software Engineering）的概念，在那次会议上同样地提出了软件危机（Software Crisis）的概念。尽管那次会议是一个标志点，但是这两个概念的引入并非一蹴而就，它们是人们长期认识世界及实践经验的总结，也是对以往积累知识的应用。图2-1为德国计算机科学家Fritz Bauer。

图2-1　德国计算机科学家 Fritz. Bauer（来源于Wikipedia网站）

在20世纪60年代，随着计算机软件规模的增大，软件开发费用和进度变得难以控制，更糟糕的是软件的可靠性和质量也无法保证，于是产生了软件危机。由于软件危机的逐渐形成，造成软件事业发展的阻碍。但是，有什么方法可以解决这个问题呢？于是计算机科学家开始学习、分析、借鉴。

首先，在现实世界中，比如在制造业中，规模化的生产可以提高效率、提高质量以及降低费用，亨利·福特（Henry Ford 1863～1947）于1913年建立了世界上第一条汽车生产线，大幅度地提高了汽车生产的效率并降低了汽车的生产费用，使汽车进入到千家万户。

图2-2为Henry　Ford和他于1913年建立的T型车生产线。

图2-2　Henry　Ford和他于1913年建立的T型车生产线

其次，科学的管理和方法使工业，特别是制造业，形成了规模化及高质量生产。被誉为日本质量管理之父的美国统计学家威廉·爱德华兹·戴明（William Edwards Deming 1900～1993）博士在20世纪50年代将戴明环（PDCA环）应用到日本的制造业中，使日本制造业的质量发生了巨变，从而确立了日本制造业世界霸主的地位，这种起源于英国科学家培根科学方法思想的管理学方法确实起到了提高质量的效果。

图 2-3 为美国统计学家 William Edwards Deming。

图 2-3 美国统计学家 William Edwards Deming

提高效率、降低成本及节省费用正是解决软件危机之道，这些方法早在现实世界中已经实现，那么这些方法是否可以应用到软件的开发之中呢？于是，像 Fritz Bauer 这样的计算机科学家开始研究如何将现代的管理学方法融入到独特的软件开发技术之中，这就形成了软件工程。软件工程是融入了管理学方法的软件开发方法。

2.2 软件测试在软件工程中的位置

借鉴于传统管理学方法的软件工程要解决软件的效率和质量问题，就离不开传统的管理学方法，而传统管理学方法的简化就是戴明环。任何产品的生产都按照“计划→执行→检查→处理”这个 PDCA 循环（如图 2-4 所示）来执行。其中，检查就是为了解决执行过程中遇到的问题，监督计划执行的质量，而软件测试正是软件的检查和监督。正因为如此，软件测试是软件工程中必然的组成部分。

软件工程（Software Engineering）是一门将理论知识应用于实践的工程，它借鉴了传统工程学的原则和方法，以求高效地开发高质量软件。除了工程学的知识外，软件工程还综合应用了计算机科学、数学和管理科学方面的知识。计算机科学和数学用于构造模型与算法，工程科学用于制定规范、分析与设计及评估成本等，管理科学用于计划、资源、质量和成本的管理。

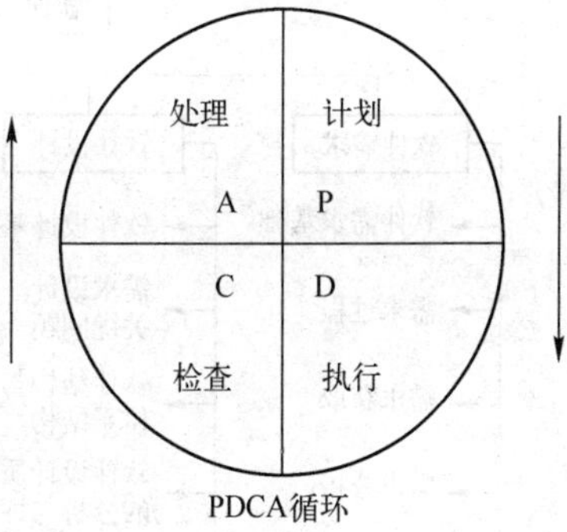

图 2-4 管理学中的戴明环

软件工程的发展本身就促进了软件测试的发展。

1970 年，美国计算机科学家温斯顿 · W · 罗伊斯（Winston W. Royce，1929 ~ 1995）提出了软件工程中最著名的开发模型——瀑布模式，如图 2-5。尽管该模型本身很少直接应用，但是这个模型成为指导开发软件的一个标准流程，也不断被其他开发方法所吸收，它像一盏明灯，为规范化的软件开发活动奠定了基础。在瀑布模型中确立了软件测试在软件开发过程中的地位，从此，软件测试成为软件开发中不可获缺的重要一环。

在现代软件工程中，尽管软件测试只是整个软件生命周期中的一环，但是它是耗费最大的一环。通常而言，如果开发一个项目投入的时间和精力为100%，那么这个项目的开发环节，包括需求分析、设计以及编码占据50%，而剩余的50%则用于测试。

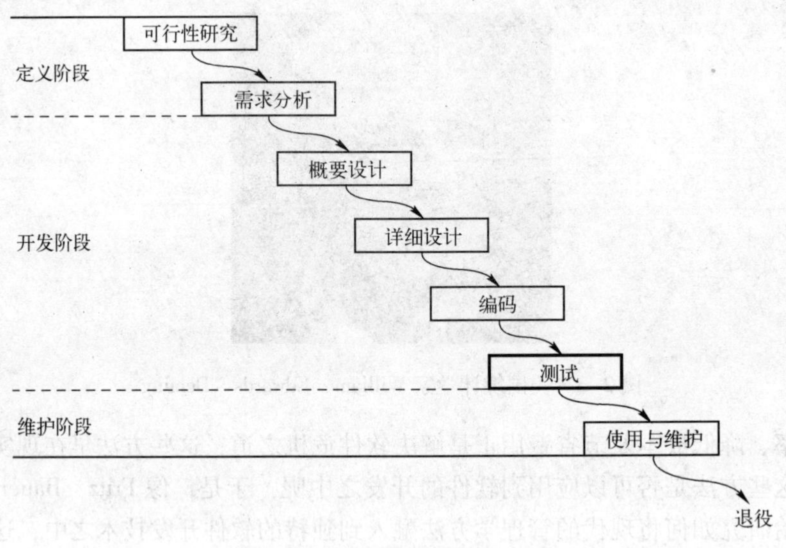

图 2-5　软件开发的瀑布模型

2.3　软件测试在软件工程知识体系中的内容

在《软件工程知识体系指南 2004 版》（Guide to the Software Engineering Body of Knowledge 2004 Version）中，详细地介绍了软件工程中所包含的内容。其中，软件测试作为系统中的重要一环，包括软件测试基础、测试级别、测试技术、测试过程以及与测试相关的度量5个部分内容，如图 2-6 所示。

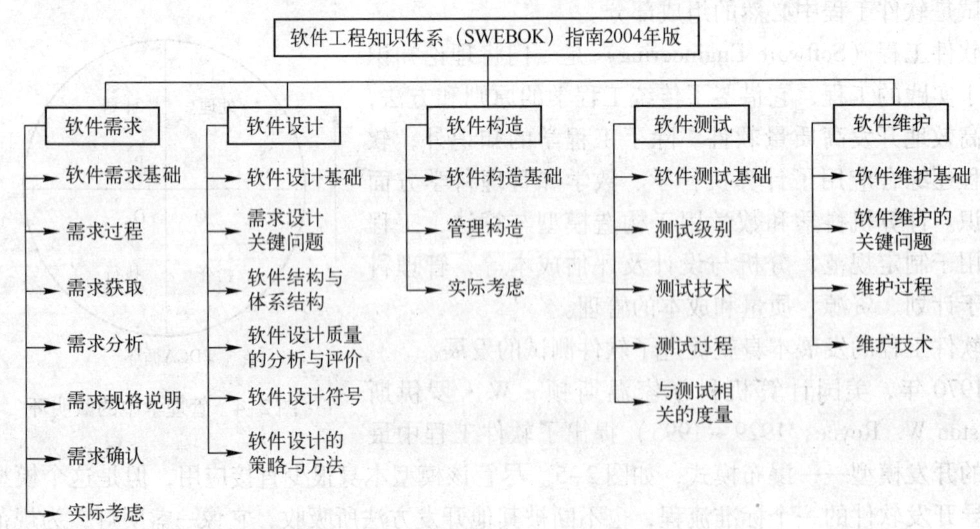

图 2-6　软件测试在软件工程知识体系中的位置

当我们继续展开软件测试的各个子域进行查看时，会发现每个测试子域又可以分为很多子域，每一个子域都包含了丰富的内容，如图 2-7 所示。这些内容就是本书要讲解的内容。下面先简略介绍这些部分的主要内容，这些内容来自于《软件工程知识体系（SWEBOK）指南 2004 版本》。

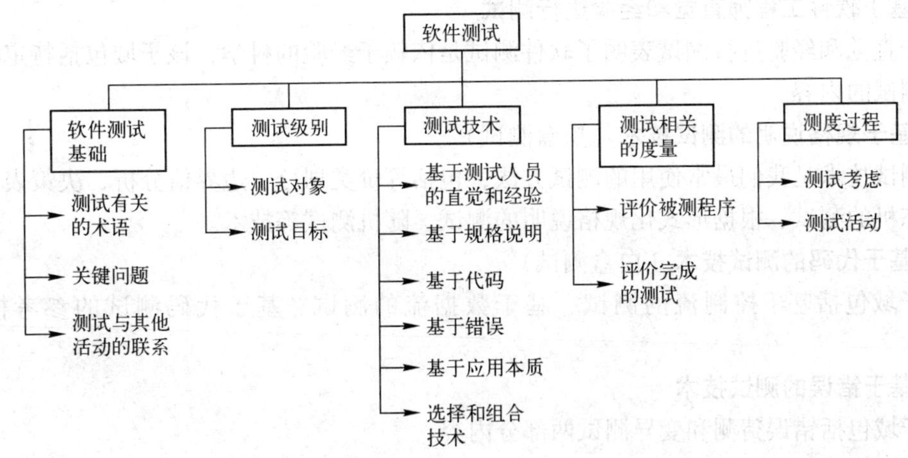

图 2-7　软件工程知识体系中软件测试的内容

2.3.1　软件测试基础

软件测试基础包括 3 个子域。

1. 与测试相关的术语

该子域包括与测试相关的基本术语的定义，如故障（Fault）、失效（Failure）等。这些术语在 IEEE 610.12 - 1990 标准《软件工程术语标准词汇》中有精确的定义。

2. 与测试相关的关键性问题

该子域包括测试选择准则、测试适当性准则（停止规则）、可测试性、测试有效性和测试目标、测试理论和实践的局限等内容。实际上，软件测试可以用于说明软件存在错误，但却不能用来说明软件没有错误。

3. 测试与其他活动的联系

该子域包括静态软件质量管理技术，比如评审、正确性证明、排错和编程等相关问题。

2.3.2　软件测试级别

软件测试级别实际上是按照不同的规格对软件测试进行分类，其中包括以下两个子域。

1. 测试对象

该子域将软件测试分为单元测试、集成测试和系统测试 3 个阶段。

2. 测试目标

该子域则按照测试的目标将测试分为确认测试、安装测试、α 与 β 测试、遵从性测试/功能测试/正确性测试、回归测试、性能测试、压力测试、背对背测试、恢复测试、配置测试、可用性测试等。除此之外，这部分还包括可靠性达到和评价以及测试驱动开发的概念。

2.3.3 软件测试技术

软件测试技术是软件测试的重要组成部分，是人们为了尽可能多地揭示软件潜在的错误而设计出来的种种测试方法。这部分内容包括以下 7 个子域。

1. 基于软件工程师直觉和经验进行测试

基于直觉和经验进行测试表明了软件测试是依赖于经验的科学，该子域包括特定测试和探索性测试的内容。

2. 基于规格说明的测试技术（黑盒测试）

该测试技术是我们最常使用的测试方法，包括等价类划分、边界值分析、决策表、基于有限状态机的测试、根据形式化规格说明的测试、随机测试等技术。

3. 基于代码的测试技术（白盒测试）

该子域包括基于控制流的测试、基于数据流的测试、基于代码测试的参考模型等内容。

4. 基于错误的测试技术

该子域包括错误猜测和变异测试两部分内容。

5. 基于使用的技术

该子域包括测试操作大纲和软件可靠性测试两部分内容。

6. 基于应用本质的测试

基于应用本质的测试内容较多，包括面向对象的测试、基于组件的测试、基于 Web 的测试、图形用户接口 GUI 测试、并发程序的测试、协议遵从性测试、实时系统测试以及极端要求安全性的系统测试等。

7. 技术的选择和组合

该子域包括功能与结构性的测试和确定性与随机性的测试两部分内容。

2.3.4 测试相关的度量

怎么评价测试的好坏，测试是否达到了目标，这需要使用测试相关的度量来确定。度量是质量分析的有效手段，度量可用于优化测试的计划和执行，测试管理可以使用几个过程度量来进行监控。这部分内容包含以下两个子域。

1. 评价测试的完成程度

评价测试的完成程度说明测试的适度准则。使用代码分支测试的覆盖率或者以完成测试规格说明书中规定功能的百分比等来表示。

这一部分内容还包括错误种植技术，可以人为地在程序中植入一些错误，然后通过测试来评价这些植入错误被发现的比例，从而对程序测试的有效性作出一个评价。

2. 评价被测试的程序

这部分内容包括结构度量，比如可以使用诸如每千行代码的出错率来评价一个程序的质量，而错误类型、分类和统计以及错误密度都是评价被测程序的指标。

如果严重程度较高的错误（比如死机，数据丢失等）频繁出现，就说明程序还不能够发布，需要加大测试和更改的力度；如果仅仅是界面上的排布不合时宜或者出现个别的拼写错误等缺陷，而且较少发生，则该软件可以在时间允许的情况下再进行更改，而在时间紧迫的情况下可以发布，这也属于系统的可靠性评价。

可靠性增长模型也是这部分的内容，可靠性增长模型提供了基于可靠性达到和评价下观察到的失效而对可靠性的预测，如果对这些观察到的失效进行了改正，则产品的可靠性呈现增长的趋势。这种可靠性增长模型对设计高质量的产品有重要作用。

2.3.5 测试过程

研究了测试策略、技术，还需要有一个规范的过程来保证测试的各种技术能够被顺利的运用到测试之中。在这个过程中规定测试的起始、进行及结束，其重要性正如软件开发生命周期模型对软件开发的重要性一样，测试过程属于测试管理的范畴。测试过程包括测试考虑和测试活动两个子域。

1. 测试考虑

在软件测试的过程中，首先要明确一些概念，为了更好的测试，首先是态度/无自我的编程，程序员的良好合作态度是测试和质量保证活动成功的重要因素，如果能够阻止程序员对代码所有权的固有思想，则程序员将表现出更好的合作态度。

测试需要一个完整的过程来管理，而测试文档则将测试过程形式化、标准化，可能的测试文档包括测试计划、测试设计规格说明、测试过程规格说明、测试用例规格说明、测试日志、测试事件或缺陷报告。测试过程的形式化可能涉及测试小组组织的形式，测试小组可以由内部成员或外部成员组成，外部成员更容易无偏见的、独立地进行测试。

其次，测试还必须考虑到成本或工作量的问题。需要在规定的范围内进行测试，比如，规定执行的测试用例数目，通过/未通过的测试用例数目等，为终止测试制定出标准。

再次，除了完成本次测试之外。为了提高测试的成本/效益比，还要考虑到测试软件的每个部分工作是否可以复用，这包括对本软件将来测试的复用（回归测试）以及本次测试文档对其他测试的借鉴作用。复用可以将软件测试的材料放在软件配置管理的控制下，这样，软件需求或设计的变更就可以反映到进行的测试变更上。

2. 测试活动

测试活动是测试的整个过程，包括开发测试环境、计划测试、设计测试、执行测试和评价测试结果 5 个阶段。其中计划测试是对测试活动的指导，计划的关键方面包括人员协调，可用的测试设施和设备的管理，测试策略和计划的进度，测试资源与风险等。

2.4 小结

由于软件危机的出现，迫使计算机科学研究软件开发的规律、特点以及开发的标准流程，目的是使不可控的软件开发变得可控。计算机科学家借鉴了工程管理方面的方法和技术，把它们应用到了软件开发中，使得软件开发具有了标准的流程，其中典型的代表是软件开发的瀑布模型。在这个模型中，软件测试作为软件开发中的一个重要环节被提出来，从此软件测试不再是软件开发中一个可有可无的附属，而是必须的过程，这也就奠定了软件测试在软件工程中的地位。

时至今日，软件工程已经成为一门具有完整知识体系结构的学科，而软件测试作为软件工程的一部分，也具有完整的知识理论体系，这在《软件工程知识体系指南 2004 版》中有详尽的描述。

习题 2

1. 谁第一次提出了软件工程的概念？谁第一次提出了软件工程中瀑布模型的开发模式？
2. 解释软件测试和管理学中的戴明环有什么关系？
3. 请描述软件知识工程体系中软件测试的内容。

第3章 软件测试基础

3.1 为什么要引入软件测试

在一次期末考试结束后，我让助教帮我进行试卷分析，其中一项指标是计算各试题的区分度，区分度是反映试题能在多大程度上把不同水平的学生区别开来的指标。助教帮我计算出来的该项指标为负数，这让我感到很奇怪，因为区分度是不会为负数的。于是我就去问她，她说没有问题，这是计算机自动计算出来的结果，她开始也怀疑有问题，但是计算机总不至于会出错吧！于是她就相信了计算机的计算结果。但是事实如何呢？区分度的计算公式如下

$$D_i = \frac{G_i - L_i}{0.27N} \tag{3-1}$$

其中，D_i为某一道试题的区分度；G_i为高分组中该题的答对人数；高分组为卷面总成绩排前27%的人数；L_i为低分组中该题的答对人数，低分组为卷面总成绩排后27% 的人数；N为考试的总人数。在这个公式中，0.27N肯定为正，如果要计算机的结果为负，那么就需要（$G_i - L_i$）的结果为负，换句话讲，就是本题中高分组同学的答对人数比低分组中的答对人数更少（理论上也有可能，但概率极小），打个比喻，考试得90分的人试卷中某题的错误比考试得60分的人试卷中的错误更多，这可能吗？这显然不符合逻辑。

在这个例子中，助教作为程序员，我作为测试员，一开始测试员把这个问题告诉程序员时，程序员适口否认，但是当测试员把理由说出来之后，程序员又做了仔细的检查，发现自己编写的计算公式出现错误（算法错误），于是进行了修正。

提示：

在我们的日常生活与工作中，这种根据常识进行的检测活动很多，它们就是为什么要进行测试的基础。

3.1.1 引发软件错误的原因

实际上，程序员在完成自己的软件设计之后，总会认为这个软件是没有问题的，或者说软件设计工程师并没有主观意愿在自己的软件中引入错误，但是软件往往并不按照我们的主观意愿来执行，也就是说客观上软件可能存在错误，是什么原因造成软件容易出现错误呢？

1. 人本身容易犯错误

所有的人都会犯错误，因此由人设计的代码、系统和文档中可能会引入缺陷。当存在缺陷的代码被执行时，系统可能无法执行期望的指令，从而引起软件失效。计算机会忠实地按照人的指令来执行，因此这也会造成一种假象，就是人们通常认为计算机是不会出错的，计算机的结果是完全正确和可信的，但告诉计算机指令的人也可能会犯错误，如果告诉计算机的指令是错误的，那么计算机按照错误的指令去执行则会得到错误的结果。

计算机本身没有错误（符合前面的假象），但是反馈给人的信息，从人的理解则是错误的。实际上，计算机的错误在于人的错误指挥，计算机错误的实质是人的错误，参见图 3-1。

图 3-1　计算机错误的实质是人的错误

2. 复杂的系统架构

人是引起计算机错误的根本原因，但是为什么人会犯这种错误呢？很多时候人们也不犯错误，比如在做 1 + 1 = 2 这样的题目，或者做 printf（"Hello World!"）这样的程序时，若非故意应该说鲜有错误，那么在人本身不愿意犯错误的前提下而促使人犯错误的原因很大程度上是由于事物本身的复杂程度。有些大型的程序，其系统构架本身比较复杂，在设计这样的系统时，可能会出现考虑欠妥的地方，这种对构架设计的逻辑欠缺，或在设计人员不留意的情况下可能引起系统潜在的危险。

假设设计一个空中交通管制系统（Air Traffic Control System）的构架，空中交通管制系统是飞行管制员指挥飞机正常有序飞行的辅助计算机系统。它通过雷达探测飞机所在的位置、高度和速度信息，将探测到的信息以及飞行航路图、飞行天气图综合显示在雷达显示终端上供飞行管制员按照指定的规程指挥飞机使用。

设计的构架如图 3-2 所示，其中，主机系统用于解释雷达传过来的原始数据，接口单元用于将主机数据转换为雷达显示终端的数据格式，并将数据发布到网络上，雷达显示终端则用于显示主机系统传过来的飞行信息、天气信息以及航路信息等，控制台则监控所有雷达显示终端的状态。由于飞行安全的重要性，通常而言，空中交通管制系统的可靠性成为该系统最重要的质量属性，要求在任何条件下，任何时间都不允许出现故障。

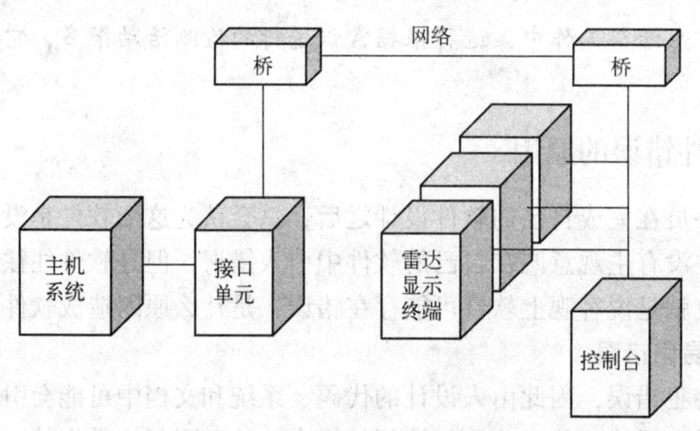

图 3-2　空中交通管制系统的配置图

设计的上述构架从功能的角度来讲并没有什么问题，但是由于缺乏完成复杂构架的经验，上述系统并没有在可靠性上做过多的考虑，当该系统在工作过程中主机系统出现故障怎么办？也许你会说硬件出现故障软件当然没有办法解决，其实不然，良好的构架设计可以解决这类问题。

提示：

原则上，程序设计员主观上并不愿引入软件错误，但是由于知识缺陷或考虑的欠缺，客观上会造成计算机系统处理的不周密、不完善，在适当条件发生时，比如计算机硬件出错，会造成整个系统执行出错，好的设计通过冗余可以避免这种错误的发生。

3. 代码的复杂程度

有时候为了完成一个复杂的功能，代码会变得很复杂，特别是代码中的判定、循环增多时，代码的复杂程度呈几何级数增长，这时候，人容易出现错误。

比如下面的代码，当 x = 20 时程序该如何处理呢？没有处理，这将是一个潜在的危险。

```
if( x < 0 && y > 3)
{
    do1
}
else if( x < 10 && y < 5)
{
    do2
}
else if( x > 30 && y < 30 && z < 20)
{
    do3
}
```

4. 技术的革新

在工业制造业中，通常不会在第一时间内采用最新的发明技术，其主要是为了产品的可靠性和稳定性。但是，对于计算机技术而言，其发展速度一日千里，新的技术不断涌现，这使得软件设计人员面临不断选择新技术的压力，比如 C#是最新的编程语言，而且继承了 Java 的优点，在语法上比 Java 更加严谨，具有更多的控件，于是就被尝试使用，这本身并没有错，结果当编写国际化的程序需要跨平台时，遇到了问题，现在以 C#语言编写的程序只能在安装了 .NET 环境的 Windows 操作系统下运行，本来认为它是 Java 的替换者，但现在还是遇到了问题。

新技术最大的问题是其没有普遍试用。尽管其好处非常明确，但由于未得到全面的验证其问题并未充分暴露，这正如新完成的软件在没有经过充分测试的情况下使用容易遇到各种问题一样，新技术在使用中也会遇到意想不到的问题，而且这种问题通常不能由程序员直接解决。因此在开发商业程序时尽量使用成熟技术以避免程序的意外缺陷。

5. 时间上的压力

时间上的压力是产生程序错误的另一个原因。在时间允许的情况下，编写程序会遵守规范，对程序的异常问题加以保护，而且还可以进行正规的软件测试，但是，在发布时间紧迫的情况下，程序员往往会放弃一些原则，这样，程序出现错误的几率变大。

比如，写一段求指定缓冲区中最大值的程序代码，如例 3-1。

【例 3-1】 求指定缓冲区中的最大值。

```
int max(int iNumber, int buffer[])
{
int iMax = buffer[0];
for(int i = 1; i < iNumber; i ++)
{
    if(iMax < buffer[i])
    {
        Max = buffer[i];
    }
}
return(iMax);
}
```

在上例中，iNumber 参数表示缓冲区中的数据个数，buffer 是数据缓冲区。上面的程序段本身并没有错，但如果 iNumber <= 0，或者 buffer 为 NULL 会出现什么情况呢？在时间允许的情况下，对程序进行更严格的保护，这种保护可能来自于程序员，也可能来自于严格的测试，应该按照下面的方式来重新写这段代码。

```
int max(int iNumber, int buffer[])
{
    if((iNumber <= 0)||(buffer == NULL))
    {
        MessageBox("max 函数的输入参数有误!");
        return(0);
    }
    int iMax = buffer[0];
    for(int i = 1; i < iNumber; i ++)
    {
        if(iMax < buffer[i])
        {
            iMax = buffer[i];
        }
    }
    return(iMax);
}
```

上面的函数只是一个简单的例子，实际上，在程序中需要进行保护的变量以及函数会非常多，对于关键数据的保护是编写程序的一条规则。但是由于时间上的紧迫，往往会忽略这些规则，从而会减少程序的健壮性，这种程序在特定的条件下就会出现错误。

提示：

在各种情况下，人们都容易放弃一些规则，因为遵守规则会付出额外的代价，关键是在大多数情况下放弃规则对其而言并不产生负面影响，但是，一旦造成负面影响则可能是不可挽回的。

比如闯红灯可以节约时间（遵守规则耗费了时间代价），而且很多时候人们并没有为破坏这条规则而付出代价，但是一旦因为闯红灯被重罚或因交通事故而致残则会造成不可挽回的影响。对于遵守编程的规则也是如此。

6. 硬件环境

硬件环境的错误有时会引起软件的失效。

硬件环境主要是指软件运行的硬件平台，比如计算机主机。计算机主机可能由于某一部分，如 CPU 的失效引起软件故障，例如在 1994 年 Intel 公司发布的某款 CPU 在特定的情况下会引起浮点运算的错误，从而表现为软件计算的缺陷。另外，硬件所在空间环境中的放射、电磁辐射以及其他污染都可能会引起硬件的故障。比如，生理无线遥测系统，在外界电磁场的干扰下，通过无线电传递的信号受到影响，表现在软件上就是采集到的生理信号中夹杂过多的干扰信号（湮没了正常信号），影响了正常数据的观察和分析，即数据错误。

3.1.2 软件故障造成的危害

软件的故障会造成个人、社会以及公司商业上的损失，这种例子举不胜举。有些故障因损失较小而不被重视，比如个人使用 Word 编辑文档时突然程序退出；但有些软件故障则造成了很大的社会和商业影响，被作为加强软件质量教育的典型事例，下面的两个例子就属于此类。

1. 日本瑞穗证券交易损失案例

2005 年 12 月 8 日日本一家小型电信外包业务公司 J-COM 在东京证券交易所创业板上市。J-COM 公司股票的发行规模为 14500 股，市场流通股为 3000 股，每股上市价格约为 67.2 万日元（约合 4.61 万人民币）。当日上午 9:27，瑞穗证券公司大宗交易部的一名交易员将“以 61 万日元的价格出售 1 股 J-COM 股票”误输入为“以 1 日元价格出售 61 万股 J-COM公司股票”，交易电脑上出现错误警告，但是交易员忽略了该警告而确认卖出。两分钟之后，该交易员的助理发现了这一问题，于是该交易员与其助理马上向东京证券交易所的计算机连续三次发出了撤单指令，但均被交易所主机拒绝。由于 J-COM 公司实际发行股票数量只有 14500 股，瑞穗证券公司预约售出的股票数量是其发行量的 42 倍，属于卖空行为（违法行为），因此瑞穗证券公司必须大量买入 J-COM 公司股票，以补足其卖空的数量。上午 9:37，瑞穗证券公司决定买入 J-COM 股票。于是 J-COM 公司股票价格又一路被拉升至涨停板（77.2 万日元）。仅当天回购股票一项，瑞穗证券公司的损失便达到了 270 亿日元。其后于 2005 年 12 月 13 日执行强制现金结算之后，瑞穗证券公司的损失达到 400 亿日元。

图 3-3 为瑞穗集团总裁就此事向社会道歉。

一个误操作会造成如此巨大的损失，不得不引起深思，计算机如何会允许这种误操作的发生？

2. ATM 机的安全问题

今天，银行 ATM 机像计算机网络一样已经进入到人们的日常生活中，成为生活的一部分，其软件的安全性会造成极大的社会影响。

2010 年 7 月 28 日西雅图信息安全专家杰克在拉斯维加斯一年一度的“黑帽”（Black Hat）计算机安全会议演示如何破解自动柜员机（ATM 机），让其自动吐出钞票，如图 3-4

所示。杰克表示，他检视过的每一台 ATM 机，都能找到致命软件漏洞，破解率 100%。

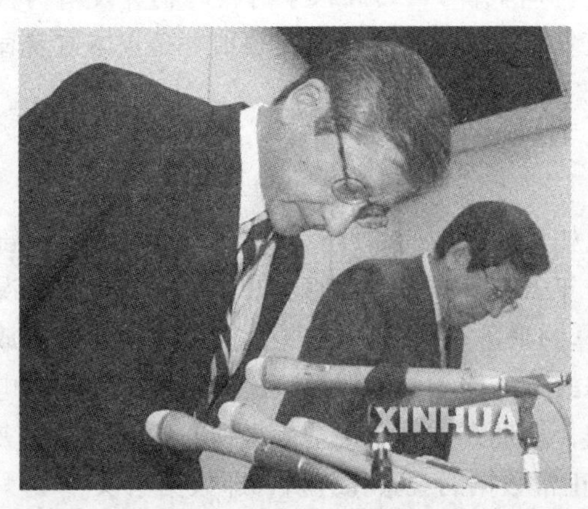

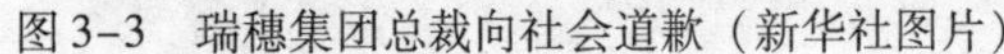

图 3-3　瑞穗集团总裁向社会道歉（新华社图片）

图 3-4　信息安全专家让 ATM 机自动吐出钞票

据报道，杰克（Barnaby. Jack）是西雅图信息安全测试公司的主管，他通过两年的研究发现，同一厂商制造的所有同型 ATM 机都使用同样的钥匙，这种钥匙上网就可买到，一把不过 10 美元。只要取得钥匙，打开 ATM 机机柜，并通过 ATM 机的接口连接并运行他编写的破解程序，就能让 ATM 轻松吐钞。另一种方法是通过网络联机，入侵厂商的远程管理软件，遥控命令让 ATM 机吐出钞票。这种计算机的安全问题如果真正被犯罪分子所利用，那么造成的灾难是不可想象的。

3.1.3　引入软件测试的真正原因

由于上述引起软件错误的原因，软件错误已经成为软件本身的一种属性，我们不能保证编写的软件没有错误，但是通过严格地软件测试可以将软件中的错误减少到可以接受的程度，从而提高软件的质量。下面的原因要求我们引入软件测试。

1. 软件测试可以降低软件错误的发生率

软件客观上存在错误的可能，程序员没有办法完全消除这种可能，通过软件测试可以降低软件错误发生的概率，从而提高软件的可靠性；

提示：

假设软件中固有的缺陷是恒定的，每发现并修复一个软件缺陷，则其客观存在的软件缺陷总量就会减少一个（不考虑又引入缺陷的情况），在测试过程中会不断发现并修复固有的软件缺陷，从而降低软件总体的错误量，减少错误的发生率。

2. 软件故障会给社会、个人造成问题

软件的错误往往会给使用者带来个人的、社会的、商业的各种问题，比如，银行利率软件的缺陷要么造成个人损失，要么造成银行损失；社保软件出现故障，造成大量的人员领不到社保基金，引起社会的问题；火箭或飞机控制程序的问题，会引起企业和社会的双重压力。正是软件故障引起的巨大社会和商业压力才是公司愿意建立软件测试的巨大推动力，否则，公司更愿意将软件测试交给使用者去完成。

3. 高质量的软件可以提高软件公司的商业信誉，从而使公司得到更多的收益

对软件进行检查可以提高软件的质量，软件质量的提高可以提升软件公司的商业信誉，从而为公司产生更大的效益，这是公司引入软件测试的又一重要原因。

微软公司在2006年发布Vista系统，由于该系统没有经过严格的兼容性测试，造成用户使用后的怨声载道，仅仅3年时间就基本上结束了其生命周期，是微软公司最为短命的一款操作系统，不仅没有给公司带来巨大的商业利益，相反使微软公司成了众矢之的，造成很多负面的影响。

3年之后发布的Windows 7系统具有了Vista系统的前车之鉴后，进行了大量的测试，特别在用户测试方面下足功夫。在2009年1月的CES展览会上，微软公司的高级副总裁Bill. Veghte在接受记者采访时表示，Windows 7的上市时间会根据测试版用户的反馈情况来确定，公司会在保证产品质量的前提下尽早推出系统，可能在年内上市，也可能推迟到2010年，一切都要看用户测试的反馈。结果在2009年10月上市的Windows 7系统好评如潮，在上市一年的时间里就销售出2亿套软件许可，是微软公司历史上销售最好的软件之一，给微软公司带了巨大的商业利益。

对于这两个操作系统截然不同的命运，虽然不能完全将之归结为测试的原因，但测试至少是其中一个重要的原因。

提示：

软件发布的时间与测试的完善程度相关，只有在得到用户肯定之后再发布的软件方可被用户乐意地接受。

3.2 什么是软件测试

在日常生活中，测试无处不在，不光是软件，包括一切的项目、工程、产品都需要测试，人们也在有意无意之中进行着种种测试。比如大气压力测定表，用于测定四川成都的大气压力值，一般人知道该地区的海拔高度大约为500m，测出的大气压值应该在90～100kPa的范围之内，而设备测试出来的值如果总是显示70kPa，人们就要怀疑，是否这个测量装置存在问题，对于日常生活中司空见惯的事物，常识保证人们不会受到设备的欺骗，人们在运用常识测试这些设备。

对于软件而言，人们也经常采用这种常识来进行测试，如果运行软件，其结果与基本的常识或者预想的结果存在差异，则可以认为软件可能存在错误，这个过程就是软件测试。比如用Excel电子表格进行平均数的计算，输入一组数据12、18、24，计算出来的平均数是25，就可以马上意识到计算的结果出现错误。换句话讲，人们无时无刻不在应用各种测试技术，只是这种测试技术可能并不严格，不能保证测试的深度和广度，不能保证测试工作的有效性。学习测试，就是要从深度和广度两个方面保证软件没有问题或存在的问题是控制在有效的范围之内。如果当已经发现软件错误之后才想到软件测试可能就晚了，应该将这些错误扼杀在摇篮中。

提示：

在日常生活中，无时无刻不在进行着各种各样的测试工作，人们进行测试的依据大多数是普遍的科学常识以及积累的经验知识。

人人都是测试员。

3.2.1 软件测试的概念

不同的阶段，不同的论著对软件测试的定义有所差异，下面是一些关于软件测试的定义。

格伦福德.J. 迈尔斯（Glenford. J. Myers 1946 ~）在他的著作《软件测试的艺术》一书中这样定义测试：

软件测试（Software Test）是一个或一系列的为了发现程序错误的程序执行过程，软件的行为应该是可预测的而且是一致的。

比尔·黑特泽尔（Bill. Hetzel）在他的著作《软件测试完全指南》中这样定义软件测试：

软件测试是任何以评估程序或者系统的一种属性或能力，并且判断它符合了所要求的结果为目标的活动。

保罗.C. 约根森（Paul. C. Jorgensen）在他的著作《软件测试——匠人的方法》中定义：

软件测试是与错误、缺陷、失效和事件相关的，测试是使用测试用例运行软件的行为，测试有两个显著的目的：1）找到软件失效，2）证明软件正确执行。

在 IEEE 标准 610.12 - 1990 中将软件测试定义为：

软件测试是在指定的条件下操作测试系统或组件，观察和记录结果，并对测试系统或组件的不同方面做出评估的过程。

Myers 的定义比较简洁，说明测试是找错误的过程；Hetzel 的定义比较专业一点，将测试说成是判定程序是否满足要求的活动；Jorgensen 的定义非常专业，说明了测试的目的和方法，目的是验证软件的正确执行，测试方法是使用测试用例。

综合上述，可以给软件测试下一个定义：

软件测试是一组活动，执行这组活动的目的是发现程序中可能存在的潜在错误，验证在指定条件下程序的运行情况，方法则是给出指定的输入和期望的结果，观察实际的运行结果与期望结果之间的差异，从而对软件的执行正确程度作出评断。

提示：

各种软件测试的定义各有自己不同的侧重点，总体来讲，软件测试是一个寻找和证实软件缺陷的过程。

在测试活动中，可能的输入数据会有很多，为了严格的证实程序的正确性，就要给程序输入各种数据，然后看其执行的结果是否与预想的一致。一种最简单的选择输入数据的方法是穷举所有的输入可能，但这除了很小的程序外，几乎是一个不可完成的任务，因为这将是一个天文数字。研究测试就是要找到各种方法，既要保证测试的完善性，又要使测试任务是可以完成的。

软件测试在很大程度上是一门实践科学，通过对测试实践的总结，人们逐渐找到了测试的规律，使其成为可以完成的任务。不仅如此，测试促进了软件设计的完善，当人们在测试中发现某类问题之后，可以对其进行总结，其结果是将来不犯同类的问题，这样在很大的程度上提高了软件设计的能力。

提示：

软件测试促进了软件开发的改进，从而提高了开发高质量软件的能力。软件测试对于软件开发是非常有帮助的。

3.2.2 软件测试的分类

在长期的测试实践中，软件科学家按照不同的标准将软件测试分为了很多类型。

按照测试的方式可以把软件测试分为静态测试和动态测试。

按照测试的技术可以将测试分为白盒测试和黑盒测试。

按照测试的级别可以将测试分为单元测试、集成测试、系统测试和确认测试。

按照测试的目的可以将软件测试分为功能性测试和非功能性测试，非功能性测试又可以分为可靠性测试、性能测试、安全测试、易用性测试等等。

按照测试应用分类又可以将测试分为外国语测试，配置测试，文档测试，网站测试等等。以后还会看到更多的测试术语，本书会讲解大部分的这些测试。

3.2.3 软件测试的成熟度

美国软件工程师及作家鲍里斯·贝泽（Boris. Beizer）将软件测试成熟度分为以下5级。

0级：在软件测试（Testing）和调试（Debugging）之间没有区别。实际上，测试和调试各有不同的目的。测试的目的是发现错误，由测试员完成；调试的目的是找到错误的根源并修改它，由程序员完成。

1级：测试的目的是证明软件能够工作，这种方法的前提是软件是正确的，这将阻止我们去发现软件的缺陷。Glenford. Myers 说在这种方式下测试人员将下意识地选择使软件不会出错的案例，这不利于找到软件中隐藏较深的错误。

2级：测试的目的是显示软件不能工作，这和1级测试是两种截然不同的心态。这种测试假定软件是有错误的，然后让测试员找出它们。在这种测试方式下，下意识地选择测试案例以发现隐藏在系统深处的缺陷，比如边界出错等。

3级：测试的目的不是为了证明什么，而是将可观察到的软件缺陷减少到一个可以接受的程度。只能通过案例证明系统不正确，而不可能证明其正确，因此需要测试各种输入数据的有效和无效组合。测试员的目的很明确，软件质量是相对于缺陷而言的。测试员为程序员提供软件缺陷的信息，为管理员提供如果现在把软件系统发布给客户会对公司造成负面影响的评估报告。

4级：软件测试不仅是操作，而是一种智力训练，它将导致即使较少的软件测试也要使软件低风险。在这种成熟的情况下，从软件开发初期就是可测试的，这包括回顾和审查软件需求、设计和代码，另外，这意味着编写具有合作能力的代码，使测试员很容易在代码运行时审查，将来，意味着可以写具有自诊断力的代码，它自己报告缺陷而非测试员去发现它们。

3.2.4 软件测试活动及其目标

在一般人们的理解当中，测试活动只包含了运行测试，也就是执行软件，但实际上这只是测试的一部分内容。测试活动包含了测试执行之前和之后的一些活动，包括测试计划

（Planing）和控制（Control）、选择测试条件（Test Condition）、设计测试用例（Test Case）、检查测试结果（Result），评估完成准则（Completion Criteria）、报告测试过程（Test Process）及测试结束或总结（Summary）。测试同时也包括文档和代码的评审（Review）及静态分析（Static Analysis）等。

动态测试（Dynamic Testing）和静态测试（Static Testing）这两种测试手段都可以达到相似的目标，即以提供信息来改进被测试软件系统的质量，以及改善开发和测试过程。

不同的测试具有不同的测试目标，这些目标包括以下 3 个方面。

1）发现缺陷。

2）获取对产品质量的信息，以及提供信息。

3）预防缺陷。

在软件生命周期早期进行测试用例的设计，可以帮助避免将缺陷引入代码中，同时文档的评审（例如需求文档）也可以预防将缺陷引入代码。

不同测试阶段，需要考虑不同的测试目标。比如，在开发测试中，单元测试（Unit Testing）、集成测试（Integration Testing）和系统测试（System Testing）等的主要目标是尽可能地发现失效，从而识别和修正尽可能多的缺陷。在验收测试（Acceptance Testing）中，测试的主要目标是用来确认系统是否按照预期工作，从而在系统满足需求方面获取信心。而在有些情况下，测试的主要目标是对软件的质量进行评估（不是为了修正缺陷），从而为利益相关者（Stakeholder）提供这样的信息，在给定的时间内发布的系统版本所存在的风险。而维护测试（Maintenance Testing）通常是为了验证在开发过程中的变更是否引入新的缺陷。在进行测试的过程中，测试的主要目标是为了评估系统的特征，比如可靠性或可用性等。

3.3 软件测试相关的术语

在继续深入理解软件测试之前，先来了解一些软件测试的术语。软件测试总是与软件故障与软件质量联系在一起的，以下是一些需要了解的软件术语。

测试（Test）是指在指定的条件下操作测试系统或组件，观察并记录结果，并对测试系统或组件的不同方面做出评估的过程。

测试案例（Test Case）是为特定目标或测试条件（例如执行特定的程序路径或是验证与特定需求的一致性）而制定的一组输入值、执行入口条件，预期结果和执行出口条件。

软件错误（Error | Mistake）是指在软件生存期内不希望出现或不可接受的人为失误。错误是具有传播性的，软件需求错误可能在软件设计和编码阶段被放大。

软件缺陷（Fault | Defect | Bug）是指软件错误的结果，更进一步说缺陷是软件错误的表现形式，比如软件的文字描述，数据流图、继承图表，源代码等。软件缺陷可以分为遗漏缺陷和加入缺陷。通常而言，遗漏缺陷更难探测和解决。

遗漏缺陷（Fault of Omission）是指在软件制品中遗漏了正确的信息。

加入缺陷（Fault of Commission）是指在软件制品中加入了不正确的信息。

缺陷密度（Fault Density）是将软件组件或系统的缺陷数和软件或者组件规模相比的一种度量（标准的度量术语包括：每千行代码，每个类或功能点存在的缺陷数）。

软件失效（Failure）是指软件在运行时不希望出现或不可接受的外部行为结果。当软件缺陷被执行时将发生软件失效。

软件失败（Fail）是指加入测试的实际结果与预期结果不一致，就可以认为这个测试的状态为失败。

失效模式（Failure Mode）是指失效在物理上或功能上的表现，例如系统在失效模式下，可能表现为运行缓慢、输出错误或者执行的中断等。

软件事件（Incident）是指当失效发生时，失效并非直接展现给用户，事件是指与失效相关联的征兆，它提醒用户一个失效发生了。

举一个例子来说明上述的几个与软件缺陷相关的概念，如下程序是一个写循环队列的代码，循环队列用于存贮源源不断到达的数据，其优点是在队列满时不会发生数据的搬移，效率较高，缺点是比简单的线性数组更加复杂，容易出错。

以下是将数据写入循环队列的代码。

【例3-2】 将数据写入循环队列。

```
void Write_Data_To_Queue(int iWrite_Number, int *buf)
{
    ......
    int pos = m_wp;                                    /// m_wp 为队列写指针
    for(int i = 0; i < iWrite_Number; i++)             /// 通过一个循环写入指定长度数据到队列中
    {
        pos = (m_wp + i) % QUEUE_SIZE;                 /// QUEUE_SIZE 为循环队列的尺寸
        *(m_Buf + pos) = *(buf + i);                   /// m_Buf 为队列本身的存储空间
    }
    if((m_wp + iWrite_Number) > QUEUE_SIZE)            /// 如果写入数据超出边界,设置反转标记
    {
        m_bReverse_Falg = true;                        /// 设置反转标记
    }
    m_wp = (m_wp + iWrite_Number) % QUEUE_SIZE; /// 更新写指针的位置
}
```

上面的例子中，iWrite_Number 是本次写入循环队列的数据量；buf 是存贮写入数据的临时变量。写入循环队列的过程是根据循环队列写指针 m_wp 原来的位置，写入的数据量 iWrite_Number 以及循环队列本身的大小 QUEUE_SIZE 来确定每次实际写入队列的位置 pos，写完后根据是否写满循环队列来设置反转标记以及重置写指针。注意，循环队列中必须设置一个反转标记，否则无法解释写指针小于读指针的情况。

上面写循环队列的过程没有问题，但在判定是否设置反转标记时出现了问题，判定的条件是：（m_wp + iWrite_Number）> QUEUE_SIZE，当 m_wp + iWrite_Number = QUEUE_SIZE 时，程序中没有设置反转标记，但根据下一条语句可以得到的 m_wp = 0，显然，此时循环队列已经反转，这就引入了软件缺陷。造成这种软件缺陷的原因是 C 语言的数组计数从 0 开始，而按照我们平时的思维习惯是从 1 开始计数，见图 3-5。

在上面的程序段中，人为地植入了一个软件错误（Error），但是如果 QUEUE_BUF 足够大，很久才反转甚至不翻转，那么在程序运行的很长一段时间内都不会发生软件失效（Failure)，一切正常，直到出现 m_wp + iWrite_Number = QUEUE_SIZE 这种小概率事件发生时，在下一次读取数据时才有可能出现数据异常事件（Incident），才能知道程序中可能存在软件缺陷（Bug）。

验证（Verification）是指保证软件与其需求规格说明书相一致的过程。

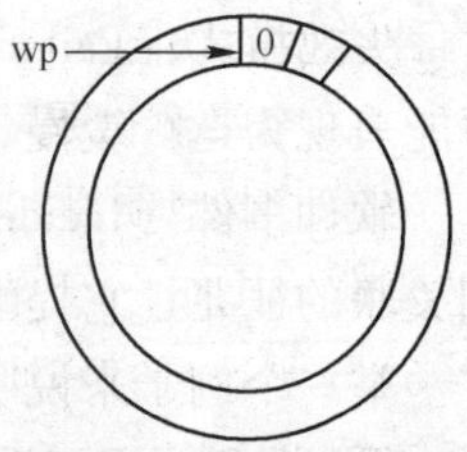

图 3-5 循环队列示意图

确认（Validation）是指保证软件符合用户需求的过程。

质量（Quality）是指组件、系统或过程满足指定需求或用户/客户需求及期望的程度。

质量保证（Quality Assurance）是指质量管理的组成部分、提供达到质量要求的可信程度。

质量管理（Quality Management）是指在质量方面指导和控制一个组织的协同活动，通常包括建立质量策略、质量目标、质量计划、质量控制、质量保证和质量改进。

3.4 软件测试的基本原则

软件测试的基本原则是进行软件测试的前提条件与指导思想，充分理解这些原则，对于正确理解和使用软件测试技术进行软件测试是非常有好处的。以下将对一些重要的软件测试原则进行讲解。

1. 测试的独立性原则（心理学原则）

既是运动员又是裁判员的做法，在现实社会中通常会被认为是一种有失公允的竞争，在这种状态下得出的结果往往受到人们的质疑。中央电视台从 1984 年开始举办青年歌手电视大奖赛，到 2010 年第 14 届比赛开赛时，鉴于观众对评委之间互打人情分的猜测和质疑等，采用了裁判回避制度，评委打分时，采取师生回避、同单位回避和作品回避的原则。这就是独立评判原则。实际上，测试工作亦是如此，要求测试员与程序员独立，这属于测试的心理学范畴。

很多程序员都不能高效的测试他们自己编写的程序，因为他们很难适应这种心理，即尽量暴露自己的错误。另外，程序员下意识的逃避发现错误，因为他担心来自同事、部门主管、客户或其他人员的抱怨和责难，这样他们会有意识地掩饰错误，这种掩饰行为降低了测试的效率。进一步地，如果程序员本身误解了软件需求的陈述，那么在测试中也很难纠正这种错误的观点，因为他们认为自己是正确的。测试员则站在另一个角度看问题，他的工作成绩即是暴露程序的缺陷，以得到尽快地修复，对于发现程序缺陷而言他们没有任何担心，相反他们担心的是找不到错误，在这种心理下，测试员会想尽办法找出程序的错误。只有在这种独立性的原则指导下，程序的测试工作才可能是有效的。

测试的独立性原则包含两个方面的意思，一是程序员应该避开测试自己的程序；二是程序开发组织应该避开测试自己开发的程序。即使是在同样的公司完成开发和测试，开发和测试小组也应该是独立的，这将避免因受到时间和交货的压力而忽略测试。

2. 测试显示缺陷的存在

有一条检验的假设，如果程序不是足够小，那么这个程序中一定存在缺陷，但缺陷在什么时候暴露以致引起程序的失效却无人预测。如果不运行程序，缺陷很难发现；如果全面系统地运行程序，则可能引发缺陷，换句话讲，测试可以显示缺陷的存在。

另一方面，测试可以发现缺陷，但并不能证明系统不存在缺陷，因为发现的缺陷可以称为缺陷，没有发现问题的则无从定义。

主要存在与规范的差异（创建者眼中的缺陷）和与期望的差异（用户眼中的缺陷）这两种类型的缺陷。

3. 穷举测试是不可能的（经济学原则）

除了小型项目，进行完全（各种输入和前提条件的组合）测试是不可能的，也是没有必要的。比如，测试手机拨号功能时，假设我们的手机上只有0~9这10个数字键（参见图3-6），要进行穷举测试，需要选择如下的输入组合：

1）只按1个字母，测试数量 = $P_{10}^{1} = 10$；

2）只按2个字母，测试数量 = $P_{10}^{2} = 90$；

3）只按3个字母，测试数量 = $P_{10}^{3} = 720$；

4）只按4个字母，测试数量 = $P_{10}^{1} = 5040$；

……

n）只按n个字母，测试数量 = $P_{10}^{n} = n!$　　　（其中 $n \leqslant 10$）

穷举测试就是上面所有组合的总和，这当然是一个天文数字，根本没有办法测试。是的，穷举任何一个测试都可能是天文数字而无法完成测试，因此穷举测试是不可能的。原则上选择了测试即选择了风险，只能通过运用风险管理（Risk Management）和不同系统功能的测试优先级，来确定测试的关注点，从而替代穷举测试。

图3-6　手机的按键

实际上，即使是完全的穷举测试也并不能使程序完全满足需求规格。比如需求本身要求对数字进行升序排序，但是由于误解需求软件写成了降序排序（或者说只认为排序就行），对于这种理解上的错误，并非可以通过穷举测试来发现的。另外，由于路径的缺失，穷举路径也找不到缺失的路径，穷举路径测试可能并不能解决数据敏感性的错误。比如对于判断语句：if（a-b<c），本来是要比较a-b的绝对值和c的关系，即正确的判定语句应该是：if(|a-b|<c)，但是写程序时引入了错误，即遗失了路径：-c<a-b。如果a>=b，那么a-b和a-b的绝对值相同，则不会发现该软件缺陷。如果设计的测试案例都是a>=b，那么就无法发现这个错误，因为这个缺陷与绝对值相关，而正数的绝对值是它本身。

4. 测试应尽早介入（经济学原则）

在软件的开发生命周期中，测试活动应该尽可能早地介入。在实际测试工作中，很多人认为测试必须要以运行软件为基础，因此测试活动是在编码之后进行的。

首先纠正的错误是，测试技术并非只以运行软件为基础，以运行软件为基础的测试被称为动态测试（Dynamic Testing），而不运行软件进行的测试被称为静态测试（Static Testing）。需求获取和软件设计都可能引入错误，需要对这两个过程进行测试。软件编码的过程中，也可能引入错误，也需要进行测试。因此，软件测试不光是在软件编码完成后的活动。

通常而言，软件开发早期的缺陷在其后的开发和发布过程中会不断被放大，这种放大后的软件缺陷一方面需要更高的修复费用，另一方面可能因为会触及到整个软件的构架而无法修复。

据美国软件质量安全中心在2000年对美国100家知名的软件厂商的统计，软件缺陷在开发前期发现比开发后期发现在资金、人力上节约90%；软件缺陷在推向市场前发现比在推出后发现，在资金、人力上节约90%。由此可见，尽早地介入测试是符合软件开发经济学原则的。

5. 测试活动依赖于测试内容（目标原则）

测试的内容确定了测试目标，测试的目标确定了测试的活动。假设测试的是一个高可靠性的系统，比如嫦娥二号卫星（图3-7）的控制软件，这种软件一旦出现任何的故障，将造成巨大的人力、物力和财力的损失，在测试时将可靠性定位为最主要的目标，测试活动将更多的倾向于非功能性的可靠性测试。假设测试的是计算器软件，测试的目标更关注于其功能性的实现，而对其可靠性则做少量测试。

图3-7 嫦娥二号卫星

6. 测试案例的输入既要选择有效和期望的输入，也要选择无效和不期望的输入

有效输入是指软件预期能够接受的合理输入数据，比如人的年龄为0～150岁被认为是有效合理的，汽车运行的速度在0～200 km/h也是有效的；而无效数据则与之相反，是我们认为程序不可接受的错误数据，比如输入负的年龄或速度。

测试时通常容易选择有效和期望的输入，而忽略无效和不期望的输入，这样的原因是由于人们通常认为软件只应该加工处理正确的数据，而不对无效数据进行处理。然而，事实并非如此，如果程序没有对无效数据进行处理，如果用户输入了无效数据会出现什么结果呢？无效数据正是容易造成程序不稳定的因素，因此也需要进行测试。

7. 测试不仅要看它是否完成期望的行为，还要看它是否做了不该产生的行为

通常而言，测试除了要测试软件所完成的功能之外，对于测试过程中发生的预料之外的行为也需要进行监控。因此不仅要测试期望的行为，还要测试无效的行为。

8. 杀虫剂悖论

2010 年 8 月，著名医学期刊《柳叶刀》发表了一篇研究论文。该论文称一种名为 NDM-1（New Delhi Metallo-s-lactamase-1）的超级病毒从印度和巴基斯坦传播到了英国。该病毒发现于印度和巴基斯坦，是一种几乎可以抵御所有抗生素的“超级病菌”，参见图 3-8。

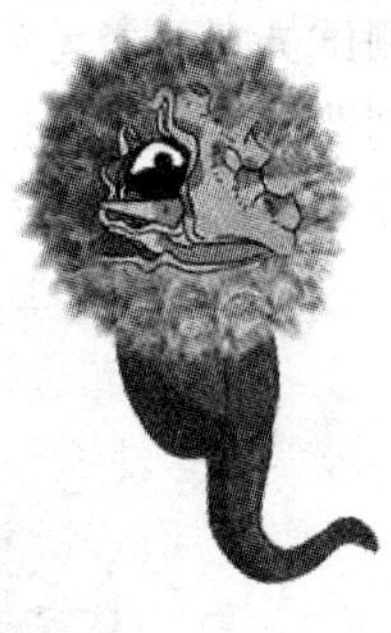

图 3-8　超级病毒的图片

自然界的某些现象可以应用到软件测试中。由于对抗生素的滥用造成细菌的耐药性，同样，经常使用的测试方法可能会对某些软件缺陷失去作用，最后导致不能发现新的软件缺陷。这种现象被称为杀虫剂悖论。

由于杀虫剂悖论的存在，需要经常性评审和修改测试方法和测试用例，同时需要不断增加新的不同的测试用例来测试软件或系统的不同部分，从而发现潜在的软件缺陷。

9. 彻底检查每一个测试结果

通常而言，每一个测试用例都应该是精心准备的，因此应该关注每一个测试的结果，认真检查每一个测试的结果，分析测试结果得出结论是软件测试的重要工作。对于测试结果的忽略，往往会降低测试的有效性。在测试中发现的一些错误或错误征兆容易被忽略，这种忽略可能会造成软件缺陷的遗漏。

10. 缺陷集群性

软件测试中所发现的大部分软件缺陷以及软件运行失效很多是由于少数软件模块引起的。测试中发现的 80% 的错误往往源于 20% 的模块中，这就是软件测试中的 Pareto 原则。IBM 公司在对 OS/370 操作系统进行测试时发现，47% 的错误只与 4% 的模块相关。

缺陷集中的原则是可以理解的，缺陷通常出现在具有复杂逻辑的软件模块中，而这些模块在软件中的比例并不高。这条原则说明要把更多的测试精力放到出现错误更多的模块中。在某个模块中发现错误越多，则需要花费更多的精力去进行测试。

初看图 3-9 会令人费解，原则上发现的错误越多，剩余的错误就会越少，怎么发现越多错误额外错误的可能性反而增高。实际上，相对于固定的错误总量而言，发现错误越多剩余的错误量确实会减少，但是发现的软件缺陷越多，说明该模块本身的缺陷就越多，当然出现额外错误的可能性就大，直到基本修复了所有错误为止。

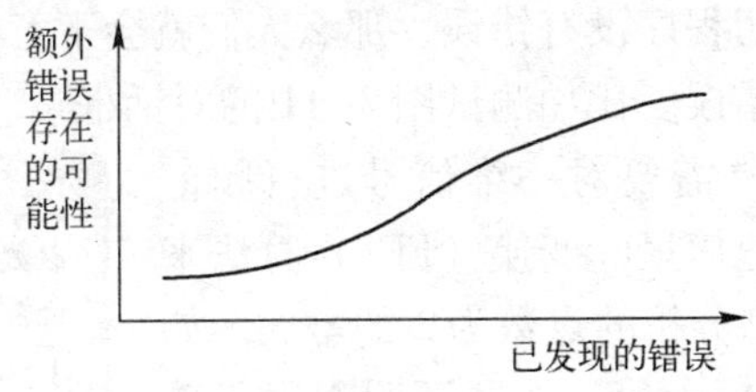

图 3-9　发现错误和剩余错误的关系图（来源于《软件测试艺术》）

11. 测试是一件特别具有创造力和智力挑战性的工作

程序员是根据预先知道的目标来构建程序，如同建造战舰他们看得到要打造“战舰”的图样、设计结构，他们构建的方向是明确的。相对于程序员而言，测试人员根本不知道构造“战舰”的缺陷在哪里，缺陷对于测试员而言就像是散落在大海中的宝藏，测试员要去发现这些宝藏需要利用传统的方法，利用自己的经验，利用各种探测的工具，还需要不断地创造新的方法和工具，才能够去找到这些缺陷，如图 3-10。程序员总可以构造一点什么，而测试员则可能无功而返，这简直是对能力、精神以及心智的考验，从这个意义上上讲测试的创造性甚至会超过设计程序。因此首先不要小觑测试工作，只有具有探索精神的人员才可能成为优秀的测试人员。

图 3-10　程序员根据“战舰”的图纸打造“战舰”，而测试员则要在毫无头绪的情况下找到“战舰”的缺陷

3.5　软件测试的心理学

3.5.1　确立正确的测试目标

首先对测试要有正确的认识、正确的心态，这样才能引导测试朝向正确的方向。人类倾向于建立更好的目标，正确的目标将有重要的心理学效果。

如果软件测试目标是证明程序没有错误，那么人们就会下意识的倾向于这个目标，则测试数据将尽量不让程序出现错误。比如测试图 3-11 的对话框。

在信号处理系统中，通常需要对一维信号进行频谱分析，很多数字系统采用快速傅里叶变换（FFT）算法来实现频谱分析，FFT 要求频谱分析的点数为 2 的幂次。如果要测试“分析点数”这个输入值，按照证明程序正确性的测试目标，测试人员会将“分析点数”按 2 的幂次来设置，比如 128，256，512 等等。但是如果用户在使用的过程中将分析点数设置成了 500 会怎么样呢？

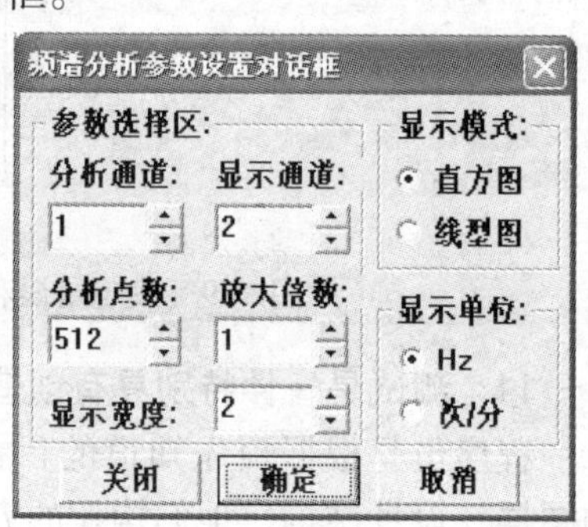

图 3-11　频谱分析参数设置对话框

如果测试目标是证明程序有错，那么目标将是促使程序出现错误，比如上面的例子，将分析点数设置为

100，-210 等不合理的数据来尽量造成程序的错误。尽管这种测试的案例会造成程序员的反对，但对测试员来讲，好的测试就是要找到程序的错误，这才是成功，没有找到错误的测试可能会使程序存在隐患，而这些表面上看来不合理的数据原则上更容易引起程序出现问题。

实际上，正确的测试目标不是为了证明软件有错或者没有错误，而是通过测试尽量发现软件中潜在的错误，从而为决策者提供依据，即软件在当前的状态下如果发布是否会造成风险。

测试的前提首先是承认程序不可能没有错误。

提示：

测试目标指引着测试的方向，同时影响到测试者的心态，进而影响到测试的行为，正确的测试目标是正确测试心态的基础。反过来正确的测试心态使测试目标更易实现。

上面的测试目标正确性是指测试目标的客观性，除此之外，设定适当的，或者说可以完成的测试目标则说明了测试目标的恰当性。

通常说，压力是动力，这只正确了一半，实际上，过大和过小的压力都会导致人们工作效率的降低，甚至会变得焦躁不安，无所事事，只有适当的压力才可以保持高效的工作效率。

对于测试员而言，确定的测试目标需要恰当，即测试员的任务是可以完成的，否则，会造成测试员的抵触情绪，反而达不到测试目标。比如，如果要求测试员必须在 1 天之内把网上银行系统的安全性测试一遍，而且要保证没有错误，这无异于天方夜谭，测试人员只能放弃。

3.5.2 自行测试和独立测试之间的平衡

程序员自己检查自己的工作有时候是高效的，在编码时期尤其如此。首先，程序员对自己的工作了如指掌，他们在发现程序运行出现与预期的差异时，很容易意识到软件中可能存在问题，而且相对容易定位和修改软件缺陷。而测试人员由于对软件本身的不熟悉，往往只能根据预先设计好的用例进行测试，对于程序运行过程中的某些征兆并不敏感。而且即使发现了问题，交给程序员修改，然后再进行测试也是一个漫长的过程。

但是把测试工作交给程序员自己来做却是违背测试心理学原则的，在理想情况下还可以正常运行，在大多数情况下则达不到测试程序的目的。

首先，很多程序员不能高效地测试他们的程序是因为他们很难适应这种矛盾的心理，即不想告诉别人自己的程序有错但是测试又要求他们尽量暴露自己程序的错误。

其次，程序员下意识地逃避发现自己程序的错误，因为他们担心来自同事、部门主管、客户或其他相关人员的抱怨和指责。

最后，如果程序员本身误解了用户需求，那么在测试中很难纠正这种需求错误。

项目管理员需要在自行测试和独立测试之间找到一个平衡点。通常的做法是，与代码非常密切的初级测试由程序员来完成，比如单元测试，这些测试甚至需要程序员自己编程来测试；而对于与需求相关的后续测试则尽量由测试员来完成。

3.5.3 测试员和程序员的不同心理

程序员和测试员的心理是对立的。通常而言，程序员即使要进行软件测试都是证明自己软件的正确性，因为这是他们应该做的工作，因此程序员测试时选择的测试用例通常会是有效的输入，目的只是演示程序可以运行，程序员不愿意在别人面前暴露自己软件中的缺陷（没有人愿意这样做）。而测试员的测试则可能倾向于选择使软件容易出现错误的测试用例，因为他们的目的是尽量暴露软件的缺陷，发现软件缺陷是他们的工作，如果不能够发现任何的缺陷，则测试员的工作是无效的。

正是基于测试员与程序员这种对立的心态，才需要设立专人进行软件测试。

3.5.4 良好的沟通在测试中起到积极的作用

由于测试员和程序员的对立心理，容易造成他们之间的工作冲突。但是这种对立心理和警察与小偷的对立心理是不同的，因为程序员和测试员的目标是一致的，即构建出足够好的，甚至是零缺陷的程序，这种目标的一致性，必然要求他们之间有良好的配合。

工作上的对立和目标上的一致就构成了程序员和测试员之间的关系。目标是最重要的，为了达到一致的目标，两者之间必须要紧密配合，团结协作。为了能够做到这一点，需要测试员具有良好的沟通能力，比如，当测试员发现了软件中的缺陷之后，一方面要认真将缺陷的现象、发生的条件等因素客观记录下来，指出该缺陷的严重性，然后将这些材料交给程序员，但不能带有对程序员藐视和打击的心理。

提示：

良好的沟通能力是保证测试员与程序员进行合作的基础，同时也是测试员达到测试目的的有效手段之一。

3.6 软件测试的经济学

3.6.1 制定的测试工作量要恰当

这里有一种关于测试数量的说法“测试太少是罪恶，测试太多是罪过”。

测试不足会导致软件中存在大量的缺陷，而测试过多又可能造成花费更多的人力、物力和财力，但找到缺陷的价值低于付出的测试成本，因此测试人员在不断地探索合适的测试量。

一种测试太少的极端例子是完全不测试，编码工作完成后即交付用户，这种方式实际上是在转嫁测试，将测试工作转嫁到用户头上，其结果是用户的抱怨甚至愤怒。个人软件开发或者不成熟的小软件公司会采用这种方法，这种开发方法的结果是没有人会将重要的程序交给这种公司来完成，一个典型的例子是，能够接到软件外包订单的公司往往是通过了软件能力成熟度测试等级较高的公司。

另一种测试太多的极端例子是穷举测试，但这几乎是不可完成的任务，比如测试 C++ 编译器，是否可以编写完所有的 C++ 程序用来测试编译器呢？

正确的测试工作量是在不测试和穷举测试之间找到一个平衡，这与具体项目的内容、目标、策略和方法是分不开的。

图 3-12 所示的测试成本曲线展示了测试的成本效益。在图 3-12 中有两条曲线，下降的曲线表示程序中存在的软件缺陷数，上升的曲线说明测试的成本。随着测试工作量的增加，程序中还包含的缺陷会越来越少，而测试的成本则越来越高。两条曲线在某点交汇，这个交汇点就是最佳测试成本效益点，即付出的测试工作得到最大的回报。在交汇点左边部分表示测试不足，即将来由于软件缺陷所造成的损失大于继续投入测试的成本；而在交汇点右边则表示测试过多，即剩余在软件中的缺陷所造成的损失低于继续投入的测试成本。最优测试是符合软件测试的经济学原理的，但是要准确找到最优测试点却是困难的。

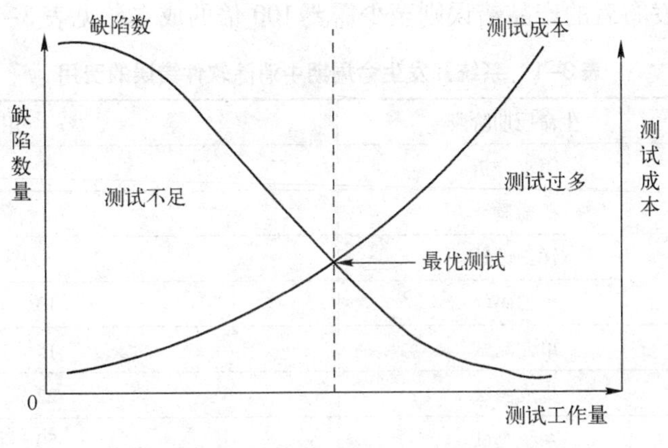

图 3-12　软件测试成本曲线

3.6.2　尽早的发现缺陷，尽早地修复缺陷

通常而言，缺陷的修复成本与缺陷修复的时间相关，从需求分析开始，到设计、编码、测试直到发布这个过程中，软件缺陷的修复费用呈快速增长趋势，参见图 3-13。

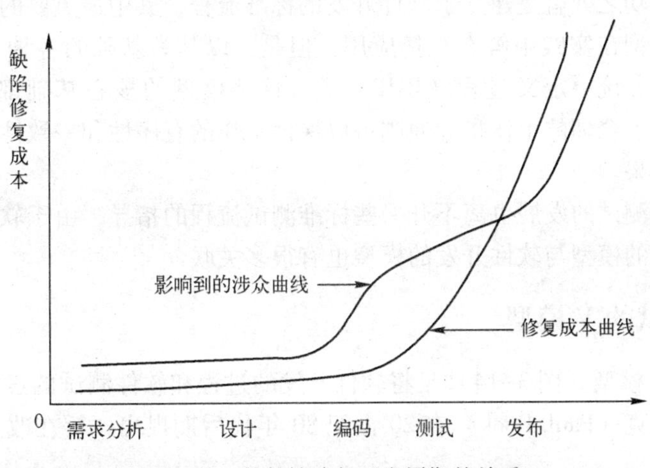

图 3-13　软件缺陷与开发周期的关系

1994 年 Intel 公司发布的一款奔腾处理器存在浮点除法的软件错误，这种错误的几率很小，因此当测试工程师发现这个错误的时候管理层并没有引起太多的重视，因为此时修改这个错误可能造成已经生产的部分芯片报废。如期发布的芯片中所包含的错误被消费者发现，

Intel 公司为此道歉并拿出 4 亿多美元进行芯片更换，其对商业信誉所造成的影响更是不可估量。早期发现和修复产品缺陷会付出较小的代价，而缺陷发现得越晚，付出的代价就越大。

软件开发的早期，接触到软件设计资料的人员较少，修改付出的成本不高。随着开发的进行，越来越多的人员开始参加到软件开发中，此时的缺陷会影响到所有参加软件开发的人员。当软件发布之后，使用软件的用户会成千上万的增长，软件缺陷会影响到所有这些人，在从软件开发直至发布的整个过程中，由于受到影响的涉众越来越多，因此修复软件缺陷的费用会越来越大。

IBM 公司的研究表明，如果把修正设计缺陷的成本定为 1，修正编码错误至少需要 10 倍的成本，而修正发布后的产品错误则至少需要 100 倍的成本，见表 3-1。

表 3-1 系统开发生命周期中消除软件错误的费用

序号	生命周期阶段	费　用
1	需求分析	1
2	概要设计	2
3	详细设计	5
4	编码	10
5	单元测试	15
6	集成测试	22
7	系统测试	50
8	发布后	100 +

3.7 软件测试的基本模型

软件工程最成功之处就是建立了软件开发的标准流程，其中最重要的开发模型就是瀑布模型。尽管瀑布模型在实践中鲜有直接应用，但是，以其为基础的各种开发模型则层出不穷，比如螺旋模型、统一定义过程（RUP）等，这些模型的核心基础都来源于瀑布模型。这说明明确、规范、合理的工作指导原则可以保证工作的有序性和一致性，保证工作的规范性并得到正确的结果。

同样的，软件测试的发展也离不开一些标准测试流程的指导，由于软件测试和开发的紧密结合，软件测试的模型与软件开发的模型也有很多关联。

3.7.1 软件测试的 V 模型

软件测试的 V 模型（图 3-14）是将软件开发的过程和软件测试的过程对应起来。该模型最早由保罗·茹克（Paul. Rook）在 20 世纪 80 年代后期提出，旨在改进软件开发的效率和效果。

V 模型的重要之处在于，将软件测试和软件设计、开发的过程进行了一一对应，比如详细设计对应于单元测试，概要设计对应于集成测试，而需求分析与系统设计对应于系统测试，用户需求则对应于验收测试。

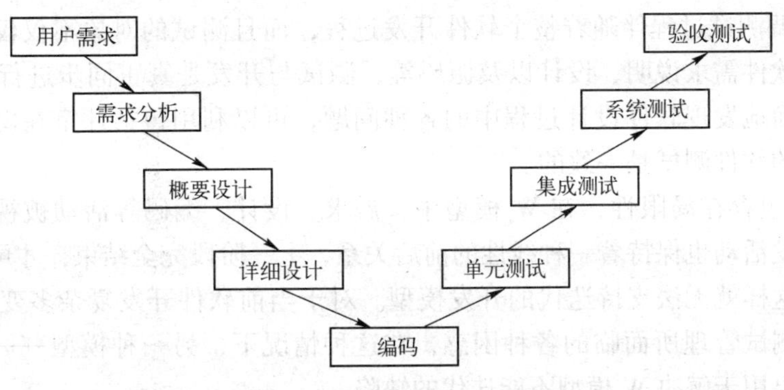

图 3-14　软件测试的 V 模型

这种测试分期的分类方法正是对测试所进行的阶段划分，其从另一个侧面说明了测试对应于开发的不同时期，同时也说明了测试设计所发生的时间。比如，详细设计对应于单元测试，说明在程序的详细设计阶段考虑的是程序细节，此时程序员思考的是程序局部的细节，相对应的单元测试也只对程序的局部细节进行测试，保证程序局部编码的正确性，由于单元测试与代码结合紧密，通常由程序员直接完成。系统测试则在需求分析阶段设计，因为系统测试与用户的需求分析相关，属于高层的测试活动，其测试的标准在早期就要确定。用户需求并不可能在需求规格说明书中完全描述，因此最后的验收测试才能真正满足用户的需求。

尽管 V 模型将软件开发和测试之间的关系对应得非常完美，但该模型仍有一些缺陷，比如在这个模型中，测试活动发生在程序设计、编码之后，是在程序的运行过程中查找错误，因此该模型忽略了静态的测试活动，包括对需求、设计的评审，对代码的审查等，这违背了测试应该尽早介入的原则，一方面，由于开发时间和经费的原因，这种后期测试容易被删减，另一方面，后期发现的软件缺陷会付出更大的代价，于是软件测试工程师开始寻找一种能够更好地胜任于实际需要的测试模型，这就是 W 模型。

3.7.2　软件测试的 W 模型

软件测试的 W 模型（图 3-15）由 Evolutif 公司提出，相对于 V 模型而言，W 模型增加了软件开发各个阶段的验证和确认活动，避免将最初的设计错误带入到代码中再进行验证，造成程序错误难于回溯的问题。

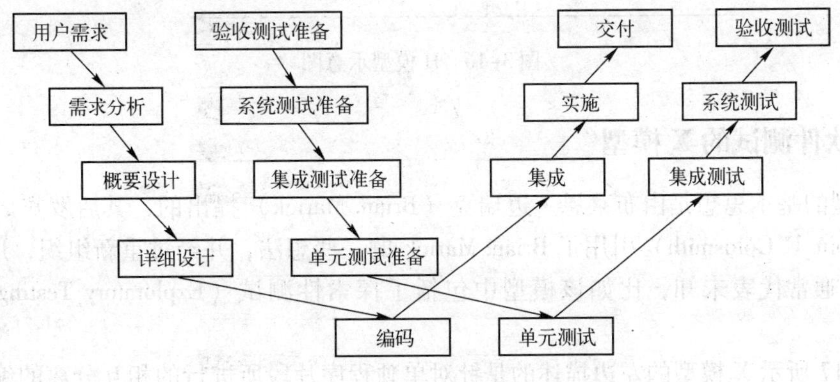

图 3-15　软件测试的 W 模型

W 模型强调测试过程伴随着整个软件开发过程，而且测试的对象不仅仅是可以运行的程序，还包括软件需求说明、设计以及源码等，测试与开发是真正同步进行的。W 模型有利于尽早地全面地发现软件设计过程中的各种问题，可以利用包括评审在内的静态测试技术，这和实际的软件测试是一致的。

但 W 模型也存在局限性，在 W 模型中，需求、设计、编码等活动被视为串行的，同时，测试和开发活动也保持着一种线性的前后关系，上一阶段完全结束，才可正式开始下一个阶段工作。这样就无法支持迭代的开发模型。对于当前软件开发复杂多变的情况，W 模型并不能解决测试管理所面临的各种困惑，在这种情况下，另一种模型——H 模型应运而生，该模型主要用于解决 W 模型不能迭代的缺陷。

3.7.3　软件测试的 H 模型

V 模型很正规，但忽略了对软件开发前期工作的测试，W 模型解决了 V 模型的这一问题，将测试工作贯穿于整个软件开发周期，但是现代软件开发模式均为迭代方式，W 模型却没有阐述如何在迭代开发中进行测试。

H 模型以其图形表示形如平放的字母“H”而得名。在 H 模型中，将软件测试看做一个独立的流程，贯穿于整个产品周期，与其他流程并发地进行，当某个测试时间点就绪时，软件测试就从测试准备阶段进入测试执行阶段。注意，H 模型是贯穿于整个产品的开发周期，也就是说，无论产品开发经历了多少次迭代，只要测试准备就绪，就开始执行测试。

图 3-16 所示的 H 模型示意图仅仅演示了在整个软件开发周期中，某个测试层次上的一次测试“微循环”。图中的“其他流程”可以是任意的开发流程，例如设计流程和编码流程，也可以是其他非开发流程，甚至是测试流程自身。向上的三角箭头表示，在某个时间点，由于“其他流程”的进展而引发了测试就绪点，这个时候，只要测试准备活动完成，测试执行活动就可以开始了。

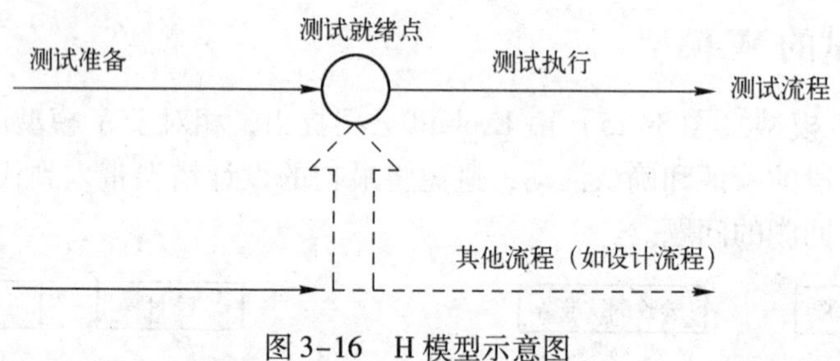

图 3-16　H 模型示意图

3.7.4　软件测试的 X 模型

X 模型的基本思想是由布莱恩 · 迈瑞克（Brian. Marick）提出的，其后罗宾 . F. 戈德史密斯（Robin. F. Goldsmith）引用了 Brian. Marick 的一些想法，并经过重新组织，形成了“X 模型”。X 通常代表未知，比如该模型中包括了探索性测试（Exploratory Testing）这样的观点。

图 3-17 所示 X 模型的左边描述的是针对单独程序片段所进行的相互分离的编码和测试（单元测试），右边描述的是将经过单元测试的代码片段进行集成最终合成可执行程序然后

再进行测试。已通过集成测试的软件产品可以进行封版并提交给用户，也可以作为更大规模范围内集成的一部分。多根并行的曲线表示变更可以在各个部分发生。

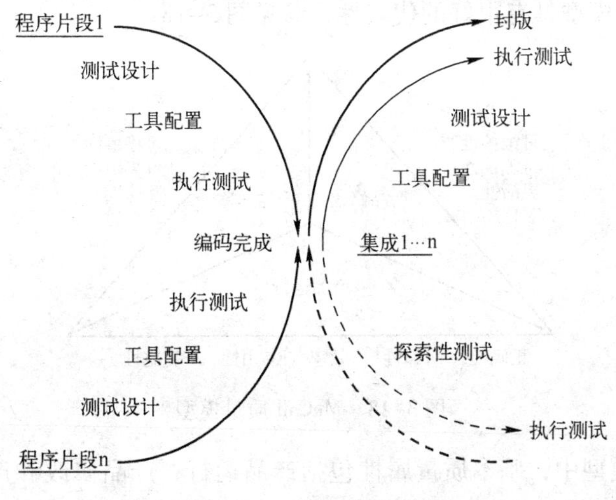

图 3-17　X 模型示意图

X 模型还定义了探索性测试，这是不进行事先计划的特殊类型的测试，这一方式往往能帮助有经验的测试人员在测试计划之外发现更多的软件错误。

应该说，不同的软件测试模型各有优缺点，V 模型和 W 模型与开发模型相对应，非常正规，但实践性稍弱；H 模型代表了迭代，由于没有和开发相对应，有时候难于确认测试就绪点，对于缺乏经验的测试员更是如此；X 模型强调了单元测试、集成测试以及探索性测试，实用性较强，但并没有涵盖整个开发周期，比如软件设计阶段，形成不完整的模型。总之，人们总是在不断地探索未知的领域来完善已有的理论。

3.8　软件测试与软件质量

3.8.1　软件质量的定义和常见的软件质量模型

软件质量（Software Quality）是软件产品满足明确或隐含需求能力相关的特征和特性总和。通俗地讲，就是满足用户需求的程度。

通常而言，软件质量包括 4 方面的含义。

1）满足给定需求的特性，包括功能和性能的特性。

2）满足需求组合特性的程度。对于同样的特性，满足不同程度会得到不同的感受，比如汽车，各种汽车都满足运动的特性，但是满足特性的程度存在差异，比如奥拓和奥迪。

3）满足用户综合期望的程度，比如软件界面友好，帮助齐全，便于用户使用。

4）满足软件本身的组合特性，比如软件开发的文档齐全，规范，便于配置管理等。

为了更好地理解影响软件质量的因素，人们定义了质量属性，然后构建了与软件质量相关的质量模型。质量模型把软件质量分解到与之相关的质量属性上，便于我们更好地理解和管理质量属性，从而提高软件质量。

常见的软件质量模型包括 Boehm 模型、McCall 模型和 ISO 9126 定义的模型。这些质量模型都是分层的，通常把软件质量属性分成两层，第一层是大类划分的质量属性，被称为基本质量属性；第二层是每个大类所包含的子类质量属性。

McCall 软件质量模型具有很好的代表性，参见图 3-18。

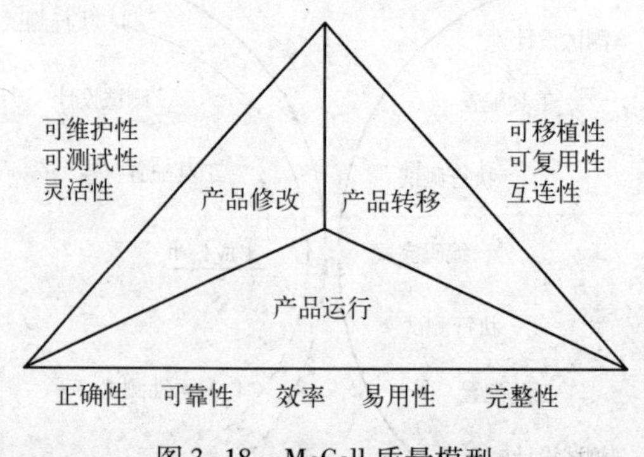

图 3-18 McCall 质量模型

在 McCall 质量模型中，基本质量属性包括产品运行、产品修改和产品转移 3 个大的方面。其中，产品运行包括正确性、可靠性、效率、易用性和完整性 5 个子类质量属性；产品修改包括可维护性、可测试性和灵活性 3 个子类质量属性；产品转移则包含可移植性、可复用性和互连性 3 个子类质量属性。

3.8.2 软件测试和软件质量是不同层级的概念

软件测试与软件质量是不同层级的概念。通常而言，软件测试针对一个具体的软件开展工作，而软件质量则是对于所有软件而言的更高目的的要求，相对而言比较抽象。可以说软件质量是一个综合性的目标，而软件测试是为了达到这一目标而进行的具体操作。

软件测试就像是做体检，目的是发现问题然后期待解决问题，通常比较具体；软件质量则是健康的生活方式，比如锻炼、合理的饮食，通常是长期遵行某种规则的结果。软件质量是靠长期遵循开发标准来保证的，而软件测试只是软件质量中监督的一环。软件质量具有比软件测试更广泛和更高层次的意义。

3.8.3 软件测试有利于提高软件质量

软件测试会消耗人力物力，付出代价，但其得到的好处是降低了软件缺陷发生的风险，提高了软件质量，为开发者和用户提供产品使用的信心。

假设我们系统中总的缺陷数为 t（Total），已经发现的缺陷数为 f（Found），未发现的缺陷（甚至不能称为缺陷）数为 r（Residual），有如下公式：

$$t = f + r \tag{3-2}$$

由式（3-2）有

$$r = t - f \tag{3-3}$$

假设我们的测试没有引入新的缺陷，那么系统的总缺陷数 t 不变，当已发现的缺陷增加时，剩余的缺陷 r 将减小。因此，尽管软件测试不能够确定软件是正确的，但是确实可以减少软件缺陷的数量，从而提高软件质量，满足用户的期望。

3.9 软件测试员应该具备的基本素质

要成为好的软件测试员，其所需要的知识和艰辛程度不亚于程序员。通常而言，软件测试人员应该具有以下基本素质。

1. 好奇心，或者说探索精神

测试员会不断地接触新的软件，如果没有探索精神，可能会对不同软件产生畏惧心理，比如，我找不到问题怎么办？我又要去学习新的软件，学习未知的领域知识等等，这些心理都会成为测试员有效工作的障碍，而具有好奇心的测试员天生就希望新的挑战，他愿意为新的程序测试工作付出努力。

2. 善于发现问题

具有探索精神是基础，在这个基础上还要具有经验和发现问题的能力，善于从一些征候中找到软件的问题。有些测试员不善于抓住程序中出现的蛛丝马迹，往往不容易发现问题，这需要经验的积累。

3. 测试员具有创新精神

由于前面杀虫剂悖论的存在，使得真正要发现各种软件问题变得困难，特别是那些残留的软件缺陷。这就需要程序员具有创新精神，善于使用不同的方法去捕获软件问题，比如利用探索式的测试方法等。

4. 善于沟通

这一点很重要，因为测试员对于程序员而言处于监督地位，他们是目标一致的对立关系，如果测试员只是一味的指责和嘲讽程序员，会起到适得其反的作用，不利于问题的解决，因此测试员需要具有良好的沟通能力。

5. 具有一定的程序知识

测试人员需要有一定的计算机知识，熟悉软件的结构，了解计算机软件常见问题的症状，这对于发现问题非常重要。

6. 测试人员需要有一些领域知识

除了计算机知识之外，测试员还应该具有测试软件服务领域的知识，比如你测试会计软件，应该了解一些会计方面的知识，测试医疗器械软件，还需要有一些医学基础知识。

7. 不懈努力，追求完美

有些问题的出现可能会稍纵即逝，对于这些问题，需要努力搜索。

8. 具有团队合作精神

要服从于大局，比如有些问题暂时无法得到修改，甚至放弃修改，测试员要能够理解。

3.10 小结

本章介绍了引入软件测试的原因，由于软件可能存在错误，因此软件测试就必不可少。软件之所以存在错误，有其本身的客观原因，因为软件是人编写的，而人本身就容易犯错误，这种错误就会植入到人编写的软件中。如果错误的存在对于软件的运行没有影响，我们就可以不关注它，但是事实恰恰相反，软件错误往往会造成个人、社会以及公司商业上的损失，因此我们开始重视软件错误的清除，这就需要软件测试。

本章还介绍了软件测试的相关概念和术语，比如软件测试、软件缺陷、测试案例等，为将来的学习打下了基础。

本章最重要的部分是介绍了软件测试的原则，而这些原则是我们开始软件测试总的指导方针，它们保证软件测试方向性的正确，这些原则包括以下方面。

1）测试的独立性原则（心理学原则）。

2）穷举测试是不可能的（经济学原则）。

3）测试应尽早介入（经济学原则）。

4）测试显示软件缺陷的存在。

5）测试活动依赖于测试内容（目标原则）。

6）测试案例的输入既要选择有效和期望的输入，也要选择无效和不期望的输入。

7）测试不仅要看软件是否没有完成期望的行为，还要看它是否做了不该产生的行为。

8）杀虫剂悖论。

9）彻底检查每一个测试结果。

10）缺陷集群性等。

本章的最后介绍了几种常见的软件测试模型，包括V模型、W模型、H模型等，还介绍了软件测试与软件质量之间的关系。

习题3

1. 什么原因引发软件错误？
2. 举例说明软件故障造成的各种危害。
3. 为什么要引入软件测试？
4. 解释软件测试的成熟度。
5. 阐述软件测试的独立性原则（心理学原则）。
6. 阐述软件测试的经济学原则。
7. 介绍软件测试的V模型。

第二部分　开始软件测试

这一部分用于引导软件测试初学者入门。软件测试是一门经验科学，包含很多技术、方法、工具和策略，其最重要的目的是进行实际软件的测试，即运行软件。因此如何将软件测试的元素有机地结合起来以达到软件测试的目的，如何建立实际的软件测试等等，都是这一部分要讲解的内容。

第4章　建立软件测试系统

4.1　最简单的软件测试过程

在很多软件程序员的眼中，测试软件就是运行软件，看软件在运行过程中是否出错。如果是这样，那么用户运行软件是否也是在进行软件测试呢？也许有人会说，测试是全面地、系统地运行软件，要执行软件的每一个功能，每一段代码等。实际上，运行软件只是软件测试的一部分，当然也是很重要的一部分。

实际的软件测试是需要设计的，设计的结果是构建了测试用例，而测试是按照测试用例来运行软件的，运行软件得到的结果需要记录、统计。也就是说，测试软件除了运行软件之外，还需要设计和创建测试用例，统计测试结果。其中，测试用例处于测试的中心位置，是测试的基础，测试流程参见图4-1。

测试用例是指为特定目标或测试条件（例如，执行特定的程序路径，或是验证与特定需求的一致性）而制定的一组输入值、执行入口条件、预期结果和执行出口条件。

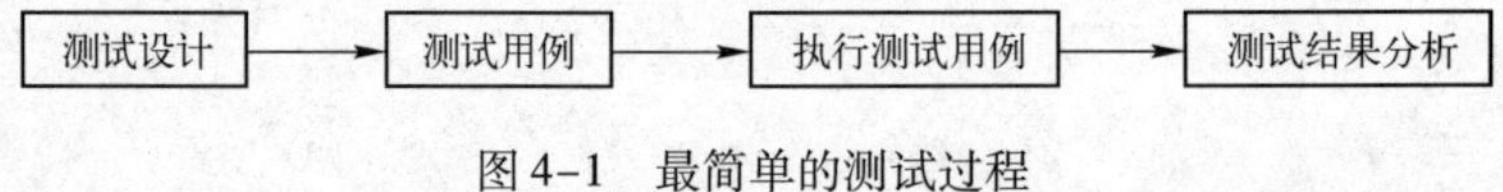

图4-1　最简单的测试过程

就像编写程序，软件测试有它自己的策略、方法和工具。很多语言类的书籍在讲解程序入门时，总喜欢使用“Hello world”的例子，本章也从这个例子开始展示实际的测试方法。

【例4-1】　Hello world 程序。

```
void static main(int argc, char * argv[])
{
    printf("Hello world");
}
```

这个使用C语言写的小程序非常简单，用于在控制台上显示一条信息，仅此而以。如何测试它呢？下面给出测试这个软件的步骤。

1. 建立测试用例

测试最基本的方法就是建立并运行测试用例。通常使用表格的方式来构建简单的测试用例，如表4-1。

表4-1　测试 Hello world 程序的测试用例

测试用例编号	说明	操作过程	输入值	期望的结果
1	测试程序功能	运行软件	无	在控制台上打印出”Hello world”

2. 执行测试用例

将“Hello world”程序编译、连接形成可执行程序 Hello. exe，然后运行它，因为测试不要求输入值，因此运行软件即是执行测试。

3. 记录运行的结果

程序在控制台上打印出“Hello world”字样

4. 测试总结

测试的实际结果与期望的结果一致，程序的打印功能是正确的。

上面4步就是对“Hello world”程序的一次正式测试，尽管它还不够完整，但是它展示了测试的整个过程。也许有人会说，这怎么是测试，运行一下程序就是测试，连感觉都没有？那么修改一下上面的程序，再进一步的测试，以便对测试有更深刻的理解。

【例4-2】 修改后的Hello world程序。

```
void static main(int argc, char * argv[])
{
    switch(*argu[1]){
    case'1':                    /// 输入1打印Hello world
        printf("Hello world!");
        break;
    case'2':                    /// 输入2打印Hello guy
        printf("Hello guy!");
        break;
    default:                    /// 输入其他参数打印Hello
        printf("Hello!");
        break;
    }
}
```

修改后的程序可以接受用户的输入参数。当用户输入1，在控制台上打印“Hello world!”；当用户输入2，在控制台上打印“Hello guy!”；而用户输入其他参数则在控制台上打印“Hello!”；如果用户不输入参数，则不打印。

1. 建立测试用例

由于该程序接受参数，可以选择不同的输入参数来进行软件测试，参见表4-2。

表4-2 测试改进后Hello world程序的测试用例

测试用例编号	说明	操作过程	输入值	期望的结果
1	测试程序功能	运行软件	1	在控制台上打印出“Hello world!”
2	测试程序功能	运行软件	2	在控制台上打印出“Hello guy!”
3	测试程序功能	运行软件	3	在控制台上打印出“Hello!”
4	测试程序健壮性	运行软件	无	不打印

2. 执行测试用例

在控制台上运行该程序，分别给程序带不同的输入参数，可执行程序的名字是Hello.exe。

1）Hello 1

2）Hello 2

3）Hello 3

4）Hello

3. 记录运行的结果

结果见表4-3。

表4-3　测试改进后Hello world程序的结果记录

测试用例编号	输入值	期望的结果	实际的结果	通过
1	1	打印出“Hello world!”	打印出“Hello world!”	通过
2	2	打印出“Hello guy!”	打印出“Hello guy!”	通过
3	3	打印出“Hello!”	打印出“Hello!”	通过
4	无	不打印	弹出错误对话框	失败

4. 测试总结

在4个测试用例中，通过了3个，最后一个测试用例失败。前3个测试用例中都输入了参数，因此正确；最后一个用例中没有带参数，因此出错，说明参数的个数会影响到程序运行的结果。可进一步测试带2个参数，3个参数甚至更多参数的情况。

真是想不到，这么简单的一个程序竟然会出错，这也许是第一个感觉。是的，哪怕是最简单的程序也会出错，上面的过程被称为软件测试，测试是测试员完成的工作。实际上，软件测试的目的就是要找到软件中隐含的缺陷，好的软件测试可以找到即使很不明显的软件缺陷，就像上例中。

如果分析上面的程序就会看到，在程序中使用了输入参数变量 * argu[1]，如果不输入任何参数，那么argu[1]为空指针，程序访问空指针当然会出现问题，如果在程序的前面对参数个数加以保护，就不会出现上面的问题。这个发现、分析和去除软件失败根源的过程被称为调试（Debugging），调试是程序员完成的工作。程序员将程序中的错误修改后，还需要进一步的交给测试员测试，直到发现的软件错误在可以控制的范围之内为止。

4.2　完整的软件测试系统

4.1节中的测试例子只介绍了最简单实用的测试过程。但是，测试本身包含丰富的内容，为了能够真正高效和有效地进行软件测试工作，首先要构建一个完整的测试系统，这个系统将作为进行测试的基础。

软件测试系统是进行软件测试所包含的全部内容，包括测试人员、测试环境、测试过程、测试件，测试原则、测试管理、测试策略以及测试技术等。这个系统彼此联系完成测试任务，其输入是一项测试任务，而输出则是测试的结果，如测试总结报告等，如图4-2。

图4-2　测试系统完成测试

美国软件测试认证委员会主席雷克斯·布莱克（Rex. Black 1964 ~）设计了一个测试系统，如图 4-3 所示。该系统包含测试团队、测试环境、测试件及测试过程 4 个主要部分，它们彼此联系。

测试团队（Test Team）——进行软件测试工作的相关人员，包括测试经理、测试工程师、测试技术员等。他们分工协作，团结一致，利用自己的测试知识、技术以及经验共同完成测试任务。测试团队处于测试系统的核心位置。

测试件（Testware）——测试件是软件测试中使用的所有人工制品，包括在测试过程中产生的测试计划、测试设计和执行测试以及测试报告所需要的人工制品，例如文档、脚本、输入、预期结果、安装和清理步骤、文件、数据库、环境和任何测试中使用的软件和工具。

测试环境（Test Environment）——执行测试需要的环境，包括硬件、仪器、模拟器，软件工具和其他支持要素，比如测试空间。

测试过程（Test Process）——完成测试工作的流程，它由一组文档化的指导原则指导进行，比如制订测试计划、设计测试、执行测试以及测试总结等。

例如为了测试 4.1 节中的 Hello 软件，建立一个测试系统，首先构建的是测试团队，由于 Hello 软件很简单，测试团队只包含一名测试员。测试员开始搭建测试环境，该例子没有特殊的软硬件要求，于是测试环境就是放在实验室的一台电脑，安装有 Windows XP 操作系统，当然还包括放电脑的桌子和测试员要坐的椅子；然后测试员开始设计测试件，包括测试计划，测试用例，测试记录的 Excel 软件；完成这些工作后测试员就可以按照测试流程开始执行测试了，最后将测试的结果写入到 Excel 表格中完成测试报告。

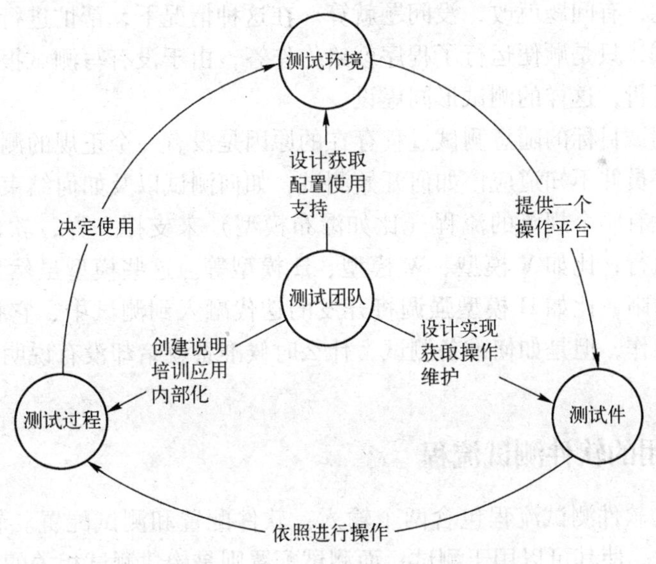

图 4-3　Rex. Black 构建的完整测试系统

在图 4-3 中，测试团队居中，处于核心位置，测试团队根据测试任务设计创建测试环境、测试件以及测试过程，然后依赖测试环境并按照测试过程操作测试件完成测试工作，最后得出的测试报告又加入到测试件中。

不同的组织、团队会构建不同的测试系统，一个完整的测试系统需要达到以下几个目的。

1）一个测试系统必须是功能可用的，即可以按照要求完成测试任务。

2）一个测试系统必须是可靠的，应该可以重复前面的测试，比如自动化测试系统。

3）一个测试系统应该是规范的，其测试的结果最大限度地减少了程序的风险。

4）一个测试系统应该是高效的，要求能够较快的完成测试任务。

5）一个测试系统应该是可维护的，它可以根据测试任务的变化而修正自己，以适应新的要求。

4.3 完整的软件测试流程

如果测试工作没有到达预期目标，通常有以下3个原因。

1. 测试的准备工作没有做好

比如，测试工作开始于对一名程序员说“你把我的程序拿去测一测”，注意，这里说程序员，实际是表达一种不正规的测试流程，没有测试准备，没有测试团队，没有测试开始，这种没有准备的测试随意性较强，通常不容易达到测试目标。

2. 没有分配足够的测试资源

如果没有测试计划，或者根本没有考虑到测试会耗费资源，比如人员、时间、预算、工具等，由于没有资源，测试变成了附属，可有可无，当然很难达到目的。

3. 没有测试的总结

要求测试的程序员在测试经过一段时间之后可能会去问一问那位帮忙测试的程序员，我的程序有没有问题，有问题就改，没问题就算。在这种情况下，帮忙进行测试的人员可能并未认真去进行测试，只是顺便运行了程序就给你作答，由于没有写测试报告的压力，测试不会认真，也鲜有分析，这样的测试形同虚设。

上面达不到测试目标的随意测试过程存在的原因是没有一个正规的测试流程来保证测试的进行，很多程序员并不知道应该如何开始测试，如何测试以及如何结束测试。

正如软件开发有一个规范的流程（比如瀑布模型）来支撑一样，软件测试也需要流程来保证其有效的执行，比如V模型、W模型、H模型等。这些模型虽然包含软件测试的一个过程，但不够清晰，比如H模型强调将开发的迭代融入到测试中，它指出当测试准备就绪时就开始测试工作，但是如何准备测试，什么时候准备就绪却没有说明，这样的模型可操作性差。

4.3.1 一种实用的软件测试流程

图4-4所示的软件测试流程包含两个输入：软件配置和测试配置。软件配置是建立运行被测软件的环境，使其可以用于测试；而测试配置则是构建测试相关的制品，比如测试计划、测试用例等，这两个输入是软件测试的前期准备。完成准备之后测试员执行软件测试，测试后产生的实际结果将与测试用例中事先确定的期望结果进行比较，比较结果一致，则完成一个测试用例，如果发生错误则进入到两条输出路径：一条是将错误告知程序员进行修正，程序员修正后再返回测试员进行测试；另一条输出路径则是将这个错误放入到测试错误数据库中进行统计，可以统计发生错误的原因以及错误率等，根据统计的结果可以构建测试报告以及软件的可靠性模型。

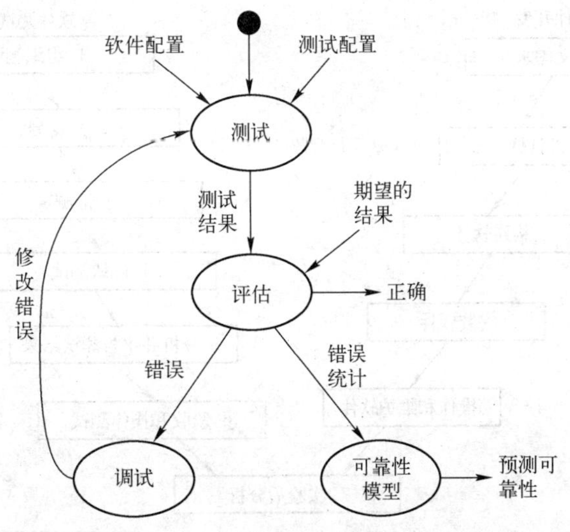

图 4-4　一种实用的软件测试流程

这个流程比较完整的展示了实际的测试过程，其最大的特点是根据对测试错误地统计建立可靠性模型，这种构建的可靠性模型可以对今后开发软件的错误进行预测，是面向未来的。比如根据统计，发现变量未赋初值即被使用容易造成错误，以后在测试软件时发现有未被赋初值的变量就预测其可能产生错误而予以修正，从而避免同样的错误再次发生。现在很多语言的编译器都可以发现和警告这类可能的错误，这些都是根据以前测试经验所构建的软件可靠性模型来确立的。

提示：

软件测试不光可以提高了本次被测试软件的质量，对今后开发高质量软件也起到了重要作用（构建软件可靠性模型）。这再次证明，软件测试对于软件开发是有促进作用的。

4.3.2　Perry 的 7 步软件测试流程

美国质量保证协会的创始人之一威廉 . E. 佩里（William. E. Perry）创建的软件测试的 7 步过程，这个过程建立在 1000 多家公司的实际测试经验基础之上，这些公司都是 QAI（美国质量保证协会）会员。可以这么说，该测试过程是迄今为止最为完善、最为适用、最具有实际指导意义的测试模型，它已经将基于经验的软件测试流程总结抽象为理论的测试流程。

Perry 的 7 步模型与 V 模型相似。图 4-5 及下面的介绍展示了这个软件测试的流程。

Perry 的 7 步软件测试流程是与软件开发遥相对应的，是一个顺序向下的一个过程。在定义软件需求的同时进行测试的准备工作；在设计软件时，也开始设计测试；而在软件需求分析，设计和编码的整个过程中，都伴随着软件的验证测试；在构建完软件之后，开始软件的确认测试，分析和报告测试结果；当软件发布之前交给用户在实际的环境中运行时，进行验收和操作测试，测试完成后，还需要对测试结果进行分析。这个过程非常完善，既包含了测试的起始准备和未来进行的总结，又包含完整的测试过程：分析、测试及报告。开发和测试不应当是完全独立的过程，而应将开发和测试整合为一个过程，这对于开发高质量的软件而言至关重要。

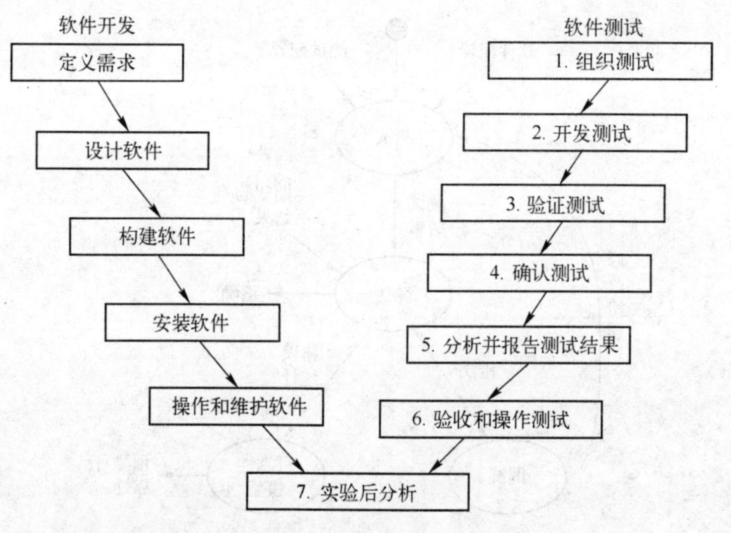

图 4-5　Perry 的 7 步软件测试过程

Perry 的 7 步软件测试流程具有非常强的实际指导意义，在他的著作《软件测试的有效方法》中花了超过 300 页的篇幅来详细阐述这个过程，由于我们的篇幅有限，只能摘取其皇冠上最为耀眼的那些珍珠来与读者分享。

1. 测试组织

测试组织属于测试前的准备活动之一，测试准备对于测试工作的成败而言至关重要。它包含两个目的：一是确定测试的内容，这里确定的测试内容并没有测试计划那么详细，只是在确定测试的范围，比如只进行功能测试、采用静态和动态测试等；第二个目的是确定由谁来执行测试，这是建立测试团队和确定团队中每个成员的任务，比如测试团队由一名管理人员，2 名测试人员构成，他们分别完成测试管理、功能测试和非功能测试。

测试组织需要项目文档和软件开发过程作为输入，项目文档包括：项目规划、目标、范围以及确定的输出内容等，开发过程包含了在项目实施期间必须遵循的过程以及标准。测试组织的输出是建立了一个测试小组，并准备开始测试。测试组织包含以下 5 项基本任务。

1）任命测试经理，测试经理负有组建测试小组的使命。

2）确定测试范围，测试经理根据项目的目标制定要执行哪种类型的测试。

3）组织测试小组，测试经理根据要完成的测试任务来组建测试小组。

4）验证开发文档，测试经理要验证是否有足够的开发文档可用于测试。

5）测试估算和项目状态汇报过程的验证，这是构建测试计划的先觉条件，将评估软件开发计划的完整性和正确性。

2. 开发测试计划

测试计划也属于测试准备活动之一，它是测试工作的详细指南，包含测试风险分析、策略、方法、资源，进度等重要内容，测试工作都应该是按计划进行的，没有测试计划的测试是很难到达测试目的的，测试计划将确定测试的具体目标。测试计划阶段包含以下 6 项任务。

1）勾勒软件项目的蓝图，只有当参与测试的人员理解了被测试软件项目的属性之后，才有可能开发出有效的测试计划，这一部分的工作就是去理解要测试的软件项目。

2）了解项目的风险，确定测试的风险，是否具有完整的文档等。

3）选择测试技术，比如白盒测试、黑盒测试等，要确定一个测试技术的组合。

4）计划单元测试与分析，主要介绍单元测试和分析的技术、评估和管理。通常而言，单元测试与程序代码结合最为紧密，因此多由程序员自己进行测试，这与测试的其他过程由专门的测试人员去完成略有不同。

5）构建测试计划，包括设定测试目标、开发测试矩阵、定义测试管理以及编写测试计划等工作。

6）检查测试计划，检查可以由同行来进行，以消除测试计划中可能存在的缺陷。

3. 验证测试

验证测试是剔除软件缺陷的最有效的方法。它是高层测试，其站在一定的高度对软件需求、设计以及编码等进行验证，目的是确保构建正确的系统。如果需求和设计有误，而且不能在前期检查和修正这些错误，那么这些错误会被带入到后期并被放大，将来修正这些错误会付出巨大的代价。验证测试采用的技术通常是手动的，比如评审、走查、审查，需求跟踪，静态分析等等，这些静态技术的运用可以找到系统的高层缺陷，这部分测试主要包含以下3个方面的任务。

1）需求阶段测试，测试人员需要确定需求是否正确、完整，并且相互之间没有冲突。

2）设计阶段的测试，对设计文档进行审查，找到设计阶段的早期缺陷。

3）编程阶段的测试，根据检查清单对代码进行评审，包括审查、走查等。

4. 确认测试

确认测试是利用各种测试技术和方法确定所构建系统的运行正确性，确认测试是在系统上运行测试用例，确认运行的实际结果与期望结果的一致性，这部分测试就是我们传统意义上理解的测试。确认测试包含以下3方面的任务。

1）建立测试用例（数据/脚本），测试用例是进行具体测试的驱动条件。

2）执行测试，按照测试计划中指定的步骤方法及工具进行测试，确定可执行代码是否满足了软件需求和结构化的设计规范。

3）记录测试结果，将测试中获得的结果归档。

5. 分析并报告测试结果

分析和报告测试结果是测试的输出，如果不能有效地完成这一部分工作，我们对测试的理解将陷入低水平状态，也无法了解系统的缺陷状况，比如系统缺陷是否在减少，现在发布系统是否可行等。这一步的目的是确定在测试中获得的信息，并将之告知相关人员。它包括软件在哪些方面工作正常，哪些方面存在问题，也包括测试员的一些建设性意见。通常测试人员要编写两种测试报告：中间报告和最终的测试报告。测试报告是一个持续的过程，它可以是口头的或者是书面的。测试报告应该阐述缺陷造成的利害关系，以利于尽快地纠正缺陷。其包含以下3项任务。

1）报告软件状态，包括项目的当前状态，遇到的问题等，是及时、简单的测试报告。

2）报告中间测试结果，中间测试结果报告包括功能状态报告、功能运行时间报告、发现的缺陷与纠正后缺陷的差距报告、缺陷分布报告等内容，它们通常用于构成最终测试报告。

3）报告最终的测试结果。最终测试报告包括单个项目的测试报告、集成测试报告、系统测试报告以及验收测试报告等。

6. **验收和操作测试**

验收测试的目标是确定整个开发周期内，开发过程的各个方面都能满足用户的需求。实际上通过内部测试的软件需要在用户的实际环境中最后确认，只有在用户的实际环境中可用的系统才是真正有效地系统。该部分包括以下 3 项任务。

1）验收测试，验收测试是开发或维护期间根据软件满足预定义标准的程度来认可或拒绝软件系统的一个过程，它允许软件用户评估软件在他们日常工作中的适应性和可用性。

2）操作前测试，一旦测试团队确认软件准备投入使用，就应当测试在生产环境下软件的执行能力。操作前测试用来验证开发/购买的系统是否可以在生产环境下按预期运行，包括安装测试、重启/恢复测试、验证正确的变更将进入到生产中，而不需要的版本已经删除并记录问题等。

3）操作后测试，是指测试软件系统的变更版本。

7. **实现后分析**

实现后分析是面向未来的，它要回到诸如测试是否有效、测试人员的表现如何、如何改进测试过程等问题。在每次软件测试结束后，通过评估测试效率可以最大限度地改进测试。这种评估除了由测试员参加之外，还应该邀请开发人员、软件用户以及质量专业人员共同参与。这种总结对于软件测试而言尤为重要，它不仅可以积累测试的经验，还可以提供开发高质量软件的过程。实现后分析包括以下 7 个方面的任务。

1）建立评估目标，这些目标包括标识测试的缺点、标识对新测试工具的需求、评估项目测试、标识好的/差的测试习惯、标识经济的测试习惯。

2）标识度量的内容，度量的内容是指用来完成度量目标的信息类别，包括测试人员、测试范围（测试量）、消耗的资源、测试的有效性以及评估测试的价值。

3）分配度量职责，让一个小组负责收集和评估测试性能信息。

4）选择评价的方法，这些方法包括判断、测试后的问题、用户反应以及测试的度量标准。

5）标识所需的事实，标识用来支持选中方法所需的事实，这些信息包括改动的特征、系统的大小、测试的代价、发现的缺陷、系统抱怨等。

6）收集评估数据，建立用来收集和存贮用于评估所需数据的系统。

7）评估测试的有效性，分析原始数据，从而对系统测试的有效性做出结论，使用分析结果，可以采用适当的行动。

可以按照 Perry 的 7 步软件测试流程来完成任何一个软件项目的测试，它本身就是一个完成的软件测试系统。大多数实际的测试过程介于最简单的测试过程和 Perry 的 7 步测试过程之间，在后面测试管理的章节中还会详细地介绍整个测试的流程。

4.4 小结

这一章是承前启后的一章。在没有介绍相关软件测试技术知识的基础上，本章通过一个具体而简单的例子介绍了软件测试的方法和流程，使读者对测试有一个初步的认识。本章的例子很简单，就像软件开发介绍的“Hello world”程序。但是麻雀虽小，五脏俱全，“Hello

World”初级测试例子详细而具体的展现了测试的全貌。

本章还介绍了完整的测试系统及软件测试的流程，为后面的学习提供了一个框架，使读者更容易从整体上把握测试。

习题 4

1. 按照本章介绍的测试流程，构造下面计算程序段的测试流程。

```
void static main(int argc,char * argv[])
{
    int     x = atoi( * argv[1]);
    int     y = atoi( * argv[3]);
    switch( * argv[2]){
    case    '+':                    /// 输入加号计算两个数相加
            printf("%d + %d = %d",x,y,x + y);
            break;
    case    '-':                    /// 输入减号计算两个数相减
            printf("%d - %d = %d",x,y,x - y);
            break;
    case    '*':                    /// 输入乘号计算两个数相乘
            printf("%d * %d = %d",x,y,x * y);
            break;
    case    '/':                    /// 输入除号计算两个数相除
            printf("%d * %d = %d",x,y,x/y);
            break;
    default:                        /// 输入其他符号打印正确的使用方法
            printf("Correct use:x + ( - * / )y");
            break;
    }
}
```

上面的程序段根据用户的输入的符号和数值计算两个数的加、减、乘、除。如果用户没有输入正确的符号参数，则告诉用户正确的使用方法。

2. 阐述测试系统的概念。

3. 以图形的方式展示 Perry 的 7 步软件测试流程。

第三部分　软件测试基本技术

测试流程指导测试工作的顺利进行，测试工作的基础是构建测试用例。如何构建有效、高效的测试用例，这是测试技术保证的。

软件测试在很大程度上是在选择软件测试的用例。如何选择测试用例以使测试能够有效和高效地暴露软件中存在的缺陷，以什么方法选择的软件测试用例是一种全面的测试，这些问题的回答都涉及软件测试的基本技术。

除了软件测试用例之外，还有其他的测试方法，即通过检查表的方法进行软件开发的需求、设计和源码的静态检查，这与 Perry 7 步测试流程中的验证测试相一致。

基本的测试技术有静态测试和动态测试，有白盒测试和黑盒测试。实际上，这些测试技术是从不同的角度去看待测试的过程，白盒测试中包含有静态测试和动态测试，黑盒测试中也包含有静态测试和动态测试。由于静态测试具有特殊的阶段和意义，因此单独把静态测试一章列举出来。

第 5 章　静 态 测 试

5.1　静态测试概述

按照通常的认识，软件测试都是需要运行软件的。测试人员在被测软件上运行不同的测试用例，寻找软件内部潜在的错误。实际上，并非所有的软件测试工作都需要运行软件，软件测试可以分为静态测试和动态测试。

静态测试（Static Testing）——对组件/系统进行规格或实现级别的测试，而不是执行这个软件，比如代码评审。

动态测试（Dynamic Testing）——通过运行软件的组件或系统来测试软件。

静态分析的目的是在软件源代码和软件模块上找缺陷。静态分析并不需要真正的运行软件，而是通过工具来检查软件；而动态测试是真正运行软件的代码。静态测试可以发现在动态分析中很难发现的存在。与评审一样，静态分析通常发现的是软件的缺陷而不是运行的失败。

5.1.1　为什么需要静态测试

狭隘的软件测试思想只对可运行的软件进行测试，广义的软件测试思想是将测试遍布于软件开发生命周期的各个阶段，包括软件需求、软件设计、软件编码、软件测试及软件维护等阶段。在软件编码完成之前是没有可以运行的软件的，不可能进行动态测试，此时进行的测试全部都是静态测试。在软件编码之后，也可以对软件的代码进行静态测试。从这个意义上讲，静态测试比动态测试具有更长时间的适用范围，也具有更多的测试对象，如图 5-1 所示。

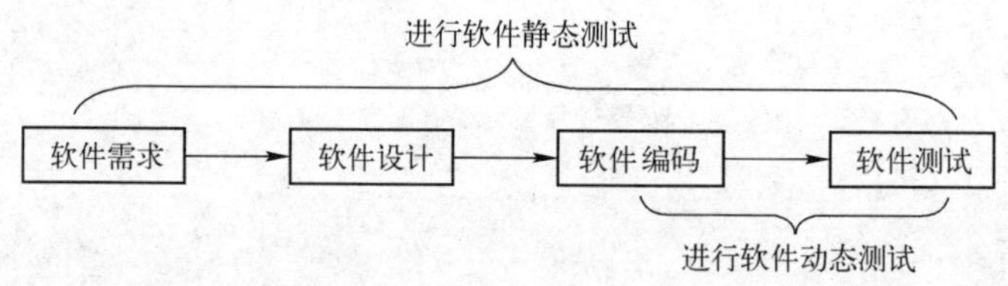

图 5-1　静态测试遍布于软件开发生命周期的各个阶段

除了在某些阶段只能进行静态测试这个原因之外，静态测试对于发现软件缺陷而言是至关重要的。研究表明，大约 2/3 的系统错误发生在设计阶段。如果不对系统错误进行检测，那么这些错误最终将带入到软件中，而且在软件中被放大。从测试经济学的角度来说，发现缺陷的时间越晚，纠正这个缺陷所需要的代价将成倍增长。因此也要求对软件的早期制品进行测试。

提示：

静态测试不仅具有更长的生命周期，而且由于其大多数情况下是对软件系统高层次的测试评审，能够在软件开发的早期找出软件缺陷，更能体现测试的经济学原则。

下面举一个由于需求不完整而导致设计不完整的例子，以说明静态测试的重要性，即没有考虑黑色小鼠的跳台仪设计（图 5-2）。

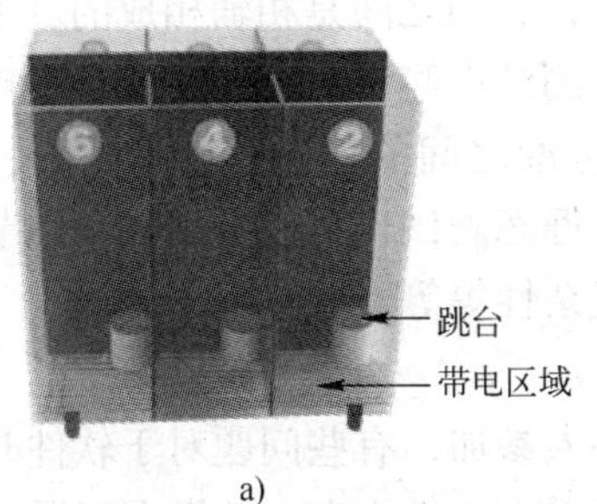

a)

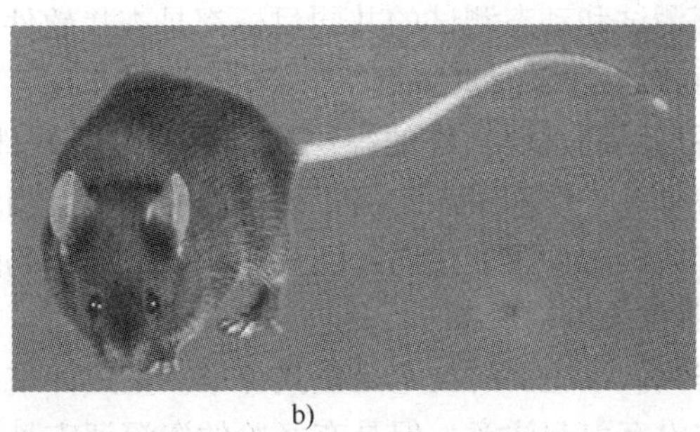

b)

图 5-2　跳台仪及黑色小鼠

a）跳台仪　b）黑色小鼠

跳台仪是一种药理学的科学测试仪器，该仪器用于测试动物的记忆能力，对于记忆相关的科研工作以及药物的筛选起到重要的验证作用，其主要针对的实验动物是小白鼠。该仪器的原理是将小白鼠活动的区域分为安全区和非安全区，安全区不会造成小白鼠的损伤，但是安全区设在一个很小的突起平台上，称为跳台，小白鼠待在安全区上会感觉非常不舒服；非安全区区域较大，但带电。对于记忆正常的小白鼠而言，一旦其在非安全区被电击之后会总是呆在安全区，即使感到在小的跳台上非常不舒服，而记忆不佳的小白鼠即使被多次电击还是会不时地进入到非安全区。

该仪器最重要的功能是探测小白鼠所在的区域，为此在安全区的跳台上安装有红外发射和接受管，当小白鼠在安全区跳台上时，红外发射管发射的光照射到小白鼠腹部，然后反射到红外接收管上，则仪器自动探测到小白鼠所处的位置在安全区跳台上。

该仪器应用于小白鼠的实验中并没有发现异常。但是，当用户在使用小黑鼠（生理科研使用的一种转基因小鼠）进行测试时，发现不能够正确探测到小黑鼠的位置，这是什么原因呢？原来，小黑鼠的皮毛是黑色的，它对发射的红外光主要是吸收作用，反射很少，那么通过小黑鼠皮毛反射进入到红外接收管的反射光变弱，致使仪器无法探测小黑鼠的存在。结果是仪器无法满足用户的需求，由于这个问题出在设计阶段，因此很难改进。为什么在设计阶段没有考虑到小黑鼠的存在呢？因为没有做全面的需求调查和评审，导致需求的不完整。

尽管这个例子并非针对软件产品，实际上，静态测试对所有产品的前期检查都是有效的，也同样适合于软件产品。

5.1.2　静态测试的重要性

静态测试是重要的和必须的，下面几个因素可以帮助理解这一点。

1. 发现设计的方向性问题

5.1.1 节中介绍的仪器由于需求的不完整造成最终产品的不完整（缺陷），通过后期测试虽然可以发现这些问题，但是为产品改进付出的代价是巨大的，可能是整个产品的重新设计。如果能够在早期的需求评审中发现这一问题，那么采用不同的设计方案，比如采用微动开关探测小鼠的位置，就不会造成产品开发的方向性错误。从这个意义上讲，静态测试对于软件产品的实现具有更高层次的影响，其需要更多的分析问题和发现问题的技巧和经验。

2. 更早的发现问题

静态测试和动态测试的共同目标都是查找软件缺陷，它们之间是相辅相成的。不同的技术可以有效地发现不同的缺陷，与动态测试相比，静态测试在测试执行之前尽早发现缺陷和问题，容易早期发现软件的高层次问题，包括软件与标准之间的偏差、需求缺陷、设计缺陷、软件可维护性和错误的接口规格说明等等。当然，静态测试也可以发现代码细节上的问题，比如代码的后门、代码处理流程的欠缺，代码的复杂性等等。

3. 避免杀虫剂现象

静态测试最主要的技术是正式评审。正式评审由多人参加，有些问题对于软件开发者而言可能并没有引起注意，但是有经验的资深评审员可能看出软件中存在的潜在问题，从而更全面的审查在软件中可能出现的各种问题。

可以发现在动态测试过程中很难发现的软件缺陷，比如代码后门。

4. 引起程序设计人员的重视

静态测试时，可能由多名资深程序员或测试员对程序代码进行评审，他们可能检查程序员设计代码的能力和规范性，这对程序员而言是一个压力，将会促使程序员自己首先认真检查自己的代码，以免被别人指责。

5. 静态测试可以训练程序员

有些静态测试是对代码的评审，比如走查。有资深软件人员的加入，他们不仅对代码进行评审，同时讲解如何改进和优化代码、增强代码的可维护性等。它的另一个功能就是培训新的程序员，预防软件缺陷并改进软件设计。比如某个程序员在编写代码时总是不全部初始化变量，因为他认为这样做没有什么问题，的确，很多时候这样做不会出现问题，但这种问题一旦发生却很难发现。在静态测试中资深程序员就可以要求该程序员必须在定义完变量后进行初始化，并讲明这样做可以提高其代码的质量。

5.2 评审

静态测试的主要技术是评审。

评审（Review）是指对产品或产品状态进行评估，以确定与计划的结果所存在的误差，并提供改进建议。

评审是一个过程或会议，在此期间一个软件产品、一组软件产品或软件过程被呈现给工程人员、管理者、使用者、用户、使用者代表、审计人员或其他感兴趣的人员进行检查、评价或建议。

评审是主要的静态测试技术之一，在软件生命周期早期的评审过程中发现缺陷，修改缺陷的成本会比在动态测试中发现此类缺陷修改成本低很多，因此其意义重大，应用广泛。可以通过人工的方式进行评审，也可以通过工具支持的方式进行评审，比如通过代码分析工具对于代码中的通用错误进行查找。人工进行软件评审的主要活动是检查工作产品，并对工作产品提出修改意见。可以对任何软件工作产品进行评审，包括需求规格说明书、设计规格说明、代码、测试计划、测试规格说明、测试用例、测试脚本、用户指南或其他。

软件评审的主要好处是尽早发现和修改软件缺陷、改善开发能力、缩短开发时间、缩减测试成本和时间、减少产品生命周期成本、减少软件缺陷以及改善和开发人员之间的沟通等。评审可以在工作产品中发现一些遗漏的、冗长的内容，这在动态测试中是很难发现的。

本部分的主要内容是以 IEEE Std 1028－2008 软件评审与审计标准为蓝本编写的。

5.2.1 评审成功的因素

要确保评审成功，下面列举的因素是重要保障。

1）每次评审都有非常明确的目标。

2）针对评审目标，有合适的评审人员参与。

3）对发现的缺陷持欢迎态度，并客观的描述缺陷。

4）能够正确处理人员之间沟通的问题以及心理方面的问题（比如对作者而言，评审的过程是一个提高的过程而非批评的过程）。

5）采用的评审技术适合于软件工作产品和评审参与者。

6）为了提高缺陷标识的效率，可以采用检查列表的方式或定义不同的脚色。

7）提供评审技术方面的培训，特别是针对正式评审技术，比如评审技术的培训。

8）管理层对评审过程的支持（在项目计划中安排足够的时间来进行评审活动）。

9）强调学习和过程的改进。

5.2.2 评审的基本术语

关于评审的一些术语：

异常（Anomaly）——任何与基于需求规格说明书、设计文档、用户文档、标准或者人们的感觉和经验所希望的相偏离的状态。异常可能在评审、测试、分析、编辑或者软件的使用中被发现。

规格说明（Specification）——说明组件/系统的需求、设计、行为或其他特征的文档，常常还包括判断是否满足这些条款的方法。理想情况下，文档是以全面、精确、可验证的方法进行说明的。

标准（Standard）——得到一致（绝大多数）同意，并经公认的标准化团体批准，作为工作或工作成果的衡量准则、规则或特性要求，供有关各方共同重复使用的文件，目的是在给定范围内达到最佳有序化程度（1986 年国际标准化组织发布的 ISO 第 2 号指南中提出）。

与规范相比，标准比较严格，有些标准带有强制性。

5.2.3 评审的软件产品

软件产品（Software Product）是一个非常广泛的概念，并非仅仅指可执行代码。下面列举了部分在评审中可能提到的软件产品，在后面讲解评审时，本书会不断地提到软件产品，后面提到的软件产品可能是下面所列举软件产品的一部分或全部。

1）异常报告（Anomaly Reports）。

2）审计报告（Audit Reports）。

3）备份和恢复计划（Backup and Recovery Plans）。

4）构建过程（Build Procedures）。

5）应变计划（Contingency Plans）。

6）合同（Contracts）。

7）客户和用户代表投诉（Customer or User Representative Complaints）。

8）灾难计划（Disaster Plans）。

9）硬件性能计划（Hardware Performance Plans）。

10）审查报告（Inspection Reports）。

11）安装计划（Installation Plans）。

12）安装过程（Installation Procedures）。

13）维护手册（Maintenance Manuals）。

14）维护计划（Maintenance Plans）。

15）管理评审报告（Management Review Reports）。

16）操作及用户手册（Operations and User Manuals）。

17）采购合同方法（Procurement and Contracting Methods）。

18）进度报告（Progress Reports）。

19）发布记录（Release Note）。

20）报告与数据（Reports and Data），例如评审、审计及项目状态，异常报告或测试数据。

21）需求建议（Request for Proposal）。

22）风险管理计划（Risk Management Plans）。

23）软件质量保证计划（Software Quality Assurance Plans（IEEE Std 730™—2002［B2］））。

24）软件配置管理计划（Software Configuration Management Plans（IEEE Std 829™—2005［B3］））。

25）软件测试文档（Software Test Documentation（IEEE Std 829™—2008［B4］））。

26）软件需求说明（Software Requirements Specifications（IEEE Std 830™—1998［B5］））。

27）软件验证和确认计划（Software Verification and Validation Plans（IEEE Std 1012™—2004［B6］））。

28）软件设计描述（Software Design Descriptions（IEEE Std 1016™—1998［B7］））。

29）软件项目管理计划（Software Project Management Plans（IEEE Std 1058™—1998［B9］））。

30）软件用户文档（Software User Documentation（IEEE Std 1063™—2001［B10］））。

31）软件安全计划（Software Safety Plans（IEEE Std 1228™—1994［B13］））。

32）软件构架描述（Software Architectural Descriptions（IEEE Std 1471™—2000［B14］））。

33）源代码（Source code）。

34）规格说明书（Specifications）。

35）标准、规则、指南和过程（Standards，Regulations，Guidelines and Procedures）。

36）系统构件过程（System Build Procedures）。

37）技术评审报告（Technical Review Reports）。

38）供应商文档（Vendor Documents）。

39）走查报告（Walk-through Reports）。

5.2.4 评审的分类

根据 IEEE Std 1028 – 2008 软件评审与审计标准，按照评审过程的正式程度、严格程度可以将评审分为非正式评审和正式评审。非正式评审包括桌面审查、走廊聊天、伙伴测试或者结对编程等；正式评审又可以分为管理评审、技术评审、审查、走查和审计等，参见图 5–3。

相对而言，非正式评审在平时的软件开发过程中经常使用，不拘泥于形式，效率很高，但其结果缺乏权威性和正式性。相反，正式评审则非常严格、正式，但由于涉及的资源较多，因此相对于非正式评审而言出现的频率并不高。由于正式评审的内容非常丰富，本书专门使用一个单独的章节进行描述。

5.2.5 非正式评审

非正式评审（Informal Review）是一种不基于正式（文档化）过程的评审。这种软件评审的方式简单适用，可以发生在软件开发的任何时间和地点，也不拘泥于正式的形式，比如走廊聊天（Hallway Chat）、伙伴测试（Buddy Test）或者结对编程（Pair Programming）等。这种评审方式最为方便、廉价和有效，很多程序员都在自觉不自觉地采用这种评审方式，参见图 5–4。

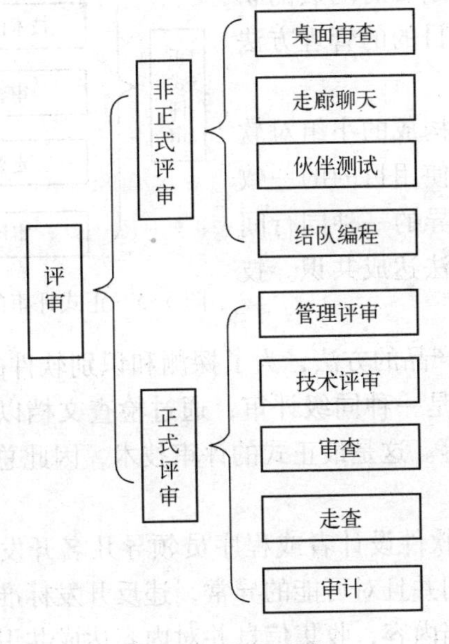

图 5–3 评审分类

图 5–4 非正式评审示意图

（1）非正式评审的特点

1）没有正式的评审过程。

2）对设计文档和代码以技术评审为主。

3）评审的过程和结果可能是文档化的。

4）评审的投入少，效率高。

5）评审主要目的是以较低成本即时的发现问题。

（2）非正式评审举例

刘涛负责为公司生产的睡眠监测系统编写睡眠分析软件，他知道，这个软件主要供出口使用，界面要以英文为主，这是基本的需求。他在想，现在以英文编写了这套软件，如果将来要将这套软件应用于国内，还需要移植为中文软件，可能会非常麻烦，能否做一个语言通用的软件，即使增加语言也并不影响到代码。他把这种想法告诉了公司的软件负责人王伟斌，王伟斌对这个提议也很感兴趣，于是两人展开讨论，查询资料，最后认为采用C#卫星程序集的方式可以解决这个问题，于是他们修改了软件设计的需求，将软件只支持英文改为支持可选择通用语言，为程序的扩展打下了基础。这种对于技术的讨论活动可以被看做是一次非正式的软件评审，当然最终技术方案的修改则涉及正式评审的内容。

5.3 正式评审

正式评审（Formal Review）属于评审，由于其内容丰富、众多，因此将其单独列举出来进行讲解更利于理解。

正式评审是对评审过程文档化的一种特定评审。

正式评审可以分为以下5种形式，如图5-5。

管理评审（Management Review）管理层对软件产品或开发过程进行的系统评估，包括监视开发过程、确定计划和时间表的状态、确认需求和他们的系统分配，评估达到适当目的的管理方法的有效性。

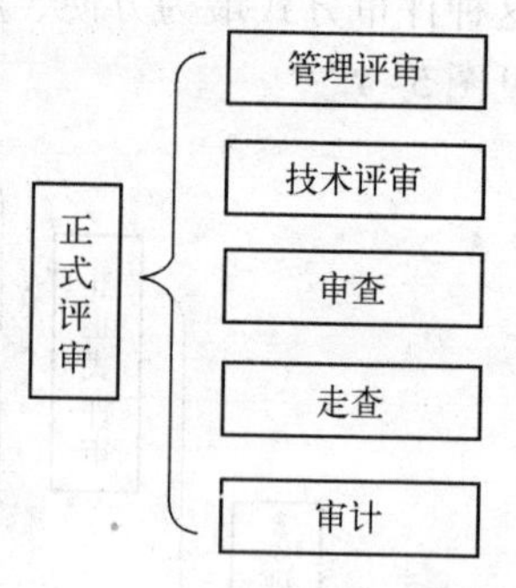

图5-5 正式评审的分类

技术评审（Technical Review）是指资深人员构成的小组对软件产品进行系统性评估，包括检查软件产品与其使用目的的一致性，识别软件产品与规格说明书及相关标准的差异的一种同行间的小组讨论活动，主要为了所采用的技术实现方法达成共识。技术评审可能提供选择建议和检查各种可能的选择。

审查（Inspection）是一种可视化地检查软件产品的方法，为了探测和识别软件的异常，包括错误与标准和规格说明书之间的差异等。这是一种同级评审，通过检查文档以检测缺陷，例如不符合开发标准、不符合更上层的文档等。这是最正式的评审技术，因此总是基于文档化的过程。

走查（Walkthrough）是一种静态分析技术，软件设计者或程序员领导几名开发团队成员和其他感兴趣的人员彻查软件产品，参加者提问并且对可能的异常，违反开发标准的事件以及其他问题进行评论，由文档作者逐步陈述文档内容，收集信息并对内容达成共识。

审计（Audit）是对软件产品或过程进行的独立评审，来确认产品是否满足标准、指南、规格说明书以及基于客观准则的步骤等。审计包括的文档有：产品的内容与形式；产品开发应该遵循的流程；度量符合标准或指南的准则。

5.3.1 正式评审的最小可接受条件

根据IEEE Std 1028—2008软件评审与审计标准，正式评审的最小可接受条件如下：

1）团队参与（Team Participation）。

2）文档化评审结果（Documented Results of the Review）。

3）文档化实施评审的过程（Documented Procedures for Conducting the Review）。

由此可见，正式评审是一种基于文档化的团队参与的软件评审过程，参见图5-6。

图5-6　正式评审示意图

5.3.2　正式评审的脚色

参与正式评审的人员会因评审的内容不同而存在差异，但以下几类人员在各种正式评审中都会出现。

评审领导（Review Leader）——审查领导负责完成与审查相关的计划和组织工作，包括收集和分发资料、制定评审计划、组织召开评审会议，给出评审报告及会议后对结果的跟踪。如果需要，评审领导可能还需要进行不同观点之间的协调。评审领导是项目评审是否成功的关键。

评审员（Reviewer）——具有专门技术或业务背景的人员。他们可能成为检查员（Checker）或审查员（Inspector），在必要的准备后，他们描述被评审产品存在的问题（缺陷）。评审员应该在评审过程中代表不同的观点和角色，他们参与各种评审会议。

记录员（Recorder）——记录评审会议中发现的所有缺陷、问题以及会议过程中标识的未解决问题，评审人员的建议以及改进措施等。

以下人员会根据需要出现在不同的正式评审中。

决策者（Decision Maker）——决策者是管理评审的管理者。决策者确定是否达到评审目标，决策者是公司领导，对评审结果进行确认。

管理经理（Management Staff）——决定是否需要进行评审，如果需要，在项目计划中分配时间、同时判断是否达到评审的目标。

作者（Author）——文档的作者或文档的主要负责人。

主顾或使用者代表（Customer or User Representative）——评审领导确定对于特定的评审是否需要主顾及使用者代表参加，并且确定这个角色在评审中的范围。

其他利益相关者（Other Stakeholder）——与软件项目开发相关的人员，比如管理者、技术员工、顾客和用户。

在正式评审中，一个人可以担任多个角色，但不能由一个人担任全部角色；相反，一个角色也可由多人承担。

5.3.3 正式评审的基本过程

软件产品是正式评审的输入参数，评审的输出是异常行为列表，软件产品改进的建议以及采取的行动，改进的完成日期及跟踪等。

典型的正式评审由团队构建、评审准备、评审过程以及评审跟踪几个子阶段构成，参见图 5-7。

1）团队构建阶段：选择评审员，分配角色；为正式评审的类型（比如审查）定义入口和出口准则；选择需要进行评审的文档或文档章节。

2）评审准备阶段：收集评审输入，分发文档，向评审参与者解释评审的目标、过程和文档，检查入口准则。

3）个人准备阶段：在评审会议之前，每位参与者准备各自的工作，标注可能的缺陷、问题和建议，然后将总结的资料发给评审领导。

4）评审过程：召开评审会议，讨论软件产品，通过文档化或会议纪要的方式讨论和记录评审过程和结果。会议参与者也可以简单的表示缺陷，提出建议来处理缺陷，或为如何处理缺陷做决定，评审会议可能不止一次。

5）评审结束阶段：审查领导就各方面意见达成一致，给出评审总结报告，检查发现的缺陷，通常由作者进行修改。

6）跟踪结果阶段：检查缺陷是否已解决，收集度量和检查出口准则。

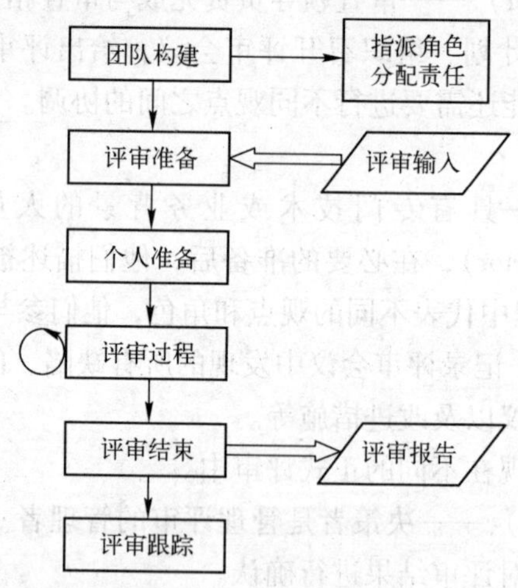

图 5-7 正式评审的流程

几种正式评审的方法各有不同的目的，是从不同的角度对软件产品进行评估。其中管理评审和技术评审是从宏观上对软件的整个过程及本身的完整性进行评估；而审查和走查则从细节上对软件产品进行查错；审计则是从独立评审的角度对软件产品进行评估。

以下各章节将对正式评审进行详细介绍，由于每种正式评审的内容较多，因此对于每种正式评审都单独分节介绍，以便于读者阅读。

5.4 管理评审

5.4.1 管理评审的目的和内容

管理评审（Management Review）的目的是监视软件开发的整个过程，确定开发计划和时间表的状态，确认需求和资源分配，评估达到适当目的管理方法的有效性。管理评审支持关于纠错行为的决定，可以支持修改资源分配，修改项目范围等决定。

管理评审判定实际情况与计划的一致性和偏离，确认管理过程是否充分。技术知识对于引导成功的管理评审也是至关重要的。

管理评审的内容包括评审异常报告、审计报告、备份和恢复计划、应变计划、灾难计划、进展报告、风险管理计划、软件安全计划、配置管理过程等等。

5.4.2 管理评审的团队

管理评审是对整个软件项目的宏观评估，是由对系统负有责任的管理人员执行，通常由表 5-1 所列角色构建管理评审团队。

表 5-1 管理评审的团队构成和角色职责

序 号	角 色	职 责
1	决策者	决策者是管理评审的管理者，决策者确定是否达到评审目标。决策者是公司领导，对评审结果进行认定
2	评审领导	评审领导确保完成与评审相关的行政工作，为评审计划和准备工作负责，他将确保引导评审按照有序的方式进行并达到其目标，并发布评审结果
3	记录员	记录员记录异常，活动项以及评审团队的建议
4	管理人员	管理人员参加评审
5	技术人员	技术人员为管理人员提供完成他们责任所必需的信息
6	主顾或使用者代表	他们的责任由评审领导在评审前确定

5.4.3 管理评审过程

管理评审的过程参见图 5-8。

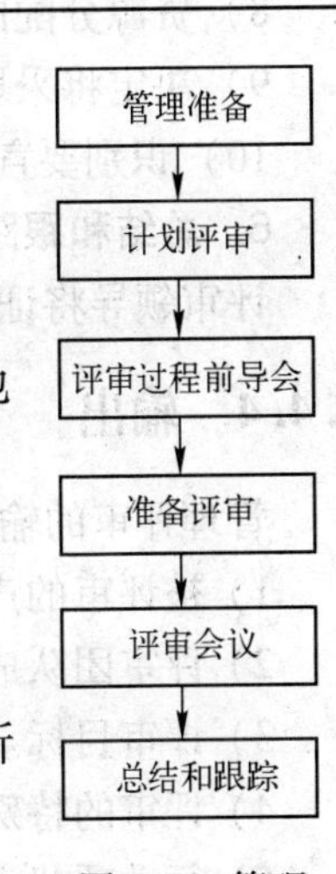

图 5-8 管理评审的过程

1. 管理准备（Management Preparation）

管理人员需要确保评审需要适当的标准、过程以及法律、合同或其他政策的委托需求，之后，管理人员要做以下工作。

1）计划评审所需要的时间和资源，包括支撑功能或其他适当的标准。

2）提供计划、定义、执行以及管理评审的资金和设施。

3）提供适合于给定项目的培训和评审过程目标。

4）确保评审员具有适当的专业和通用知识水平，使他们能够理解所评审的软件产品和过程。

5）确保计划的评审是可控的。

6）及时处理评审团队的建议。

2. **计划评审**（Planning the Reviw）

评审领导负责下面的活动。

1）对于评审团队给予适当的管理支持。

2）为评审成员分配指定的责任。

3）安排会议的时间和地点。

4）提前分发评审资料给评审人员，保证他们有足够的时间进行查看。

5）为分发评审材料、意见反馈以及将反馈的信息交给作者处理设置时间表。

3. **评审过程前导会**（Overview of Review Procedures）

在评审领导的要求下，一个资深评审员应该出席专门为评审团队召开的前导会，这个前导会可以是评审会议的一部分，也可以是一次分离的会议，这个会议详细规定了评审的过程。

4. **准备评审**（Preparation）

每一个评审成员都需要审查软件产品及过程以及其他会议前发布的评审输入资料，审查中发现的异常要求文档化并且要发送给评审领导。评审领导将这些异常进行分类以保证评审会议高效的利用这些资料，然后，评审领导将这些异常发送给软件产品的作者或软件过程的所有者进行处理。

5. **评审会议**（Examination）

管理评审将由一个或多个会议构成，这些会议将实现以下目标。

1）检查管理评审的目标。

2）评估被评软件产品或过程与评审目标的差异。

3）评估包括计划和时间安排在内的项目状态。

4）检查评审团队在会议之前发现的异常列表。

5）产生活动项列表，强调风险。

6）文档化会议。

7）评估和管理可能危及项目成功的风险问题。

8）资源分配的更改和项目的重定向和再计划。

9）决定将采取的行动或行动建议。

10）识别要宣布的其他可能问题。

6. **总结和跟踪**（Rework/Follow_up）

评审领导将证实会议上分配的行动项是否完成。管理评审达到要求之后就可以退出。

5.4.4 输出

管理评审的输出文档将用于辨识以下内容。

1）被评审的产品和过程。

2）评审团队成员。

3）评审目标。

4）评审的特殊输入。

5）行动项状态（打开、关闭），负责人和目标日期（打开）或完成日期（关闭）。

6）被评审团队发现的异常列表，该列表将向项目提出实现它的目标。

评审结果将发布给决策者或其他由局部过程确定的相关责任管理人员。评审输出还可以发布给对项目有影响的人员。

5.4.5 举例

X 公司要开发一个睡眠分析软件，前期进行了需求分析和设计，制订的开发计划如表 5–2。

表 5–2 睡眠分析软件开发计划（部分）

序号	起始时间	结束时间	工作内容	完成标准	检查点
1	2011 – 3 – 1	2011 – 5 – 30	完成系统的需求分析	需求规格说明书	是
2	2011 – 6 – 1	2011 – 7 – 31	完成系统的概要设计	概要设计说明书	是
3	2011 – 8 – 1	2011 – 10 – 1	完成系统的详细设计	详细设计说明书	是
⋮					

在计划表中规定了一些检查点，这些检查点通常出现在某项任务的计划完成时间或某个里程碑事件出现时，这些检查点是例行检查。对于整个软件项目开发过程而言，每个计划确定的检查点都可以进行一次管理评审，当然也会有例外的管理评审，这些评审确定项目的进度和计划是否一致。

在 2011 年 5 月 31 日，公司总经理（决策者）要求对睡眠分析软件进行一次管理评审，评审的目的是确定计划和实际开发进度的一致性。本次管理评审的过程如下。

1. 构建团队

整个评审工作由公司技术总监（评审领导）负责，其他参加人员包括：公司办公室主任（管理人员 + 记录员）、项目负责人（技术人员）以及销售经理（用户代表）构成。

2. 评审准备

评审领导首先确定评审的时间和地点，然后通知参加评审的人员。

要求项目负责人提供项目需求规格说明书，作为评审的输入。然后将需求规格说明书分发给要参加评审的其他人员先行查看，找出不足，并收集这些不足，形成项目异常列表，见表 5–3。

表 5–3 睡眠分析系统软件需求分析评审的异常列表

序 号	异 常	建议的改进
1	未列出参考标准	列出相关的参考标准
2	同类软件产品的比较不足	参考更多的同类产品
3	需求报告不完整	未按照计划完成需求分析

3. 评审会议

评审领导在规定的时间和地点召开会议并主持会议，一般而言，评审会议的时间应该控制在 1 ~ 2 小时内，避免时间过长造成评审效率下降。评审员在评审会议上对异常列表中列举的异常进行讨论，对会议中引入的实时性问题进行讨论，最后给出一个结论作为评审输出。

可能的结论是，异常列表提出的异常及其建议是合适的，要求项目负责人在两周之内完成修改并进行第二次管理评审。由于项目未到达预期目标，因此建议修改项目计划和资源要求，给予项目更多的时间和人员。

4. 改进跟踪

评审领导将评审的内容总结后交给决策者确认，确认后由评审领导进行监督，保证评审的内容得以执行。

5.5 技术评审

5.5.1 技术评审的目的和内容

技术评审的目的是由资深人员构成的小组对软件产品进行系统性评估，包括检查软件产品与其使用目的的一致性，识别软件产品与规格说明书及相关标准的差异。它提供处理证据用于确认项目的技术状态。

技术评审可能为项目提供建议和检验各种替代方案，有时需要召开多次会议完成技术评审的工作。

技术评审涉及的软件产品包括软件需求规格说明、软件设计描述、软件测试文档、维护手册、软件开发过程描述、软件构架描述、系统构建过程等。

5.5.2 技术评审团队

技术评审是对整个软件项目的宏观评估，通常由表5-4所列角色构建评审团队。

表5-4 技术评审团队的构成和角色职责

序 号	角 色	职 责
1	决策者	决策者是技术评审的管理者，决策者确定是否达到评审目标
2	评审领导	评审领导对评审负责，评审领导确保完成与评审相关的行政工作
3	记录员	记录员记录异常、活动项、决议，以及评审团的建议
4	技术评审员	积极参加评审和评估软件的技术人员
5	管理人员	参加技术评审的管理角色，他们主要分辨需要管理解决的问题
6	主顾或使用者代表	由评审领导确定是否需要主顾或使用者代表，他们的责任由评审领导在评审前确定
7	利益相关者	技术员工、顾客和用户

5.5.3 技术评审会议

技术评审的过程与管理评审相似，这里不再赘述，只针对技术评审会议进行介绍。

技术评审将由一个或多个会议构成，这些会议将实现以下目标。

1. 确定评估的软件产品和异常

1）软件产品是否完整。

2）软件产品是否与规则、标准、指南、计划、规格说明书，以及适当的项目过程相一致。

3）假设是合理的，那么修改软件产品是可以完成并且只影响到指定区域。

4）软件产品是否与它的使用目标相适合。

5）软件产品是否准备好下一阶段活动。

6）审查的结果是否需要修改软件项目时间安排。

7）是否有存在于其他系统元素，比如硬件，外部组件系统的异常存在。

2. 确定异常及其危险程度

每个软件异常会产生不同的结果，有些结果是良性的，有些结果会导致软件产生严重后果，技术评审需要确定异常的危险程度，然后按照危险程序排序这些异常。

3. 产生活动项的列表，强调风险

产生一个会议活动项的列表，该列表记录了技术评审会议中提到的对异常的处理活动，强调这些活动的重要性，强调异常对软件可能造成的风险。

4. 文档化会议

软件产品技术评审之后，将生成会议记录的文档，包括从软件产品中发现的异常列表，以及给管理者的建议。如果发现的异常十分关键或者数量巨大，那么评审领导要求在软件产品修改之后再做一次额外的技术评审。

5.6 审查

5.6.1 审查的目的和内容

审查的目的是为了探测和识别软件的异常，审查是系统的同事检查，包括以下内容。

1）验证软件产品是否符合规格说明书。

2）验证软件产品是否满足特定的质量属性。

3）验证软件产品是否符合规则、标准、指南、计划、规格说明和过程。

4）识别与标准规格说明书之间的偏差。

5）收集软件工程数据，如异常和结果数据，用于改进审查过程自身以及其支持文档（比如检查列表）。

6）使用数据来说明项目管理的决定是合适的。

涉及审查的软件产品包括但不限于以下部分。

1）软件需求规格说明（Software Requirement Specification）。

2）软件设计描述（Software Design Description）。

3）源代码（Source Code）。

4）软件测试文档（Software Test Documentation）。

5）系统构建过程（System Build Procedures）。

6）安装过程（Installation Procedures）。

7）发布记录（Release Notes）。

8）软件模块（Software Models）。

很多时候，会将审查集中在源代码上。

5.6.2 审查团队

审查通常由 2～6 人参加（包括作者）。审查由一名公正的受过训练的人员领导，确定对异常修改和调查的行动是软件审查的强制元素，尽管并不一定能够在审查会议上解决这些问题。以分析和改进软件工程过程为目的的数据收集也是软件审查的强制元素。

审查团队的构成和角色职责参见表5-5。

表5-5 审查团队的构成和角色职责

序 号	角 色	职 责
1	评审领导	审查领导负责完成与审查相关的计划和组织工作
2	记录员	记录员记录异常，活动项，决定以及评审团的其他建议
3	宣讲人	宣讲者将以可理解的逻辑形式引导审查团队读完软件产品，解释工作的片断（例如解释1~3行），强调重要的方面
4	作者	作者负责软件产品符合审查入口准则，使审查基于对软件产品的特殊理解，执行需要使软件产品符合审查出口准则的任何加工工作
5	审查者	审查者将识别和描述软件产品的异常。选择的审查者（如发起者、最终用户、程序员、测试员、项目管理员等）要具备一定的专业技能并且能够在审查会上表达不同的观点，只有那些与产品审查相关的观点才在审查会议上表达

需要注意的是所有的参加者都是审查者，作者不能担任审查领导、宣讲者和记录人员的角色，其他角色由团队成员分享，一个人可以担任多个角色。

行政职位高于所有审查队员的管理者不能够参加审查，避免他的意见左右整个审查会议。

5.6.3 审查的前提条件

要进行审查，必须在以下条件具备的情况下才可以进入。

1. 授权（Authorization）

审查应该在适当的项目计划文档中被计划和文档化。

2. 输入（Input）

审查的输入包括以下几个方面。

1）审查的目标陈述。

2）被审查的软件产品。

3）文档化的审查过程。

4）审查报告格式。

5）异常或问题列表。

6）源文档比如规格说明，软件产品服务文档输入，被作者用来作为开发软件产品的输入。

7）检查列表。

8）前面被审查过的，认可的或以基线形式建立的软件产品。

9）与审查软件产品相对应的任何规则、标准、指南、计划、规格说明以及过程。

10）异常分类。

管理领导需要的额外的软件产品负责人员制作的参考资料也作为审查的输入。

3. 最小进入准则（Minimum Entry Criteria）

审查只有在下列事件发生的情况下才可以召开。

1）审查领导确定被评审的软件产品完成并且符合项目标准格式。

2）自动化的错误探测工具（比如拼写检查和编译器）已经先于审查用来识别和消除错误。

3）软件产品依赖的在适当计划文档中列举的关键点（Milestone）已经满足。

4）需要的支持文档已经可用。

5）为了再审查，在前面审查中记录的所有影响软件产品的异常已经得到修改。

5.6.4 审查会议过程

审查的流程如图 5-9 所示。

1. 管理准备（Management Preparation）

管理人员需要确保评审需要的适当标准、过程以及法律、合同或其他政策的委托需求可用，然后，管理人员要做以下工作。

1）计划评审所需要的时间和资源。

2）提供计划、定义、执行以及管理评审的资金、基础设施和设备。

3）提供适合于给定项目的培训和评审过程目标。

4）确保评审员具有适当专业技术以及通用知识水平，保证他们可以理解所评审的软件产品。

5）确保审查是有计划的并且计划已经评审。

6）及时处理评审团队的建议。

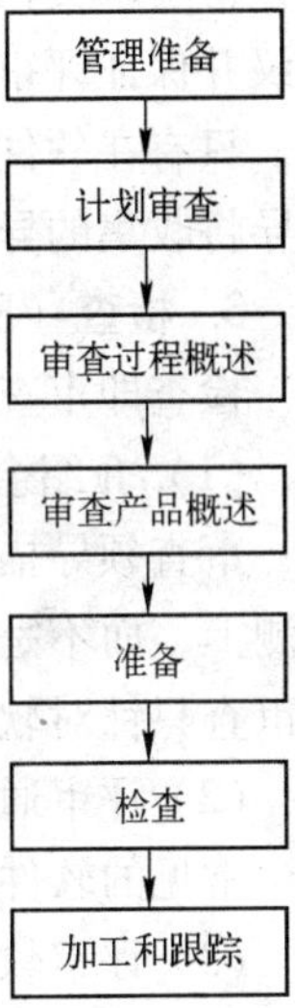

2. 计划审查（Planning the Inspection）

作者为审查领导收集整理审查材料。审查材料包括被评审的软件产品，标准和用来开发软件产品的文档等。

管理准备
计划审查
审查过程概述
审查产品概述
准备
检查
加工和跟踪

图 5-9 审查的流程

评审领导负责下面的活动以便对于审查团队给予适当的管理支持。

1）提前分发审查资料给评审人员，保证他们有足够的时间进行查看。

2）为分发审查材料、意见反馈以及将反馈的信息交给作者处理设置时间表。

3）指定审查的范围，包括审查文档章节的重点。

4）为准备和会议建立预期的审查效率（评审领导负责）。

注意：

在很多情况下，预期的审查效率是审查计划的关键因素。表 5-6 为典型的审查效率和异常记录效率提供了指南。

表 5-6 评审材料与速度

序　号	审查文档类型	审查速率/（页/小时）或（行/小时）
1	架构	2～3
2	需求	2～3
3	概要设计	3～4
4	详细设计	3～4
5	源代码	100～200
6	测试计划	5～7
7	修复和修改	50～75
8	用户文档	8～20

3. 审查过程概述（Overview of Inspection Procedures）

审查领导分配审查角色，准备检查表以及提供审查数据，还需要确定审查的一些问题，比如最少的准备时间，建议的审查效率以及前面对同样产品进行审查发现的异常数等。

4. 审查产品概述（Overview of Inspection Product）

作者提供审查产品的整体概述。概述可用于为审查者介绍软件产品，也可以提供给其他项目相关人员。

5. 准备（Preparation）

每一位评审成员都需要审查软件产品以及其他会议前发布的评审输入资料，审查中发现的异常要求文档化并且发送给评审领导。评审领导将这些异常进行分类确定是否要取消审查会议并保证评审会议高效的利用这些资料。假设评审领导确认异常非常严重将取消审查会议，只有在软件产品符合了最低进入准则并且合理的消除了错误之后才安排后续审查。审查领导将收集的异常发送给软件产品的作者进行处理。

6. 检查（Examination）

检查即审查会议，审查会议将按照下面的日程安排执行。

（1）介绍会议（Introduce Meeting）

审查领导描述审查者的角色，陈述审查的目的，然后提醒审查者将他们的努力放在异常探测上，而不是解决问题上。评审领导提醒审查者将他们的评论直接告诉记录人员，并且强调审查只针对软件产品而不是作者。

（2）评审通用项（Review General Items）

常见的软件产品异常将被提供给审查者并且记录，不针对特殊的例子或场景。

（3）评审软件产品和记录异常（Review Software Product and Record Anomalies）

宣讲人向审查团队介绍软件产品，审查团队客观彻底地检查软件产品，而审查领导在会议上集中于建立异常列表，记录员登记每个异常，描述和分类异常列表。在这期间，作者将回答指定的问题并且根据自己对软件的理解为发现异常做贡献。如果对异常存在分歧，那么潜在的异常被登记并标注在会议结束前解决。

（4）评审异常列表（Review the Anomaly List）

在审查会议结尾，审查领导让审查团队再次评审异常列表以保证它是完整和精确的。评审领导留出时间来讨论每一个存在分歧的异常，评审领导不允许讨论解决异常而是集中在澄清是否是异常。如果异常分歧不能在会议期间马上解决，那么分歧将被记录在异常报告中。

（5）退出决定（Make Exit Decision）

退出决定的目的是为了清晰的结束审查会议，如果软件产品符合了审查退出和质量准则那么就可以做出退出决定，审查将根据下面的条款之一核查软件产品的处理：

① 无条件地接受或者重新核查后再接受，软件产品被接受只需要小的处理。

② 验证后再接受，软件产品在审查领导或指定的审查，团队确认改进后接受。

③ 重新审查，软件产品不能够被接受，一旦异常解决，那么将重新安排审查。在最小的程度上，重新审查将检查为解决上次审查发现异常所做的软件产品改变部分，以及这些改变带来的副作用。

7. **加工和跟踪**（Rework/Follow_up）

评审领导将跟踪和证实审查会议上分配的行动项完成。

5.6.5 审查输出

评审输出以下内容。

1）被评审的项目。

2）评审团队成员。

3）评审会议过程。

4）被评审的软件产品。

5）评审材料的大小（如文本页数）。

6）评审目标及其是否达到。

7）软件产品异常列表，包括每一个异常的定位、描述和分类。

8）软件产品的处理。

9）任何被允许或被请求的放弃。

10）总共的审查时间。

5.6.6 数据收集

审查将收集以下数据：软件产品的质量分析、需求获取、开发、编码（Operation）、以及维护过程的效率和审查过程自身的效率与效果。

收集的异常数据包括以下3个方面。

1）异常分类（Anomaly Classification）。

2）异常类别（Anomaly Categories）。

3）异常等级（Anomaly Ranking）。

异常根据对软件产品潜在的影响被分为不同的级别。

1）灾难性的（Catastrophic）：异常可以引起软件产生灾难性后果的失效，比如文件丢失、任务失败、或非常大不可弥补的经济或社会损失。

2）关键性的（Critical）：异常可能引起严重后果的软件失效，比如伤害，主系统降级，任务部分失效，或严重的部分不可挽回的经济或社会损失。

3）不重要的（Marginal）：异常可能引起轻微后果的软件失效，有一些损失。

4）无足轻重的（Negligible）：不引起软件失效的异常，没有损失。

审查数据是进行有规律的分析以改善审查过程自身及改进生产软件的活动。经常出现的异常会被包含到审查列表中，分析准备时间，会议时间和参加人数以确定准备率、会议率以及发现异常的数量和严重性之间的联系会被分析，也要有规律的评定收益，评审过程应该不断改进以期得到更高的效率。

5.6.7 审查的检查表

审查都是基于预先的准备，通常而言，每一个评审者将有一张审查表（Check List），评审员依据审查表对软件产品进行审查。

下面是针对源代码的检查列表内容项。

1）数据应用错误（Data Reference Errors）。

2）数据申明错误（Data Declaration Errors）。

3）计算错误（Computation Errors）。

4）比较错误（Comparison Errors）。

5）控制流错误（Control-Flow Errors）。

6）接口错误（Interface Errors）。

7）输入/输入错误（Input/Output Errors）。

8）其他错误（Other Errors）。

5.6.8 审查的注意事项

1）在项目开始时，所有测试人员必须参与需求分析，这样做的目的是解决测试需求的问题。写好软件需求不仅是一种能力，更是一种艺术，但真正能做到这点的人太少了，所以最好让测试设计人员尽早参与需求分析。

2）有一个明确的测试过程。

3）建立测试案例模板，先对模板进行评审，避免对案例评审时又冒出模板的问题。

4）评审应该分阶段进行，不要一次评审太多，要重点突出。

5）评审前应该提前告知被评审人及评审组要评审的内容和范围，以便参与评审的成员有所准备。不要请对需求不清楚的人参与评审，他们一般情况下是不说话，要么讲话不能切中要害，耽误时间。

6）评审开始，首先由被评审人介绍测试需求、测试设计的原则，然后再进入详细案例的评审。

7）评审主要检查测试案例是否覆盖了所有的测试需求（正常的和异常的），测试案例是否有相应的环境来执行，测试案例是否有重复性等。

8）评审过程要有评审记录。

9）评审不要超过 2 小时；否则评审很可能成为一种形式。

10）评审者在评审过程中尽量不要打断被评审者的陈述，应该在评审结束后发表自己的意见，最后形成评审结论。

5.7 走查

5.7.1 走查的目的和内容

系统化走查（Walk-throughs）的目的是评估软件产品，走查的另一个目的是培训人员。其主要的目标如下：

1）查找异常。

2）改进软件产品。

3）考虑可替代的实现。

4）评估与标准和规格说明之间的一致性。

5）评估软件产品的可用性和易用性。

走查其他的重要目标还包括技术交换，风格改变以及参与者培训等。

走查的内容包括软件需求规格说明、软件设计描述、源代码、软件测试计划和过程、软件用户文档以及版权等。

5.7.2 走查团队

走查团队的构成与角色职责参见表 5–7。

表 5–7 走查团队的构成和角色职责

序号	角色	职 责
1	走查领导	走查领导引导走查，处理与走查相关的行政事务（比如分发文件和安排会议），还要确保走查是在一种有序状态下进行。走查领导准备阐述走查目标以引导团队进行走查。走查领导确保团队为每次的讨论主题做出决定或采取的行动，然后发布走查的输出
2	记录员	记录员记录在走查会议期间做出的决定和采取的行动。另外，记录员还要记录在走查期间对发现的异常、有疑问的风格、遗漏、矛盾，为改进提出的建议或者替代方法做出的解释
3	作者	作者应该为走查提供软件产品
4	团队成员	走查团队成员要为走查工作做充分地准备并积极参与。团队成员要识别和描述软件产品中发现的异常

注意：

系统的走查至少需要两个成员（包括作者），角色可以在团队成员中共享，走查领导或作者可以充当记录员，走查领导还可能是作者。

行政职位高于所有走查队员的管理者不能够参加评审。

5.7.3 走查会议

在走查会议期间，走查领导首先介绍参与者并描述他们的角色，然后走查领导陈述走查的目的，确保每一个参会者有机会提出建议并强化建议以保证每个人的声音都被听到，走查领导提醒审查人员只能对软件产品而非作者做出评论。

作者在评审时需要介绍软件产品的整体概况，然后评审成员开始关于通用问题的讨论。在通用问题讨论之后，作者使用预先准备的用例来呈现软件产品的细节。当作者讲完之后审查成员提出他们的特殊问题，会议期间还可能产生新的问题。走查领导协调讨论并且指导会议做出决定和对每一个项目采取行动。记录员记录所有的建议和要求采取的行动。

走查会议期间要做以下事情。

1）作者或审查领导在会议上应该做一个软件产品的总体介绍。

2）审查领导协调讨论关心的通用异常行为。

3）作者或审查领导讲解软件产品，描述它的任何部分。

4）当作者讲到程序某一部分时，团队成员针对那一部分提出其特殊异常。

5）记录员记录建议和产生于对每个异常讨论的行动。

走查会议结束后，走查领导发布走查结果细化异常、决定、行动以及其他相关信息。

5.7.4 走查与审查

走查和审查都是对软件产品的细节进行检查和评估，其目的和整个评审的过程基本是一致的，因此在走查中不再列举出其评审的整个过程。

走查的目的除了评审软件产品之外，还包括对新手的培训，审查却没有。代码走查的方式与审查也略微不同。走查不只是读程序，实际上在走查中评审者模拟了计算机的执行，被指定的测试员带来一些纸质的测试案例，这些案例包含程序输入和期望的结果。在走查时，所有的案例都人为地在代码中走一遍，即测试数据在程序逻辑中进行一遍，程序的状态在纸上或白板上被监视。当然，要求测试的案例比较简单，数量也不能太多。走查中很多程序问题是程序员找到的，而非案例本身。

1. 走查特点

1）由作者召集开会。

2）以情景、演示的形式和同行参加的方式进行评审。

3）评审会议之前的准备、评审报告、发现的问题和记录员都不是必须的。

4）在实际情况中可以非常正式，也可以是非正式的。

5）主要目的：学习、增加理解、发现缺陷。

审查（Inspection）：一种同级评审，通过检查文档以检测缺陷，例如不符合开发标准，不符合更上层的文档等。审查是最正式的评审技术，因此总是基于文档化的过程。

2. 审查特点

1）由专门接受过培训的主持人（不是作者本人）来领导。

2）通常是同行检查。

3）定义了不同的脚色。

4）引入了度量。

5）根据入口、出口规则和检查列表定义正式的评审过程。

6）会议之前需要进行准备。

7）具有审查报告和发现问题列表。

8）可以进行评审过程改进。

9）目的：发现缺陷。

5.8 审计

5.8.1 审计的目的和内容

软件审计（Audits）的目的是提供对软件产品及过程与相应的规则、标准、指南、计划、说明书以及过程的一致性的独立评价。

审计的内容包括管理评审报告、技术评审报告、审查报告、走查报告、软件构架描述、软件质量确认计划等。

5.8.2 审计团队

审计团队的构成和角色职责参见图 5-8。

表 5-8 审计的团队构成和角色职责

序号	角色	职 责
1	首席审计员	首席审计员为审计负责，责任包括与审计相关的行政任务，保证审计在有序状态下进行，保证审计达到它的目标
2	记录员	记录员文档化异常，行动项，决定以及被审计团队做出的决定
3	审计员	审计员按照审计计划的定义检查产品。他们将文档化他们的观察。所有的审计员要远离可能降低独立、客观评估能力的偏见和影响
4	发起者	要求进行审计的组织和人员

注意：

在审计中，一个人可以担任多个角色，可以只有一人，一个角色也可由多人承担。

发起者决定需要审计，这个提议可以在例行事件上提出，比如达到项目的里程碑点；或者在非常规事件上提出，比如质疑或发现了重要的开发不一致。

发起者选择一个能够执行独立评估的审计组织，发起者为审计者提供定义了审计目的的信息，被审计的软件产品或过程，评估准则等。发起者要求审计者提出建议，首席审计员制定一个审计计划，而其他审计员为审计做准备。

根据下面列举的一至多个事件的需要来建立审计。

1）供应商组织决定验证与可用的规则、标准、指南、计划，说明书以及评估过程的一致性。

2）客户组织决定验证与可用的规则、标准、指南、计划，说明书以及评估过程的一致性。

3）第三方，比如管理机构代理或决定审计供应商组织以验证与可用的规则、标准、指南、计划、说明书以及评估过程的一致性。

5.8.3 审计会议过程

审计开始于一次公开会议。在会议上审计员和审计组织要检查和协商审计安排。审计会议的过程参见图 5-10。

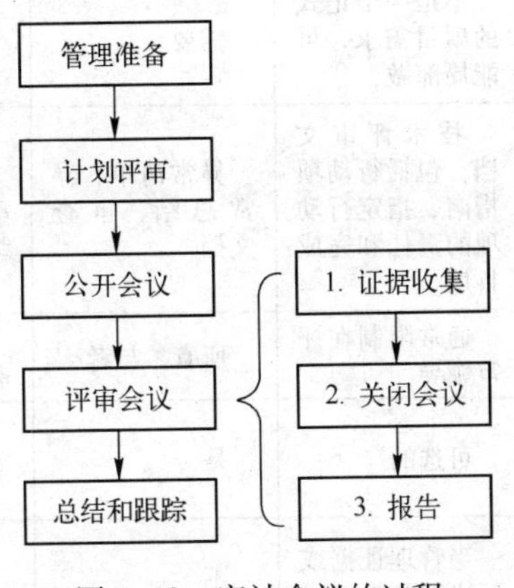

图 5-10 审计会议的过程

审计相对于其他正式评审而言是比较独立的，这里不再详述其审计过程。

5.9 5种正式评审的比较

5种正式评审都是为了验证软件及其相关资料的正确性，但是它们又各有不同的目的、内容和过程，它们之间的差异参见表5-9。

表5-9 正式评审类型的比较

特性	管理评审	技术评审	审查	走查	审计
目标	监督过程，设置、确认或改变目标，修改资源分配	评估与规格说明以及计划的一致性，评估修改完善	寻找异常，证实、解决、验证产品质量	寻找异常，检查替代方式，改进产品，学习讨论	独立评估与客观标准和规则的一致性
决策	管理人员跟踪一系列行动，会议决定或建议	评审团队要求管理人员或技术领导对建议采取行动	评审团队选择预先确定的产品处理方法	评审团队同意作者做出的改变	被审计组织、发起者、客户或使用者
修改验证	领导验证关闭的行动项，修改验证留给其他项目控制	领导验证关闭的行动项，修改验证留给其他项目控制	领导验证关闭的行动项，修改验证留给其他项目控制	领导验证关闭的行动项，修改验证留给其他项目控制	被审计组织负责
审查人数	2人及以上	3人及以上	3~6人	2~7人	1~5人
出席人员分组	管理者、技术领导以及有文档的参加者	技术领导和同事，有文档的参加者	同事及有文档的参加者	技术领导、同事及有文档的参加者	审计者、被审计组织
组织领导	相关负责领导	相关领导工程师	培训过的人员	资深程序员或作者	首席审计员
材料大小	根据指定的会议目标从中等到高等	根据指定的会议目标从中等到高等	相当低——被审查的资料在一天内完成	相当低	根据指定需要从中等到高等
演讲者	评审领导指定演讲者	评审领导指定演讲者	专门的宣讲者	作者	审计员
数据采集	需要根据适当的方针、标准和计划进行	不是一个正式的项目需求，可能局部做	需要	建议	不是正式的项目需求
输出	管理评审文档，包括行动项指南、指定行动的责任和完成日期	技术评审文档，包括行动项指南、指定行动项的责任和完成日期	异常清单、异常总结、审查文档	异常清单、行动项、决定、跟踪建议	正式的审计报告，观察数据、发现物、不足
正式的培训	通常限制在评审领导	通常限制在评审领导	所有参与者	通常限制在评审领导	正式的审计培训
使用异常检查表	可选的	可选的	是	可选的	通常没有
管理人员参加	是	当管理证据或解决需要时	不	不	不，管理人员可能被要求提供证据
顾客和用户代表参加	可选的	可选的	可选的	可选的	不，客户和使用者可能被要求提供证据

5.10 小结

软件测试可以分为动态测试和静态测试，从某种意义上讲，静态测试具有更加重要的作用。一方面是因为静态测试涵盖更宽泛的软件生命周期，从软件的需求分析，到设计，到编码以及测试都可以使用到静态测试的技术，而动态测试则发生在软件编码之后；另一方面静态测试可以在软件开发的早期找到软件缺陷，比如需求的不完整、与标准的不一致，可以更好的使软件开发按照用户的需求进行，找到大的软件缺陷，节约开发成本。

静态测试的主要技术是评审。评审是指对产品或产品状态进行评估，以确定与计划的结果所存在的误差，并提供改进建议。评审可以分为非正式评审和正式评审。非正式评审是一种不基于正式过程的评审，没有文档的支持，比如桌面审查、走廊聊天，伙伴测试，这种评审效率很高，费用很低，多半属于技术方面的讨论，并不做出正式的决定。正式评审则是对评审过程文档化的一种特定评审，分为 5 种形式：管理评审、技术评审、审查、走查和审计。正式评审需要团队参与，评审的过程和结果都需要文档化，得出正式的结论并做出某种决定。因此，在开发的关键点通常需要进行正式评审，以确定开发计划与实际开发的一致性，并对不一致的方面进行改进。

习题 5

1. 名词解释：
- 静态测试（Static Testing）
- 动态测试（Dynamic Testing）
- 评审（Review）
- 异常（Anomaly）
- 规格说明（Specification）
- 非正式评审（Informal Review）
- 正式评审（Formal Review）

2. 非正式评审有什么样的特点？
3. 用图示的方法说明评审的分类。
4. 用图示的方法说明正式评审的基本过程。
5. 管理评审的目的是什么？
6. 简述审查的团队组成？
7. 简述审查和走查之间的差异？

第6章　白盒测试（基于结构的测试）

6.1　白盒测试概述

6.1.1　白盒测试定义

白盒测试（White-box Testing）——通过分析组件/系统的内部结构进行的测试。

白盒测试设计技术（White-box Test Design Technique）——通过分析组件/系统的内部结构来产生和/或选择测试用例的规程。

白盒测试又称为结构测试、透明盒测试、逻辑驱动测试或基于代码的测试。白盒测试是一种测试用例设计方法，盒子指的是被测试的软件，白盒指的是盒子内部是可见的，参见图6-1。

白盒测试是一种基于软件内部路径、结构和代码实现基础上的软件测试策略。白盒测试的目的是通过检查软件内部的逻辑结构，对软件中的数据引用、定义进行数据测试，对程序的逻辑路径进行覆盖测试。在程序不同地方设立检查点，检查程序的状态，以确定实际运行状态与预期状态是否一致。

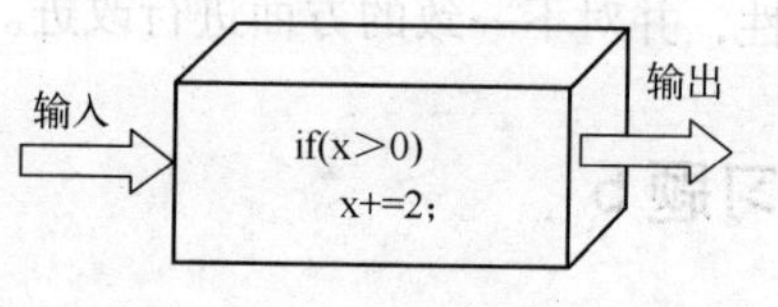

图6-1　白盒测试

基于结构技术的共同特点：

1）根据软件的结构信息获取测试用例，比如软件代码和软件设计。

2）可以通过已有的测试用例测量软件的测试覆盖率，目的是提高系统的测试覆盖率。

6.1.2　为什么要进行白盒测试

首先来看下面的例子。

【例6-1】　请找出下面代码中的错误。

```
int Absolute(int x)
{
    int  y;
    if(x <0)
    {
        y = -x;                         /// 翻转负数
    }
    return (y);
}
int  Absolute_Sum(int iNum, int data[ ])
```

```
{
    int    sum = 0;
    for( int i = 0; i < iNum; i ++ )
    {
        sum += Absolute( data[ i ] );
    }
    return ( sum );
}
```

上面有两个函数，分别是 Absolute( )和 Absolute_Sum( )。Absolute( )是求整数绝对值的工具函数；而 Absolute_Sum( )则是求一组整数的绝对值和。例如，求曲线下的面积，就需要求一组整数值的绝对值和，参见图 6-2。

如果给出两组值：

1）-1，-3，-5，-7，-9，-7，-5，-3，-1

2）1，3，5，7，9，7，5，3，1

将这两组值输入到函数 Absolute_Sum( )中，第一组值输出结果为 41，正确；第二组的结果为 0 或不确定，不正确。为什么会出现这种情况？

这是由于工具函数 Absolute( )中的局部变量 y 没有赋初值，而且其路径结构并不完整，即在 x≥0 的情况下并没有将 x 值赋给 y 变量，而直接返回了 y，这样，在 x≥0 的情况下要么 y 为 0，要么其值不确定（与编译系统有关）。这种简单错误在代码外部很难查找，而看了代码后，根据数据流和路径分析很容易找到其隐含存在的错误。

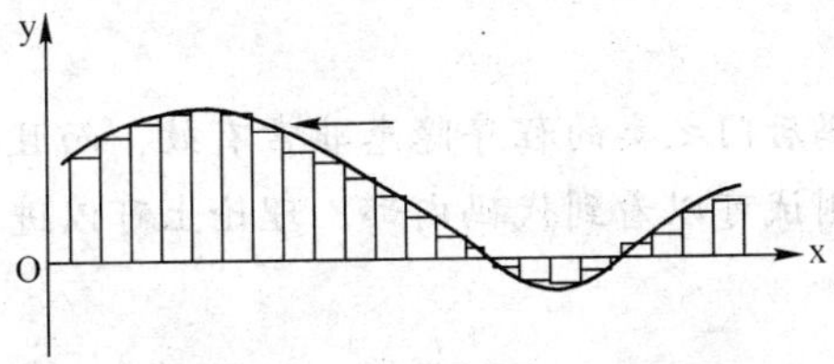

图 6-2　通过对曲线进行绝对值积分求曲线下的面积

【例 6-2】　下面是一段登录银行网站的代码。

```
void Login( doubleAccount, CString password)
{
    ......
    if( Check_Account( Account, password) )          /// 如果登录账号检查正确
    {
        ......
        Send_To_Me( Account, password);               /// 将登录账号和密码发给程序员指定位置
        ......
    }
    ......


}
```

用户要进行网上交易或网上存取钱，需要首先登录到自己的银行账户，在验证账户正确

后才可以进行后续的操作。如果某个程序员在程序中留下一个后门，发现用户输入了正确的账户和密码之后就将其发送给自己，上面的程序不会出错，但可能存在有极大的安全隐患。当然这是一个极端的例子，但可以从一个侧面说明白盒测试的必要性。

实际上，代码是个黑盒，无人知晓其内部情况，如果不做白盒测试，就不能够知道代码是混乱的还是清晰的，是公正的还是留有后门的。对于行业要求严格的代码，比如用于军事、金融、医学等的代码通常必须进行严格的白盒测试。

不仅如此，白盒测试由于能够洞察程序中的一切，往往可以进行比较完整的测试，比如验证测试的覆盖率。对程序中变量的定义和引用进行全面的检查，白盒测试更有理论保障，使软件测试从过多的经验成分逐渐变成具有一定的理论保证，使软件测试容易实现自动化，提高测试的效率。

综合上述，可以归纳出采用软件白盒测试的原因。

1）具有一定的理论保证，可以证明测试工作的完整性。

2）是程序数据流自动化分析的理论基础。

3）保证程序中没有不该存在的代码或其他多于代码，比如后门。

4）保证程序中没有遗漏的重要处理分支，比如与 if 语句相对应的 else 语句。

5）减少程序中通用错误发生的几率，通过代码检查可以很容易发现程序中的笔误，代码混乱、不严格、不完整等问题。

6）在测试代码的过程中容易定位代码的错误，为修改软件错误提供更强有力的支持。

7）对程序员起到监督的作用，使程序员更加注意自己的代码风格，代码完整性以及对于自己代码的自我审查。

提示：

白盒测试对于查找代码后门之类的程序隐患非常有效，而且对于程序员也有一种监督作用。不仅如此，由于白盒测试可以看到代码内部，理论上可以进行完全的覆盖测试，即可以保证测试的完整性。

6.1.3 白盒测试的分类

按照是否运行软件，白盒测试可以分为静态白盒测试和动态白盒测试。

静态白盒测试（Static White Box Testing）是一种不通过执行程序而进行软件测试的技术。它是检查软件产品的表达和描述是否与实际的要求一致，有没有冲突或者歧义。软件产品的评审属于静态白盒测试，评审在第 5 章已经进行了详细讲解。

动态白盒测试（Dynamic White Box Testing）是通过设计测试用例，运行软件执行测试用例来达到测试的目的。动态测试的主要特点是让软件系统在模拟的或真实的环境中执行，并对软件系统的运行行为进行分析。

具体的白盒测试方法有程序控制流分析、数据流分析、逻辑覆盖、域测试、符号测试、路径分析、程序插桩及程序变异等。其中多数方法比较成熟，具有较高的实用价值，比如数据流分析以及代码覆盖分析等。

6.1.4 白盒测试的适应范围

白盒测试能够应用到软件开发生命周期的各个阶段，包括需求分析、概要设计、详细设计，编码和测试等。

在软件开发前期阶段，包括需求分析、概要设计以及详细设计阶段，通常采用静态的白盒测试方法，对软件的需求、设计进行评审。在这个阶段进行的静态白盒测试是基于软件的需求说明书和设计文档，并没有针对软件代码，但在这个阶段发现的问题只需花费很低的代价即可修复，因此越来越被软件开发公司及测试人员所重视。

通常所指的白盒测试是指基于对代码结构的分析后进行的测试，包括静态和动态白盒测试，参见图 6-3。

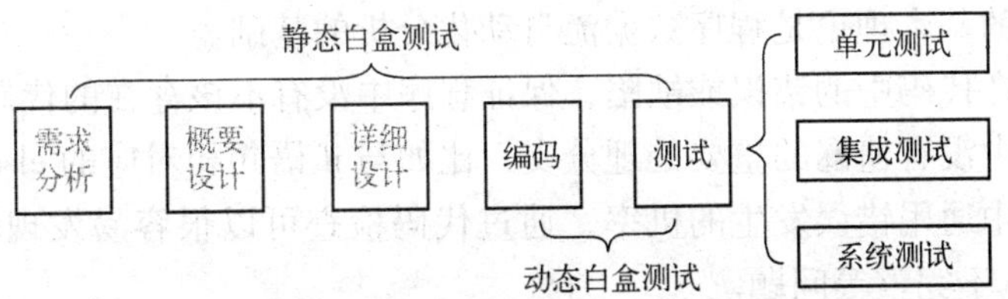

图 6-3　通常所指的白盒测试是基于对代码的分析

图 6-3 涵盖了除可行性研究之外的所有软件开发生命周期，时间是从左到右。

对于最左端的需求分析、概要设计和详细设计三个阶段由于还不存在代码，主要使用评审技术进行测试，使用浅灰色表示其不属于本章讨论的白盒测试；对于最右端的测试阶段而言，从上到下又分为了三个阶段：单元测试、集成测试以及系统测试。通常而言，单元测试属于编码的阶段，而测试阶段的最后一个确认测试阶段没有在图 6-3 列出，说明白盒测试不适用于确认测试，确认测试通常采用黑盒测试技术。

对于白盒测试而言，是测试粒度最细的测试，适用于设计的前期，越到开发的后期，比如集成测试及系统测试，使用白盒测试就越少。这是因为白盒测试基于设计和代码的细节，在开发初期，这些细节还不复杂，容易进行白盒测试，到了开发的后期，比如已经构成整个软件系统，再分析软件的内部代码，特别是多个模块的相互融合与影响变得非常复杂，这将很难再使用白盒测试技术，此时就需要采用其他粒度比较粗的测试技术，比如黑盒测试。

6.1.5　白盒测试过程

图 6-4 给出了通用动态白盒测试的基本流程。

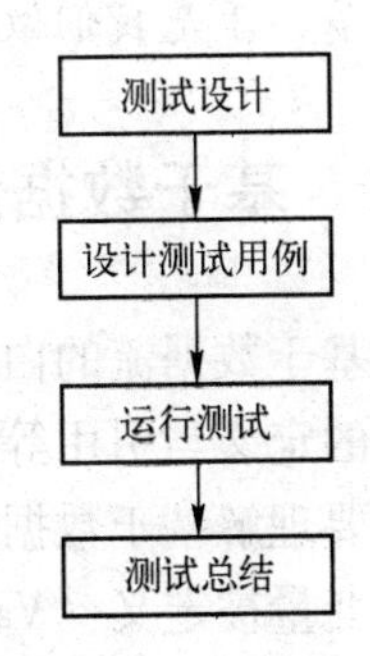

图 6-4　动态白盒测试的基本流程

1. 测试设计

分析测试软件的内部实现，依据程序设计说明书，按照一定规范化的方法进行软件结构划分，识别被测软件的工作路径等。

2. 设计测试用例

设计测试用例，根据确定的测试技术选择测试输入，比如被测路径，并确定期望的测试结果。设计测试用例也应该简单描述该用例的目的。

3. 运行测试

运行被测软件，将测试用例作为输入数据，并记录软件实际的运行结果。

4. 测试总结

比较实际输出和期望输出的异同，做出被测软件某方面正确性的判断。

6.1.6 白盒测试的优缺点

每种测试技术都不可能完全测试软件产品的所有内容，任何一种测试技术都有其适用范围及特点。下面将介绍白盒测试的优缺点。

1. 优点

1）具有一定的理论基础保证，可以识别和测试代码中的每条分支路径，对代码的测试比较彻底，可以证明测试工作的完整性。

2）白盒测试的基本理论是程序数据流自动化分析的基础。

3）揭示隐藏在代码中的错误或缺陷，保证程序中没有不该存在的代码，比如后门。

4）保证程序中没有遗漏的重要处理分支，比如与 if 语句相对应的 else 语句。

5）减少程序中通用错误发生的机率，通过代码检查可以很容易发现程序中的笔误、代码混乱、不严格、不完整等问题。

6）在测试代码的过程中容易定位代码的错误，为修改软件错误提供强有力的支持。

7）对程序员起到监督的作用，迫使程序员去思考软件的实现，使程序员更加注意自己的代码风格，代码完整性以及对于代码的自我审查。

8）根据软件的内部结构进行最优化测试。

2. 缺点

1）测试的执行路径可能非常多，造成无法实现完全的路径测试。

2）白盒测试假设控制流是正确的，因此测试人员只基于存在的路径进行测试，而对于不存在的路径则无法测试。

3）测试员必须具备编程知识，可能有很多测试员不具备这种知识，将无法进行白盒测试，比如财会人员无法对财务软件进行白盒测试。

4）通常而言，由于涉及代码分析，白盒测试的效率不高，导致测试成本居高不下。

提示：

任何事物都有好的一面和坏的一面，只是那一面更多一些。有时并不能确切地知晓那一面更多，于是我们做的很多事情都是权衡的结果。

6.2 基于数据流的白盒测试

基于数据流的白盒测试（White Box Testing Based On the Data Flow）是通过查看代码中变量的定义与引用等情况，判定软件可能存在的数据方面的隐患或错误。

要理解基于数据流的白盒测试，首先来理解数据流测试的一些基本概念。

变量被定义（Variable is Defined）指如果程序中某个变量 x 的值被某条语句修改，称变量 x 被该语句定义，变量被定义通常意味着变量被赋值。

变量被引用（Variable is Referred）指如果在某一条语句中引用了变量 x 的值，称变量 x 被该语句引用。变量被引用意味着该变量存在于赋值语句的右边或在一个不改变其值的表达式中。

参看下面的 3 条程序语句来理解上述两个概念。

1）double Area，r;

2）Area =3.14 × r × r；

3）if（r <1）

按照上面的定义：

语句 1 中变量 Area 和 r 既没有被定义也没有被引用。

语句 2 中变量 Area 被定义，变量 r 被引用。

语句 3 中变量 r 被引用。

数据流判断代码是否存在错误隐患的依据如下。

1）程序中每一个被引用的变量必须预先被定义。

2）被定义的变量一定要在后续程序中被引用。

对于第 1）条规则而言，说明变量必须先定义，后使用，如果使用了未预先定义的变量，则程序的结果是未知的，说明程序存在错误的隐患。

对于第 2）条规则而言，说明被定义变量的作用是被后面的语句引用，如果某个变量在前面进行了定义，但是从来没有在后续语句中被引用，则说明这是多余的变量，没有任何意义，应该从程序中删除。

通过下面的例子来讲解基于数据流的白盒测试。

【例 6-3】 计算 n 的阶乘。

```
int Factorial()
{
    int  i, n, f ;
    int  result =0 ;
    if(n <0)              /// 小于 0 的整数没有阶乘
    {
        return(0);        /// 返回 0
    }
    else
    {
        f =1;
        for(i =1; i <=n; i ++)
        {
            f =f × i;
        }
        return (f);
    }}
```

例 3 中被定义或被引用的变量列表见表 6-1。

表 6-1　例 6-3 中被定义或被引用的变量列表

序　　号	语　　句	被定义的变量	被引用的变量
1	int　i, n, f;		
2	int　result =0；	result	

（续）

序　　号	语　　句	被定义的变量	被引用的变量
3	if (n<0)		n
4	return (0);		
5	else		
6	f=1	f	
7	for (i=1; i<=n; i++)		i, n
8	f=f×i;	f	f, i
9	return (f)		f

从表 6-1 中可以看出：

第 3 条语句引用了变量 n，但变量 n 没有在前面被定义，因此这里存在错误隐患。

第 7 条语句引用了变量 i 和 n，但前面都没有定义。

第 8 条语句引用的变量 i 在前面也没有被定义，说明上面的语句 3，7 和 8 都违背了数据流判断的第 1 条规则。

上表的语句 2 定义了变量 result，但是在后面的语句中都没有被引用，其违背了数据流判定的第 2 条规则，说明该变量是冗余的变量，应该被删除。

基于数据流的白盒测试技术已经非常成熟，通常可以由编译器自动检查，比如编译器发现的语法错误很大程度上是根据数据流白盒测试的准则来确定的，参见图 6-5。

```
--------------------Configuration: TM_WAVE - Win32 Release--------------------
Compiling...
Display_Adjust_Wnd.cpp
D:\hw\TM_WAVE\TM_WAVE_NEW\Display_Adjust_Wnd.cpp(73) : error C2065: 'i' : undeclared identifier
D:\hw\TM_WAVE\TM_WAVE_NEW\Display_Adjust_Wnd.cpp(73) : warning C4101: 'j' : unreferenced local variable
D:\hw\TM_WAVE\TM_WAVE_NEW\Display_Adjust_Wnd.cpp(73) : warning C4101: 'k' : unreferenced local variable
Linking...

TM_WAVE.exe - 0 error(s), 3 warning(s)
Build  Debug  Find in Files 1
```

图 6-5　VC 6.0 编译器自动探测数据定义与引用错误

基于数据流的分析还可以在程序的其他方面应用，比如找出循环中的不变变量，这对于编译优化是非常有效的，如果将这些在循环中不影响任何变量的语句从循环中移出，可以减少代码的重复执行次数，从而提高程序效率。

【例 6-4】　循环语句中与循环无关的语句应该放在循环外部。

```
……
int   sum=0;
double   result=0;
for (int i=0; i<1000; i++)
{
    data[i]=i*2+1;              ///1) 计算单个数据
    sum+=data[i];               ///2) 求和
    result=sqrt(sum);           ///3) 开平方
}
……
```

上面的例子没有实际意义，只用于阐述减少循环中的不变变量。在循环中共有 3 条语句，其中1)、2）条语句中的变量都会随循环变量 i 的变化而变化，但是，第3）条语句中的变量表面上也在变，实质上则是一个无效变化，因为 result 与 sum 之间存在确切关系，sum 已经记录了与循环相关的变化，没有必要再使用 result 来记录，即 result 可以被移出循环，这样可以减少1000条执行语句。

提示：

由于基于数据流的白盒测试理论上已经非常成熟，因此多由编译器就可以完成检查，几乎无需人工干预。

6.3 基于控制流的白盒测试

白盒测试更重要的技术是基于控制流的白盒测试。

基于结构的测试或白盒测试是根据软件或系统的内部结构进行的，这种测试可以分成3个级别。

1）组件级别：结构就是代码本身，即语句、判定/分支及循环等。

2）集成级别：结构可能是调用树（模块之间相互调用的图表）。

3）系统级别：结构可能是菜单结构、业务过程或 web 页面结构等。

6.3.1 控制流图

1. 控制流图（Control Flow）和流程图

白盒测试是基于代码结构的测试，表达代码结构的基本方法是程序的流程图，参见例6-5。

【例6-5】 冒泡排序法的程序及流程图。

```
void Bubble_Sort(int n, int * data)
{
    int i       =0;                          /// 临时变量
    int j       =0;
    int temp    =0;
    for(i=0; i<n; i++)                       /// 第一层循环,保证所有排序完成
    {
        for(j=n-1; j>i; j--)                 /// 第二层循环,排序好一个数
        {
            if( * (data+j) < * (data+j-1))   /// 将小的数排列到前面
            {
                temp = * (data+j);           /// 交换数据
                * (data+j) = * (data+j-1);
                * (data+j-1) = temp;
            }
        }
    }
}
```

冒泡排序法的流程图见图6-6。

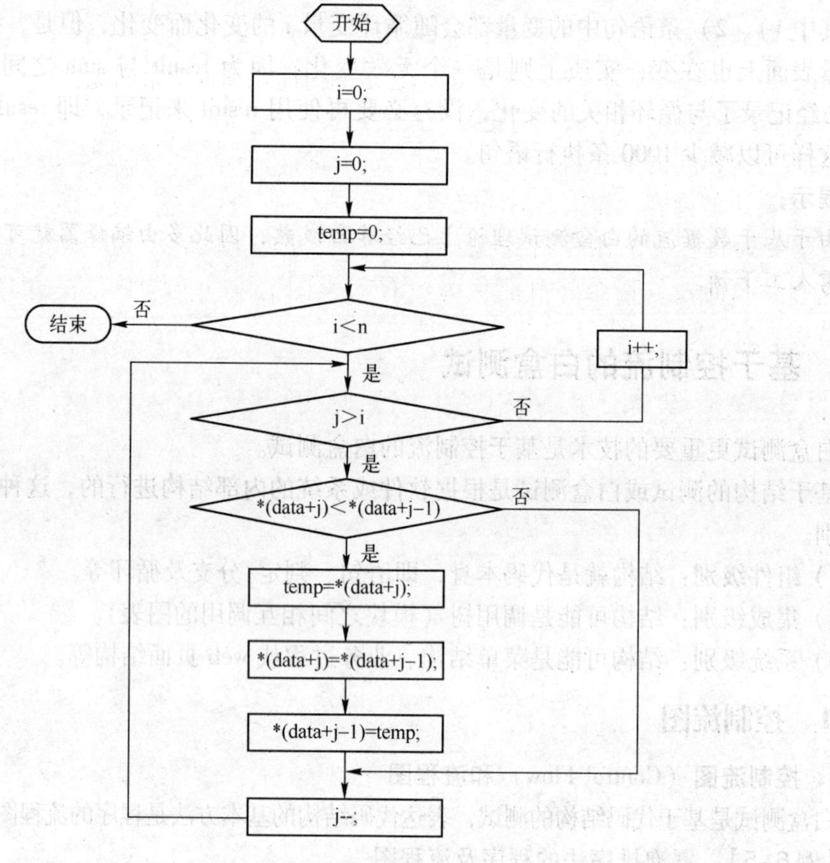

图 6–6 冒泡排序法的流程图

流程图表达了一个算法的过程，也表达了程序的结构，包括起始、顺序、分支、循环以及终止等结构，这个结构就是基于结构的白盒测试的基础。

对于白盒测试而言，感兴趣的部分是程序的结构，而流程图恰恰表达了这些结构，而且，流程图除了表达结构之外，还表达了更多的细节信息，而这些细节信息对于结构的表达并无意义，比如流程图 6–6 中出现的连续 3 条赋值语句，写成 1 个还是 3 条好像对程序结构并无影响。换句话讲，流程图可以被简化、抽象，只要这种简化和抽象不影响到程序展现的结构，就对基于结构分析的白盒测试没有影响。

在既描述结构又描述细节的流程图和用于结构分析的流程图之间架起一座桥梁，称为高级流程图，或抽象流程图，但又担心和原来的流程图有所混淆，于是给它起一个新的名字便于区分，这就是控制流图（Control Flow）。

实际上，流程图和控制流图关心的设计视角不同，流程图重在描述算法，便于编码实现；而控制流图重在理解程序结构，便于对程序进行分析和测试。流程图和控制流图之间的关系见图 6–7。

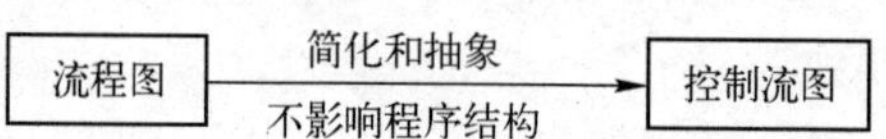

图 6–7 流程图和控制流图之间的关系

2. **控制流图**

控制流图是流程图简化和抽象来的，它是如何简化和抽象来的呢？

1）首先将连续的顺序语句简化为一条语句。

2）将所有语句的细节抽象为一个语句节点，可以使用一个圆形表示。

3）丰富边的内容，在边上标注序号。

这些变换将程序的流程图变成了控制流图，参见图6-8。初一看图6-8，可能会觉得并没有什么简化，甚至还可能认为没有流程图清晰，但这只是没有习惯阅读控制流图而已。

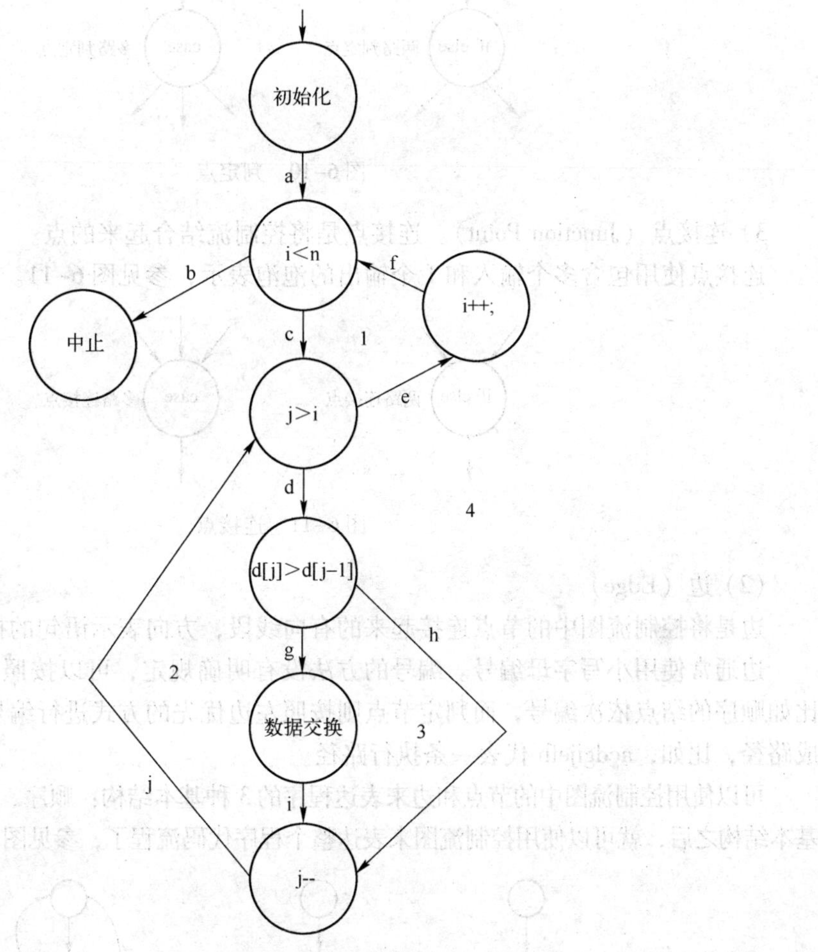

图6-8 冒泡排序法的控制流图

控制流图由节点和边组成，分别用圆和带箭头的直线表示。

(1) 节点（Node）

节点(Node）表示控制流图中的语句或语句组合，如顺序、分支语句。节点包括进程块、判定点以及汇合点3种类型。

1）进程块（Process Block）。进程块(Process Block）是从头至尾顺序执行的程序语句序列，中间没有分支或循环，一旦进程块启动，其内部的每一条语句都会被顺序执行。

进程块使用圆型泡泡 + 入口点 + 出口点构成，只有起始块可以没有进入点，只有结束块可以没有退出点，参见图 6-9。

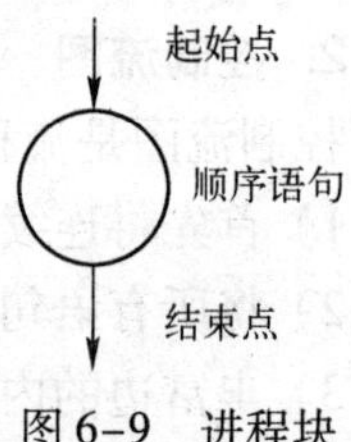

图 6-9　进程块

2）判定点（Decision Point）。判定点（Decision Point）是程序代码中的某一点，在这一点控制流能够改变方向。

很多判定点是二值化的并且使用 if-else 语句实现；多路判定点通常使用 case 语句实现。判定点使用包含一个输入和多个输出的泡泡表示，参见图 6-10。

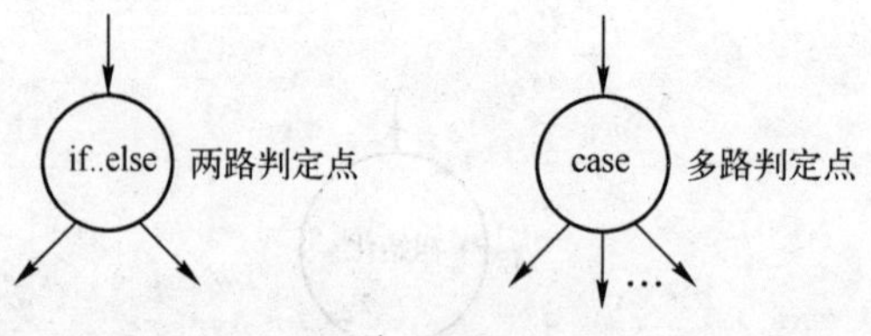

图 6-10　判定点

3）连接点（Junction Point）。连接点是将控制流结合起来的点。

连接点使用包含多个输入和 1 个输出的泡泡表示，参见图 6-11。

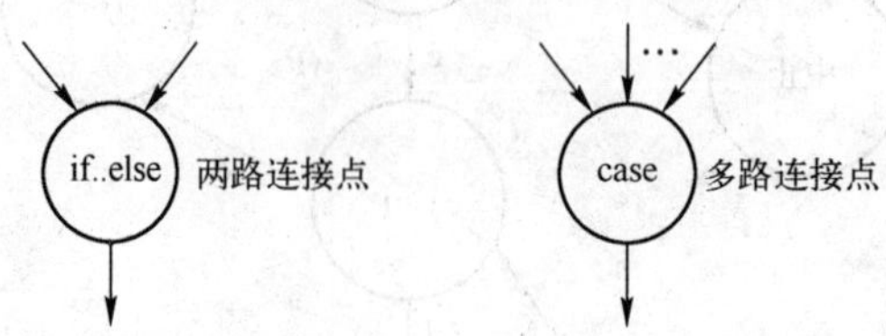

图 6-11　连接点

（2）边（Edge）

边是将控制流图中的节点连接起来的有向线段，方向表示语句的执行顺序。

边通常使用小写字母编号。编号的方法没有明确规定，可以按照易于理解的方式进行，比如顺序的结点依次编号，而判定节点则按照左边优先的方式进行编号。一系列边的编号形成路径，比如，acdgijefb 代表一条执行路径。

可以使用控制流图中的节点和边来表达程序的 3 种基本结构：顺序、分支和循环。有了这些基本结构之后，就可以使用控制流图来表达整个程序代码流程了，参见图 6-12。

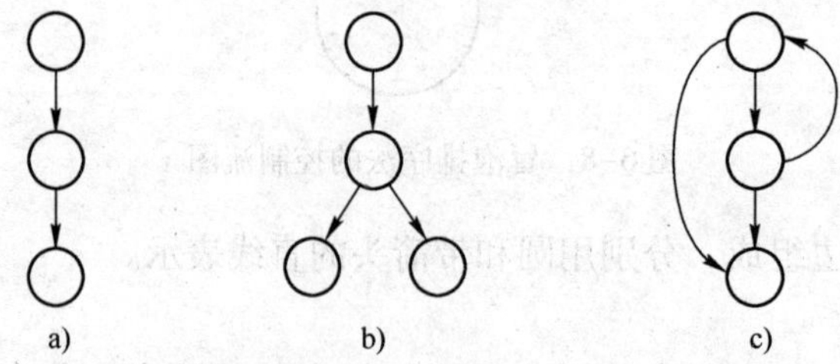

图 6-12　控制流图表达程序代码中的基本结构

a）顺序结构　b）分支结构　c）while 循环结构

控制流图有 5 个特点。

1）具有唯一的入口节点，即源节点，表示程序段的开始语句。

2）具有唯一的出口节点，即终止节点，表示程序段的结束语句。

3）节点由带有标号的圆圈表示，表示程序语句。

4）控制边由带箭头的直线或弧表示，代表控制流的方向。

5）包含条件的节点称为判定点，由判断节点发出的边必须终止于一个节点。

【例 6-6】 根据下面的代码绘制其控制流图。

```
if (a > 0 && c == 1)
{
    x = x + 1;
}
if(b == 30 || d < 0)
{
    y = 0;
}
```

根据例 6 的代码绘制的控制流图见图 6-13。

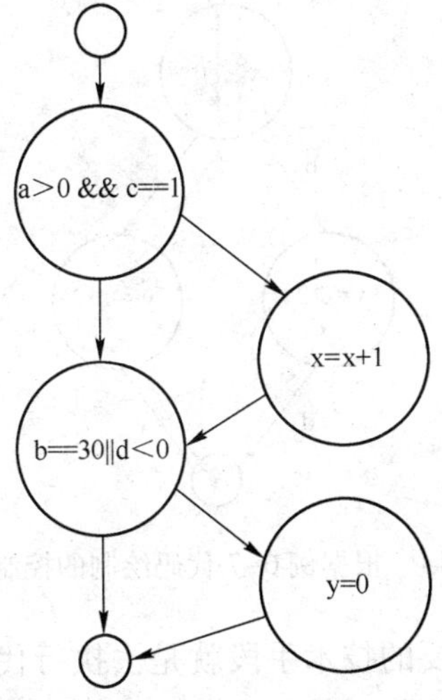

图 6-13 根据上述代码绘制的控制流图

6.3.2 基于控制流的几种白盒测试方式

1. 白盒测试与路径测试

基于代码结构的白盒测试通常以程序代码执行路径为基础进行测试。

路径（Path）是指从开始到结束执行之间运行的语句序列。

由于程序中存在分支、循环等结构，使得一段程序代码往往可以存在多条执行路径。依据程序结构生成的控制流图，可以标识出程序执行的所有路径。

【例 6-7】 找出以下程序段的执行路径。

```
if(x >= 0)
```

```
{
    y = x * 2;
}
else
{
    y = -x * 2;
}
```

1）要找出上述程序段的执行路径，首先要绘制其控制流图。

2）然后根据边上的小写字母列举出上述程序段的执行路径。

path1:abd

path2:ace

因此上述代码段包含两条执行路径，参见图 6-14。

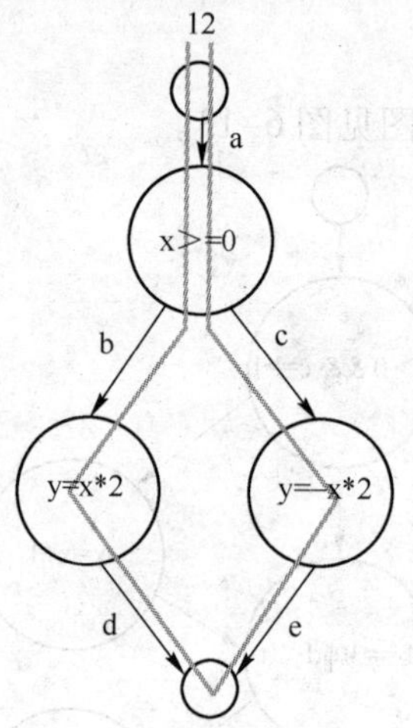

图 6-14　根据例 6-7 代码绘制的控制流图

基于代码结构的白盒测试主要的技术手段就是去执行代码中存在的路径，即路径测试，从而发现代码可能存在的缺陷。执行了某条程序路径被称为覆盖了这条路径，因此白盒测试的一个重要指标就是测试路径的覆盖率。完成了所有路径的测试执行之后，可以说覆盖了100%的代码路径，这就是最全面的白盒测试了。

2. 与代码执行路径相关的因素

白盒测试在很大程度上就是去测试代码中的某些路径，因此要进行白盒测试首先就要找到路径，那么，在代码中到底有多少条执行路径呢？1 条，2 条，n 条？

要知道代码中到底有多少条执行路径，就要知道与执行路径数量相关的因素。代码执行路径的数量与程序的结构相关，下面列举各种结构对代码执行路径的影响。

1）顺序结构：1 条。

2）分支结构：m 条，m 为分支数，对于 if…else…语句而言，m=2。

3）循环结构：n 条，n 为循环的次数。

对于只有一个单结构的代码而言，其路径数容易计算，那么当这些因素组合起来后，又该怎么计算呢?

【例 6-8】 计算由 1 个 m 路分支结构加上 1 个 n 次循环结构代码的执行路径数。

$$path\_number = m \times n;$$

道理很简单，对于任何一条分支，都会对应后面的 n 次循环，因此它们是相乘的关系。

【例 6-9】 计算由 10 个 2 路分支结构加上 1 个 1000 次循环代码的执行路径数。

$$path\_number = 2^{10} \times 1000 = 1024 \times 1000 \approx 10^6$$

大约 100 万条路径。

【例 6-10】 计算由 100 个 2 路分支加上 10 个 10000 次循环代码的执行路径数。

$$path\_number = 2^{100} \times 10000^{10} \approx 10^{70}$$

简直是疯了，10^{70} 条路径就算把全世界全部的计算机资源都用于这段代码的路径测试，大约太阳都烧光了还没有测试完。实际上，对于 100 个 2 路分支加上 10 个 10000 次循环的代码可能仅对应于一个几万条语句的中小型程序，在我们现实世界中比比皆是。

通过上面的例子可以发现，根本不可能对现实世界中的程序进行完整的路径测试，也就不可能进行基于控制流的白盒测试，那么这种白盒测试又有什么用呢?

6.3.3 几种基于控制流的白盒测试技术

计算机是忠实的傻瓜，但人却很聪明，对于下面的两重循环，有 10 亿条执行路径，并非要进行 10 亿次的测试才可以证实程序无误，对于每个循环可能只取 3 个值：1 个最小值，任意 1 个中间值及 1 个最大值；这样整个测试只需进行 $3 \times 3 \approx 10$ 次，瞬间减少 1 亿倍的测试数量。

```
long  i, j;
long  m;
for(i = 0; i < 10000; i ++ )
{
    for(j = 0; j < 100000; j ++ )
    {
        m = i + j;
    }
}
```

简直不可思议，瞬间减少约 10 亿条的测试路径，白盒测试简直太容易了。不要高兴得太早了，凭什么证明可以减少约 10 亿条测试路径测试还是有效的呢?

是的，基于路径测试的白盒测试完全测试是不可能的，而我们又会根据感觉和经验来确认只需要进行很少量的测试就可以满足测试要求。

实际上，各种白盒路径测试方法就是在研究和证明什么是最小有效的白盒测试量，在最小和最大（完全路径测试）之间还可以有哪些有效的路径覆盖测试方法?

通常而言，从最小有效测试量到最大有效测试量之间分为 7 个等级。

1）语句覆盖测试。

2）判定覆盖测试。

3）条件覆盖测试。

4）判定/条件覆盖测试。

5）条件组合覆盖测试。

6）循环覆盖测试。

7）路经覆盖测试。

这几个测试的级别是逐渐提高的，但并非后续测试一定能够包含前面的测试。除了这 7 种路径测试之外，还有其他的路径测试技术，这些技术都是权衡的结果。由于实际采用的白盒测试是不完全的路径测试，因此测试总是会存在风险的，这也是测试的原则。

1. 语句覆盖

语句覆盖（Statement Coverage）是指在组件测试中，通过执行一个测试用例集以达到所有语句至少覆盖一次的目的。

在白盒测试中，100% 语句覆盖就是最低有效覆盖范围。Boris. Beizer 在他的《软件测试技术》一书中指出，如果连语句测试都没有做，简直是犯罪。

可能有人会认为，语句覆盖意味着测试模块中的每一条语句都至少被执行了一次，这应该是合理的目标，而且应该是比较完全的测试了，但是请注意，执行语句并不等同于执行路径，相比测试路径而言，测试语句可能会少很多。请看下面的例子。

【例 6-11】 找出下面代码的所有路径并写出语句覆盖测试用例。

```
x = 9;
y = 12;
if (a > 0)
{
    x = x + 1;
}
if (b == 3)
{
    y = 0;
}
```

上面的程序段由于存在 2 个 2 路分支结构，因此原则上有 $2^2 = 4$ 条路径，参见表 6-2。

表 6-2 根据控制流图得到的代码执行路径

路 径 号	路 径
1	ad
2	bcd
3	aef
4	bcef

上面的程序段一共有 10 条语句，为了进行语句覆盖测试，设计以下测试用例，参见表 6-3。

表 6-3　语句覆盖的测试用例

用例编号	执行路径	输入值	期望的结果	说明
1	bcef	a = 1，b = 3	x = 10，y = 0	让两个分支判定点都为真

实际上，只需设计一个测试用例就完成了语句覆盖，只执行了 1 条路径，而非全部的 4 条。

为什么会这样呢？因为有些路径在代码中根本没有列出。

例 6-11 中有 4 条独立的路径，但却只执行了一条，由于测试路径的遗漏，可能会导致软件存在没有发现的缺陷。语句测试只是入门级的白盒测试。

2. 判定覆盖

判定是指程序分支点的整个条件表达式，程序根据判定的结果进行分支。常见的判定形式为：

```
x > y                                         /// 单条件判定
x > 0 && y > 0                                /// 多条件判定
```

判定覆盖（Decision Coverage）测试是指通过执行一个测试用例集以达到对每个判定至少为真假各一次，判定测试又被称为分支测试。

判定覆盖比语句覆盖更全面，100% 的判定覆盖可以保证 100% 的语句覆盖，反之则不行。

表面上看，判定测试执行了某个分支的所有路径，好像完成了路径测试。实际不然，判定测试把每个分支孤立来看，只保证每个分支的路径都被执行一次，但不保证所有分支路径的全部组合都被执行。举例来说，如果程序代码中有 100 个分支（判定点），对于判定测试而言，可以让 100 个判定点同时为真，同时为假各 1 次，则完成了判定测试，即只需执行两条路径，对于路径测试而言，要考虑所有判定的组合情况，则需要执行 2^{100} 条路径，这是巨大的差异。

原则上在不存在多路分支的情况下，对于所有代码段执行判定测试只需要选择两条路径即可，一条使所有判定为真，另一条使所有判定为假，即只需要两个测试用例。

【例 6-12】 写出例 6-11 代码段的判定覆盖测试用例。

该代码段的全部路径可以参考图 6-15，设计的判定覆盖测试用例参见表 6-4。

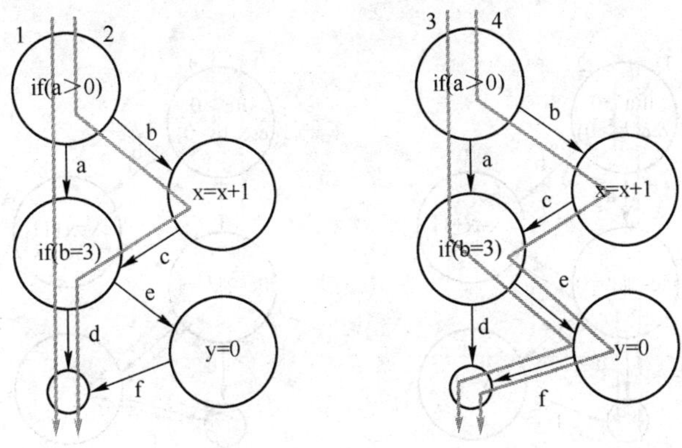

图 6-15　标注路径的控制流图

表 6-4　判定覆盖的测试用例

用例编号	执行路径	输入值	期望的结果	说明
1	ad	a = 0，b = 2	x = 9，y = 12	让两个分支判定点都为假
2	bcef	a = 2，b = 3	x = 10，y = 0	让两个分支判定点都为真

实际上，只选择了 1、4 两条路径，而非所有的路径即完成了判定测试。

3. 条件覆盖

比判定覆盖高一级的测试是条件覆盖测试。

首先来理解判定和条件之间的关系。判定可以分为单条件判定和多条件判定，对于多条件判定而言，其中每一个单独的布尔表达式都可以被称为 1 个条件。比如 x > 0 && y > 0 这个判定中包含两个条件，即 x > 0 和 y > 0。也就是说，判定是由单个或多个条件构成的。对于单条件判定而言，判定在形式上等同于条件，但他们在意义上还是不同的，判定对应于整个分支点总体的逻辑结果，而条件构成判定。

条件覆盖（Condition Coverage）是指构造一组测试用例，使判定语句中的每个逻辑条件至少为真假各一次。

【例 6-13】　找出下面代码的所有路径并写出条件覆盖测试用例。

```
x = 9;
y = 12
if((a > 0)&&(b > 0))
{
    x = x + 11;
}
if((c == 2)||(d! = 5))
{
    y = 0;
```

这个例子本身并无实际意义，但是通过精心选择，第一个判定中两个条件是“与”的关系，而第二个判定中两个条件是“或”的关系，这样就涵盖了多条件的各种情况，参见图 6-16。

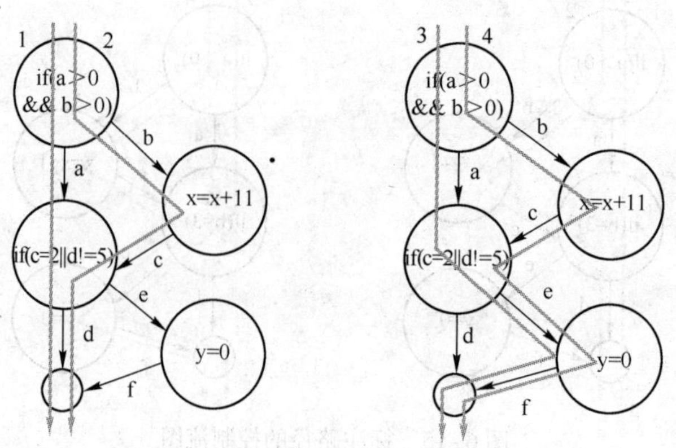

图 6-16　标注路径的控制流图

上面的程序段由于存在 2 个 2 路分支结构，因此原则上有 $2^2=4$ 条路径，它们分别是：

表 6–5　根据控制流图得到的代码执行路径

路　径　号	路　　径
1	ad
2	bcd
3	aef
4	bcef

上面的程序段一共有 10 条语句，为了进行条件覆盖测试，设计以下测试用例，参见表 6–6。

表 6–6　条件覆盖的测试用例

用例编号	执行路径	输入值	期望的结果	说　明
1	ad	a=1，b=0 c=1，d=5	x=9，y=12	第一个判定中，两个条件为真为假 第二个判定中，两个条件都为假
2	aef	a=0，b=1 c=2，d=3	x=9，y=0	第一个判定中，两个条件为假为真 第二个判定中，两个条件都为真

设计两个用例，执行了两条路径来完成条件测试。

表面上看，条件测试是对判定测试的加强，因为条件测试对每个条件进行了测试，而判定测试并不需要测试每个条件。实际上，条件测试并不能覆盖判定测试，甚至还不能覆盖语句测试，比如上述条件覆盖的测试用例中，两个测试用例并没有涵盖语句 x=x+11。从这个例子我们可以看出，单独使用条件测试很难达到测试目的，因此引入了判定 – 条件覆盖。

4. 判定 – 条件覆盖

为什么条件覆盖不能包含判定覆盖呢？这是因为条件覆盖本身的定义是弱化的，它只要求条件至少为真假各一次，并非要求各种条件的组合都出现一次。这对由“与”“或”条件构成的整个判定结果带来不完善的影响，参见图 6–17。

序号	条件1	条件2	判定结果
1	F	F	F
2	F	T	F
3	T	F	F
4	T	T	T

a)

序号	条件1	条件2	判定结果
1	F	F	F
2	F	T	T
3	T	F	T
4	T	T	T

b)

图 6–17　条件测试与判定测试的关系
a）条件“与”的组合　b）条件“或”的组合

从图 6–17 中可以看出，要满足“与”组合的条件覆盖，只需要选择 2、3 两种组合，但结果都是假，无法满足判定覆盖；同样的，对于“或”组合的条件覆盖，只需选择 2、3 两种组合，结果都为真，无法满足判定覆盖。

为了既满足判定覆盖又满足条件覆盖，提出了判定 – 条件覆盖。

判定 – 条件组合覆盖（Decision & Condition Coverage）是指通过执行一个测试用例集使得判定中每个条件的所有可能（真/假）至少出现一次，并且每个判定本身的判定结果

（真/假）也至少出现一次。

通常而言，只需在条件覆盖中精心选择条件的组合就可以达到判定－条件覆盖，最简单的方法就是选择所有条件同时为真，同时为假一次，比如图 6-17 中的 1 和 4 两种选择，既可以满足判定测试又可以满足条件测试。

判定－条件覆盖的测试用例见表 6-7。

表 6-7 判定－条件覆盖的测试用例

用例编号	执行路径	输入值	期望的结果	说明
1	ad	a = 0，b = 0 c = 1，d = 5	x = 9，y = 12	第一个判定中，两个条件都为假 第二个判定中，两个条件都为假
2	bcef	a = 1，b = 1 c = 2，d = 3	x = 20，y = 0	第一个判定中，两个条件都为真 第二个判定中，两个条件都为真

条件测试就像个鸡肋，判定－条件测试就是精心选择条件的判定测试。如何把条件测试用好呢？这就引入了多条件测试。

5. 条件组合覆盖

进行判定－条件覆盖只需要精心选择测试案例即可，并不需要覆盖条件的所有组合。如果我们对条件组合进行覆盖，就变成了多条件覆盖。

条件组合覆盖（Condition Combination Coverage）是指设计足够的测试用例，使得每个判定中的条件取值的各种组合都至少出现一次。显然满足多条件覆盖的测试用例一定是满足判定覆盖、条件覆盖和条件－判定组合覆盖的。

条件组合覆盖测试虽然涉及条件组合，但是由于孤立地看待每一个条件判定，因此还不是完整的路径测试。通常而言，有多个判定的多条件覆盖需要的最少测试用例是最多条件判定的 2 的次幂。比如，一段程序中有 3 个判定，其中一个判定含 3 个条件，另外两个判定含 2 个条件，那么最少的多条件覆盖测试用例数就是 $2^3 = 8$ 次。

针对例 6-13 的条件组合覆盖测试用例见表 6-8。

表 6-8 针对例 6-13 的条件组合覆盖测试用例

用例编号	执行路径	输入值	期望的结果
1	ad	a = 0（false），b = 0（false） c = 1（false），d = 5（false）	x = 9，y = 12
2	aef	a = 0（false），b = 1（true） c = 1（false），d = 1（true）	x = 9，y = 0
3	aef	a = 1（true），b = 0（false） c = 2（true），d = 5（false）	x = 9，y = 0
4	bcef	a = 1（true），b = 1（true） c = 2（true），d = 1（true）	x = 20，y = 0

尽管对每个判定的所有条件进行了组合，但是发现还是有一条路径 bcd 没有执行，因此条件组合测试还不是完善的路径测试。

6. 循环覆盖

循环覆盖（Circular Coverage）是指设计足够的测试用例，使得循环程序段至少覆盖以下 3 种情况：循环被执行 0 次，被执行 1 次，被执行 n 次（n 为循环的最大次数）。

当模块中包含循环时，每一次循环都算为 1 条路径，由于路径变得众多，因此将循环数量降低到足够小的程度是有意义的。

对于循环而言，通常选择4个案例就可以达到测试目的。第一个案例是执行0次循环，第二个案例是执行1次循环，第三个案例是执行典型的n次循环，第四次执行最大数量m次循环，当然还可以测试m－1和m＋1（循环边界测试）。

【例6-14】 写出下面代码的循环覆盖测试用例。

```
int i = 1;
int f = 1;                    /// 初始值
int n;                        /// 循环次数
while(i <= n)
{
    f = f × i;
}
```

例6-14代码段的循环覆盖测试用例见表6-9。

表6-9 例6-14代码段的循环覆盖测试用例

用例编号	说　明	输　入　值	期望的结果
1	0次循环	n = 0	f = 1
2	1次循环	n = 1	f = 1
3	5次循环（典型值）	n = 5	f = 120
4	m次循环	n = m	f = m！

7. 路径覆盖

路径测试（Path Coverage）是最完善的覆盖测试，考虑到判定、判定的组合以及循环的各种组合情况。除非非常简单的例子，几乎是不可能列举所有测试路径的。

在实际的代码中，有时即使是简单的例子也不容易测试完所有路径，这与实际编辑器的处理相关，比如：

```
if(A && B)
{
    Do1
}
```

无法测试到A = false，B = false这条路径，因为当条件A = false后，有些编辑器将停止判断条件B，此时整个判定的结果已经为假，从编译优化的角度出发，不再判定条件B的值，那么条件B变得无效，此时与条件B相关的路径不能由用户设置的测试值来进行测试。

表6-10为针对例6-13的路径覆盖测试用例。

表6-10 针对例6-13的路径覆盖测试用例

用例编号	执行路径	输入值	期望的结果
1	ad	a = 0（false），b = 0（false） c = 1（false），d = 5（false）	x = 9，y = 12
2	aef	a = 0（false），b = 1（true） c = 1（false），d = 1（true）	x = 9，y = 0

（续）

用例编号	执行路径	输入值	期望的结果
3	bcd	a = 1（true），b = 0（false） c = 1（false），d = 5（false）	x = 20，y = 12
4	bcef	a = 1（true），b = 1（true） c = 2（true），d = 1（true）	x = 20，y = 0

路径覆盖几乎是不可实现的。为此，许多计算机科学家不断努力去寻找语句覆盖与路径覆盖之间的某一种覆盖方式，以达到更多覆盖且减少测试风险的目的。

提示：

在上面7种基于控制流的白盒测试中，最实用的是判定－条件测试和循环测试，如果认为判定－条件测试需要的测试用例太多，可以弱化到判定测试。

上面的测试全部从判定条件着手进行思考，有没有一种方法可以从路径本身着手呢？哪些测试路径是最基本的测试路径，这是下面需要讨论的内容。

6.3.4 基本路径测试（McCabe 圈覆盖）

在实际问题中，一个不太复杂的程序，特别是包含循环的程序，其路径数可能非常庞大，因此难于做到路径覆盖，为此，把测试的程序路径数压缩到一定的范围内，还能达到基本覆盖的要求，这就是基本路径测试（Basic Path Testing）。

基本路径测试是托马斯·麦克凯普（Thomas. McCabe）提出的一种白盒测试技术。

Thomas. McCabe 首先建立了一个程序复杂度计算的度量指标圈复杂度（Cyclomatic Complexity），用于度量基于控制流程序的单元复杂度。可以通过绘制一个描述当前被测试单元的有向图（控制流图）来度量圈复杂度。

圈复杂度的价值在于说明以下2个方面

1）高复杂度的模块本质上就容易出错。

2）圈复杂度的数值同时也告诉测试人员在图中存在的基本路径，也就是想要覆盖整个图形所需要进行测试的基本次数。基本路径中的每条路径对应一个测试用例，基本路径不唯一。

独立路径（Independent Path）是指程序中至少引入一个新的处理语句序列或一个新条件的任一路径。在控制流图中，独立路径至少包含一条在定义该路径之前未曾用到过的边。进行基本路径测试，就是选择程序中的独立路径，在基本路径测试时，独立路径的数目就是控制流图的封闭区域数 +1。

美国联邦航空局（FAA）管理的航空软件开发中，McCabe 基本测试覆盖被用来作为单元测试的标准。

1. McCabe 圈复杂度计算

与圈复杂度相关的因素是控制流图中围成区域的数量，把控制流图中由节点和边组成的闭合部分称为一个区域（Region）。在计算区域数时，图的外部部分也作为一个区域。分成6种情况来说明圈复杂度计算相关的因素，同时引出圈复杂度的计算方法。

（1）顺序结构

在顺序结构条件下，整个程序没有分支，所有程序执行沿一条路径进行，覆盖整个控制流图只需要执行一条路径即可。此时，整个控制流图中没有封闭区域，没有形成一个圈，仅有一个外部区域，参见图6-18a。

假设代码的最小圈复杂度是 1，那么顺序结构的圈复杂度就是 1。用 V(G) 来表示圈复杂度，用 R 表示程序控制流图中的封闭区域数，在顺序结构中，V(G) =1，R =0，得到：

$$V(G) = R + 1 \tag{6-1}$$

式（6-1）说明圈复杂度等于控制流图中的封闭区域数加 1，其中 1 指外部区域。

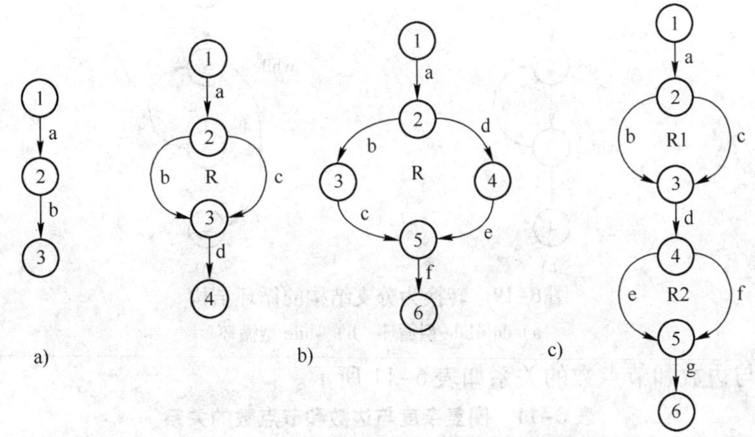

图 6-18　程序结构与圈复杂度之间的关系

a）顺序结构　b）1 个分支结构　c）2 个分支结构

（2）1 个分支结构

在 1 个分支结构的条件下，程序会沿着分支的两条路径来走，只有覆盖了分支处的两条路径才算覆盖了整个控制流图。

1 个分支结构的图形只有一个封闭区域 R，参见图 6-18b，根据式(6-1)，具有一个分支结构的控制流图的圈复杂度为 1 +1 =2，这和实际情况也是一致的，因此式（6-1）对于具有分支结构的控制流图也同样适用。

（3）2 个分支结构

在 2 个分支结构的条件下，有两个封闭区域 R1 和 R2，参见图 6-18c，根据式(6-1)，则圈复杂度为 2 +1 =3，即需要执行 3 条独立路径才可以完成基本路径覆盖。

按照判定覆盖，对于图 6-18c，只需要 2 条路径就可以实现覆盖；而按照路径覆盖而言，则需要 4 条路径才能实现覆盖。由此可以看出，基本路径覆盖是介于判定覆盖和路径覆盖之间的一种测试覆盖方式，其覆盖率大于等于判定覆盖。

提示：

基本路径覆盖是介于判定覆盖和路径覆盖之间的一种测试覆盖方式，其覆盖率大于等于判定覆盖。

（4）多个分支结构

多个分支结构的扩展与 1 个分支到 2 个分支结构的扩展相同，同样适用于式（6-1），这里不再赘述。

（5）循环结构

在绘制控制流图时，通常会将循环结构转换为分支结构，参见图 6-19，因此可以按照分支结构来处理循环结构，其基本路径的计算方法也适用于式（6-1）。

（6）圈复杂度与边和节点的关系

在图 6-18 中，对于包含起始点和结束点的完整控制流图而言，其边数 E 和结点数 N 与圈复杂度之间也是密切相关的，对于图 6-18a 中的顺序结构，边数 E 为 2，节点数 N 为 3，圈复杂度为 1；对于图 6-18b，边数为 4，节点数为 4，圈复杂度为 2；对于图 6-18c，边数为 7，节点数为 6，圈复杂度为 3。

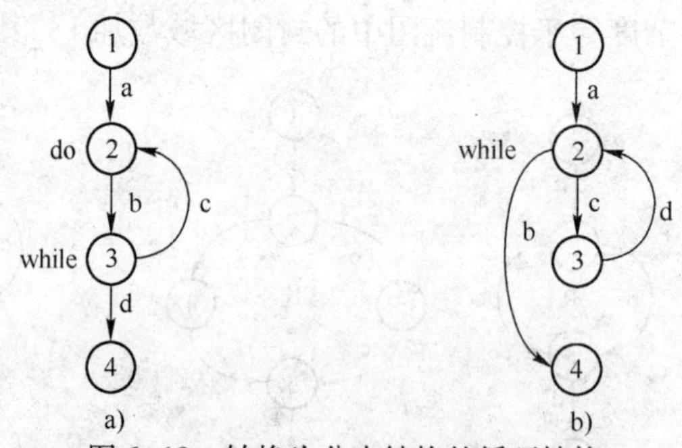

图 6-19　转换为分支结构的循环结构

a）do while 型循环　b）while 型循环

圈复杂度与边数和节点数的关系如表 6-11 所示。

表 6-11　圈复杂度与边数和节点数的关系

序号	程序结构	边数 E	节点数 N	圈复杂度 V(G)	E - N	E - N + 2
1	顺序结构	2	3	1	-1	1
2	1 个分支	4	4	2	0	2
3	2 个分支	7	6	3	1	3

从图 6-18 的 3 种程序结构中看到圈复杂度与孤立的边数和节点数之间并没有直接的关系，如果用边数减去节点数，则发现这个差值与圈复杂度变化方向一致，只是在中间存在一个常数差值，很容易发现这个差值是 2，于是我们得到计算圈复杂度的第 2 个公式见式（6-2）。

$$V(G) = E - N + 2 \tag{6-2}$$

实际上，在某种结构下，边数 E 和节点数 N 之间的数量关系是一定的，如果我们在相同结构下增加节点数，一定会同时增加相同的边数，比较图 6-18b 中的前后两个图形，E-N的差值是不变的。而每当程序引入一个 if…else 型的分支结构时，由于形成了两条分支路径就会造成边数比节点数增加 1，此时，圈复杂度也增加 1（因为增加了一个封闭区域），因此圈复杂度的变化和 E-N 的变化一致。同时发现圈复杂度与 if…else 型的分支节点数 P 之间的变化关系也是一致的，如果不考虑 case 型分支（可以转换为 if…else 结构），则引入

$$V(G) = P + 1 \tag{6-3}$$

其中的 P 为程序中 if…else 型的分支数。

【例 6-15】 找出下列程序段的基本路径，并给出测试用例。

```
int  a, b;
int  x = 0;
int  y = 0;
if(a > b)
{
    x = a - b;
}
else
```

```
{
    x = b - a;
}
while(b < 0)
{
    y += b;
    b ++ ;
}
```

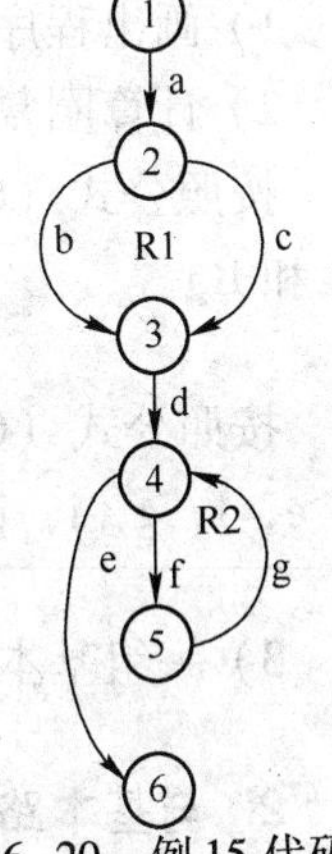

图6-20　例 15 代码段的控制流图

1）画出程序简化的控制流图，图 6-20 所示。

2）计算上图的圈复杂度，即基本路径数。

按照式（6-1）计算，图形中有 2 个封闭区域 R1 和 R2

$$V(G) = 2 + 1 = 3$$

按照式（6-2）计算，图形中有 7 条边（a，b，c，d，e，f，g）和 6 个节点

$$V(G) = 7 - 6 + 2 = 3$$

按照式（6-3）计算，图形中有 2 个分支点②和④

$$V(G) = 2 + 1 = 3$$

3）给出基本路径及测试用例。

根据计算，共有 3 条基本路径，只需要给出 3 个用例即可，用例见表 6-12。

表 6-12　基本路径和测试用例表

用例编号	基本路径	输入值	期望的结果
1	abde	a = 1，b = 0	x = 1，y = 0
2	acde	a = -1，b = 1	x = 2，y = 0
3	abdfge	a = 1，b = -2	x = 3，y = -3

实际上，基本路径不唯一，比如 acdfge 是另一条独立路径，由于只需要选择 3 条基本路径就达到了控制流图的覆盖，所有可以选择任意一组基本路径。

【例 6-16】　计算下列程序段的圈复杂度，并给出一组基本路径。

```
int  a, b;
int  x = 0;
int  y = 0;
switch (a) {
case 1:
    x = a - b;
    y = a * b
    break;
case 2:
    x = a + b;
    y = b/a
    break;
case 3:
```

```
            x = b - a;
            y = a * b;
            break;
        defalut:
            break;
        }
```

1）画出程序简化的控制流图，如图 6-21 所示。

2）计算圈复杂度，即基本路径数。

按照公式（6-1）计算，图形中有 3 个封闭区域 R1、R2 和 R3

$$V(G) = 3 + 1 = 4$$

按照公式（6-2）计算，图形中有 9 条边（a，b，c，d，e，f，g，i，j）7 个节点

$$V(G) = 9 - 7 + 2 = 4$$

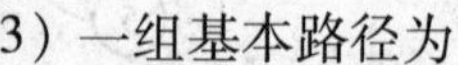
3）一组基本路径为

abf，acg，adh，aei

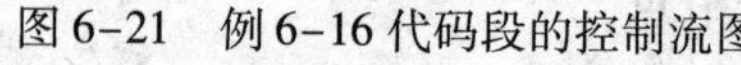
图 6-21　例 6-16 代码段的控制流图

2. 与基本路径相对应的图形矩阵

基本路径测试方法给出了一种优于判定覆盖的白盒测试覆盖方法，通过绘制出程序段的控制流图可以找出基本路径。由于基本路径方法的规则性很强，为了让计算机容易处理，可以根据控制流图画出对应的图形矩阵，计算机通过读入矩阵就可以生成所有独立路径，从而构成基本路径。

图形矩阵是一张二维表，行和列分别对应于每个控制流图的节点，如果两个节点之间存在边，则该单元标注为 1，否则标注为 0，参见表 6-13。

提示：

引入图形矩阵的目的是方便计算机的处理，由计算机找出基本路径，而且还可以通过在不同边上加权数，找出最优的基本路径。

由控制流图生成路径图形矩阵的方法如下：

1）将节点编号作为图形矩阵行、列的表头。

2）从第 1 行开始，依次寻找节点 1 和其他节点（列）之间的联系，如果节点 1 到其他节点之间存在边，则在行列（1，j）处进行标注，比如标注为 1，否则标注为 0。

3）依次类推，分别对 2 ~ n 行实施步骤 2）的处理就可以得到完整的路径图形矩阵。

其中，行表示发出节点，列表示进入节点。

【例 6-17】　绘制出例 6-15 控制流图的图形矩阵。

1. 重新绘制例 6-15 的控制流图

由于控制流图的图形矩阵根据节点来形成路径（边），因此对于一个判定分支，至少需要在某条分支语句中增加 1 个节点，以通过新节点来区分判定分支的不同路径。由于增加节点同时也增加了边，不影响到圈复杂度的计算结果。例 6-15 的控制流图改造后如图 6-22 所示。

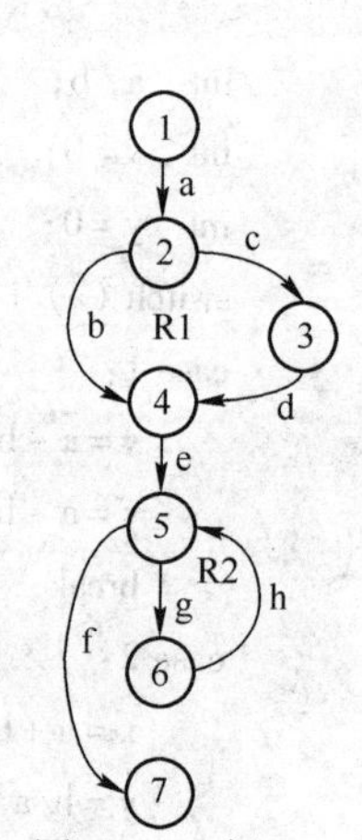

图 6-22　例 6-15 改进的控制流图

2. 根据控制流图节点之间的关系构建图形矩阵，见表6-13。

表6-13　图6-22 控制流图对应的图形矩阵

	1	2	3	4	5	6	7
1	0	1	0	0	0	0	0
2	0	0	1	1	0	0	0
3	0	0	0	1	0	0	0
4	0	0	0	0	1	0	0
5	0	0	0	0	0	1	1
6	0	0	0	0	1	0	0
7	0	0	0	0	0	0	0

从表6-13 可以得到以下信息：

1）如果某列没有1个1，则说明该节点是起始节点，如列1。

2）如果某行没有1个1，则说明该节点是结束节点，如行7。

3）如果某行有两个及两个以上的1，则说明该节点存在分支，如行2和5。

4）如果某列有2个及两个以上的1，则说明该节点是汇合节点，如列4和5。

5）如果有多行为全0，说明程序有多个出口。

对于表6-13 中标注的1可以替换为不同的权值来表明不同路径之间的差异，从而为选择最优基本路径打下基础。

根据表6-13，可以找出程序中的所有基本路径，步骤如下：

1）从第一行起，找其中为1的列，然后跳转到该列编号对应的行，如（1，2），转到第2行。

2）在跳转到的行上寻找为1的列，然后跳转到该列编号对应的行，如（2，3），转到第3行。

3）重复步骤2直至找到全0的行结束，则找到了一条独立路径。

4）根据计算的基本路径数（分支数+1），重复步骤1）、2）、3）寻找下一条基本路径，直到达到计算的基本路径数为止。

注意：

1. 对于存在分支的行，要保证每个分支都会单独进入。

2. 要保证本次找到的独立路径至少与上一次找到的独立路径有所不同。

根据上面的方法，在表6-13 的图形矩阵中以节点为基础进行搜索，得到的基本路径包括：

12345657

1245657

123457

6.3.5　测试覆盖准则

1. Foster 的 ESTCA 覆盖准则

表面上看，前面讲到的各种覆盖方法是合理的，但是也会存在一些遗漏，看下面的例子。

【例 6-18】 存在错误隐患的向循环队列中写入数据的代码段。

```
Write_Data_To_Queue(int iWrite_Number, int *buf)
1 {
2       …
3       intpos = m_wp;
4       for(int i = 0; i < iWrite_Number; i ++)
5       {
6           pos = (m_wp + i) % QUEUE_SIZE;                /// QUEUE_SIZE 为循环队列的尺寸
7           *(m_Buf + pos) = *(buf + i);                  /// m_Buf 为队列本身的存储空间
8       }
9       if ((m_wp + iWrite_Number) > QUEUE_SIZE)          /// 如果写入数据超出边界,设置反转标记
10      {
11          m_bReverse_Falg = true;                       /// 设置反装标记
12      }
13      m_wp = (m_wp + iWrite_Number) % QUEUE_SIZE;
14 }
```

上面的代码段在逻辑上并没有问题，但语句 9 的判定条件：(m_wp + iWrite_Number) > QUEUE_SIZE 不正确，当 m_wp + iWrite_Number = QUEUE_SIZE 时，没有设置反转标记，但根据下一条语句得到 m_wp = 0，显然队列已经反转，如果这种情况出现，必然导致程序出错。

在白盒测试时，对于判定分支通常只测试条件成立和不成立即可完成覆盖测试，换句话讲，对于例 6-18，可以设定判定为大于和小于的两个测试用例来完成上述代码段的判定白盒覆盖测试，由于相等的情况可能被测试遗留（因为即使遗漏测试相等的情况也是完整的路径覆盖），于是程序存在缺陷。

从例 6-18 可以看出，完整的白盒路径覆盖也不能找出程序中的所有缺陷，为什么呢？这是因为路径覆盖也是有规律的，它并没有涵盖程序中的所有情况或所有输入数据。即使路径测试也是不可能的，如何可能在测试中涵盖所有情况。因此只能保证在现有的基础上（比如路径测试）上有所提高。

K. A. 福斯特（K. A. Foster）从测试工作实践教训出发，发现对于大小判定型的分支语句，不仅要判定大小，还需要判定相等，因为程序员总是容易在判定大小的边界时出错。在常规的白盒覆盖测试中，往往将相等条件归于某一路分支而忽略它本身，从而造成程序缺陷。换句话讲，对于这种大小判定型的分支，不仅要进行真假测试，还需要引入某种特殊测试（比如相等测试），才能更好地找到软件缺陷。于是 K. A. Foster 提出了一种经验型的测试覆盖准则，称为错误敏感测试用例分析（Error Sensitive Test Cases Analysis，ESTCA）准则，下面的代码段用于说明 ESTCA 准则。

```
if(A rel B)                        /// rel 可以是 <, = 和 >
{
    …
```

```
}
else
{
    ...
}
```

错误敏感测试用例分析（ESTCA）的规则如下：

［规则1］　对于A rel B型的分支谓词，应适当地选择A与B的值，使得测试执行到该分支语句时，A<B，A=B和A>B的情况分别出现一次。

［规则2］　对于A rel1 C（rel1可以是>或是<，A是变量，C是常量）型的分支谓词，当rel1为<时，应适当地选择A的值，使：

A=C－M（M是距C最小允许的正数，若A和C均为整型时，M=1）

同样，当rel1为>时，应适当地选择A，使：

A=C+M。

［规则3］　对外部输入变量赋值，使其在每一测试用例中均有不同的值与符号，并与同一组测试用例中其他变量的值与符号不一致。

显然，上述规则1是为了检测rel的错误，规则2是为了检测“差1”之类的错误（如本应是“if（A>1）”而错误写成“if（A>0）”），而规则3则是为了检测程序语句中的错误（如本应引用一变量而错误引用成另一变量）。

上述三条规则并不是完备的，但在普通程序的测试中却是有效的。原因在于规则本身针对着程序编写人员容易发生的错误，或是围绕着发生错误的频繁区域，从而提高了发现错误的命中率。

2. Woodward等人的层次LCSAJ覆盖准则

伍德沃德（Woodward）等人指出结构覆盖，比如分支覆盖等，并不足以保证测试数据的有效性。为此他提出了一种层次LCSAJ覆盖准则。

线性代码序列和跳转（Linear Code Sequence And Jump，LCSAJ）包含以下3项（通常通过源代码清单的行号来识别）：可执行语句的线性序列的开始、结束以及在线性序列结尾控制流所转移到的目标行。

一个LCSAJ是一组顺序执行的代码，以控制流跳转为其结束点，其不同于判定－判定路径，判定－判定路径是根据程序有向图决定的，一个判定－判定路径是指两个判定之间的路径，其中不再有其他判定，程序的入口、出口和分支节点都可以是判定点。而LCSAJ的起点是根据程序本身决定的，它的起点是程序第一行或转移语句的入口点，或是控制流可以跳达的点。几个首尾相接，且第一个LCSAJ起点为程序起点，最后一个LCSAJ终点为程序终点的LCSAJ串就组成了程序的一条路径。一条程序路径可能是由两个、三个或多个LCSAJ组成的。基于LCSAJ与路径的这一关系，Woodward提出了LCSAJ覆盖准则。这是一个分层的覆盖准则：

［第一层］：语句覆盖。

［第二层］：判定覆盖。

［第三层］：LCSAJ覆盖，即程序中的每一个LCSAJ都至少执行一次。

［第四层］：两个LCSAJ覆盖，即程序中的每两个首尾相接的LCSAJ组合都至少执行

一次

……

[第 i 层]：每 i 个首尾相接的 LCSAJ 组合都至少执行一次。

在 LCSAJ 测试时，需要产生被测试程序的所有 LCSAJ，越高层次的覆盖越难满足。

6.4 其他白盒测试技术

6.4.1 程序插桩

程序插桩技术（Program Stub Technology）是向程序代码中插入一些测试语句，比如统计语句、打印语句等，通过这些语句的执行，了解程序的执行路径，程序中变量的变化情况等。

这种方法有点类似于程序调试中的单步执行以查看程序的状态信息，但比单步执行有效，它是在不停止程序的状态下对程序进行监视。

程序插桩技术非常有效，但需要考虑以下问题：

1）探测哪些信息。

2）在程序的什么部位设置探测点。

3）需要设置多少个探测点。

6.4.2 域测试

域测试（Domain Testing）是一种基于程序结构的测试方法。

Howden 将程序中出现的错误分为三类：域错误，计算型错误和丢失路径错误。这些都是相对于执行程序的路径来说的。每条执行路径对应于输入域的一类情况，是程序的一个子计算。如果程序的控制流有错误，对于某一特定的输入可能执行的是一条错误路径，这种错误称为路径错误，也叫做域错误。如果对于特定输入执行的是正确的路径，但由于赋值语句的错误造成输出结果的不正确，称为计算型错误。由于程序中某处少一个判定谓词引起的错误被称为丢失路径错误。域测试主要是针对域错误进行的测试。

6.4.3 符号测试

符号测试（Symbol Testing）的基本思想是允许程序的输入不仅仅是具体的数值数据，而且包括符号值。这里所说的符号值可以是基于符号变量值，也可以是这些符号变量值的一个表达式。这样，在执行程序过程中以符号的计算代替了普通测试执行中对测试用例的数值计算。即普通测试是算术运算，而符号测试则是执行代数运算，因此符号测试可以认为是普通测试的一个自然扩充。

6.4.4 Z 路径测试

分析程序中的路径是指：检验程序从入口开始，执行过程中经历的各个语句，直到出口，这是白盒测试最为典型的技术。着眼于路径分析的测试可称为路径测试（Path Testing）。通常而言，要达到路径测试是非常困难的，特别是在包含有多个分支或循环的情况下，为此，将程序的结构进行简化，包括舍弃一些次要因素，对循环进行简化（只考虑循环0次和1次两种情况），从而大大地减少测试路径的数量，使得覆盖这些有限的路径成为可能，在这种简化意义下的路径覆盖称为Z路径覆盖。

6.4.5 程序变异

程序变异（Program Aberrance）是一种错误驱动测试，该方法是针对某类特定程序错误而专门设计测试用例。由于完全测试的不可实现性，因此在程序变异测试中将软件测试集中在对软件危害较大的错误方面进行测试，而忽略小错误的测试。

6.5 小结

整个软件测试最重要的工作就是产生测试用例，而如何产生测试用例呢？这就是软件测试技术要解决的主要问题。在软件测试中，最重要的两种测试技术包括白盒测试和黑盒测试。

常用的白盒测试方法包括基于数据流的白盒测试和基于控制流的白盒测试。基于数据流的白盒测试是通过查看代码中变量的定义与引用等情况，判定软件可能存在的数据方面的隐患或错误。基于控制流的白盒测试是根据软件或系统的内部分支进行的测试。绘制程序的控制流图是进行控制流测试的基础。控制流测试可以分为：语句测试、判定测试、条件测试、判定-条件测试、多条件测试、循环测试和路径测试八个逐渐递进的测试级别。由于完整的路径测试不可实现，因此人们总是在研究从语句测试到路径测试中比较完备的测试方案，其中基本路径测试是一种比较好的白盒测试方案。

习题6

1. 名词解释。
- 静态白盒测试
- 动态白盒测试
- 基于数据流的白盒测试
- 变量被定义
- 路径
- 语句覆盖

2. 阐述白盒测试的优缺点。

3. 下面的程序段用于求给定数组中的最大值，列表该程序的被定义和被引用的变量，并作出数据流分析。

```
int Max (int iNum   int * buf)
{
    int   max;
    for(int i =0; i < iNum; i ++)
    {
```

```
        if(max < *(buf + i))
        {
            max = *(buf + i);
        }
    }
    return(max);
}
```

4. 列举出习题3程序段的路径，绘制其控制流图，然后列举出其语句测试用例。

5. 根据习题3程序段控制流图，计算其基本路径数，并列举出基本路径及其测试用例。

第7章　黑盒测试（基于规格说明的测试）

7.1　黑盒测试概述

7.1.1　黑盒测试定义

黑盒测试（Black-box Testing）是指不考虑组件或系统内部结构的功能或非功能测试。

黑盒测试设计技术（Black-box Test Design Technique）——基于系统功能或非功能规格说明书来设计或者选择测试用例的技术，不涉及软件的内部结构。

黑盒测试又称为基于规格说明的测试（Specification - base Test），基于经验的测试（Experience-based Testing）。这种测试不需要了解软件的内部结构、内部分支以及代码的具体实现。黑盒测试技术是一种测试用例设计方法，盒子指的是被测试的软件，黑盒指的是盒子内部是不可见的，参见图7-1。

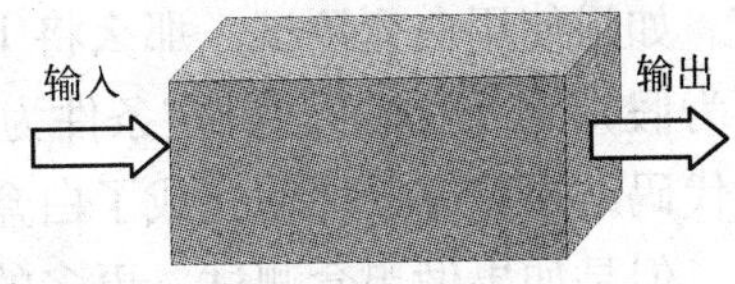

图7-1　黑盒测试

白盒测试的测试依据是软件代码，而黑盒测试的依据是软件规格说明书（Specification），包括软件的需求分析说明以及用户使用说明书等，由于两种测试技术基础的差异，造成其采用技术的差异。在软件规格说明书中通常描述了软件的功能、性能以及约束条件等外部可见性的事物，而不涉及到软件的内部实现。因此黑盒测试就是验证软件是否达到规格说明书上写的这些功能、性能以及约束条件等要求。

基于规格说明的测试方法有以下共同特点：

1）使用正式或非正式的模型，比如边界值测试模型等来描述需求解决的问题。

2）根据这些模型，可以系统地得到测试用例。

按照黑盒测试的目的可以将其分为功能性测试和非功能性测试两大类。

功能性测试用于验证被测试软件的功能正确性、一致性，其技术包括等价划分、边界分析、因果图、决策表、状态转换图、用例法以及正交分析法等。

非功能性测试用于验证软件的非功能性属性，包括：性能测试、强度测试、配置测试、兼容性测试、安全性测试、安装与卸载测试等。

提示：

由于可以进行系统的非功能测试，通常而言，黑盒测试较白盒测试有更广泛的应用。

7.1.2　黑盒测试和白盒测试之间的关系

很多刚开始学习测试的人员都会有这样的疑问：白盒测试既可以看到被测软件的内部，又可以看到程序的外部，因此白盒测试比黑盒测试更加全面、细致、深入。既然做了白盒测试，为什么还需要引入黑盒测试呢?

其实不然，这两种测试技术的目的是不相同的，简单地讲白盒测试只基于被测软件的内部进行测试，而黑盒测试则只基于被测软件的外部规格说明进行测试。如果白盒测试既基于内部又基于外部那么就可以涵盖黑盒测试了。这与医院里面分内科、外科和全科有点相似。

还有些人可能会问，到底根据内部检验（白盒测试）有效还是根据外部检验（黑盒测试）有效，看下面的例子。

【例 7-1】 下面的 C 代码用来求整数数组的和，然后返回。

```
int calculate_sum( int iNum, int value[ ])
{
    int  sum = 0;
    for( int i = 0; i < iNum; i ++ )
    {
        sum += value[ i ];
    }
    return ( sum);
}
```

如果使用白盒测试，那么将上面的代码转换为判定结构，然后测试 0 次循环（判定条件为假），一次循环（判定条件为真），10 次循环（判定条件为真的典型值）即可。由于上述代码结果完整，即使完成了白盒测试的路径测试也不能发现错误。

但是如果做黑盒测试，更多的是基于边界的测试，选择最大的 iNum，最大的 value[ ]数组，甚至超过最大数的值来进行测试，还可能使用负数来进行测试（下边界外），结果是上述程序很容易出错（数据溢出）。也许有人会说，为什么会使用那些不可思议的数字去进行测试呢? 这是无理的，但是，这正是黑盒测试的本质，它不光验证程序的结构完整、逻辑正确，还要保证程序代码的保护完整，程序具有可靠性，即使是在错误数据出现的情况下程序也可以有效提示和正常工作，还记得前面提到的日本瑞惠证券的例子吗? 不要期望用户总是输入正确的数据。从这个意义上来说，黑盒测试具有更强的测试和保护能力，同时，黑盒测试也让程序员学会如何编写可靠的程序，因此，黑盒测试是重要的。

再举一个例子来说明程序保护的重要性。对于同一个功能而言，不同程序员实现的代码存在质量上的差异，比如对于输入数据的保护。

【例 7-2】 数字滤波器输入数据的保护程序。

数字滤波器是数字信号处理中使用得非常广泛的功能。通常而言，对于任意输入的信号，我们设计的滤波器只让指定部分的频段信号通过，而衰减不需要的频率信号。滤波器可以分为高通，低通，陷波（屏蔽某一段信号）滤波等，参见图 7-2 的阴影部分。让高于 f_l 频率的信号通过称为高通滤波，让低于 f_h 频率的信号通过称为低通滤波，中间的 50 Hz 部分被滤掉称为 50 Hz 陷波。

这里并不需要去设计一个数字滤波器，而仅仅是将用户的选择输入变换为数字滤波器程序所需要的输入。为了使程序简化，将所有的滤波类型都简化为多通带滤波，即为数字滤波器输入的是每段需要频率的起始和终止频率，比如用户只选择了 50 Hz 陷波滤波，那么将滤波的通带设定为（0～49）和（51～10000），49～51 被排除在外，其中的10000为假设的最高截止频率。

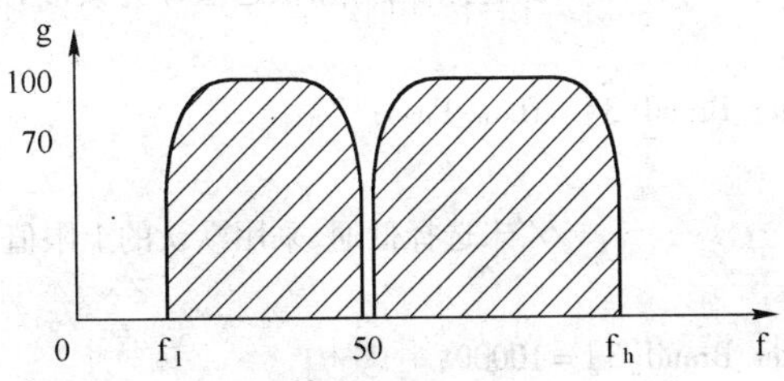

图 7-2　数字滤波器的频带选择示意图

假设用户可以任意输入高通滤波频率 fHigh_Pass，低通滤波频率 fLow_Pass 以及选择 50 Hz 陷波作为滤波器的输入，程序员编写程序把用户的输入数据转换为数字滤波器的输入。

1. 低级程序员的代码

初学者考虑很少，写的代码也很简单，其代码如下：

```
fMulti_Filter_Brand[0] = fHigh_Pass;
fMulti_Filter_Brand[1] = 49;
fMulti_Filter_Brand[2] = 51;
fMulti_Filter_Brand[3] = fLow_Pass;
```

上面的程序很容易进行路径测试，连一个判断语句都没有，那么选择一个测试案例 fHigh_Pass = 10，fLow_Pass = 100 就进行了 100% 的路径测试，程序肯定没有问题，果真如此吗？假设用户在使用过程中根本没有选择 50 Hz 滤波，但上面的程序段强制进行了 50 Hz 滤波，是正确的吗？没有选择高通、低通呢？因此对于上面的程序使用白盒测试反而没有错，但是用户在使用过程中会造成很多的错误。

2. 中级程序员的代码

中级程序员不仅考虑代码的逻辑功能，还考虑了代码的保护，第二个编程人员的代码如下：

```
///1. ---------------选择了 50 Hz 滤波. ----------------------------------------
float  fMulti_Filter_Brand[8];
if(b50 Hz_Flag)
{
    if(bHigh_Pass)          /// 选择了高通,高通值即为频带的起始值
    {
        fMulti_Filter_Brand[0] = fHigh_Pass;
    }
    else                            /// 未选择高通,则高通值设定为 0
    {
        fMulti_Filter_Brand[0] = 0;
    }
```

```
            fMulti_Filter_Brand[1] = 49;
            fMulti_Filter_Brand[2] = 51;
            if(bLow_Pass)              /// 选择了低通,低通值即为频带的上限值
            {
                fMulti_Filter_Brand[3] = fLow_Pass;
            }
            else                       /// 未选择低通,采用默认的上限值 10000 Hz
            {
                fMulti_Filter_Brand[3] = 10000;
            }
        }
///2. --------------------未选择 50 Hz 滤波. ------------------------------
        else
        {
            fMulti_Filter_Brand[0] = fHigh_Pass;
            fMulti_Filter_Brand[1] = fLow_Pass;
        }
```

上面的程序结构完整，每个判断下都有处理，可以进行完整的白盒结构测试，也找不到什么问题，但是，上面的程序没有缺陷吗？如果用户选择了 50 Hz 滤波，然而输入的高通滤波值大于 49 或 51，比如 100，那么上面的程序会得到正确的结果吗？当然不会。

高级程序员编写的代码会考虑到各种合法不合法程序输入的情况，无论用户如何选择都进行保护，高级程序员编写的代码这里不列举出来，供各位读者思考。

例 7-2 很简单，对于同样的一个功能（数据输入），不同的程序员会写出不同的代码，基于代码结构去测试（白盒测试），逻辑上越简单的代码越没有问题，而在实际应用中越容易出现问题，白盒测试对此显得苍白无力，而黑盒很容易发现这些问题。因此，路径测试不与功能测试结合起来，对于程序中不完善的部分是无法检验的。从这个意义上讲，黑盒测试对于软件的正确性、完整性以及代码的保护起到更重要的作用。

提示：

实际上，逻辑严密、保护完整的程序与不保护的程序在绝大多数情况下工作效果是完全一样的。这种绝大多数情况是指代码运行的正常假设，但是当程序运行进入到非正常分支之后（应该得到保护），未保护代码可能会出现异常，而保护的代码能够运行正常。从某种意义上讲，这也是好的程序与差的程序之间的区别。从这个意义上讲，软件测试的发展促进了编程技术的发展。

从上面的例子可以感觉到黑盒测试相对于白盒测试更加有效、更加完善、更加重要，因为它是基于用户需求的测试，而软件正是为了满足用户的需求而存在，但是，是否进行了黑盒测试就可以放弃白盒测试呢？显然不是，看下面的例子。

【例 7-3】 软件中的后门。

假设设计一个银行支付年利息的软件模块。

```
    double  fInterest_rate = 0.02;                          /// 年利率
    double  Get_Interest(int deposit)
```

```
{
    int    iInterest = (int)(deposit * fInterest_rate);                  /// 整数利息
    double    fAccumulate = deposit * fInterest_rate-iInterest;          /// 小数利息
    Deposit_To_Pointed_Account(account);   /// 小数利息存入指定账号,程序后门
    return (iInterest);
}
```

上述程序段中存在一个后门，使用黑盒测试可能并不能发现问题，由于其仅仅是将利息的小数部分舍弃，测试员会认为这是正常的程序设计，舍去的小数部分利息留存银行使银行收益，但是如果把这些本应该的银行收益转到程序员指定的账户中由程序员收益，也许程序员会成为富翁，但这就存在问题。

程序中的后门是一种风险，由于黑盒测试选择案例具有典型性，对于在任意位置设置的程序后门，黑盒测试将一筹莫展；而此时，白盒测试将显示出其火眼金睛的作用，尽管白盒测试并非为检测后门而设立。

对于具有重大安全要求的项目，比如航天航空、军事、金融、医疗等领域的软件进行白盒测试将成为一种严格的规定。因此黑盒和白盒测试是相辅相成，缺一不可的，它们可以应用到软件测试的各个测试阶段，共同保证软件的正确性。

提示：

之所以既要进行白盒测试又要进行黑盒测试，归根结底是由于这两种测试方法都是不完整的测试，只有穷举测试才是完整的测试，但是这是不可能实现的。

讨论：

为什么白盒测试的路径测试不是完整的测试？

使用测试设计技术的目的是为了识别测试条件和开发测试用例。将测试技术分为黑盒测试技术和白盒测试技术是一种比较标准的分类方法。

黑盒技术（也称为基于规格说明的技术）依据对测试基础文档（不管是功能性的还是非功能性的文档）进行分析得出测试条件和测试用例，而不参考组件或系统的内部结构。白盒测试（也称为基于结构的技术）依据对组件或系统内部结构的分析来获取测试条件和测试用例。

7.1.3 黑盒测试方法的有效性及方法选择的指导方针

根据待测试软件特点选择不同黑盒测试方法或测试方法组合。选择不同的测试方法或组合没有固定的模式，需要根据实际情况具体对待。测试用例的设计方法不是单独存在的，具体到每个测试项目中都会用到多种方法，不同类型的软件有各自的特点，其测试用例设计方法也有各自的特点。在实际测试中，往往是综合使用各种测试方法才能有效地提高测试效率和测试覆盖率，这就需要认真掌握这些方法的原理，积累更多的测试经验，以有效地提高测试水平。比如选择边界值测试，但这种测试是孤立的，为了测试系统之间的联系，常常选择场景测试。为了测试组合条件，需要选择决策表测试等等。

7.1.4 黑盒测试的优缺点

1. 优点

正规的黑盒测试可以指导测试人员选择高效和有效发现软件缺陷的测试子集，这些子集

比随机选择同样数量的测试案例更有效，黑盒测试帮助实现测试回报的最大化。

2. 缺点

黑盒测试不能确认对软件测试的程度。无论多么聪明和勤奋的测试人员，都不可能通过黑盒测试测试程序的所有路径。

7.2 等价划分

7.2.1 为什么要引入等价划分

前面讲到，只有基于穷举测试的软件测试才是完整的软件测试，才能保证经过测试的软件毫无问题。

穷举测试的方法很简单，就像去寻找密码，输入密码的所有可能组合，一定能够找到密码。检验软件的所有输入，一定能够发现所有软件缺陷。

什么是所有组合？如图 7-3 所示，假设密码的长度为 6 ~ 128 个字符，每个字符可以是数字（10 个）、大小写英文字母（52 个）以及其他符合（假设为 10），比如_、#、&、+、-等，即每个字符位置允许输入 72 种选择。那么这个组合大约是：

$$72^6 + 72^7 + 72^8 + \cdots + 72^{128} > 72^{128} \approx 5 \times 10^{237};$$

目前世界上最快的计算机大约每秒处理 10 万亿次，即 10^{13}，如果有 100 亿台这样的计算机同时处理，即每秒处理 10^{23} 次，每一年大约 3×10^7s，那么耗尽全世界所有的计算资源，为了穷举这个密码也需要大约 10^{207} 年的时间，这个时间宇宙都循环了无穷尽的次数。换句话讲，根本没有办法穷举。

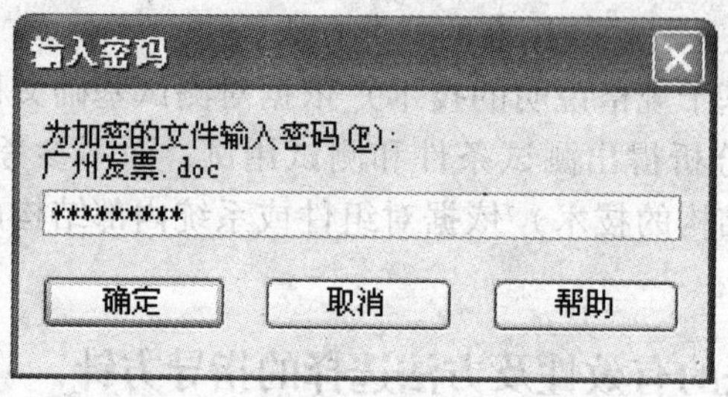

图 7-3 软件密码输入对话框

是的，根本没有办法做到穷举测试，因此穷举测试是一种不可实现的傻瓜测试。但是人的智慧往往在于其灵活性，为什么要去穷举呢？对于测试像加减乘除这种运算，人们会认为 2 + 2 和 3 + 3 是一样的测试用例，换句话讲，如果测试了 2 + 2，就不必再去测试 3 + 3；当然这样做会引入风险，这种风险的引入与所获取的大量减少测试用例的好处相比是值得的，因此测试都是存在风险的。

如何有效地减少测试的数量，而又引入较小的测试风险呢？这就是黑盒测试技术要研究的主要内容，其中最重要的技术被称为等价划分。

7.2.2 等价划分的概念

等价划分（Equivalence Partition）——根据规格说明，输入域或输出域的一个子域内的任何值都能使组件或系统产生相同的响应结果。

等价类划分技术（Equivalence Partitioning Technique）——黑盒测试用例设计技术，该技术从组件的等价类中选取典型的值进行测试。原则上每个等价类中至少要选取一个典型的值来设计测试用例。

可以将软件的输入分成不同的组，对于同一组的输入，软件应该有相似的表现行为，就好像软件是以相同的方式对这些输入值进行处理。通过应用等价类划分技术，能够实现软件的输入覆盖或输出覆盖。

等价分配将产生等价区间，等价区间由一组数据构成，这组数据对于相同的模块而言被同等对待或者将产生相同的结果，参见图 7-4，这意味着：

1）如果等价区间中的某一个测试用例发现错误，那么在这个区间中的其他用例都将发现同样的软件缺陷。

2）如果等价区间中的某一个测试用例没有发现软件缺陷，那么这个区间中的其他用例也不会引起软件缺陷。

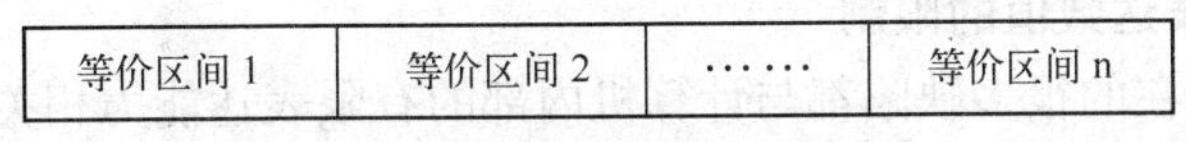

图 7-4　等价区间的划分

等价区间可以在保证软件合理测试的情况下大幅度减少测试案例，等价类划分技术可以产生两种类型的数据：有效数据和无效数据（系统将对无效数据加以保护）。

虽然可以通过等价划分技术大幅度减少测试案例的设计，但是，如何进行正确的等价划分呢？等价划分的依据又是什么呢？

7.2.3　等价划分的依据

等价划分的依据指导测试人员进行正确的等价划分，从而合理有效地减少测试用例的使用。黑盒测试的依据是用户需求规格说明，因此，用户需求规格说明书是测试员选择等价区间的主要依据之一，以下几点都是等价划分的依据。

1. 基于常识

比如人的年龄为 0 ~ 200，人的体温为 35℃ ~ 45℃ 之间，地球上最高的山峰不会超过 10000m，最深的海底不会超过 12 km，地球上的气温在 -100℃ ~ 80℃ 之间等。这些常识性的知识就是进行等价划分的依据之一。

2. 软件需求规格说明书

软件需求规格说明书代表用户的需求，根据用户需求规格说明书可以把测试用例划分为包含有效数据和无效数据的区间。

比如对于 Excel 2003 电子表格程序，其需求规格说明书（见图 7-5）说明一个有效的工作表单可以包含 65536 行数据，如果测试电子表格可以支撑的数据行数，以需求规格说明书上标明的 65536 为边界把测试数据划分为两个等价区间［0，65536］和（65536 ~ ∞］。由于等价区间假设其中的任何一个数据都可以代表整个区间内的所有数据进行测试，只要选择 5 和 80000 两个数据就完成了对行数的测试。

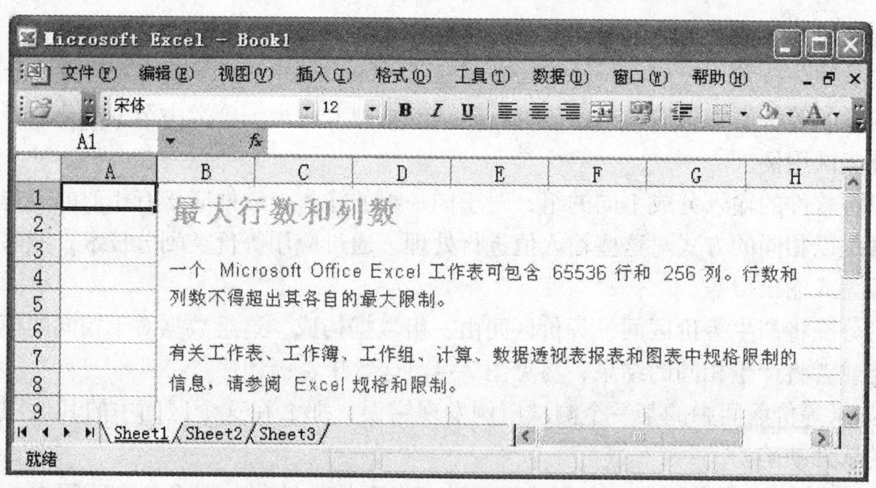

图 7-5 Excel 程序的部分用户需求规格

3. 计算机内部表达数值的限制

计算机软件中存在的很多缺陷都与计算机内部的有限表达能力相关，如果只从数学的角度进行考虑，可以让计算机计算大数（比如10000）的阶乘，也可以让计算机保留小数点后1000 位的圆周率，但很不幸的是，计算阶乘的程序在计算 13 的阶乘时就开始出现错误（采用32 位整数表达），而计算圆周率的程序在小数点后 6 位就变得无效（采用 float 类型表达数据）。

之所以出现这些问题，是因为忽略了计算机在表达数时有自己的内部限制，如果使用32 位长度的整数来存储阶乘，那么可以存储的最大数是 $2^{32}=4294967296$，而 13！= 6227020800，即 13！已经超过 32 位整数能够表达的最大范围，因此计算出现错误。换句话讲，计算机内部的某些限制点是进行等价划分的依据，参见表 7-1。

表 7-1 根据存储位数得到的计算机内部的限制点

序号	计算机内部可能存在的等价划分的依据
1	$2^8=256$
2	$2^{16}=65536$
3	$2^{32}=4294967296$
4	$2^{64}=18446744073709551616$

4. 需要特别关注的一些值

在进行软件测试的等价划分时，原则上根据上面 3 项的依据已经可以满足绝大部分测试的要求了，但是有一些特殊的数据会与众不同，比如默认值、空值、0 值等，这些特殊点可能位于上面划分的某一等价区间中，但是由于其特殊性（程序中可能对这些点进行单独处理），可以为它们单独设立一个等价区间。

从某种意义上讲，对于这些特殊值构成的等价区间进行测试非常有效，因为这些特殊值代表了大部分的使用情况。

7.3 边界值测试

7.3.1 边界值测试概述

等价划分说明可以通过选择等价区间中的一个值来代替整个等价区间的所有值进行测试，从而大大的减少测试案例的数量。但是等价划分并没有说明应该选择哪个具有代表性的测试值，可以选择等价区间内的任何一个值。

直觉显示，等价区间内的某些值对于测试起到的作用是不相同的，例如对于［0，65535］这个等价区间，可以列举的测试数据包括：0、1、5、6、7、8、100、65535 等，但是 5、6、7、8 等测试数据没有两样，而 0 和 65535 好像有些不同，是的，直觉是正确的，因为 0 和 65535 是等价区间的边界点。

实际上，等价区间的边界点是系统行为发生变化的地方。边界存在于输入值从有效成为无效的那一点上（规格说明），边界也可以存在于输出可能溢出显示区的地方，边界同样可能存在于内部处理的边界处，参见图 7-6。系统在变量取值的边界通常容易出现不正确的行为，因此在测试过程中变量的边界值处经常容易发现缺陷。正是由于边界值的这个特点，使得高效和有效地选取等价区间测试数据时有了更明确的依据——边界。测试的设计应当既覆盖有效边界值又覆盖无效边界值。在设计测试用例时，应该将每个边界值包含在测试用例中。

边界值（Boundary Value）是指通过分析输入或输出变量的边界或等价划分（Equivalence Partition）的边界，例如取变量的最大、最小、中间值，比最大值大的值，比最小值小的值等。

边界值测试（Boundary Value Testing），又称为边界值分析，是一种黑盒测试设计技术，基于边界值进行测试用例的设计，又称为边界值覆盖（Boundary Value Converage）。

边界值分析可以应用于所有的测试级别。这种方法相对简单，发现缺陷的能力也比较高，同时，详细的规格说明以及基于计算机内部认识的知识对边界值的分析很有帮助。

边界值分析技术通常被认为是等价类划分技术的一种拓展。

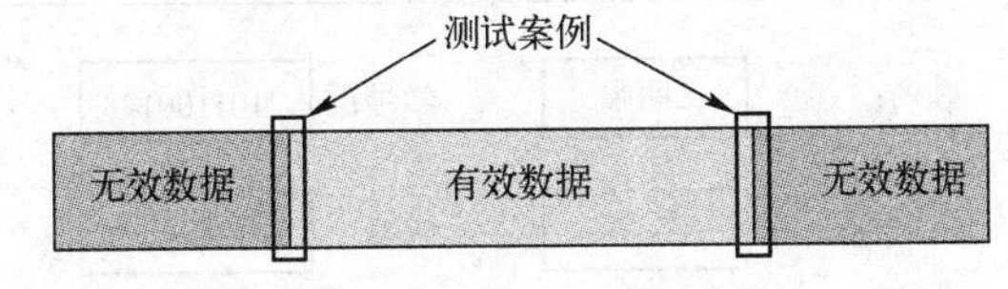

图 7-6　边界值测试中测试案例的选择点——边界值及其两侧

测试边界条件一定要测试边界值及临近边界的数据，即测试边界及边界内的最后一个合法数据以及刚超过边界的非法数据，参见图 7-6 所示。例如：

第一个数减 1/最后一个数加 1。

空了再减/满了再加。

最大值 -1/最大值 +1。

最小值 +1/最小值 -1。

刚好在内/刚好超过。

7.3.2 边界值测试的步骤

对于不同的数据类型，可以选择不同的测试边界。对于数字型数据，可以选择数据允许的最大最小值；对于字符串数据，可以选择字符串允许的最小最大长度等等。

边界测试的步骤如下。

1）分析需求规格说明书找出测试项。

2）基于我们的常识，需求规格说明书规定、计算机内部可能的限制以及测试项本身的数据类型确定测试项的边界值。

3）选择边界值、最靠近边界的合法值以及刚超过边界的非法值做为测试用例。

4）确定输入的预期输出结果。

5）进行测试。

6）比较实际输出结果和预期的输出结果。

7）确认被测试软件功能的正确性。

7.3.3 数值型变量的边界测试

计算机中的数字包括整数和实数。整数比较简单，只需考虑边界值、边界值 -1、边界值 +1；对于实数而言，边界值确定后，最靠近边界的有效实数以及无效实数却无法确定，这需要考虑到数据本身需要的精度以及计算机内部可以表达的数据精度。

假设测量气温，通常采用整数表示，如 24℃；测量体温，通常保留 1 位有效小数，如 36.5℃，如果超出这个精度范围，比如使用 3 位小数来表达气温，说今天的气温是 21.253℃，或者使用 3 位小数来表达体温，说某个人的体温是 36.583℃，从常识角度出发，就会感到非常奇怪，因此在进行实数测试时，首先需要根据需求规格说明书或已知的常识来确定选择实数的精度，然后再按照这个精度选择边界两边的数值。

【例 7-4】 对一个学籍管理软件进行测试，其中有一项是输入学生的基本考试成绩，参见图 7-7，对学生的成绩项进行测试，成绩使用整数表达即可。

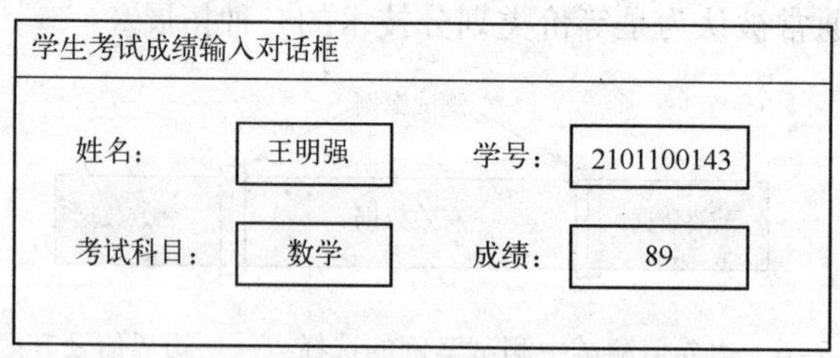

图 7-7 学生成绩输入对话框

上面的输入对话框中成绩是数字型变量，可以按照以下步骤来进行成绩项的测试：

1）根据常识，成绩的有效范围为区间 [0，100]，尽管可以使用实数来表示成绩，通常而言，其只需要达到整数的精度就能满足需要；

2）根据边界值划分等价区间；

3）选择测试数据，选择边界及其附近的数据，包括 -1，0，1，99，100，101，65535，

65536 等，其中 65535 和 65536 是根据计算机内部的存储能力选择（也可以不选择）。

图 7-8 所示为数值型变量划分的等价区间。

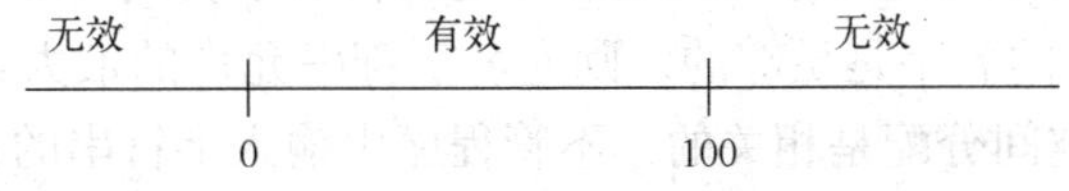

图 7-8　为数值型变量划分等价区间

4）编写测试用例，测试用例是根据选择的测试输入数据来确认的，由于不可能达到穷举测试，因此在选择测试用例时需要具有典型性。完整的测试用例包括测试用例号，测试用例的说明、输入\输出值、测试步骤说明等内容，表 7-2 列出的仅是简化的测试用例列表，在测试管理中我们会讲到详细的测试用例表达，但是简化的测试用例列表对于测试往往是高效和有效的。

表 7-2　数值型测试案例

序号	说明	输入值	预期输出值	实际输出值	是否正确
1	下边界外无效数值	-1	报告输入错误		
2	下边界	0	0		
3	下边界内有效数值	1	1		
4	上边界内有效数值	99	99		
5	上边界	100	100		
6	上边界外无效数值	101	报告输入错误		
7	16 位整数的上边界	65535	报告输入错误		
8	16 位整数上边界外的数值	65536	报告输入错误		
⋮					

后面的默认值和错误数据选择测试数据已经超出了边界测试的范畴，换句话讲，在测试时，通常我们并非只选择一种测试策略，而是多种测试策略共同组合来完成我们的测试工作。

5）进行测试，记录测试结果。

6）判断测试结果是否与预期的一致。

7）得出测试结论。

7.3.4　字符串变量的边界测试

除了数值型变量之外，字符串型变量在程序中也占据重要位置，也是测试的一个重点。通常而言，字符串类型变量的边界比较复杂，包括可以输入的字符长度，允许输入的字符范围等。比如 C 语言的标识符，可以是以字母、下划线_、开头的字母数字组合，中间不能含有空格、:、!、|、\、/、-等特殊符号，而且不能与 C 语言的保留关键字相同，对于这种多条件限制的字符串进行边界测试是困难的。为了简化对字符串的边界测试，可以把字符串的输入长度设定为边界，如图 7-9 所示。

对于字符串而言，其长度在 1 和允许的最大长度之间，字符串的长度为 0 是无效的。比如例 7-4 中的姓名，按照普通中国人的习惯，名字一般不超过 4 个汉字，如果是少数民族，则可能超过 4 个汉字，而如果允许输入英文或其他语言名字，则可能更长。通常而言，使用 256 个字符来存储一个人的名字是足够的，则人名字符串允许的最大长度可以设为 256 个字符，这与程序中的存储空间分配是相关的。不管程序中输入字符串的长度是多少，都需要在这个边界上进行测试。

图 7-9　为字符串型变量划分等价区间

字符串的长度边界一方面可以通过软件需求规格说明书来确定，也可以按照 2 的幂次来寻找，比如 256，即 2^8。比如假设规格说明书用户名输入长度规定为 1 ~ 16 个字符，我们可以按照表 7-3 的形式编写测试案例。

表 7-3　字符串型变量测试案例

序号	说明	输入值	预期输出值	实际输出值	是否正确
1	下边界外无效长度，空字符串		报告输入错误		
2	下边界	“A”	“A”		
3	下边界内有效长度	“A1”	“A1”		
4	上边界内有效长度	“zzzzzzzzzzzzzzz”	“zzzzzzzzzzzzzzz”		
5	上边界	“zzzzzzzzzzzzzzzz”	“zzzzzzzzzzzzzzzz”		
6	上边界外无效长度	“zzzzzzzzzzzzzzzz”	不允许输入超过上边界的字符数		

对于字符串边界长度的测试，可以选择各种各样的字符来作为输入，上面选择“A”和“z”仅表示选择字符的开始和结束，这样规律性强一些，当然可以选择各种字符进行输入。

7.3.5　特殊等价类的测试

特殊等价类是指输入中的 0 值（空字符串）、默认值、非法值等，这些值通常属于按照某种规则划分的某一等价区间中，但由于其特殊性，往往需要程序进行特殊处理；或者出现频率较高的输入，需要把它们单独划分出来，以免测试时遗忘这些容易出现错误的测试点。比如为例 7-4 的成绩输入列举出可能需要进行的特殊测试点，见表 7-4。

表 7-4　数值型变量的特殊等价类型测试案例

序号	说明	输入值	预期输出值	实际输出值	是否正确
1	0 值	0	0		
2	默认值	80	80		

（续）

序号	说明	输入值	预期输出值	实际输出值	是否正确
3	非法数据 1（负数）	-10	报告输入错误		
4	非法数据 2（非数值）	A1	报告输入错误		
⋮					

非法数据的选择可以有很多种类，非法数据的输入通常由于偶然的输入错误造成，如果程序能够对非法数据进行良好的保护，那么说明程序的健壮性很强，但不同人员选择的非法数据会存在差异。

7.4 决策表测试

7.4.1 决策表概述

前面介绍的等价区间划分以及边界值分析方法，通常只考虑测试单因素的输入条件，即只对某些单独的输入因素进行测试，并未考虑到各种输入条件之间的关系以及组合情况。

实际情况更多的是各种输入条件之间可能存在关联，由输入条件的组合确定系统应该完成的任务，一种输入组合及与之对应的动作形成了系统要处理的一条业务规则，在决策表中，业务规则是生成测试案例的基础。

决策表（Decision Table）是一种利用表格形式表达系统业务规则的工具。

决策表测试的优点是可以生成测试条件的各种组合，这些组合利用单因素的测试方法很难全部覆盖。表 7-5 是决策表的一般形式。

表 7-5　决策表的一般形式

条件＼规则	规则 1	规则 2	…	规则 p
条件 1				
条件 2				
⋮				
条件 m				
动作				
动作 1				
动作 2				
⋮				
动作 m				

通常而言，决策表由条件、动作和规则 3 部分构成。

1）条件（Condition）——代表软件的各种输入条件，通常认为条件的先后顺序与动作无关。

2）动作（Actions）——代表依据某种输入条件组合系统采取的行动。

3）规则（Rules）——定义了唯一的条件组合以及由此引发的系统动作，即决策表中的列。

7.4.2 决策表测试方法

决策表是表达系统业务规则的良好测试工具。可以通过以下步骤进行决策表测试：

1）通过分析软件需求规格说明书，识别系统中相互关联的输入条件。

2）根据需求规格说明书列举出系统可能采取的各种动作。

3）列举出输入条件的各种组合形式以及在这种组合形式下系统可能采取的行动，绘制决策表，决策表的每一列对应了一个业务规则，定义了各种条件的一个特定组合以及这个规则对应的系统需要执行的动作。

4）根据决策表写出测试用例，决策表的测试覆盖标准通常是每列（每条业务规则）至少对应一个测试用例，如果该列的条件是一个范围，可以按照边界值分析的方法为该列写出多个测试用例。

【例 7-5】 绘制系统登录输入用户名和密码的决策表，并写出测试用例。

很多软件都要求用户在登录系统时输入用户名和密码，便于进行身份验证，比如登录网上银行、登录学籍管理系统以及登录电子邮箱等，输入用户名和密码登录系统已经是日常生活中的一部分，参见图 7-10。用户名和密码这两个输入条件往往是关联的，即只有在两个条件都正确的情况下才可以进行后续操作，如果用户名不正确，将提示用户重新输入用户名，如果密码不正确，则提示重新输入密码，有些系统还有输入次数的限制，比如网上银行系统的登录，如果用户连续 3 次无法输入正确的用户名和密码系统将停止服务。

图 7-10 输入用户名和密码进行系统登录

解：1. 找出系统的输入条件

- 用户名：用户登录名，3～16 个字符
- 密码：用户登录密码，3～16 个字符
- 是否超过 3 次输入：这是一个内部条件，记录用户的登录次数

2. 列举出系统所有可能执行的动作

- 提示用户名错
- 提示密码错
- 终止服务
- 提供服务

3. 列出决策表（见表 7-6）。

表 7-6 用户名和密码输入测试的决策表

条件	规则 1	规则 2	规则 3	规则 4	规则 5	规则 6	规则 7	规则 8
用户名正确	0	–	0	–	1	–	1	–
密码正确	0	–	1	–	0	–	1	–

（续）

条件	规则 1	规则 2	规则 3	规则 4	规则 5	规则 6	规则 7	规则 8
超过 3 次错误输入	0	1	0	1	0	1	0	1
动作								
提示用户名错	1	0	1	0	0	0	0	0
提示密码错	0	0	0	0	1	0	0	0
终止服务	0	1	0	1	0	1	0	1
提供后续服务	0	0	0	0	0	0	1	0

注：

1. 对于布尔型的条件和动作，可以使用 1 表示条件成立，动作执行，而使用 0 表示条件不成立或动作不执行。

2. 在上表中，尽管对应于某条规则可能存在多个动作，但是这些动作通常并不会同时发生，而是某一个动作优先，比如规则 1，用户同时输入了错误的用户名和密码，只提示用户名错误，而不再提示密码错。

3. 有些规则在实际情况中是不会出现的，比如规则 2，4，6，8，在超过 3 次错误输入后，系统将终止服务，不再提供用户继续输入用户名和密码的机会。

4. 尽管决策表覆盖了条件的各种组合情况，但是由于有些条件产生相同的结果，这些条件可以合并，从而简化决策表，比如规则 2，4，6，8。

4. 根据决策表生成测试用例

决策表是生成测试用例的基础，但决策表本身并非测试用例。通常而言，决策表中的每一条规则可以对应多个测试用例，最少要为每一条规则选择一个测试用例。

在本例中，假设正确的用户名是“Tony”，而正确的密码是“abc123”，以下给出根据上面的决策表生成的 1 组测试案例（表 7–7）。

表 7–7　由决策表得到的测试案例

序号	规则	输入值	预期输出值	实际输出值	是否正确
1	1	用户名 = “Lida”，密码 = 123456	提示用户名错		
2	3	用户名 = “Jack”，密码 = abc123	提示用户名错		
3	5	用户名 = “Tony”，密码 = 123456	提示密码错		
4	7	用户名 = “Tony”，密码 = abc123	提供后续服务		
5	2，4，6，8	用户名 = “John”，密码 = abc123 用户名 = “Tony”，密码 = abcdef 用户名 = “Mark”，密码 = 123456	终止服务		
⋮					

规格 2，4，6，8 由于具有相同的效果，被简化为 1 条规则，对应于一个测试用例。

从例 7–5 可以看出，使用决策表进行测试和使用边界值等价划分的方法进行测试的侧重点是不同的，决策表更多的是从条件的组合上进行测试案例的设计，而边界值分析的方法则更侧重于对单因素输入条件的详尽测试。

请读者自己写出上面例子中边界值分析的测试用例。

7.5 因果图

7.5.1 因果图概述

无论是等价分配还是边界值测试，在进行边界分析时都存在一定程度的经验成分，因此不同的测试员会做出不同的边界分析结果。有没有一种更系统，更规范，更完善的生成测试案例的方法呢？答案就是因果图。

因果图借用了布尔代数的概念，把规格说明描述成数字逻辑的组合表达，使本来描述不完整或模糊的规格说明书变成了非常工整的数学表达形式，从而更科学、更完善地找出测试用例，而且因果还可以处理各种输入条件的组合情况。

因果图（Cause Effect Graph）是一种利用图解法分析和描述各种输入条件组合情况，从而设计测试用例的方法。在因果图中，使用 Ci（Cause）表示原因；使用 Ei（Effect）表示结果；因果图上的每一个节点可以表示为 0 或 1，0 代表原因或结果不出现，1 代表原因或结果出现。

因果图由 4 种基本的因果关系构成，参见图 7-11。

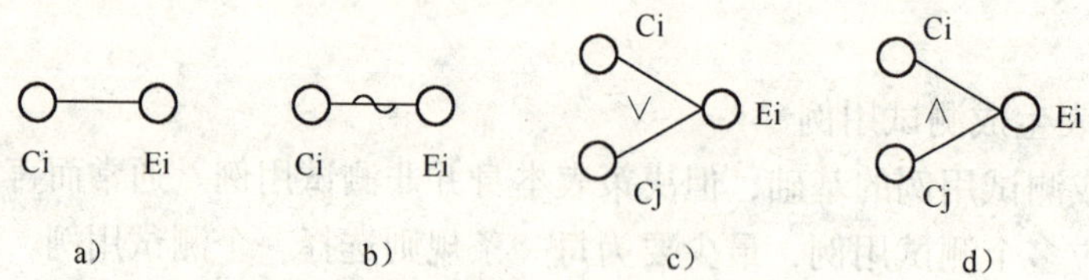

图 7-11　因果图的基本符号

a）恒等　b）非　c）或　d）与

a）恒等：假设 Ci 是 1，则 Ei 是 1；否则，Ei 是 0。

b）非：假设 Ci 是 1，则 Ei 是 0；否则，Ei 是 1。

c）或：假设 Ci 或 Cj 是 1，则 Ei 为 1；否则，Ei 为 0。

d）与：假设 Ci 和 Cj 都是 1，则 Ei 为 1；否则，Ei 为 0。

因果图中的“或”和“与”关系可以由大于或等于 2 的原因（Ci）构成，图 7-11 只是简化的表达形式。

因果图除了考虑原因和结果之间的关系外，还需要考虑原因与原因，结果与结果本身之间的依赖关系，这种原因之间或结果之间的依赖关系被称为约束。在因果图中，原因之间有 4 种约束，而结果之间则有 1 种约束，参见图 7-12 和图 7-13 所示。

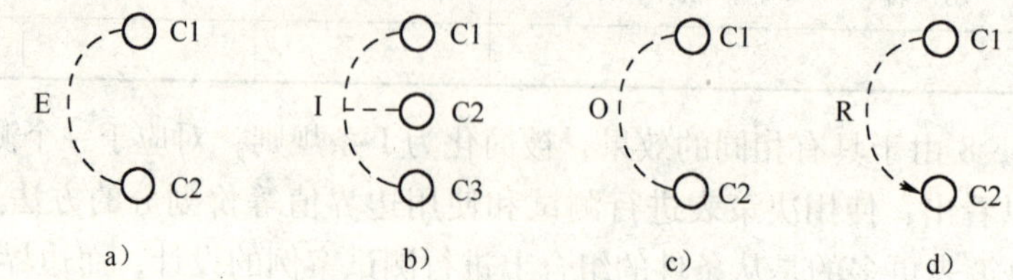

图 7-12　因果图原因之间的约束表示

a）互斥　b）包含　c）唯一　d）要求

因果图多个原因之间的约束使用虚线连接，而且虚线在原因的左边。

a）互斥（Exclude）：C1 和 C2 不同时为 1，最多只能有 1 个原因为 1。

b）包含（Include）：C1、C2 和 C3 三个原因中至少有一个为 1，不能同时为 0。

c）唯一（Only）：C1 和 C2 中必须有 1 个，且仅有一个原因为 1。

d）要求（Require）：C1 为 1 时，C2 也必须为 1。

因果图多个结果之间的约束也使用虚线连接，而且虚线在结果的右边，参见图 7-13。因果图结果之间只有一种强制约束关系。

强制（Manipulate）约束表示 E1 为 1 时，E2 必须为 0，而当 E1 为 0 时，E2 的值不定。

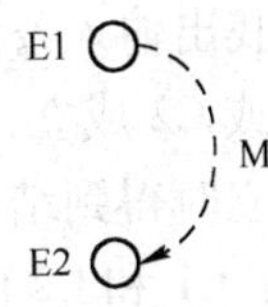

图 7-13　因果图结果之间的强制约束表示

7.5.2　因果图测试方法

因果图可以帮助测试员高效系统地选择测试用例，它可以指出需求规格说明书上不完整和有歧义的地方，还可以把自然语言描述的需求规格说明转换为因果图的形式语言描述。使用因果图进行测试，最重要的就是要根据需求规格说明书的描述找到软件的输入条件和由条件组合引发的软件动作，最后以图形的方式把它们之间的关系表达出来，然后得到测试用例。利用因果图进行软件测试的步骤如下。

1）将规格说明书分解成小的片断。这是必须的，因为长的规格说明书描述并不容易转换为因果图，这意味着尽量使输入条件是独立的项。

2）识别出规格说明书中的原因和结果。原因是清晰的输入条件或输入条件的等价类，而结果是输出条件或系统转换。一旦识别到原因和结果，给每一个原因和结果分配一个编号。

3）分析规格说明的语义并将其转换为布尔形式表达的连接图，这就是因果图。为了表达上的方便，可以引入中间结果来连接输入条件和输出结果。

4）给因果图的原因和结果加上约束条件。

5）跟踪因果图上描述的条件，然后将其转换为有限入口的决策表，决策表中的每一列就到代表一个测试案例。

6）把决策表的列转换为测试案例。

【例 7-6】　根据以下条件描述，画出因果图并写出测试案例。

在 Myers 的《软件测试艺术》一书中有这样一个例子：假设某软件的规格说明书描述如下：第 1 列字符必须是 A 或 B，第 2 列字符必须是 1 个数字，在两个条件都满足的情况下文件被修改；如果第 1 列字符不正确，则输出信息 L；如果第 2 列字符不是数字，则输出信息 M。

解：

1. 找出规格说明中描述的所有原因和结果。

原因

C1：第 1 列字符是 A，独立的输入条件。

C2：第 1 列字符是 B。

C3：第 2 列字符是 1 个数字。

结果

E1：修改文件。

E2：显示信息 L。

E3：显示信息 M。

2. 找出输入条件和输出结果之间的关系，必要时引入中间结果。

C1 或 C2 成立，同时 C3 成立时得到结果 E1；C1 和 C2 都不成立时，得到结果 E2，而 C3 不成立时得到结果 E3。

由于 C1 和 C2 两个输入条件形成了一个结果，为了表达方便引入一个中间结果 C4，表示 C1、C2 都不成立。

3. 找出输入条件以及输出结果之间的约束条件，并绘制出因果图。

C1 和 C2 之间不能同时成立，只能有一个成立，是互斥的条件，因果图如图 7-14 所示。

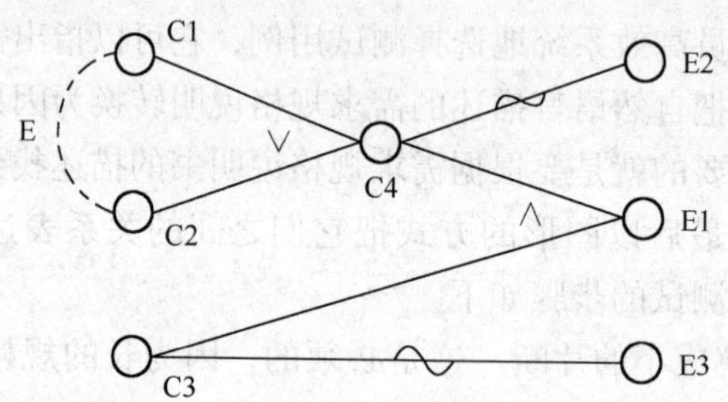

图 7-14　根据规格描述绘制出的因果图

4. 将因果图转换为决策表（表 7-8）。

表 7-8　由图 7-14 的因果图转换而来的决策表

条件	规则 1	规则 2	规则 3	规则 4	规则 5	规则 6	规则 7	规则 8
C1	0	0	0	0	1	1	1	1
C2	0	0	1	1	0	0	1	1
C3	0	1	0	1	0	1	0	1
C4	0	0	1	1	1	1	–	–
动作								
E1	0	0	0	1	0	1	–	–
E2	1	1	0	0	0	0	–	–
E3	1	0	1	0	1	0	–	–

由于规则 7、8 的输入条件 C1 和 C2 之间存在互斥关系，因此在实际中无法满足规则 7 和 8 的输入，可以直接丢弃这种相互矛盾的规则。

5. 根据决策表设计测试用例

假设原因成立为 1，原因不成立为 0，则列举测试案例见表 7-9。

表 7-9 根据因果图得到的测试案例

序号	输入值	预期输出值	实际输出值	是否正确
1	第 1 列输入 C，第 2 列输入 A	E2，E3		
2	第 1 列输入 C，第 2 列输入 5	E2		
3	第 1 列输入 B，第 2 列输入 A	E3		
4	第 1 列输入 C，第 2 列输入 5	E1		
5	第 1 列输入 A，第 2 列输入 A	E3		
6	第 1 列输入 A，第 2 列输入 5	E1		
7	放弃	不能出现		
8	放弃	不能出现		
⋮				

当输入条件和输出结果变得很多时，因果图将变得复杂，可能并不容易绘制。往往在绘制完因果图时把因果图转换为决策表以便得到最后的测试案例，对于多因素的输入条件组合，可以直接使用决策表来生成测试用例，而不一定绘制因果图。

请仔细思考因果图和决策表之间的关系。

7.6 场景或用例测试

7.6.1 采用场景或用例测试方法的原因

场景（Scenario）是用户具体使用软件时的一个情景片断。

用例（Use Case）是面向对象的 UML 设计中用来表达用户需求的一种手段，可以把用例定义为用户与系统之间的一次交互。实际上，用例也是使用软件的一个场景，只是在特定的设计方法中被称为用例，下面本书把这两种方法统称为场景测试。

基于场景的测试方法（Testing Based on Scenario）就是设计各种测试场景来反映软件系统在现实中的典型应用、极端应用等应用情况，从而从实际使用的角度来测试软件。

比如中国研制和制造了歼－20 战机如图 7-15 所示，在进行试飞之前，已经对战机的各个部件以及部件的组合进行了大规模的测试，解决了所有已发现的问题。但是，飞机是需要飞行的，无论在地面做了多少次的测试，还需要进行试飞测试，试飞即是一个测试场景，从这个例子可以看出场景测试的重要性，场景测试就是要让系统在各种真实的环境下进行试用。

图 7-15 飞行中的歼－20

按照前面讲解的测试方式，包括等价划分、边界值分析以及决策表等，测试员通过分析规格说明书设计出各种测试用例，这些用例通常是独立的，并不考虑用户的实际使用情况，而考虑的是某种测试的覆盖程度。

然而，用户在使用软件来完成某项事物或任务时，比如买卖股票，并非只是一个单独的功能或模块在起作用，它可能包含一系列的复杂子功能或子过程，来共同完成这个任务，而原来的测试技术都孤立地看待测试过程和用例，这与实际使用系统的情况存在偏差。为了消除这种偏差，更重要的测试方式是考虑用户的真实使用情况，考虑到最常用的使用过程，然后设计一系列相互关联的测试场景共同来表达这种真实的使用状况，去满足真正的用户需要，发现实际使用中的问题。场景测试通常与执行的顺序相关。

场景和用例描述了系统最可能使用的过程流，因此从场景或用例中得到的测试用例，是发现系统实际使用环境中存在缺陷的最有用的方式。场景有助于设计用户或客户参与的验收测试，也可以帮助发现由于不同组件之间的相互作用和相互影响而产生的集成缺陷，这是在单个的组件测试中无法发现的。

7.6.2 按照场景来设计测试用例

可以通过场景来设计测试用例。每个场景都有测试前提条件，这是测试用例成功执行的必要条件。每个场景结束后都存在后续条件，这是在测试用例执行完成后能观察到的结果和系统的最后状态。

【例 7–7】 生理无线遥测系统的场景测试。

生理无线遥测系统，如图 7–16 所示，是植入实验动物体内的信号采集与处理系统，其功能是将清理状态下实验动物的生理信号，如血压、心电、脑电、呼吸等采集到计算机中进行分析，从而为基础生理研究以及药物研究提供支持。

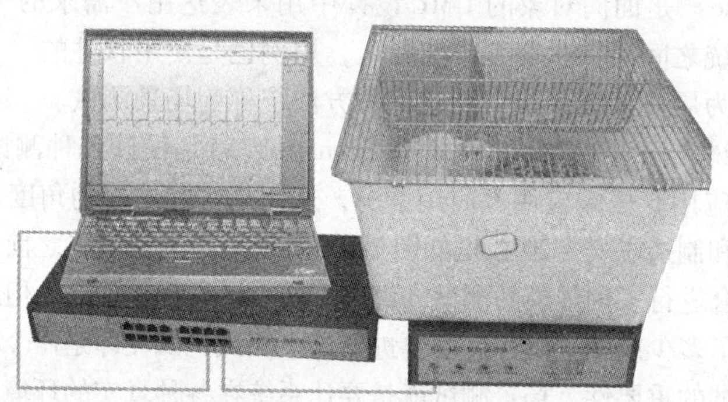

图 7–16 生理无线遥测系统（图片来源于成都泰盟软件有限公司）

针对该系统的具体应用，可以列举出很多场景，参见表 7–10。

表 7–10 生理无线遥测系统的各种使用场景

场景	场景说明	目的
1	进行信号的连续记录，查看信号是否存在丢失	基本应用
2	每间隔 5 分钟记录一次数据，每次记录 10 秒，查看数据是否正确	典型应用
3	连续记录 10 天，查看数据是否丢失	极端应用
⋮		

在进行场景测试时，通常假定已经完成了单项测试，因此不再拘泥或局限于某一个独立的细节，而是直接给出测试的具体描述，见表7-11。

表7-11　生理无线遥测系统的场景测试用例

序号	场景号	输入	预期输出	实际输出	是否正确
1	S1	1. 选择心电信号，连续记录方式，采样率1kHz 2. 启动采样，连续记录10min后停止记录 3. 打开记录数据	数据文件大小为1.2MB 记录数据时间显示为10min		
2	S2	1. 选择心电信号，间隔记录方式，每5min间隔记录1次，每次记录10s数据，采样率1kHz 2. 启动采样，8min后停止 3. 打开记录数据	数据文件大小为40KB 显示的记录时间为20s，起始采样一次，5min后采样一次		
3	S3	1. 选择心电信号，连续记录方式，采样率1kHz，设置每个记录文件的大小为最大100MB 2. 启动采样，连续记录10天后停止记录 3. 打开记录数据	数据文件为17个100MB数据文件和1个28MB数据文件 记录数据时间显示为10天		
…					

注：1. 记录数据量的计算：采用率×2(通常每采样点记录2字节)×以秒为单位的时间

2. 场景测试通常在软件的系统和确认测试阶段进行。

7.7　状态转换图测试

7.7.1　状态转换图概述

在具有相同输入的情况下，程序并不一定作出相同的反应，这是因为系统的行为不仅与当前的输入相关，同时还依赖于系统当前所处的条件，这个条件就是状态。状态图是分析系统变化的基本工具，在程序设计时常会用到状态图这个工具，比如UML设计语言中就专门讲解了状态图的概念和用处。

状态图（Statechart Diagram）——用来描述一个特定对象基于事件反映的动态行为，显示该对象如何根据当前所处的状态对不同的事件作出反应。在这种情况下，系统的特征可以通过状态转换图来表示。

转换（Transition）是状态之间的关联。当实体在第一个状态中执行一定的动作，并在某个特定事件发生且某个特定的条件满足时进入下一个状态。转换通常由5个部分组成：源状态（Source State），目标状态（Target State），触发事件（Trigger Event），监护条件（Guard Condition）和动作（Action），具体说明见表7-12。

表 7-12　状态转换的各子项说明

序号	项目	说　明
1	源状态	转换所影响的状态，将要发生变化的状态；转换只由源状态处理
2	触发事件	能够引起转换发生的事件称为触发器
3	监护条件	一种布尔表达式，在源状态接受到触发器事件后，将对该表达式进行求值，如果为真则发生转换，为假不转换
4	动作	可执行的，不可分割的计算过程
5	目标状态	在完成转换后被激活的状态

7.7.2　利用状态转换图进行测试案例的设计

软件系统的状态转换本身是一个软件的使用场景，比如到 ATM 柜员机上取钱，要完成这个场景，需要软件系统一系列的状态转换，包括登录状态、验证状态、操作状态、退出状态等。假设只测试正确取款这个典型的应用场景，那么只完成了状态的一种转换，而如果要测试各种状态的转换，那么将会生成很多的应用场景，如图 7-17 所示。

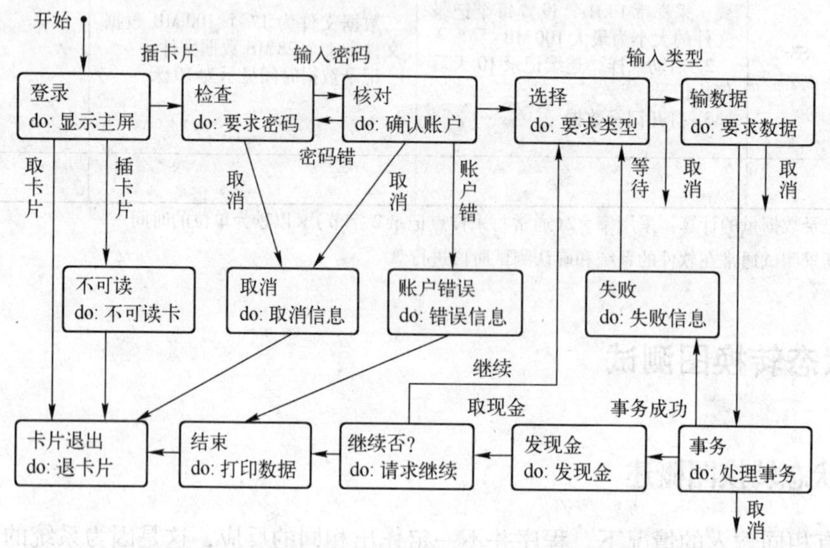

图 7-17　ATM 柜员机取款的状态转换图

利用状态图进行测试案例的生成，需要考虑到系统变换的前提条件和后果，还需要对系统的各种状态变换进行测试，达到更高的覆盖率，因此利用状态转换图进行测试可以被看做一个更加完整的场景测试。通常而言，被测试系统或对象的状态是独立的、可确认的，并且数量是有限的。

利用状态转换图进行测试的步骤如下。

1）绘制出系统的状态转换图。

2）访问每个状态。

3）覆盖每个转换。

4）确保没有状态是不可抵达或者不可离开的。

【例 7-8】　绘制生理无线遥测系统的最上层状态图，并列举状态测试的测试用例。

在生理无限遥测系统中，最粗略地看有以下 3 种状态。

1）停止状态：系统没有工作，等待其他事件的发生。

2）采样状态：系统从硬件设备接收数据，并存盘与显示。

3）反演状态：打开存贮的数据文件进行查看和分析。

状态之间的转换有以下 4 种。

1）启动采样：从停止状态转换到采样状态。

2）停止采样：从采样状态转换到停止状态，前提条件是系统处于采样状态。

3）查看数据：从停止状态到反演状态。

4）停止查看：从反演状态到停止状态，前提条件是系统处于反演状态。

实际上，停止采样和停止查看是同一个事件，由于其前提条件的差异，造成其处理的差异。

解：

1. 绘制出生物无线遥测系统的状态转换图（如图 7–18）。

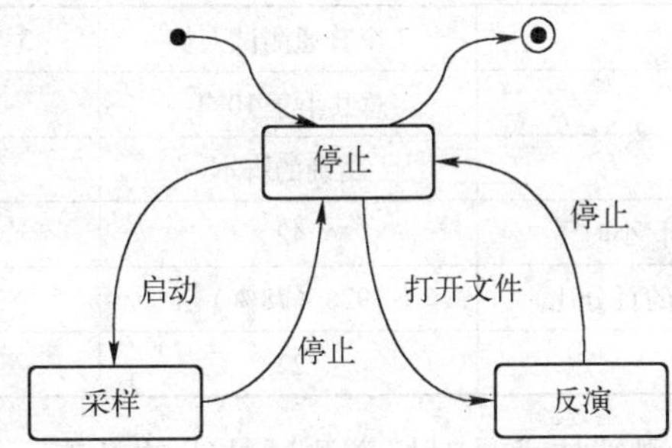

图 7–18　生理无线遥测系统的状态转换图

2. 列举出覆盖所有转换的测试用例，参见表 7–13 所示。

表 7–13　根据状态转换图生成的测试用例

序号	状态转换	输　入	预期结果
1	启动采样	在停止状态下，选择心电信号，启动采样	系统进入到采样状态，在屏幕上显示采样的数据
2	停止采样	在采样状态下，按下停止键	系统进入到停止状态，采样数据消失
3	查看数据	在停止状态下，利用打开文件功能选择一个数据记录文件	系统进入到反演状态，在屏幕上显示打开的数据文件
4	停止查看	在反演状态下，按下停止键	系统进入到停止状态，屏幕上显示的数据消失

实际上，状态转换测试方法较多的使用在嵌入式软件行业和自动化行业。这个技术同样也适用于有特定状态的业务对象的建模或具有事件驱动的应用系统中。

7.8　基于经验的测试技术

7.8.1　基于经验测试技术概述

前面介绍的测试原则说明，任何一种测试技术都不可能找到所有的软件缺陷，这就是杀虫剂现象。由于这个现象的存在，迫使人们总是需要尝试不同的测试方法，以发现那些顽固的软件缺陷。

有时最原始的方法也是最有效的方法。这种最原始的测试方法就是基于经验的测试技术，Myers 把这种方法称为错误猜测，而 Rex. Black 则把它归入反应式测试，但是无论怎么称呼它，这种方法的本质是需要根据测试人员的经验、直觉甚至是灵感来进行测试。这种测试技术往往能够发现通过精心设计的测试案例而无法发现的软件缺陷，是更具有针对性的测试以及具有更高的效率。

表 7-14 是 Rex. Black 进行的一个实验，他让经验丰富的工程师以反应式的方式进行测试，而原来的测试小组继续执行他们预先设计好的脚本测试，然后把找到的缺陷数除以每天花费的时间得到测试的有效性，结果发现反应式测试具有更高的有效性。

尽管这个例子属于个案，不具有典型性，但是至少说明反应式测试是有效的。

表 7-14　反应式测试寻找软件缺陷的有效性分析

序号	人员	7 个普通测试人员	3 个经验丰富的工程师 +1 个经理
1	经验	总共小于 10 年	总共大于 20 年
2	测试类型	精确的脚本	补充的探索式
3	每天的测试总时间/小时	42	6
4	找到的缺陷（全部中的百分比）	928（78%）	261（22%）
5	有效性	22	44

通常而言，基于经验的测试技术是对标准测试技术的补充，按照 Rex. Black 的说法，使用这种测试技术至少要解决以下 3 个问题。

1. 需要具有丰富经验的测试人员

对于没有经验的测试人员按照这种方法来进行测试可能并无效果，他们会感到无从下手，也无法有效地找出软件缺陷，因此采用这种方法的前提是测试员需要具有丰富的软件经验。

2. 确定经验测试需要的时间

由于基于经验的测试可以是没有尽头的摸索，因此无法保证按时完成测试，因此对于这种测试需要规定一个固定的时间，比如每天 1 小时，总共 30 小时的经验测试。

3. 确定经验测试的测试覆盖率

基于经验测试的范围也变得非常的广泛，无法确定测试的覆盖率，按照这种测试方法，无法正确认知测试程度，降低了测试的有效性，因此对于这种测试方法也需要有一个基本的测试范围准则，比如错误列表清单，在规定的时间内对错误列表中的项进行了规定的经验测试后即完成了测试。

只有在满足了上述 3 个因素之后，基于经验的测试才会是有效的。

7.8.2　错误推测

靠经验和直觉推测程序中可能存在的各种错误，从而针对性地编写检查这些错误的测试用例，这就是错误推测法（Error Guessing）。错误推测法的基本想法是：列举出程序中所有可能的错误和容易发生错误的特殊情况，根据它们选择测试用例。

错误推测是测试员根据应用系统的相似性、通过培训及相关经验增加对所测系统的直觉，进而设计测试用例。比如有经验的测试人员知道缓冲区未保护造成数据溢出是缺乏经验的程序员容易犯的错误，那么他就设计大的数据让缓冲区溢出；再比如在数据库系统中数据的一致性容易出现问题，那么就设计多个写入，多个读出的测试用例。

通常而言，错误推测会列举一个预期的错误列表，这个列表来源于以往的经验，比如已报告的软件缺陷数据库，以往类似程序中容易出现的错误。当然如果这张错误列表在不同的程序中保持稳定，那么它就变成了标准，然而，错误推测采用的是一种更为动态的错误列表，里面很多是程序员或测试人员自己的经验。比如前面提到过的生理无线遥测系统，在使用过程中遇到了一些问题，这些问题可能是独一无二的，把这些问题记录下来之后，就成了针对此类程序错误推测的基础，同时也成为测试此类应用程序的经验，在今后测试同类的程序时可以设计更多的网络连接测试案例，而如果发现分析数据出错，则需要设置更多的分析数据测试案例。

表 7-15 为 BW-200 无线遥测系统遇到的问题及原因列表。

表 7-15　BW-200 无线遥测系统遇到的问题及原因列表

序号	问　题	原　因
1	接收机不能与服务器连接	服务器的 IP 地址和接收机在不同网段
2	接收机不能与服务器连接	杀毒软件阻止了服务器使用的端口
3	发射子发出的信号收音机能够收到，但是接收机不能收到	用户在实验大鼠和接收机之间放了一层铁板，因此屏蔽了无线信号
4	脑电分析时，计算出来的δ波频率成分占到 99%	FFT 分析时间太短，频率分辨率不足，将 0 Hz（直流）频率成分计算为δ波频率成分
5	实时采样时绝对时间显示错误	实时采样时按照采样点数计算时间，如果中间出现暂停，那么采样点变少，计时不准
6	服务器不能收到接收机信号	服务器软件版本太老，与接收机不匹配

实际上，错误推测测试可以分为 3 部分测试内容，一是根据以往测试形成的相对稳定的错误列表；二是根据经验形成的独特的错误列表，比如表 7-15；三是由直觉和经验诱发出来的灵感形成的测试内容，这 3 部分内容从稳定到不稳定，正是由于错误推测测试的这种不确定性，使其在克服测试中的杀虫剂现象时发挥重要作用。

讨论：错误推测的错误列表和前面程序审查的错误列表之间有什么样的差别？

7.8.3　探索性测试

James Bach 把探索式测试（Exploratory Testing）定义为“一个并发的学习，测试设计和测试执行的交互过程”。这不同于错误推测，相对于错误推测，探索式测试具有更少的指导原则（没有错误列表），需要根据实际情况来设计。探索式测试通常采取下面几个步骤。

1）通过阅读需求规格说明书这样的源文档以及直接使用系统来对系统进行了解。

2）根据自己对于系统的了解，比如系统类型、规则标准、客户或合同的需求、风险的级别、风险的类型、测试目标、文档的可用性、测试员的技能水平、时间和成本预算、开发生命周期、用例模型和以前发现缺陷的经验等来猜测系统可能存在的缺陷。

3）根据猜测的结果去设计测试案例。

4）运行测试，检查测试结果是否与预想的一致。

5）反复进行上面的1~4步，直到达到规定的时间。

探索式测试也是基于经验的。其中，经验来源于对以往成功与错误测试的分析和总结，独特性的经验每个人都存在差异，每个人的体验也不尽相同，这需要自己去摸索与积累。比如到红海去垂钓，那位以带领游客进行垂钓体验为职业的小伙子经验丰富，只要他开始收线，总会有所收获，而一般人把长长的渔线抛向大海，怎么也感觉不到鱼的存在。

7.8.4 基于经验测试技术的总结

有一次，别人告诉我，我做的一个程序总是在进入程序时就立刻报错退出，我感到很纳闷，因为这个程序已经有成千上万的人在使用，从来没有出现过这种问题。我无论如何也想不到原因。后来，还是用户自己解决了这个问题，其原因很简单，只要把计算机的系统时间设定超过2038年1月18日程序就会出现这种错误，时间改过来程序就正确了，根本的原因是我在程序的开头调用了时间函数_time()，这个很普通的函数能够表达的时间不能超过2038年1月18日，又一个千年虫问题，但是从来没有人去设定自己的计算机时间超过2038年，除非他弄错了，确实，用户弄错了。于是我得到了自己的经验，以后再设计程序时，不再使用_time()，而是使用__time64()。

经验是重要的，当经验被总结，就变成了各种的测试理论，因此基于经验的测试技术有时候是具有开创性的测试。按照Rex. Black的总结，基于经验的测试具有有效性、高效性、健壮性、安全性和创造性等优点。

同时，也具有覆盖不全面、缺乏预言、没有预防、估算不足、不可伸缩性和不可分布性、有限的专业技能、有限的可重复性、有限的可见性和可管理性等缺点。

7.9 小结

黑盒测试是另一种重要的软件测试技术。黑盒测试是指不考虑组件或系统内部结构的功能或非功能测试，又称为基于规格说明的测试，基于经验的测试等。黑盒测试设计技术是基于系统功能或非功能规格说明书来设计或者选择测试用例的技术。

表面上看，黑盒测试好像瞎子摸象，其实不然，黑盒测试也是有依据的，其依据是科学常识、软件的需求规格说明书以及计算机的基本知识。由于黑盒测试的依据与用户的需求相一致，恰恰可以检验软件产品是否满足用户的需求，从这一点来讲，黑盒测试比白盒测试具有更广泛的用途。

黑盒测试最重要的技术是等价分配。由于穷举测试的不可实现，采用等价分配技术可以大大降低测试案例的选取量，等价分配是以等价分为依据的，等价划分是指根据规格说明，将测试输入域划分为若干个子域（等价区间），每个子域内的任何值都能使组件或系统产生相同的响应结果，则可以使用等价划区间中的任何一个值来代替子域内的所有值，从而减少选取的测试案例，而又达到相对完整的测试。为了更好地选择等价区域中的测试值，引入了很多黑盒测试技术，包括边界值测试、决策表测试、因果图测试、场景测试以及状态转换图测试等，这些测试从不同的侧面对软件系统进行全面的检验，其中边界值测试、场景测试非常有效和实用。

在黑盒测试中还有一类测试是基于经验的测试，包括错误推测、探索性测试等。这一类测试没有严格的理论基础，没有测试案例的选取，但是在实践中往往获得很好的测试效果，这说明测试技术还是一门基于经验的技术。

习题 7

1. 阐述黑盒测试的优缺点。

2. 下面对一个数据列表功能进行描述，对该功能进行等价划分并写出测试案例。

数据列表功能在计算机应用中普遍存在，我们假设有一个应用程序中的数据列表（图 7-19）允许用户输入 20 行数据，每行有 8 列，每个单元格内仅可以输入数字，最大输入长度为 16 位，请对该数据列表进行等价划分并写出测试案例。

组内刺激参数设定：

序号	延时(ms)	波宽(ms)	幅度(mV)	频率(Hz)	波间隔(ms)	脉冲数	组间间隔(ms)
1	0	2	1000	2	498	1	500
2	0	2	1000	2	498	1	500
3	0	2	1000	2	498	1	500
4	0	2	1000	2	498	1	500
5	0	2	1000	2	498	1	500
6	0	2	1000	2	498	1	500
7	0	2	1000	2	498	1	500
8	0	2	1000	2	498	1	500

图 7-19　测试用数据列表示意图

3. 根据习题 2 的描述，写出“延时”单元格的边界值测试案例（假设延时的有效范围为 0～30000 ms）。

第四部分　软件测试级别

通俗地讲，一个软件产品从研制到发布的过程中，测试要经过4个阶段：单元测试、集成测试、系统测试和确认测试。

单元测试（Unit Test）是对一个模块的功能及常规错误的测试，是对软件中的基本组成单位进行的测试，如一个模块、一个过程等等。它是软件动态测试的最基本部分，也是最重要的部分之一，其目的是检验软件基本组成单位的正确性。

集成测试（Integrated Test）是完成单元测试后的各模块联调测试，是在软件系统集成过程中所进行的测试，集中在各模块的接口是否一致、各模块间的数据流和控制流是否按照设计实现其功能以及结果的正确性验证等等。可以是整个产品的集成测试，也可以是大模块的集成测试。

系统测试（System Test）是针对已经集成好的软件系统进行全面测试，既包含各模块的验证性测试（验证前两个阶段测试的正确性）和功能性（产品提交给用户的功能）测试，又包括对整个产品的健壮性、安全性、可维护性及各种性能参数的测试。系统测试应该按照测试计划进行，其输入、输出和其他动态运行行为应该与产品规格说明书一致。

确认测试（Acceptance Test）是经过系统测试的软件还需要验证软件的功能和性能及其他特性是否与用户的要求一致，即在用户的真实环境中进行软件测试。

当修改完测试发现的缺陷后，还需要检验对软件进行的修改是否正确。这里，修改的正确性有两重含义：一是所作的修改达到了预定目的，如错误得到改正，能够适应新的运行环境等等；二是不影响软件的其他功能的正确性，这就是回归测试（Regression Test）。

第8章　单元测试

8.1　单元测试概述

编写一段代码时，一定会反复调试以保证它能够编译通过。但代码通过编译，只是说明了它的语法正确，还无法保证它的语义也一定正确，没有任何人可以轻易承诺这段代码的行为一定是正确的。幸运的是，单元测试会为承诺提供保证，它可以验证这段代码的行为是否与期望一致。

单元测试和编程很难分离出来，两者完全处在并行、交互的过程中。但单元测试和程序调试又是有区别的：单元测试的目的是找出程序代码中存在的错误，而调试的目的是定位错误并修改代码以纠正错误；调试通常是由开发人员完成的，而测试可以由开发人员完成，也可以由测试人员来完成。

工厂在组装一台电视机之前，会对其中的每个电子元件进行检验，或者要求电视机组装厂的每个供应商提供符合质量标准的电子元件，这种对电子元件的检验，就相当于软件中的单元测试。

单元测试可以说是软件测试中最基础的测试，集成测试、功能测试和系统测试都是建立在单元测试之上。因为单元测试的对象是构成软件产品或系统的最小独立单元，如封装的类或对象、独立的函数、进程、子过程、组件或模块等。在单元测试活动中，软件的独立单元将与程序的其他部分一起被隔离开来。单元测试的目的是检验每个软件单元能否正确地实现其功能、满足性能和接口要求，还要验证程序和详细设计说明的一致性。

单元测试主要强调被测试对象的独立性，也就是为了避免其他单元对本单元的影响，以获得被测单元的实际状态。所以，单元测试中的单元是软件系统或产品中的可以被分离又能被测试的最小单元。如果某个组件比较大，可以进一步分离某些部分，直至分离到一个可接受的程度，这取决于可测试性和要求测试的粒度。也就是说，可以分解到某个类、某个函数或某个程序子过程，但也不需要无止境地分解下去，如不需要分解到每一行代码或每个变量。所以说，单元测试是一种思想和理念的体现，相对集成测试、系统测试而存在，不在于究竟“什么是单元”。

更确切地说，单元测试的概念强调的是基本的质量思想。如果要保证一个系统的质量，首先要保证构成这个系统的所有组成成分的质量。例如，要保证一栋房屋的质量，需要从一砖一瓦、一钉一铆开始，使柱和梁的浇注、砌墙、门和窗户的油漆、水管和电线的布置等各个部分自身的质量得到充分保证。如果不这样，柱、梁、墙等任何一部分出问题，这个房屋结构都会受影响而成为危房，甚至倒塌。单元是构造系统的基础，只有使每个单元得到足够的测试、系统的质量才能有可靠的保证，所以单元测试是非常重要的。单元测试就是确保构成软件系统的各个成分得到足够的测试，只有通过了单元测试，后续的集成测试和系统测试才能顺利实施。甚至可以说，只有每行代码、每个变量、每个输入数据、每个函数调用的参数和返回值都被测试通过，才能对软件质量有足够的信心。

单元测试强调的另一个思想就是，开发人员不能有依赖性，直接写好的每一行代码都应是正确的、有效的，交到测试人员手中的软件包应具有很高的质量。如果没有进行单元测试，交给测试人员的软件包可能一运行就漏洞百出，功能测试和系统测试很难进行下去。单元测试的这种思想进一步演化，就成为测试驱动开发或极限编程的思想，从测试、用例出发来进行软件开发，单元测试应伴随着编程过程中的每一时刻。

从广义上讲，单元测试包括静态测试和动态测试两种测试方式。静态测试就是在不执行的条件下有条理地审查软件设计、体系结构和代码，从而找出软件缺陷的过程。动态测试则是在程序执行的过程中找软件缺陷的过程。

8.2 单元测试现状和作用

实际测试工作的经验说明，如果仅对软件进行功能测试、验收测试，似乎缺陷总是找不完，不是这边出现错误，就是那个角落发现问题，每天报告的缺陷虽不多，但总能发现新的且比较严重的缺陷，测试没有尽头。为什么会出现这种情况？

产生这种现象的主要原因就是功能测试、验收测试之前没有进行充分的单元测试。虽然，测试是不能穷尽所有程序路径的，但单元是整个软件的构成基础，如果没有进行单元测试，基础就不稳，光靠功能测试、验收测试在上面捅来捅去，不能彻底解决问题。单元的质量是整个软件质量的基础，所以充分的单元测试是必要的。

每一个程序员都知道应该为自己的代码编写测试程序，但却很少这样做。当人们问为什么的时候，最常听到的回答就是："任务安排太紧，没时间"。却不知这会导致恶性循环，越是没空进行单元测试，代码的效率与质量就越差，以至于不得不占用更多的时间修正缺陷，实际的开发效率反而大大降低了。由于效率降低了，因此时间更紧张，压力更大，代码质量更差，进入恶性循环。

一旦编码完成，有的开发人员就会迫不及待地进行软件集成工作。在这种情况下，系统能进行正常工作的可能性不大，在多数情况下是充满了各式各样的缺陷。有些缺陷在单元测试中很容易被发现。但如果没有进行单元测试而留到后期，缺陷就隐藏得越来越深，在系统测试中则难以发现，最终如果在交付用户后才发现问题，将导致开发成本急剧增加。缺陷在软件里遗留的时间越长，所带来的不良成本就越大，而时间和成本之间的关系不是简单的线性关系，而是成指数的非线性关系。从这个角度看，在整个软件生命周期中单元测试的效率最高，充分而有效的单元测试能大幅降低软件开发和测试的成本。

即使在功能测试、系统测试阶段发现了缺陷，为了修正缺陷而修改了代码。如果在修正缺陷的时候不进行单元测试，修正一个缺陷，可能会产生两个、三个甚至更多的回归缺陷，结果缺陷没有减少，反而增多了。这样，项目就会进入恶性循环，没完没了。这肯定不是我们希望的，所以单元测试在后期阶段也是重要的，无论是写新的代码，还是修改代码，只要代码有变化，就需要单元测试。

比单元测试更重要的是要以"缺陷预防"为主，建立严格的编程规范，加强对开发人员的培训，不产生缺陷就可以减少单元测试的工作量。为了更好地理解这一点，可以看看工匠是如何砌墙的。

工匠甲，先拉上一根水平线，砌每一块砖时，都与这根水平线进行比较，使得每一块砖都保持水平。

工匠乙，等一排砖都砌完后，再拉上一根水平线，看看哪些砖有问题，对有问题的已砌好的砖进行调整。

显然，工匠甲的做法是最聪明的，也是被广泛采用的，而工匠乙的办法是最笨的，其结果往往会推倒已砌好的墙，从头再来，是不是太浪费时间？然而仔细想想，许多程序员在编写程序的时候，不正是像工匠乙那样编程吗？甚至有时候，有些程序员比工匠乙还笨，是等到整面墙都砌完了，再拉上几根水平线来检查（等到集成测试和系统测试），然后不得不全部推倒重来。

8.3 单元测试的方法

出于实施的方便性和有效性，一般项目中单元测试主要以编程人员为主体来进行。单元测试和编程同步、交互式进行，每完成一个函数、一个类、一个模块就及时进行相应的单元测试，确保持续测试和持续集成。

其实，程序员随时都在做单元测试。当程序员写完一个函数，总是要调试一下的，给这个函数几个不同的参数来检查一下运行是否正常，返回值是否正确。这种随意的单元测试，对提高软件质量有帮助，但不够可靠，缺乏系统性的测试代码，代码覆盖率往往比较低。要保证可靠地软件质量，必须有意识地、系统地进行单元测试。

单元测试的基本方法有人工静态分析、自动静态分析、自动动态测试、人工动态测试。

人工静态分析（Manual Static Analysis）——通过人工阅读代码来查找错误，一般是程序员交叉查看对方的代码，可能发现有特征错误和无特征错误。

自动静态分析（Auto Static Analysis）——使用工具扫描代码，根据某些预先设定的错误特征，发现并报告代码中的可能错误，自动静态分析只能发现语法特征错误。

自动动态测试（Auto Dynamic Test）——使用工具自动生成测试用例并执行被测试程序，通过捕捉某些行为特征（如产生异常/程序崩溃等）来发现并报告错误。但测试工具不可能自动了解代码的功能，它只能发现行为特征错误，对无特征错误完全无能为力。

人工动态测试（Manual Dynamic Test）——人工设定程序的输入和预期的正确输出，执行程序，并判断实际输出是否符合预期，如果不符合预期，自动报告错误。这里所说的“人工”，仅指测试用例的输入和预期输出是人工设定的，其他工作可以由人工完成，也可以借助工具自动完成。人工动态测试可以发现有特征错误和无特征错误，例如针对某加法函数，只要人工建立一个测试用例，输入两个1，并判断输出是否等于2，运行测试，就可以发现代码运行是否正确。

以上4种方法还可以进一步细分，例如人工动态测试又有多种设计测试用例的方法，如果根据程序的功能来设计测试用例，就是黑盒测试，如果根据代码及代码的逻辑结构来设计测试用例，就是白盒测试。

有效的单元测试要采用正确的方法，设计完整的测试用例。单元测试用例的设计方法可归属于白盒测试方法与黑盒测试方法，但以白盒测试方法为主，并适当地结合黑盒测试方法。

8.3.1 白盒方法的单元测试

白盒测试将被测程序看作一个打开的盒子，对代码进行了全面的逻辑分析（如条件和路径分析）之后准确定位，进行有效的测试。对于一个单元（一般是几十行或几百行代码），这种逻辑分析是现实的，但对于一个复杂的软件系统（可能是几十万行或几百万行代码）来说，根本不可能全面地完成逻辑分析。

白盒测试在单元测试中的应用技术主要有覆盖测试和路径测试两大基本策略。白盒测试是对程序的内部逻辑结构进行的测试，测试人员必须深入了解被测软件的内部结构、各单元部件及相互之间的联系，完全掌握源代码的流程程序和运行原理等，才能设计出好的测试用例。根据要求不同覆盖测试分为以下方面。

1）语句覆盖。选择足够的测试用例，使程序中每一条可执行语句至少被执行一次。

2）判定覆盖（也叫分支覆盖）。选择足够的测试用例，使程序中每一个分支判断的每一种可能结果都至少被执行一次。

3）条件覆盖。选择足够的测试用例，使程序中的每一个分支判断中的每一个条件的可能结构都至少被执行一次。

4）判定/条件覆盖。选择足够的测试用例，使之同时满足判定覆盖和条件覆盖。

5）条件组合覆盖。选择足够的测试用例，使程序中每一个分支判断中的每一个条件的每一种可能组合结果都至少被执行一次。

6）路径覆盖。即选择足够多的测试用例，使程序中所有可能执行的路径都至少被执行一次。如果程序中有环路时，则要求每条环路至少经过一次。

在实际的测试工作中，一个简单功能的程序，其路径数目是一个庞大的数字，要做到完全的路径覆盖测试是很难的。所以，路径覆盖测试是相对的，把路径覆盖范围压缩在一个可接受的范围。

此外，还有一些其他的白盒测试方法，如循环测试、变异测试等。循环测试是主要着重于循环结构有效性测试的测试方法。变异测试是故障驱动型测试方法，是针对某一类型的故障进行的测试。

一般项目执行过程中，在项目测试计划中就会定义出单元测试的覆盖率，可以是语句覆盖，也可以是路径覆盖。例如某个项目在测试计划中定义了它单元测试中白盒测试的语句覆盖率为100%，路径覆盖率为60%，测试人员就按照定义的覆盖率来编制白盒测试的测试用例，并根据测试反馈情况决定是否增加用例以达到要求的测试覆盖率。

8.3.2 黑盒方法的单元测试

通过白盒测试方法，虽然测试覆盖了每一行语句、所有条件和分支等，可以保证在程序上没有问题，但还是不能保证在产品功能特性上没有问题。因为白盒测试只关注代码。如果编程之前对产品特性的理解就有问题，这种误解遗留在代码中是很难仅仅通过代码测试发现的。所以，单元测试也需要黑盒测试方法。

黑盒测试方法主要运用于测试单元的功能和性能，以检验程序真正的行为是否与产品规格说明、客户的需求保持一致。单元测试，不仅要验证软件的功能表现，而且要验证代码结构上的可靠性、健全性和性能，如对单元进行数据组合的测试、负载测试和性能测试等。在功能性测试方面，通常会利用等价类划分方法选取3种数据来进行测试，即正常数据、边界数据和错误数据。

8.3.3 测试驱动模块与桩模块

在对单元进行测试的过程中，因为一个被测单元本身不是一个单独的程序，有时需要基于被测试单元的接口，开发出相应的驱动程序/模块（Driver）和桩程序/模块（Stub）。当然，Driver 和 Stub 也会广泛应用在集成测试中。

驱动模块（Driver）是指在对底层或子层模块进行单元测试时，所编制的调用被测模块的程序用于模拟被测模块的上级模块。驱动模块接受测试数据，把相关的数据传递给被测得下一层模块，启动/完成对该模块的测试。

桩模块（Stub）是指对顶层或上层模块进行单元测试时，所编制的替代下层模块的程序用于模拟被测模块工作过程中所调用的模块。桩模块相当于电路中的断路器，使上层模块不需要调用真实模块就能获得所需要的参数、返回值。

为便于理解驱动模块和桩模块的概念，以 C 语言为基础举例说明。假如有一个系统的模块结构如图 8-1 所示，假设现在项目组把任务分给了 7 个人，每个人负责实现一个模块。程序员甲负责的是 B 模块，甲很优秀，第一个完成了编码工作，现在需要开展单元测试工作，先分析结构图：

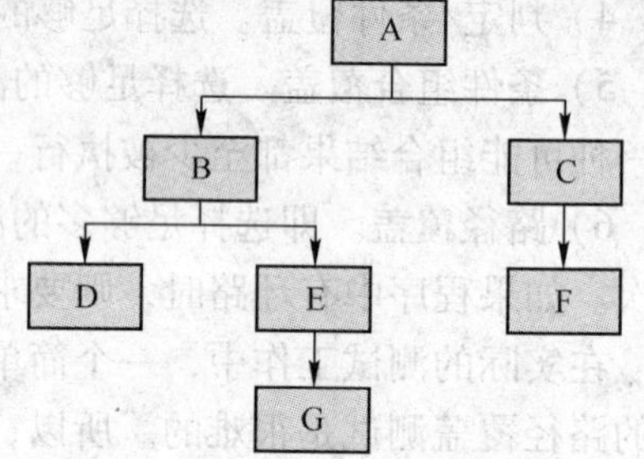

图 8-1　驱动模块和桩模块的区别

1）由于 B 模块不是最顶层模块，所以它一定不包含 main 函数（A 模块包含 main 函数），也就不能独立运行。

2）B 模块调用了 D 模块和 E 模块，而目前 D 模块和 E 模块都还没有开发好，那么想让 B 模块通过编译器的编译也是不可能的。

那么怎样才能测试 B 模块呢？甲需要选择的解决办法是：

1）写两个模块 Sd 和 Se 分别代替 D 模块和 E 模块（函数名、返回值、传递的参数相同），这样 B 模块就可以通过编译了。那么 Sd 模块和 Se 模块就是桩模块。

2）写一个模块 Da 用来代替 A 模块，里面包含 main 函数，可以在 main 函数中调用 B 模块，让 B 模块运行起来。那么 Da 模块就是驱动模块。

可见，桩模块的使命除了使得程序能够编译通过之外，还需要模拟返回被代替的模块的各种可能返回值。当然，什么时候返回什么值需要根据测试用例的情况来决定。

驱动模块的使命就是根据测试用例的设计去调用被测试模块，并且判断被测试模块的返回值是否与测试用例的预期结果相符。

编写驱动模块和桩模块都是额外的工作开销，这就是说，两种都属于必须开发（通常不是正式的设计）但又不能和最终软件一起提交的软件，如果驱动模块和桩模块很简单的话，那么额外开销相对来说是很低的。不幸的是，许多模块使用“简单”的额外软件是不能进行足够的单元测试的。在这些情况下，完整的测试要推迟到集成测试步骤时再完成。

8.4 单元测试工具 JUnit 简介

当前最流行的单元测试工具是 xUnit 系列框架，根据应用语言不同分为 JUnit（Java），

CppUnit（C++），DUnit（Delphi），NUnit（.NET），PhpUnit（Php）等等。该测试框架的第一个和最杰出的应用就是开放源代码的 JUnit。

JUnit 是由 Erich. Gamma（《设计模式》的作者）和 Kent. Beck（Extreme Programming，XP 的创始人）在 1997 年编写的一个回归测试框架（Regression Testing Framework），用于帮助 Java 开发人员编写单元测试。JUnit 是 Java 开发使用最为广泛的框架，该框架也得到了绝大多数 Java IDE（如 JBuilder，VisualAge，Eclipse）和其他工具（例如 Ant）的集成支持。同时，JUnit 还有很多的第三方扩展和增强包可供使用。

JUnit 的基本功能有：

1）可供选择的其他前端或者 test-runner，用来显示测试结果。

2）用单独的 classloader 来运行每个单元测试，以避免副作用。

3）标准的资源初始化和回收方式（setUp 和 tearDown）。

4）各种不同的 Assert 方法，让检查测试结果的操作变得更容易。

5）同流行的工具，比如 Ant，以及流行 IDE 比如 Eclipse，JBuilder 整合。

JUnit 是一个开放源代码的 Java 测试框架，用于编写和运行可重复的测试。它是用于单元测试框架体系 xUnit 的一个实例（用于 Java 语言），包括以下特性：

- 提供的 API 可以让你写出测试结果明确的可重用单元测试用例。
- 提供了 3 种方式来显示测试结果，而且还可以扩展。
- 提供了单元测试用例成批运行的功能。
- 超轻量级而且使用简单，没有商业性的欺骗和无用的向导。
- 整个框架设计良好，易扩展。
- 开源工具，可以免费使用，可以找到很多实际项目中的应用示例。由于源码开放，开发者还可以根据需要扩展 JUnit 功能。
- 可以将测试代码和产品代码分开。
- 测试代码编写容易，功能强大。
- 自动检验结果并且提供立即的反馈。
- 易于集成到开发的构建过程中，在软件的构建过程中完成对程序的单元测试。
- 测试包结构便于组织和集成运行，支持图形交互模式和文本交互模式。

8.4.1 JUnit 框架组成

JUnit 框架组成如下。

- 对测试目标进行测试的方法与过程集合，可称为测试用例（TestCase）。
- 测试用例的集合，可容纳多个测试用例（TestCase），将其称做测试包（TestSuite）。
- 测试结果的描述与记录（TestResult）。
- 测试过程中的事件监听者（TestListener）。
- 每一个测试方法所发生的与预期不一致状况的描述，称其测试失败元素（TestFailure）。
- JUnit Framework 中的出错异常（AssertionFailedError）。

JUnit 框架是一个典型的 Composite 模式：TestSuite 可以容纳任何派生自 Test 的对象，当调用 TestSuite 对象的 run( ) 方法时，会遍历自己容纳的对象，逐个调用它们的

run( )方法。

JUnit 框架中有以下几个核心的接口和类。

1. Test 接口

Test 接口使用了 Composite 设计模式，是单独测试用例（TestCase)、聚合测试模式，即测试包（TestSuite）及测试扩展（TestDecorator）的共同接口。

它的 public int countTestCases( )方法，用来统计这次测试有多少个 TestCase，另外一个方法 public void run（TestResult）运行一个测试，并且收集运行结果到 TestResult。

2. TestCase 抽象类——定义测试中固定方法

TestCase 是 Test 接口的抽象实现，（不能被实例化，只能被继承）其构造函数 TestCase（string name）根据输入的测试名称 name 创建一个测试实例。由于每一个 TestCase 在创建时都要有一个名称，若某测试失败了，便可识别出是哪个测试失败。

TestCase 类中包含 setUp( )、tearDown( )方法。setUp( )方法集中初始化测试所需的所有变量和实例，并且在依次调用测试类中的每个测试方法之前再次执行 setUp( )方法。tearDown( )方法则是在每个测试方法之后，释放测试程序方法中引用的变量和实例。

开发人员编写测试用例时，只需继承 TestCase，来完成 run 方法即可，然后 JUnit 获得测试用例，执行它的 run 方法，把测试结果记录在 TestResult 之中。

下面为一个程序实例：

```
public class CalculatorTest extends TestCase {
  private Calculator cal;
  public void setUp( ) {
    cal = new Calculator( );   }
  public void tearDown( ) {
          }
public void   Testadd( ) {                    //测试方法
  test method…
  }
}
```

3. TestSuite 测试包类——多个测试的组合

TestSuite 类负责组装多个 TestCases。待测得类中可能包括了对被测类的多个测试，则 TestSuit 负责收集这些测试，使我们可以在一个测试中完成全部的对被测类的多个测试。

TestSuite 类实现了 Test 接口，且可以包含其他的 TestSuites。它可以处理加入 Test 时的所有抛出的异常。

TestSuite 处理测试用例有 6 个规约（否则会被拒绝执行测试）。

1）测试用例必须是公有类（Public)。

2）测试用例必须继承与 TestCase 类。

3）测试用例的测试方法必须是公有的（Public)。

4）测试用例的测试方法必须被声明为 Void。

5）测试用例中测试方法的前置名词必须是 test。

6）测试用例中测试方法误任何传递参数。

TestSuite 是把多个相关测试归入一组便捷方式，若你没有提供自己的 TestSuite，Test runner 会自动创建一个，缺省的 TestSuite 不能满足时，可能会想组合多个 Suite，把它们作为主 Suite 的一部分，这些 Suite 来自几个不同的 package。

在 Junit 中，Test、TestCase 和 TestSuite 三者组成了 composiste pattern。通过组装自己的 TestSuite，可以完成对添加到这个 TestSuite 中的所有的 TestCase 的调用。而且这些定义的 TestSuite 还可以组装成更大的 TestSuite，这样同时也方便了对于不断增加的 TestCase 的管理和维护。它的另一个好处就是，可以从这个 TestCase 树的任意一个结点（TestSuite 或 TestCase）开始调用，来完成这个结点以下的所有 TestCase 的调用。提高了单元测试的灵活性。使用例子如下：

```
import junit. framework. Test;
import junit. framework. TestSuite;
public class TestAll{
    //定义一个 suite,对于 Junit 的作用可以视为类似于 Java 应用程序的 main。
public static Testsuite(){
TestSuite suite = new TestSuite("Running all tests.");
suite. addTestSuite(TestCase1. class);
suite. addTestSuite(TestCase2. class);
return suite;
}
```

通常情况下 TestAll 类仅仅包括一个静态的 Suite 方法，这个方法会注册应用程序需要定期执行的所有 Test 对象（包括 TestCase 对象和 TestSuite 对象）。

和 TestCase 一样 TestSuite 也实现了 Test 接口。一个 TestSuite 可以包含一系列的 TestCase。把 TestCase 组装入 TestSuite 有几种方式：

1）通过将 TestCase 的 Class 参数传入 TestSuite 的构造函数，TestSuite 会自动收集 TestCase 中所有的 public 的没有参数的 testXXX 方法加入 TestSuite 中。

2）构造空的 TestSuite 后通过 void addTest（Test test）方法添加测试。

3）构造空的 TestSuite 后通过 void addTestSuite（Class testClass）方法添加测试集。

4. TestResult 类

TestResult 主要通过 runProtected 方法运行测试并收集所有运行结果。所有的 TestSuite 都有一个对应的 TestResult，它负责收集 TestCase 的执行结果。储存了所有测试的详细情况，是通过还是失败。若失败则会创建一个 TestFailure 对象。TestRunner 使用 TestResult 来报告测试结果。在运行 Swing TestRunner 运行测试时，若没有 TestFailure 对象进度条就用绿色，否则进度条用红色并输出失败测试的数目。

5. TestRunner 类

启动测试的主类，我们可以通过直接调用它运行测试用例，IDE 和其他一些工具一般也通过这个接口集成 JUnit。系统中没有 TestRunner 接口，只有一个所有 TestRunner 都继承的 BaseTestRunner 执行测试并提供相关的结果的统计信息。此外，系统中包含 3 个 TestRunner 类：一个用于文本控制台、一个用于 Swing 和一个 AWT（遗产代码，很少有人用）。

6. Assert 静态类——一系列断言方法的集合

Assert 包含了一组静态的测试方法，用于比对期望值和实际值是否正确，即测试失败，Assert 类就会抛出一个 AssertionFailedError 异常，JUnit 测试框架将这种错误归入 Failes 并加以记录，同时标志为未通过测试。如果该类方法中指定一个 String 类型的传参，则该参数将被做为 AssertionFailedError 异常的标识信息，告诉测试人员该异常的详细信息。

7. TestListener 接口

测试运行监听器，通过事件机制处理测试中产生的事件，主要用于测试结果的收集，并帮助对象访问 TestResult 并创建有用的报告。

注：虽然 TestListener 接口是 JUnit 框架的重要部分，但是编写自己的测试时不必实现这个接口。只有需要扩展 JUnit 框架时才会需要实现这个接口。

8.4.2 利用 JUnit 进行单元测试的步骤

当需要编写更多的 TestCase 的时候，可以创建更多的 TestCase 对象。当需要一次执行多个 TestCase 对象的时候，可以创建一个 TestSuite 对象或使用缺省的 TestSuite 对象进行封装。为了执行 TestSuite，需要使用 TestRunner，通过 TestRunner 的执行生成 TestResult 对象。JUnit 成员共同协作，产生测试结果，其过程示意图如图 8-2

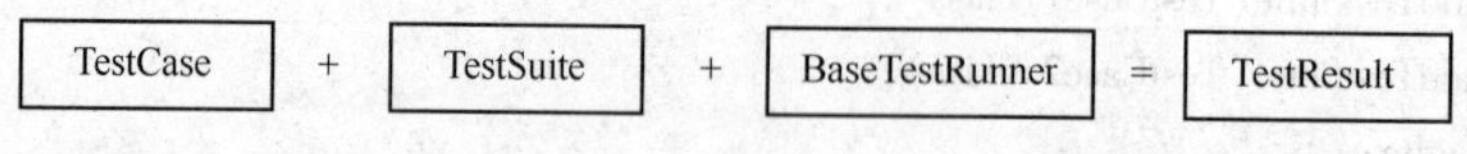

图 8-2 测试过程示意图

JUnit 测试步骤如下。

1）重载 setUp( )，封装测试环境初始化及测试数据准备。

2）设计测试方法，以 testXXX 命名。

3）在测试方法中使用断言方法如 assertEquals( )，assertTrue( )等。

4）设计测试套件，或使用缺省的测试套件，调用 TestRunner 执行测试脚本，生成测试结果。

5）重载 tearDown( )析构测试环境，执行收尾动作。

下面是一个 Junit 测试的具体实例。

待测类：

```
public class Calculator
{
    public int add(int a, int b) {
    return a + b;
    }
    public int minus(int a, int b) {
    return a - b;
    }
    public int multiply(int a, int b) {
    return a * b;
    }
```

```
    public int divide(int a, int b) throws Exception{
        if(0 == b){
          throw new Exception("除数不能为零!");
          }
        return a/b;
    }
}
```

该类的测试类:

```
public class CalculatorTest extends TestCase {  //测试类必须以 TestCase 为父类
    private Calculator cal;
    public void setUp() {                        //每个测试方法执行前都会调用该方法
        cal = new Calculator();                  //生成对象
    }
    public void tearDown() {                     //析构测试环境,执行收尾动作
    }
    /*
    JUnit3.8 测试方法需满足:
    1)Public
    2)Void 的
    3)无方法参数
    4)方法名称必须以 test 开头
     */
    public void testAdd() {
        int result = cal.add(1,2);               //调用方法
        Assert.assertEquals(3,result);           //断言
    }
    public void testMinus() {
        int result = cal.minus(1,2);
        Assert.assertEquals(-1,result);
    }
    public void testMultiply() {
        int result = cal.multiply(2,3);
        Assert.assertEquals(6,result);
    }
    public void testDivide() {
        int result = 0;
        try{
            result = cal.divide(6,4);
        }
        catch (Exception e) {
            e.printStackTrace();
            //期望该行代码永远不会被执行,断言失败,停止执行立即失败
```

```
            Assert. fail( );
        }
        Assert. assertEquals(1,result);
    }
    public void testDivide2( ) {
        //一个方法可以有多个测试方法,输入的不同情况会有不同的 TestCase 出现
        Throwable tx = null;
        try{
            cal. divide(4,0);
            //期望该行代码永远不会被执行,断言失败,停止执行立即失败
            Assert. fail( );
        }
        catch( Exception ex) {
            tx = ex;
        }
        Assert. assertNotNull( tx);            //一旦发生异常,则 tx 一定不为空
                                               //tx 是 Exception 类型的
        Assert. assertEquals( Exception. class,tx. getClass( ));
        Assert. assertEquals("除数不能为零!",tx. getMessage( ));
    }
}
```

现有两个测试类：nCalculatorTest. java 和 LargestTest. java。下面是运用 JUnit 进行自动测试的示例：

```
public class TestAll extends TestCase{
    public static Test suite( )                  //函数必须为 suite,且返回值必须为 Test
    {
        TestSuite suite = new TestSuite( );      //声明一个 TestSuite 对象
        suite. addTestSuite( CalculatorTest. class); //测试对应的 class 对象
        suite. addTestSuite( LargestTest. class);
        return suite;                            //返回 suite 对象,TestSuite 实现了 Test 接口
    }
}
```

8.4.3 Eclipse 中 JUnit 的使用

Eclipse 自带了一个 JUnit 的插件，不用安装就可以在项目中开始测试相关的类，并且可以调试测试用例和被测试类。

使用步骤如下。

1）新建一个测试用例，单击“File→New→Other…”菜单项，在弹出的“New”对话框中选择“Java→Junit”下的“TestCase”或“TestSuite”，就进入“New JUnit TestCase”对话框。

2）在“New JUnit TestCase”对话框填写相应的栏目，主要有 Name（测试用例名），SuperClass（测试的超类一般是默认的 junit. framework. TestCase），Class Under Test（被测试的类），Source Folder（测试用例保存的目录），Package（测试用例包名），以及是否自动生成 main，setUp，tearDown 方法。

3）如果单击下面的“Next”按钮，你还可以直接勾选想测试的被测试类的方法，Eclipse 将自动生成与被选方法相应的测试方法，单击“Finish”按钮后一个测试用例就创建好了。

4）编写完成你的测试用例后，单击“Run”按钮就可以看到运行结果了。

8.5 小结

本章是第三部分的开始章节，按照软件测试的顺序，对单元测试的概念、作用、现状及测试方法进行了介绍。

单元测试是软件测试中最基础的测试，是后面所有测试的基础，其重要性不言而喻。单元测试的对象是构成软件产品或系统的最小独立单元。单元测试的方法主要有白盒测试方法与黑盒测试方法，但以白盒测试方法为主，适当地结合黑盒测试方法。

另外，本章对单元测试过程中的测试驱动模块和桩模块也进行了介绍，并对单元测试工具 JUnit 进行了简单介绍。

习题 8

1. 单元测试的对象？
2. 单元测试与软件调试有何区别？
3. 测试驱动模块与桩模块有何区别？
4. 简述 JUnit 的测试步骤。

第9章 集成测试

9.1 集成测试概述

经过单元测试的软件模块可以确保其代码实现了预期功能，但当两个或多个模块通过接口构造成一个大的功能模块或子系统时，并不能保证这些组合起来的单元模块能够按照预期过程正确实现设计功能。

实践表明，一些模块虽然能够单独地工作，但并不能保证连接起来也能正常的工作。程序在某些局部反映不出来的问题，在全局上很可能暴露出来，影响功能的实现。例如数据可能通在过接口的时候丢失；一个模块可能对另外一个模块产生无法预料的副作用；当子函数被连到一起的时候，可能不能达到预期的功能；在单个模块中可以接受的不精确数据在连起来之后可能会扩大到无法接受的程度；全局数据结构可能也会存在问题等等。这就需要对模块之间的接口进行测试，就像检验合格的单个电子元件并不能完全保证组装起来电视机就一定合格一样，必须对各电子元件的接口进行验证，这就是集成测试。

单元测试是对模块内部的测试，集成测试主要是对系统中的模块之间的接口做测试。集成测试是通过测试发现和接口有关的问题来构造程序结构的系统化技术，它的目标是把通过了单元测试的模块构造成一个设计中所描述的程序结构。

集成测试（也叫组装测试或联合测试）是单元测试的逻辑扩展，它在单元测试的基础上，将所有的软件单元按照概要设计规格说明的要求组装成模块、子系统或系统的过程中测试各部分工作是否达到或实现相应技术指标及要求的活动。也就是说，在集成测试之前，单元测试应该已经完成，集成测试中所使用的对象应该是已经经过单元测试的软件单元。这一点很重要，因为如果不经过单元测试，那么集成测试的效果将会受到很大影响，并且会大幅增加软件单元代码纠错的代价。

集成测试的最简单的形式是：两个已经测试过的单元组合成一个组件，并且测试它们之间的接口。从这一层意义上讲，组件是指多个单元的集成聚合。在现实方案中，集成是指多个单元的聚合，许多单元组合成模块，而这些模块又聚合成程序的更大部分，如分系统或系统。集成测试采用的方法是测试软件单元的组合能否正常工作，以及与其他组的模块能否集成起来工作。最后，还要测试构成系统的所有模块组合能否正常工作。集成测试所持的主要标准是软件概要设计规格说明书，任何不符合该说明书的程序模块行为都应该加以记载并上报。

所有的软件项目都不能摆脱系统集成这个阶段。不管采用什么开发模式，具体的开发工作总得从一个一个的软件单元做起，软件单元只有经过集成才能形成一个有机的整体。具体的集成过程可能是显性的也可能是隐性的。只要有集成，总是会出现一些问题。工程实践中，几乎不存在软件单元组装过程中不出任何问题的情况。而且集成测试需要花费的时间远远超过单元测试，直接从单元测试过渡到系统测试是极不妥当的做法。

此外，在某些开发模式中，如迭代式开发，设计和实现是迭代进行的。在这种情况下，集成测试的意义还在于它能间接地验证概要设计是否具有可行性。

集成测试侧重于模块间的接口正确性以及集成后的整体功能的正确性，是介于白盒测试和黑盒测试之间的灰盒测试。集成测试分为3个层次。

1）模块内的集成测试（接近白盒）。

2）子系统内的集成测试（灰盒）。

3）子系统间的集成测试（接近黑盒）。

9.2 结构化软件的集成测试

在实施集成测试前，必须制订测试计划。其内容除了必须涵盖测试的人员安排、测试对象外，还应该考虑如下因素。

1）采用何种系统集成方法来进行集成测试。

2）集成测试过程中连接各个模块的顺序。

3）模块代码编制和测试进度是否与集成测试的顺序一致。

4）测试过程中是否需要专门的硬件设备。

解决了上述问题之后，就可以列出各个模块的测试计划表，标明每个模块单元测试完成的日期、首次集成测试的日期、集成测试全部完成的日期以及需要的测试用例和所期望的测试结果。在缺少软件测试所需要的硬件设备时，应检查该硬件的交付日期是否与集成测试计划一致。例如若测试需要数字化仪和绘图仪，则相应测试应安排在这些设备能够投入使用之时，并需要为硬件的安装和交付使用保留一段时间，以留下时间余量。

系统集成方法就是选择什么方式把模块组装起来形成一个可运行的系统，它直接影响到模块测试用例的形式、所用测试工具的类型、模块编号和测试的次序。通常，有两种不同的集成方式：非递增方式和递增式方式。

非递增集成测试方式：先分别测试每个单元模块，再把所有模块按设计要求连接在一起进行一次性集成测试。

递增式集成测试方式：把下一个要测试的模块同已经测试好的模块结合进来测试。

通常，人们更偏向于采用非递增集成方式。也就是说，使用“一步到位”的方法来构造程序，所有软件单元都预先结合在一起，整个程序作为一个整体来进行测试。这样做的集成工作量小，还可以进行并行测试，但其结果通常是混乱不堪，会遇到许许多多的错误，错误的修正也是非常困难的，因为在整个程序的庞大区域中想要分离出一个错误是很复杂的过程。

其实，采用“一步到位”的非递增方式进行集成测试是一种懒惰的策略，表面上看减少了测试工作量，但却增加了遗漏软件缺陷的风险，也增加了修改缺陷的难度和费用。所以，集成测试应该递增式的进行。程序先分成小的部分进行集成和测试，这样可以更早的发现软件缺陷，错误比较容易分离和修正，接口也更容易进行彻底地测试，而且也可以使用些系统化的测试方法。

非递增集成测试方式是大爆炸开发模式经常采用的集成测试模式，所以又叫大棒式（Big-Bang）集成测试。递增式集成测试方式有很多种，如自底向上集成测试、自顶向下集成测试、核心集成测试、高频集成测试、三明治集成测试等。在此，将重点讨论其中一些经实践检验和证实有效的集成测试方案。

9.2.1 自顶向下集成测试

自顶向下集成（Top-Down Integration）测试是一个递增的集成软件结构的方法。模块集成的顺序是首先集成主控模块（主程序），然后按照控制层次结构向下进行集成。分两种方法：深度优先，即按照模块结构用一条主控制路径将所有模块组合起来；宽度优先，即逐层组合所有下属模块，在每一层水平地沿着移动。

如图9-1所示，深度优先集成首先集成结构中的一个主控路径下的所有模块。主控路径的选择是有些随意的，它依赖于应用程序的特性，例如选择最左边的路径，模块M1、M2和M3将会首先进行集成，然后是M8或者M6（如果对M2的适当的功能是必要的），然后，开始构造中间的和右边的控制路径。宽度优先集成首先沿着水平方向，把每一层中所有直接从属于上一层模块的模块集成起来。从图中来说，模块M2、M3和M4首先进行集成，然后是下一层的M5、M6和M7，然后继续。

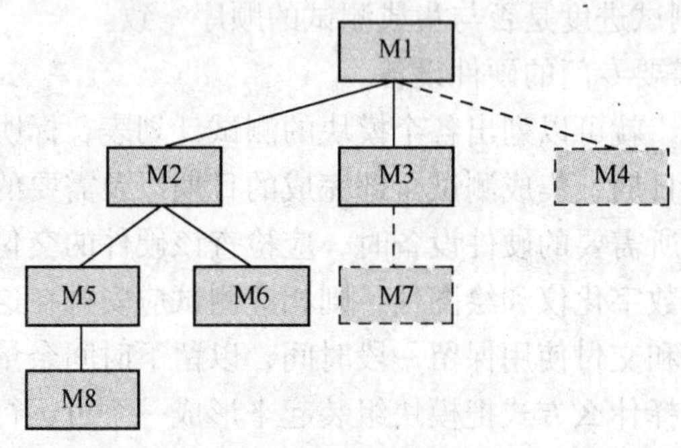

图9-1 自顶向下集成

集成过程分以下5个步骤。

1）用主控模块作为测试驱动程序，其直接下属模块用桩模块来代替。

2）根据所选择的集成测试法（深度优先或宽度优先），每次用实际模块代替下属的桩模块。

3）在集成每个实际模块时都要进行测试。

4）在完成一次测试后再用一个实际模块代替另一个桩模块。

5）可以进行回归测试（即重新再做所有的或者部分已做过的测试），以保证不引入新的错误。

整个过程回到步骤2）循环继续进行，直到这个系统结构被集成完毕。

自顶向下策略似乎相对来说不是很复杂，但是在实践过程中，可能会出现逻辑上的问题。最普通的这类问题出现在当高层测试需要首先对较低层次的足够测试后才能完成的时候。在自顶向下测试开始的时候，桩模块代替了低层的模块，因此，在程序结构中就不会有重要的数据向上传递，测试人员只有下面的3种选择。

1）把测试推迟到桩模块被换成实际的真实模块之后在进行。

2）开发能够实现有限功能的桩模块，用来模拟实际模块。

3）从层次结构的最底部向上来对软件进行集成。

第一种实现方法使我们失去了对许多在特定测试和特定模块组合之间的对应性控制，这样可能增加在确定错误发生原因时的困难性，并且会违背自顶向下方法的高度受限的本质；第二种方法是可行的，但是会导致很多的额外开销，因为桩模块会变得越来越复杂；第三种方法，也就是自底向上测试。

9.2.2 自底向上集成测试

自底向上集成（Bottom-Up Integration）方式是最常使用的方法。其他集成方法都或多或少地继承、吸收了这种集成方式的思想。自底向上集成方式从程序模块结构中最底层的模块开始组装和测试。因为模块是自底向上进行集成的，对于一个给定层次的模块，它的子模块（包括子模块的所有下属模块）事前已经完成集成并经过测试，所以不再需要编制桩模块（一种能模拟真实模块，给待测模块提供调用接口或数据的测试用软件模块）。自底向上集成测试的步骤大致如下。

1）按照概要设计规格说明，明确有哪些被测模块。在熟悉被测模块性质的基础上对被测模块进行分层，在同一层次上的测试可以并行进行，然后排出测试活动的先后关系，制定测试进度计划。

2）在步骤一的基础上，按时间线序关系，将软件单元集成为模块，并测试在集成过程中出现的问题。这里可能需要测试人员开发一些驱动模块来驱动集成活动中形成的被测模块。对于比较大的模块，可以先将其中的某几个软件单元集成为子模块，然后再集成为一个较大的模块。

3）将各软件模块集成为子系统（或分系统）。检测各自子系统是否能正常工作。同样，可能需要测试人员开发少量的驱动模块来驱动被测子系统。

4）将各子系统集成为最终用户系统，测试各分系统能否在最终用户系统中正常工作。

关于自顶向下和自底向上的集成测试的相对优缺点有很多的探讨，总的来说，一种策略的优点差不多就是另一种策略的缺点。

自顶向下的方法的主要优点是不需要测试驱动模块，能较快的发现上层模块的接口错误，主要缺点是需要桩模块和与桩模块有关的附加测试困难，在测试早期不能重分发挥人力，和桩模块有关的问题可以被主要控制功能的尽早测试来抵消。

自底向上的集成测试方案是工程实践中最常用的测试方法，相关技术也较为成熟。它的优点很明显：管理方便、测试人员能较好地锁定软件故障所在位置，主要缺点就是“直到最后一个模块被加进去之后才能开到整个程序框架”，该缺点可由简单的测试用例设计和不用桩模块来弥补。而且，它对于某些开发模式不适用，如使用 XP 开发方法，它会要求测试人员在全部软件单元实现之前完成核心软件部件的集成测试。尽管如此，自底向上的集成测试方法仍不失为一个可供参考的集成测试方案。

集成策略的选择依赖于软件的特性，有的时候还依赖于项目的进度安排。总的来说，一种组合策略可能是最好的折中，有的时候被称做三明治测试（Sandwich Integration）：在程序结构的高层使用自顶向下策略，而在下面的较低层中使用自底向上策略。

当集成测试进行时，测试人员应当能够识别关键模块，并应当尽可能早地测试关键模块。关键模块具有一个或多个以下特性。

1）和好几个软件需求有关。

2）位于程序结构的高层。

3）本身是复杂的或者是容易出错的。

4）有确定的性能需求。

9.2.3 核心系统先行集成测试

核心系统先行集成测试法的思想是先对核心软件部件进行集成测试，在测试通过的基础上再按各外围软件部件的重要程度逐个集成到核心系统中。每次加入一个外围软件部件都产生一个产品基线，直至最后形成稳定的软件产品。核心系统先行集成测试法对应的集成过程是一个逐渐趋于闭合的螺旋形曲线，代表产品逐步定型的过程。其步骤如下：

1）对核心系统中的每个模块进行单独的、充分的测试，必要时使用驱动模块和桩模块。

2）对于核心系统中的所有模块一次性集合到被测系统中，解决集成中出现的各类问题。在核心系统规模相对较大的情况下，也可以按照自底向上的步骤，集成核心系统的各组成模块。

3）按照各外围软件部件的重要程度以及模块间的相互制约关系，拟定外围软件部件集成到核心系统中的顺序方案。方案经评审以后，即可进行外围软件部件的集成。

4）在外围软件部件添加到核心系统以前，外围软件部件应先完成内部的模块级集成测试。

5）按顺序不断加入外围软件部件，排除外围软件部件集成中出现的问题，形成最终的用户系统。

方案点评：该集成测试方法对于快速软件开发很有效果，适合较复杂系统的集成测试，能保证一些重要的功能和服务的实现。缺点是采用此法的系统一般应能明确区分核心软件部件和外围软件部件，核心软件部件应具有较高的耦合度，外围软件部件内部也应具有较高的耦合度，但各外围软件部件之间应具有较低的耦合度。

9.2.4 高频集成测试

高频集成测试是指同步于软件开发过程，每隔一段时间对开发团队的现有代码进行一次集成测试。如某些自动化集成测试工具能实现每日深夜对开发团队的现有代码进行一次集成测试，然后将测试结果发到各开发人员的电子邮箱中。该集成测试方法频繁地将新代码加入到一个已经稳定的基线中，以免集成故障难以发现，同时控制可能出现的基线偏差。使用高频集成测试需要具备一定的条件：可以持续获得一个稳定的增量，并且该增量内部已被验证没有问题；大部分有意义的功能增加可以在一个相对稳定的时间间隔（如每个工作日）内获得；测试包和代码的开发工作必须是并行进行的，并且需要版本控制工具来保证始终维护的是测试脚本和代码的最新版本；必须借助于使用自动化工具来完成。高频集成测试一个显著的特点就是集成次数频繁。显然，人工的方法是不胜任的。

高频集成测试一般采用如下步骤来完成。

1）选择集成测试自动化工具。如很多 Java 项目采用 JUnit + Ant 方案来实现集成测试的自动化，也有一些商业集成测试工具可供选择。

2）设置版本控制工具，以确保集成测试自动化工具所获得的版本是最新版本，如使用

CVS 进行版本控制。

3）测试人员和开发人员负责编写对应程序代码的测试脚本。

4）设置自动化集成测试工具，每隔一段时间对配置管理库的新添加的代码进行自动化的集成测试，并将测试报告汇报给开发人员和测试人员。

5）测试人员监督代码开发人员及时关闭不合格项。

按照3）~5）不断循环，直至形成最终软件产品。

方案点评：该测试方案能在开发过程中及时发现代码错误，能直观地看到开发团队的有效工程进度。在此方案中，开发维护源代码与开发维护软件测试包被赋予了同等的重要性，这对有效防止错误和及时纠正错误都很有帮助。该方案的缺点在于测试包有时候可能不能暴露深层次的编码错误和图形界面错误。

以上介绍了几种常见的集成测试方案，此外还有基干集成、分层集成、基于功能的集成、基于消息的集成、基于进度的集成、基于风险的集成等多种集成测试策略，这里不再详述。

一般来讲，在现代复杂软件项目集成测试过程中，通常采用核心系统先行集成测试和高频集成测试相结合的方式进行，自底向上的集成测试方案在采用传统瀑布式开发模式的软件项目集成过程中较为常见。选择测试方案时应该结合项目的实际工程环境及各测试方案适用的范围进行合理的选型。

9.3 小结

本章对集成测试的概念、作用和集成测试的方法进行了介绍。集成测试主要是在单元测试的基础上对模块之间的接口进行测试，侧重于模块间的接口正确性以及集成后的整体功能的正确性，按照测试对象级别，集成测试分为模块间的集成测试、子系统内的集成测试和子系统间的集成测试3个层次。

集成测试方法对集成测试来说非常重要，决定了整个测试的结构和测试顺序。本章介绍了几种常用的集成测试方法：

1）自顶向下的集成方法。

2）自底向上的集成测试方法。

3）核心系统先行的集成测试方法。

4）高频集成测试方法。

习题 9

1. 如果每个单元都通过了测试，直接把它们集成一起会有什么后果？集成测试是否多此一举？

2. 集成测试的层次如何划分？

3. 集成测试的方法有哪些？简述几种常用的集成方法。

第10章 系统测试

系统测试是将分别经过集成测试后的软、硬件作为计算机系统的一个部分，与系统支持软件、数据和人员等系统元素结合起来，在实际运行环境下对计算机系统进行一系列的严格有效的测试来发现软件的潜在问题，保证系统的运行。

系统测试的对象不仅仅包括需要测试的产品系统的软件，还包含软件所依赖的硬件、外设甚至包括某些数据、某些支持软件及其接口等。因此，必须将系统中的软件与各种依赖的资源结合起来，在系统实际运行环境下来进行测试。

系统测试过程包含了测试计划、测试设计、测试实施、测试执行、测试评估这几个阶段。整个测试过程中的测试依据主要是产品系统的需求规格说明书、各种规范、标准和协议等。在整个测试过程中，首先需要对需求规格进行充分的分析，分解出各种类型的需求（功能性需求、性能要求、其他需求等），在此基础之上才可以开始测试设计工作。测试设计又是整个测试过程中非常重要的一个环节，测试设计的输出结果是测试执行活动依赖的执行标准，测试设计的充分性决定了整个系统过程的测试质量。因此，为了保证系统测试质量，必须在测试设计阶段就对系统进行严密的测试设计。这就需要在测试设计中，从多方面来综合考虑系统规格的实际情况。

10.1 系统测试概述

系统测试在V模型中与系统需求分析在同一层次，对应项目开发过程中的需求分析阶段。因此，系统测试的工作开始于系统需求分析阶段，在此阶段编制系统测试计划。

在需求分析阶段，系统测试人员根据评审通过后的需求规格说明书、项目立项书、项目开发计划、项目工程进度等文档编制相应的系统测试计划。系统测试计划是管理层面文档，用于定义在整个项目开发过程中各个阶段的系统测试活动，是项目系统测试的指导性文件和准则。它用来分配任务、明确分工、风险估计等，主要包括：

1）组织形式：与周边部门的职责关系、测试部门内部的职责和权利。

2）测试对象：依据质量模型分析出测试项，列出测试项目和不被测试的项目及原因。

3）需求跟踪（RTM表）：根据开发需求列出测试需求，写出测试项。

4）测试通过/失败的标准：覆盖率、缺陷率等；测试挂起/回复的标准。

5）任务分配：可以根据测试阶段分成具体的测试任务，每项要包括：任务、方法和标准、输入/输出、时间安排、资源、风险和解决措施、角色和职责等。

系统测试计划编制好后，需要根据系统测试计划制定系统测试需求。制定系统测试需求的目的是按照测试计划中的说明细化测试策略，并且使测试用例、测试启动、测试软件以及其他任何需求在测试需求中得到确定。比如性能和载入测试中通常会需要采用自动化和特殊工具，配置测试有时会需要特殊的启动必要条件，此时都要被确定。另外，产品需求中支持非功能性测试的需求也要确定。

系统测试是针对整个产品系统进行的测试，是为了验证用户需求而进行的测试，其目的是验证系统是否满足了需求规格的定义，找出与需求规格不相符合或与之矛盾的地方。系统测试主要采用的是黑盒测试方法。

设计系统测试用例的思路主要遵循以下原则。

1）根据质量模型分析出测试需求（测试项）。

2）根据测试需求确定出有哪些类型的测试，如功能测试、性能测试、GUI 测试、配置测试等。

3）测试项细分得到测试子项。

4）对每个测试子项设计测试用例。

其中，1）和2）在系统需求分析阶段去做；3）在系统设计阶段做；4）在系统实施阶段做。

系统测试工作虽然贯穿项目开发整个生命周期，但是系统测试的执行阶段一般是在集成测试之后，产品检验发布之前。为了保障系统测试能有效连续的进行，很有必要在系统测试计划中明确执行系统测试的出、入口准则。这一点在实际执行系统测试过程中是非常重要的，否则经常就会出现要么系统测试人员在帮忙做集成测试甚至于单元测试的现象，要么系统测试所有外部条件都准备好了，只等待开发人员修改出可以连续进行系统测试的软件版本。这些现象都非常不利于系统测试工作，消耗高而系统测试效率低，会导致系统测试工作量大幅度超出项目预算，影响项目工程进度。

系统测试不仅包含了对功能性需求的测试，还包含了对非功能性需求的测试。而非功能性需求会涉及一些诸如性能、可用性、可行性等属性。在大多数项目中，尽管能够对功能性测试进行良好地计划和实施，但是对非功能性测试却很难做到这点。

非功能性需求是相当难确定的，而且像可用性和可维护性这样的需求往往变得很主观，因此很不容易测试。在这种情况下，确定那些能限定系统这些方面性能的客观属性会很有帮助。在另外一些情况下，比如抗压性和性能方面，在测试中如何进行模拟也是一个问题。这就要求在软件测试生命周期的每一个阶段都要十分仔细，以确保为测试那些已确定的非功能性属性做好准备。

系统测试报告是在测试阶段结束之后对整个过程的总结，主要收集系统测试过程中的相关数据，从不同角度对测试工作和被测对象进行总结评价和分析，并总结经验教训。它包括以下几方面内容。

1. 对测试自身活动的总结和评价

1）充分性：用例执行的百分比、投入人时/KLOC、用例数/KLOC。

2）效率：执行用例数/人时、发现的缺陷数/人时、缺陷数/用例。

2. 对被测系统质量的总结和评价

1）功能：正确性、稳定性。

2）性能稳定性：场景数（单任务单用户、单任务多用户、多任务单用户、多任务多用户）。

3）可靠性：MTBF、MTTR 等。

3. 总结经验教训

1）提出成功经验加以固化。

2）对不足的地方提出改进建议。

10.2 功能性测试

10.2.1 正常功能测试

正常功能测试主要是根据产品规格说明书，来测试系统是否满足各方面功能的使用要求。

- 安装与配置测试。
- 功能符合性及完整性测试。
- 系统的界面清晰、美观。
- 菜单和按钮操作正常、灵活，能处理一些异常操作。
- 与外部应用系统的接口有效。

这里列出的是一般情况。针对不同的应用系统，其测试内容的差异很大，但都可以归纳为界面、数据、操作、逻辑、接口等几个方面。其中，功能符合性及完整性测试是正常功能测试关注的焦点，主要检查系统提供的功能是否符合用户要求测试。

功能测试的用例设计方法常见的有等价类划分、边界值分析、因果图、判定表分析法、状态转移图、流程分析法、正交实验法等，此外还经常用到的有输入/输出域覆盖法、异常分析法、比较法和错误猜测法等。

简单的功能测试可以采用自动化测试工具来实现，但是业务场景较复杂的功能性测试大多数还是采用人工的方式进行。

10.2.2 健壮性测试

健壮性测试（Robustness Testing）又称为容错性测试（Fault Tolerance Testing），用于测试系统在出现故障时，是否能够自动恢复或者忽略故障继续运行。为了使系统具有良好的健壮性，要求设计人员在做系统设计时必须周密细致，尤其要注意妥善地对系统异常进行处理。

实际上，很多开发项目在设计过程中设计者很容易忽略系统关于容错方面的功能，这些多半是受到开发时间、人力、物力的限制。因此，系统容错性差也成为目前软件危机中的一个主要原因。不具备容错性能的系统不是一个优秀的系统，在市场上很难被用户所接纳。一个好的软件系统必须经过健壮性测试之后才能最终交付给用户。

健壮性测试常用的测试方法如下：

1）相关性检查。删除/增加一项会不会对其他项产生影响，如果产生影响，这些影响是否都正确。

2）检查按钮的功能是否正确。如 Edit、Cancel、Delete、Save 等功能是否正确。

3）字符串长度检查。输入超出需求所限定的字符串长度的内容，看系统是否检查字符串长度，会不会出错。

4）字符类型检查。在应该输入指定类型的内容的地方输入其他类型的内容（如在应该输入整型的地方输入其他字符类型），看系统是否检查字符类型，会否报错。

5）标点符号检查。输入内容包括各种标点符号，特别是空格、各种引号、回车键等，看系统处理是否正确。

6）中文字符处理。在可以输入中文的系统输入中文，看会否出现乱码或出错。

7）信息重复。在一些需要命名，且名字应该唯一的信息输入重复的名字或ID，看系统有没有处理，是否会报错。重名包括是否区分大小写以及在输入内容的前后输入空格，测试系统是否做出正确处理。

8）检查删除功能。在一些可以一次删除多个信息的地方，不选择任何信息进行删掉操作，看系统如何处理，会否出错。然后选择一个和多个信息进行删除，看是否正确处理。

在验证测试活动中，也会包含一定比例的容错测试用例。这些容错测试用例的目标是覆盖项目需求规格中的可靠性需求，包含用户在常规情况下易触发的可靠性场景，以及系统不能承受失效的可靠性场景。这时我们需要考虑的是设计覆盖率很高的容错测试用例，确保对可靠性需求规格做到100%的深入覆盖。同时可以根据后期测试执行过程中的经验，不断补充容错测试用例，使得容错测试用例集始终保持对可靠性需求规格的100%覆盖。

10.3 非功能性测试

产品质量意味着不仅满足客户提出的功能性需求，还要满足很多非功能性需求。在需求分析阶段需要确定非功能性需求，并对这些需求进行分析，将那些可以测试的以及用户认为非常重要的需求写入需求说明书中，而其他的需求则作为设计目标加入设计中。这样有利于最终用户、客户组织以及开发组织确定并改进诸如性能、可用性、重用性、可行性等非功能性需求，提高产品质量。

非功能性测试与功能性测试有着很大的区别。往往在同一个项目中，与功能性测试相比较，非功能性测试所需要的测试用例数量会比较少，但是非功能性测试可能需要更多的资源。

非功能性测试主要包括系统性能测试、可用性测试、可靠性测试及文档测试等，而性能测试则包含了负荷测试、强度测试、大数据量测试等。

下面主要介绍大数据量测试、负荷测试、可用性测试及文档测试。

10.3.1 大数据量测试

大数据量测试（Volumen Testing）是指给系统施加最大负载或者超过最大负载的情况下，观察系统稳定性，若系统出现丢失连接、反应迟缓则可以理解，若出现死机、程序退出，数据丢失等问题则认为系统存在缺陷，需要改进。

大数据量测试可以分为两种类型：一种是针对某些系统存储、传输、统计、查询等业务进行大数据量的独立数据量测试；另一种是与压力性能测试、负载性能测试、疲劳性能测试相结合的综合数据量测试。

大数据量测试首先需要确定测试数据的类型及测试数据量。测试计划阶段，就需要根据系统需求说明书确定大数据量测试包括哪些数据类型。大多数情况下所使用的测试数据都是根据系统与外部接口定义的输入和输出数据类型。负载数据数量可根据系统性能规定中的处理各种数据负载的能力而确定。测试执行过程中，可以采取排列组合的方式，让每种类型数据都超过性能规定负载数量进行测试，也可以将所有类型数据的全负载载入进行测试。

大数据量测试由于输入/输出数据量较多，靠测试人员人工进行数据输入/输出的可行性较低，一般都采用测试工具辅助进行。

对于测试结果，最好给出量化的测试结果数据，以便提供定量的系统评估报告。

10.3.2 负荷测试

负荷测试（Stress Testing）是对系统不断施加负载的测试，是通过确定一个系统的瓶颈或者不能接收的性能点，来获得系统能提供的最大服务级别的测试。例如测试一个 Web 站点在大量的负荷下，何时系统的响应会退化或失败。通过负荷测试，确定在各种工作负荷下系统的性能，系统各项性能指标的变化情况，确定系统所能承受的最大负荷。通俗地讲，负荷测试是为了发现在什么条件下应用程序的性能会变得不可接受。

当扩展应用程序的功能或者新的应用程序将要被部署时，负荷测试会帮助确定系统是否还能够处理期望的用户负荷，以预测系统的未来性能。

负荷测试是一个分析软件应用程序的支撑架构、在模拟真实环境的使用，从而确定能够接收的性能的过程。与大数据量测试相似，负荷测试大多数情况下都是采用自动化测试工具进行测试。

负荷测试经常包括以下内容。

1）接收大数据量的数据文件时间。

2）大数据恢复时间。

3）大数据导入/导出时间。

4）大批量录入数据时间。

5）大数据量的计算时间。

6）多客户机同时进行某一个提交操作。

7）采用测试工具软件。

8）编写测试脚本程序。

9）大数据量的查询统计时间。

负荷测试的结果对整个系统测试而言很重要。首先可以直观地评估系统的能力，测试中得到的负荷和响应时间数据可以被用于验证所计划的模型的能力，并帮助作出决策；其次可以识别体系中的弱点，受控的负荷可以被增加到一个极端的水平，并突破它，从而修复体系的瓶颈或薄弱的地方；再次还可以检测出软件中的问题，进行系统调优，并且对系统稳定性和可靠性进行验证。

10.3.3 可用性测试

在 ISO 9241-11 中，可用性的定义是“某个产品能够在被特定用户使用时，有效力、有效率地到达特定目的，并且在具体使用过程中令人满意”。可用性测试（Usability Testing）的前提条件是需要有预先指定的使用环境，弄清用户想要用系统完成的任务。

可用性测试将包含以下几方面。

1）用户是否可以完成他们的任务。

2）用户能否有效率的完成任务。

3）在专家用户和一般用户间是否存在巨大的效率差异。

4）考虑用户的精神压力和工作负担，尤其是对安全性要求高的关键应用。

5）对用户的满意程度和理解程度进行一些定量的测量。

提升可用性最主要的方式就是采用迭代式设计（Iterative Design），通过产品前期开发阶段的反复评估，不断地获得用户反馈，进而修改、优化产品设计，直到达到可以接受的可用性水平。这其中的评估过程就是进行可用性测试的过程，可用性测试就是选择不同方法测试产品使用质量的过程。它的目的是建立评价标准，尽可能多地发现可用性问题，并指导产品界面的设计和改进。

常见的可用性测试方法包括以用户为主的测试和以专家为主的测试方式。以用户为主的测试包括用户测试（User Testing）和有声思维（Think Aloud），以专家为主的测试有认知预演（Cognitive Walkthrough）和启发式评估（Heuristic Evaluation）。

1. 用户测试

用户测试方法是测试人员要求用户完成一系列设定的任务，用户在操作使用过程中出现的问题和失误将被测试人员记录，在任务结束时对问题和失误点进行追问，从而快速地发现并判断产品中的不足，进而进行修改。测试采用的产品可以是最终完成的，也可以是基于不同保真度原型的非完成产品。该方法的目的是通过在产品设计阶段用户参与设计测试，预测最终产品可能出现的问题，进行修正以规避风险。采用用户测试的优点在于可以在特定任务条件下，获得特定用户的客观反馈结果，满足可用性测试的要求。

2. 有声思维

有声思维运用于可用性测试过程和心理学、社会学领域研究中，是获取用户数据反馈的有效方法。最初由 Lewis 在 IBM 公司提出，之后被 Ericsson 和 Simon 进一步修正。该方法要求用户在完成一系列由测试人员设定的任务过程中，口述出自己所看到的、所想的、所感受的，以帮助观察测试人员可以获得第一手反馈信息，进而最终发现问题。测试人员在整个测试过程中客观全面地记录用户所说的每一句话，不能打断用户的行动和表达。该方法的目的是明确“谁”在完成特定的任务时出现了“什么样”的问题，强调特定的用户和特定的问题。

3. 认知预演

认知预演方法最初在 20 世纪 90 年代初由 Wharton 等人提出，在 2000 年由 Spencer 优化了该方法，使其更加有效地适应软件开发的要求。该方法将用户行动过程（目的、计划、实施、评价）及系统反馈，按照任务流程进行步骤划分，之后由专家（设计人员和开发人员）对每一个步骤进行一系列检查评估，从而判断可能出现的可用性问题。

该方法因为可以低成本、高效率地发掘可用性问题，而被广泛使用于早期开发阶段。但是由于是从专家角度来判断用户的行为，而专家和用户存在的本质差别，这导致专家和真实用户所认为的可用性问题存在差异；而且不同专家之间的差异也较大，一般所发现的可用性问题只有 20% ~30% 是一致的，这也使得认知预演方法所得到的结果应用存在一定局限性。

4. 启发式评估

启发式评估方法由 Nielsen 和 Molich 在 1990 年提出，由多位评价人（通常为 4 ~6 人）根据可用性原则反复浏览系统各个界面，独立评估系统，允许各位评价人在独立完成评估之后讨论各自的发现，共同找出可用性问题。

该方法的优点在于专家决断比较快、使用资源少、能够提供综合评价、评价机动性好。

但是也存在不足之处：一是会受到专家的主观影响；二是没有规定任务，会造成专家评估的不一致；三是评价后期阶段由于评价人的原因造成可信度降低；四是专家评估与用户的期待存在差距，所发现的问题仅能代表专家的意思。

10.3.4 文档测试

系统测试人员不仅要测试系统软件，还要对软件产品的各个部分进行测试，其中保证文档的正确性和完整性是其重要职责之一。因为用户总习惯于把这些独立的非软件部分当作整个软件的一部分，他们不管这些东西是由程序员、作家还是图形艺术家创建的，他们关心的是整个软件包的质量。例如如果安装指导手册中存在错误步骤，或者不正确的错误提示信息把用户引入歧途，甚至一个显眼的拼写错误，他们就会认为这是同其他软件失败一样的软件缺陷。所以测试人员应该在用户使用之前发现这些缺陷。

软件文档最常见的是复制到软件安装盘的 readme 文件。但现在，软件文档已经变得越来越大，要占到整个产品的一大部分，有时甚至需要投入比制作软件本身还要多的时间和精力。软件文档的类型，主要包括以下部分。

1）包装文字和图形，包括盒子、纸箱和包装纸。文档可能包含软件的屏幕截图、功能列表、系统要求和版权信息等。

2）市场宣传材料、广告以及其他插页。这些常常是人们随手丢弃的纸，但是它们是用于促进软件销售的重要工具，同时提供补充内容和服务联系方式等。对于严肃对待它们的客户而言，这些信息必须正确。

3）授权/注册登记表。这是客户注册软件时填写并寄回的卡片，也可以作为软件的一部分，显示在屏幕上让用户阅读、认可，并完成联机注册。

4）EULA。代表最终用户许可协议。可能在软件安装过程中弹出显示在屏幕上。

5）标签和不干胶条。可能出现在媒体、包装盒或者打印材料上，还包括序列号不干胶条和封 EULA 信封的标签。

6）安装和设置指导。有时该信息直接打印在磁盘上或 CD 袋上，对于复杂软件，可以是完整的手册。

7）用户手册。安装、操作和维护手册。

8）联机帮助。联机帮助一般可以和用户手册互换使用，有时甚至取代用户手册。

9）指南、向导和 CBT（计算机基础训练）。这些工具将编程代码和书写文档融合在一起，一般是内容和类似宏的高级编程的混合体，通常捆绑在联机帮助系统中。Microsoft 公司的 Office 助手，有时称为“剪纸朋友”就是此类系统的一个例子。

10）样例、示例和模板。例如某些文字处理软件带有模版或样例，用户只需照单填写内容即可快速创建具有专业外观的表单结果。

11）错误提示信息。

当然，并不是说每一个软件都非要有以上所有这些文档，但这些都可以归类于文档的软件组成部分。测试人员应该对所有的软件文档进行测试并确保缺陷得以修复。

文档测试（Configuration Testing）有两种方法：对待非代码的文档，例如打印的用户手册或者包装盒，通常采用静态测试方法，对文档逐一进行技术编辑和校对；如果文档和代码紧密结合在一起，例如超链接，则要进行动态测试方法。

无论文档是不是代码，像用户那样对待它都是非常有效的测试方法。仔细阅读，按照每个步骤操作，检查每个图形，尝试每个示例。如果有简单代码，检查测试代码是否按照描述的方式进行。利用这些现实的简便方法，可以找出软件和文档的缺陷。

如果文档是软件驱动的，就要像软件其余部分一样进行测试。检查索引表是否完整，搜索结果是否正确，超链接和热点是否跳转到正确的页面。利用等价划分技术确定尝试哪些测试用例。

作为软件测试员对待文档要像对待代码一样给予同等关注和投入，因为文件测试同样重要，好的文档可以提高软件的易用性和可靠性，并且能降低软件维护费用。

但是在实际项目实施过程中，文档测试经常是不被重视的。首先，做好文档测试需要花费相当多的时间和精力，但是收益不太直观；其次，往往做文档测试的人不够了解软件，不能有效地发现问题。

10.4 小结

本章对系统测试的对象、概念和测试过程进行了介绍，系统测试内容又分为功能性测试和非功能性测试两部分，本章分别对这两部分内容进行了介绍。

系统功能性测试包括正常功能测试和健壮性测试两种类型。正常功能测试是对系统产品规格说明书中系统使用要求进行的测试，而健壮性测试则是测试系统在出现故障时能否自己恢复或者自我保护进行测试。非功能性测试则介绍了大数据量测试、负荷测试、可用性测试和文档测试等内容。

习题 10

1. 在集成测试的时候，已经对一些子系统进行了功能测试、性能测试等，那么在系统测试时能否跳过相同内容的测试？
2. 系统测试与集成测试有何区别？
3. 功能性测试与非功能性测试有何区别？

第11章 确认测试

11.1 确认测试概述

经集成测试和系统测试后，程序按照设计把所有的模块组装成一个完整的软件系统，其中各单元接口存在的问题已经得到了消除，接口错误也已经基本排除了，接着就应该进一步验证软件的有效性，这就是确认测试。确认测试又称合格性测试，它是在模拟的环境下，运用黑盒测试的方法，验证被测软件是否满足需求规格说明书列出的需求。确认测试的任务是验证软件的功能和性能及其他特性是否与用户的要求一致。在软件需求规格说明书中描述了全部用户可见的软件属性，它是软件确认测试的基础。

确认测试必须有用户的积极参与，或者以用户为主进行，软件开发人员和 QA（质量保证）人员也应参加。用户应该参与设计测试方案，使用用户界面输入测试数据并且分析评价测试的输出结果。确认测试一般使用生产中的实际数据进行测试。在测试过程中，除了考虑软件的功能和性能外，还应对软件的可移植性、兼容性、可维护性、错误的恢复功能等进行确认。

确认测试的内容包括：安装测试、功能测试、可靠性测试、安全性测试、时间及空间性能测试、易用性测试、可移植性测试、可维护性测试和文档测试。

在确认测试阶段需要做的工作如图 11-1 所示。首先要进行有效性测试以及软件配置审查，形成验收测试报告提交管理机构裁决，在通过了专家鉴定之后，才能成为可交付的软件。

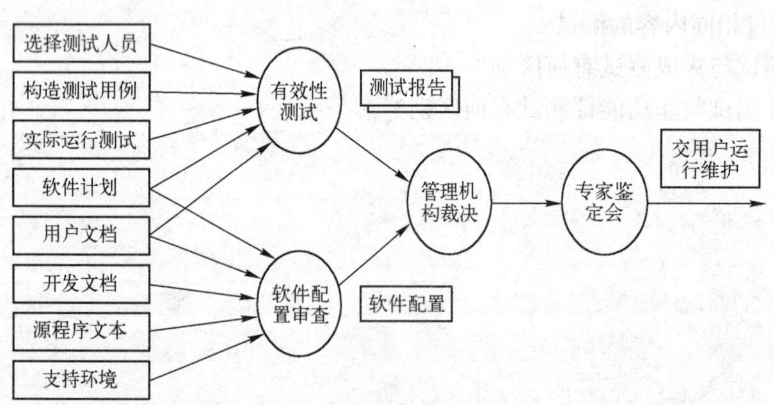

图 11-1　确认测试的步骤

1. 有效性测试

有效性测试又称为功能测试，是在模拟的环境（可能就是开发的环境）下，运用黑盒测试的方法，验证被测软件是否满足需求规格说明书列出的需求。确认测试同样需要制订测试计划和过程，测试计划应规定测试种类和测试进度；测试过程则定义一些特殊的测试用例，旨在说明软件与需求是否一致。无论是计划还是过程，都应该着重考虑软件是否满足合同规定的所有功能和性能，文档资料是否完整、准确，人机界面和其他方面（例如可移植性、兼容性、错误恢复能力和可维护性等）是否令用户满意。

2. 软件配置审查

软件配置审查的目的是保证软件配置的所有成分都齐全，各方面的质量都符合要求，具有维护阶段所必需的细节，并且已经编排好分类的目录。

除了按合同规定的内容和要求、由人工审查软件配置之外，在确认测试的过程中，应当严格遵守用户手册和操作手册中规定的使用步骤，以便检查这些文档资料的完整性和正确性，且必须仔细记录发现的遗漏和错误，并且适当地补充和改正。

3. 验收测试

确认测试的结果有两种可能，一种是功能和性能指标满足软件需求说明的要求，用户可以接受；另一种是软件不满足软件需求说明的要求，用户无法接受。项目进行到这个阶段才发现严重错误和偏差一般很难在预定的工期内改正，因此必须与用户协商，寻求一个妥善解决问题的方法。

在软件交付使用之后，用户将如何实际使用程序，对于开发者来说是无法预测的。因为用户在使用过程中常常会发生对使用方法的误解、异常的数据组合以及产生对某些用户来说似乎是清晰的但对另一些用户来说却难以理解的输出等情况。

为了使用户能够积极主动地参与确认测试，特别是为了使用户可以有效地使用这个软件系统，通常在确认测试之前由软件开发单位对用户进行必要的培训。如果软件是为多个用户开发的产品的时候，让每个用户逐个执行正式的确认测试是不切实际的。很多软件产品生产者采用一种称之为α（Alpha）测试和β（Beta）测试的测试方法，目的是从实际终端用户的使用角度，对软件的功能和性能进行测试，以发现可能只有最终用户才能发现的错误。

α、β通常表示软件测试过程中的两个阶段：α是第一阶段，一般只供内部测试使用；β是第二个阶段，已经消除了软件中大部分的不完善之处，但仍有可能还存在缺陷和漏洞，一般只提供给特定的用户群来测试使用。在部分教材中，还提出了用λ来表示软件测试过程中的第三个阶段，此时产品已经相当成熟，只需在个别地方再做进一步的优化处理即可上市发行。

11.2 α测试

α测试（α Test）是由用户在开发环境下进行的测试，也可以是公司内部的用户在模拟实际操作环境下进行的测试。这是在受控制的环境下进行的测试。α测试的目的是评价软件产品的 FURPS（Function、Usability、Reliability、Performance、Security，即功能、可用性、可靠性、性能和技术支持），尤其注重产品的界面和特色。α测试人员是除产品开发人员之外首先见到产品的人，他们提出的功能和修改意见是特别有价值的。α测试可以从软件产品编码结束之时开始，也可以在模块（子系统）测试完成之后开始，还可以在确认测试过程中产品达到一定的稳定和可靠程度之后再开始，有关的手册（草稿）等应事先准备好。

α 测试具有以下特点：

1）它是在开发环境下进行的（环境是可控的）。

2）它不需要测试用例评价软件使用质量。

3）用户往往没有相关经验，可以由开发人员或测试人员协助用户进行测试。

α 测试的关键在于尽可能逼真地模拟实际运行环境和用户对软件产品的操作，并尽最大努力涵盖所有可能的用户操作方式。

11.3 β 测试

β 测试（β Test）是指软件开发公司组织各方面的典型用户在日常工作中实际使用软件系统，并要求用户报告异常情况、提出批评意见，然后软件开发公司再对软件进行改错和完善。β 测试通常采用黑盒测试方法。

β 测试是由软件的多个用户在一个或多个用户的实际使用环境下进行的测试。与 α 测试不同的是，开发人员通常不在测试现场。因此，β 测试是在开发人员无法控制的环境下进行的软件现场使用。在 β 测试中，有选择地请一些最终用户实际使用软件，由用户记下遇到的所有问题，包括真实的以及主观认定的，定期向开发人员报告，开发人员在综合用户的报告之后做出修改，最后将软件产品交付给全体用户使用。

β 测试具有以下特点：

1）它是由软件的多个用户在一个或多个用户的实际使用环境下进行的测试。

2）开发人员通常不在测试现场。

3）它是免费的。

4）用户是任意的，环境是无法控制的。

β 测试主要衡量产品的 FURPS。着重于产品的支持性，包括文档、客户培训和支持产品的生产能力。只有当 α 测试达到一定的可靠程度时，才能开始 β 测试。由于它处在整个测试的最后阶段，不能指望这时发现主要问题。同时，产品的所有手册文本也应该在此阶段完全定稿。由于 β 测试的主要目标是测试可支持性，所以 β 测试应尽可能由主持产品发行的人员来管理。

11.4 小结

本章对确认测试的概念、内容和步骤进行了介绍。确认测试是在模拟的环境下，对系统进行的黑盒测试，主要验证系统是否满足用户使用要求。确认测试包括有效性测试和软件配置审查的各部分，也就是说除了测试系统功能外，还要对系统的安装配置、可维护性、安全性、文档等进行全面的测试，从各个用户的角度出发进行的测试。

确认测试按阶段分为 α 测试和 β 测试。通常情况下，α 测试一般是在开发方内部环境中进行的测试，一般由开发人员或者测试人员进行的测试。β 测试是在用户环境下进行的测试，由用户根据实际使用情况来进行的测试。

习题 11

1. α 测试和 β 测试的区别是什么？
2. 确认测试的主要内容有哪些？
3. 确认测试应该由谁来进行？为什么？

第12章 回归测试

12.1 回归测试概述

在软件生命周期中的任何一个阶段，只要软件发生了改变，新的数据流路径就可能会建立起来，新的I/O操作可能也会出现，还有可能激活了新的控制逻辑。这些改变可能会使原本工作得很正常的功能产生错误。这样就可能给该软件带来问题。软件的改变可能是源于发现了错误并做了修改，也可能是因为在集成或维护阶段加入了新的模块。当软件中所含错误被发现时，如果错误跟踪与管理系统不够完善，就可能会遗漏对这些错误的修改；而开发者对错误理解的不够透彻，也可能导致所做的修改只修正了错误的外在表现，而没有修复错误本身，从而造成修改失败；修改还有可能产生副作用从而导致软件未被修改的部分产生新的问题，使本来工作正常的功能产生错误。同样，在有新代码加入软件的时候，除了新加入的代码中有可能含有错误外，新代码还有可能对原有的代码带来影响。因此，每当软件发生变化时，就必须重新测试现有的功能，以便确定修改是否达到了预期的目的，检查修改是否损害了原有的正常功能。同时，还需要补充新的测试用例来测试新的或被修改了的功能。这就是回归测试的内容。

回归测试（Regression Testing）是指在发生修改之后重新测试先前的测试，以保证修改的正确性。

理论上，软件产生新版本后都需要进行回归测试来验证以前发现并修复的错误是否在新软件版本上再出现。

回归测试并不只是在需求变更时进行，回归测试可以发生在软件生命周期的任意一个部分，从单元测试、集成测试、系统测试、甚至到确认测试。事实上渐进和快速迭代开发中更加频繁的回归测试可以更有效地提高代码质量，使得回归周期更短。因此，通过选择正确的回归测试策略来改进回归测试的效率和有效性是非常有意义的。

12.2 回归测试的几种策略

回归测试的目的就是在程序有修改的情况下保证原有功能正常的一种测试策略和方法。因此，这时的测试一般不需要进行从头到尾的全面测试，而是根据修改的情况和由修改引起的影响面来进行有效的测试。另一方面看，由于扩充和维护的测试用例库可能变得相当庞大，每次回归测试都重新运行完整的测试用例包变得不切实际，时间和成本约束也不允许。所以，需要根据软件修改所影响的范围，从测试用例库中选择相关的测试用例，构造一个优化的测试用例集合来完成回归测试。

12.2.1 测试用例库的维护

为了最大限度地满足客户的需要和适应应用的要求，软件在其生命周期中会频繁地被修改并不断推出新的版本，修改后的或者新版本的软件会添加一些新的功能或者在软件功能上产生某些变化。随着软件的改变，软件的功能和应用接口以及软件的实现发生了演变，测试用例库中的一些测试用例可能会失去针对性和有效性，而另一些测试用例可能会变得过时，还有一些测试用例将完全不能运行。为了保证测试用例库中测试用例的有效性，必须对测试用例库进行维护。同时，被修改的或新增添的软件功能，仅仅靠重新运行以前的测试用例并不足以揭示其中的问题，有必要追加新的测试用例来测试这些新的功能或特征。因此，测试用例库的维护工作还应包括开发新测试用例，这些新的测试用例用来测试软件的新特征或者覆盖现有测试用例无法覆盖的软件功能或特征。

测试用例的维护是一个不间断的过程，通常可以将软件开发的基线作为基准，维护的主要内容包括下述几个方面。

1. 删除过时的测试用例

因为需求的改变等原因可能会使一个基线测试用例不再适合被测试系统，这些测试用例就会过时。例如，某个变量的界限发生了改变，原来针对边界值的测试就无法完成对新边界的测试。所以，在软件的每次修改后都应进行相应的过时测试用例的删除。

2. 改进不受控制的测试用例

随着软件项目的进展，测试用例库中的用例会不断增加，其中会出现一些对输入或运行状态十分敏感的测试用例。这些测试不容易重复且结果难以控制，会影响回归测试的效率，需要进行改进，使其达到可重复和可控制的要求。

3. 删除冗余的测试用例

如果存在两个或者更多个测试用例针对一组相同的输入和输出进行测试，那么这些测试用例是冗余的。冗余测试用例的存在降低了回归测试的效率。所以需要定期的整理测试用例库，并将冗余的用例删除掉。

4. 增添新的测试用例

如果某个程序段、组件或关键的接口在现有的测试中没有被测试，那么应该开发新测试用例重新对其进行测试。并将新开发的测试用例合并到基线测试包中。

通过对测试用例库的维护不仅可以改善测试用例的可用性，而且也可以提高测试库的可信性，同时还可以将一个基线测试用例库的效率和效用保持在一个较高的级别上。

12.2.2 回归测试集的选择

在软件生命周期中，即使一个得到良好维护的测试用例库也可能变得相当大，这使每次回归测试都重新运行完整的测试包变得不切实际。一个完全的回归测试包括每个基线测试用例，时间和成本约束可能阻碍运行这样一个测试，有时测试组不得不选择一个缩减的回归测试集来完成回归测试。

在做回归测试的时候可以采用两种不同的策略。

1. 完全重复测试

把所有的测试用例全部重新的执行一遍，以确认缺陷修改的正确性和修改后周边是否受到影响。这是一种比较安全的策略，再测试全部用例具有最低的遗漏回归错误的风险，但测试成本最高。完全重复测试几乎可以应用到任何情况下，基本上不需要进行额外的分析和重新开发，但是，随着开发工作的进展，测试用例不断增多，重复原先所有的测试将带来很大的工作量，往往超出了我们的预算和进度。

2. 选择性重复测试

可以选择部分测试用例构成回归测试集来完成测试，以确认问题修改的正确性和修改后周边是否受到影响。选择策略主要有以下 3 种方法。

（1）基于风险选择测试

可以基于一定的风险标准来从基线测试用例库中选择回归测试集。首先运行最重要的、关键的和可疑的测试，而跳过那些非关键的、优先级别低的或者高稳定的测试用例，这些用例即便可能测试到缺陷，这些缺陷的严重性也比较低。

（2）基于操作剖面选择测试

如果基线测试用例库的测试用例是基于软件操作剖面开发的，测试用例的分布情况反映了系统的实际使用情况。回归测试所使用的测试用例个数可以由测试预算确定，回归测试可以优先选择那些针对最重要或最频繁使用功能的测试用例，释放和缓解最高级别的风险，有助于尽早发现那些对可靠性有最大影响的故障。

（3）再测试修改的部分

当测试者对修改的局部化有足够的信心时，可以通过相依性分析识别软件的修改情况并分析修改的影响，将回归测试局限于被改变的模块和它的接口上。通常，一个回归错误一定涉及一个新的、修改的或删除的代码段。在允许的条件下，回归测试应尽可能覆盖受到影响的部分。这种方法可以在一个给定的预算下最有效地提高系统可靠性，但需要良好的经验和深入的代码分析。

12.2.3 回归测试的基本过程

有了测试用例库的维护方法和回归测试集的选择策略，回归测试可遵循下述基本过程进行。

1）识别出软件中被修改的部分。

2）从原基线测试用例库 T 中，排除所有不再适用的测试用例，确定那些对新的软件版本依然有效的测试用例，其结果是建立一个新的基线测试用例库 T0。

3）依据一定的策略从 T0 中选择测试用例测试被修改的软件。

4）如果必要，生成新的测试用例集 T1，用于测试 T0 无法充分测试的软件部分。

5）用 T1 执行修改后的软件。

步骤 2）和 3）测试验证修改是否破坏了现有的功能，步骤 4）和 5）测试验证 修改工作本身。

12.3 回归测试与自动化

一般我们谈到的自动化测试，其实是有两种说法，一种是 Test Automation，即测试自动化，侧重说明将测试用自动化设计和实现的过程；另一种是 Automated Testing/Test，即自动化测试，侧重说明自动的测试软件，可以是自动测试软件的功能或者性能等。在本书中提到的自动化测试，是一个整体的概念，包括了以上两种。

随着计算机技术的发展，自动化测试工具的广泛应用为开发和测试人员提供了最优的质量成本。在软件开发过程中应用自动化测试，也正是在追求软件质量成本和收益间的最佳平衡点。

自动化测试具有以下优点。

1）可以运行更多更繁琐的测试。自动化的一个明显的好处是可以在较少的时间内运行更多的测试。

2）可以执行一些手工测试困难或不可能进行的测试。比如，对于大量用户的测试，不可能同时让足够多的测试人员同时进行测试，但是却可以通过自动化测试模拟同时有许多用户，从而达到测试的目的。

3）更好地利用资源。将繁琐的任务自动化，可以提高准确性和测试人员的积极性，将测试技术人员解脱出来投入更多精力设计更好的测试用例。有些测试不适合于自动测试，仅适合于手工测试，将可自动测试的测试自动化后，可以让测试人员专注于手工测试部分，提高手工测试的效率。

4）测试具有一致性和可重复性。由于测试是自动执行的，每次测试的结果和执行的内容的一致性是可以得到保障的，从而达到测试的可重复的效果。

5）测试的复用性。由于自动测试通常采用脚本技术，这样就有可能只需要做少量的甚至不做修改，实现在不同的测试过程中使用相同的用例。

6）增加软件信任度。由于测试是自动执行的，所以不存在执行过程中的疏忽和错误，完全取决于测试的设计质量。

回归测试是一件辛苦而且乏味的工作。在实际工作中，回归测试需要反复进行，当测试者一次又一次地完成相同的测试时，这些回归测试将变得非常令人厌烦，而在大多数回归测试需要手工完成的时候尤其如此。但回归测试对于在软件生命周期来说又是必不可少的，因此可以结合自动化测试的优点，利用自动化测试工具或软件执行测试脚本，对不断变化的应用和环境实现重复的和一致的回归测试。

由于回归测试的动作和用例是完全设计好的，测试期望的结果也是完全可以预料的，将回归测试自动运行，可以极大提高测试效率，缩短回归测试时间。同时，测试的自动化程度越高，回归的周期就越短，效果越明显，软件的质量也越高，测试是否自动化也是开发是否敏捷的一个主要标志。

总之，自动化测试通过自动执行测试脚本，使得人们能够用更短的时间完成更多的回归测试，并且可以用更高的频率执行回归测试，从而有效地降低测试成本、提高测试效率。这就是自动化回归测试的优点和最终目的。

12.4 小结

回归测试是软件开发周期中很重要的一个环节，本章对回归测试的概念、测试内容以及测试步骤进行了介绍。

一般情况下，只要发生了代码变更就需要进行回归测试，而每次回归测试的重点测试目标又不相同，所以回归测试用例的选择方法不同。实际测试过程中，需要按照测试实际情况在测试用例集中选择适用的测试用例进行回归测试，以提高测试工作效率和缺陷拣出率。

在章节最后对回归测试和自动化的关系进行了介绍。回归测试的重复性很强，利用人工进行回归测试，会很枯燥，而且效率很低，所以很有必要引入自动化工具。

习题 12

1. 为什么要引入回归测试测？
2. 简述回归测试的基本过程。
3. 为什么用自动化测试来进行回归测试？

第五部分　软件测试管理

前面讲解了测试的原则、技术、阶段等测试基本内容，但是，是否有了这些基本技术就可以进行测试工作并取得成功呢？这个问题与是否学习了软件编码技术就可以开发出好的软件具有异曲同工的效果。

事实上，很多学习了软件编码技术的程序员确实开始了他们编写代码的生活，也确实编写出了不少可用的软件作品。但是为什么会出现软件危机？为什么要引入软件工程？学习了软件工程的程序员又会以什么样的态度来看待程序开发这件事？实际上，软件工程指出了软件开发的正规流程，很大程度上是管理的工作，编码仅仅是软件工程中很小的一部分工作。同样的，软件测试也有自己正规的流程，这就是软件测试管理的内容，不掌握软件测试管理技术的测试就像没有学习软件工程的编码一样。

软件测试管理（Software Test Management）是指软件测试的组织，标准流程，标准文档以及培训等一系列保证软件测试有效性的管理手段。

那么，如何进行软件测试的管理呢？还是回到前面讲管理时提到的戴明环，在完成工作时，总可以把一件工作归为先后联系的4个部分：计划—执行—检查—处理，对于软件开发过程如此，对于软件开发过程中一环的软件测试也是如此。

在开始一项工作之前，需要进行一些准备工作，这个准备工作就是工作环境的构建。图5比戴明环多了一项测试准备，原因是只能在一定的条件下才可以开始软件测试，也许有人会认为测试准备可以归结为测试计划和测试执行的一部分，但是，如果预先没有测试的环境，包括测试组织、测试工具、测试技术等作为支撑，是无法开始测试计划以及执行测试的，为了避免这种“鸡生蛋还是蛋生鸡”的纠缠，把测试准备单独列举出来，这里的测试准备是整个测试组织的构建。

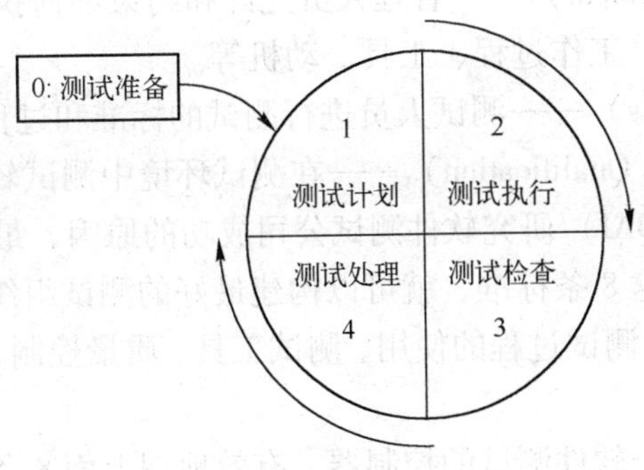

图5　与测试管理相关的戴明环

提示：

测试管理之于测试，相当于软件工程之于软件开发。

第 13 章　构建测试环境（测试准备）

13.1　测试环境概述

要进行测试管理，首先要建立适用于测试管理的环境，这是测试管理能够有效运行的基础和保证，William. E. Perry 在他的著作中给出了世界级软件测试公司的模型，参见图 13-1。

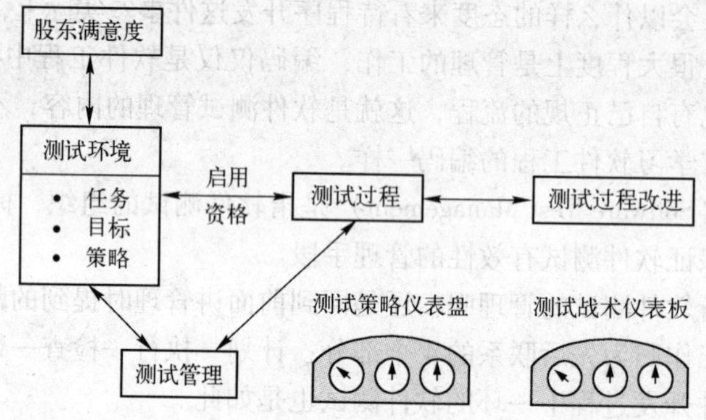

图 13-1　世界级软件测试公司的模型

在图 13-1 中可以看出，测试环境是测试管理和测试过程的基础，一方面测试环境中构建的组织、目标、任务和策略作为测试管理的前提和依据，指导整个测试管理工作的开展，另一方面，测试环境又是启动测试过程的基础，在测试环境构建好之后才可以启动测试过程。测试过程在实践中又得到不断的改进。

下面是关于软件测试管理的几个术语。

测试环境（Test Enviroment）——管理人员允许和约束如何执行测试的条件。这种测试环境包括管理支持、资源、工作过程、工具、动机等。

测试过程（Test Process）——测试人员进行测试的标准和过程。

测试人员资格（Tester Qualification）——在测试环境中测试软件所需要的整套技能。

美国质量保证协会（QAI）研究软件测试公司成功的原因，最后总结出 8 条软件测试公司成功的标准，如果满足这 8 条标准，就可以构建最好的测试组织。这 8 条标准包括：测试环境计划、管理人员支持、测试过程的使用、测试工具、质量控制、测试度量、用户满意度和测试培训。

软件测试管理就是整个软件测试的控制器，有效地把上面 8 条标准组织起来，而软件测试环境就好像是软件测试工作的润滑剂，保证软件测试从开始到结束的顺利进行。

13.2　测试环境要素

这里描述的软件测试环境是整个测试依赖的平台，是一个大环境，这个测试环境包括测试所需的要素，如测试的组织结构、测试的标准流程、测试的标准文档、测试人员的培训及测试工具等，参见图 13-2。

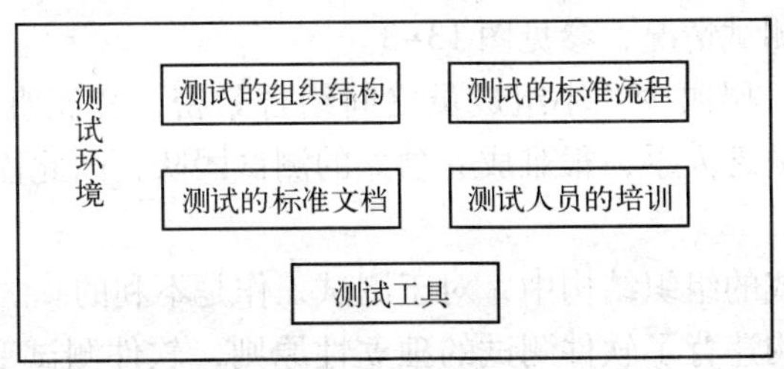

图 13-2　测试环境的组成

13.3　测试的组织结构

构建测试环境的首要任务是建立测试组织。测试组织是保证测试活动顺利进行的基础，这强调了测试工作中人的因素的重要性。

13.3.1　测试组织的独立性

按照测试的独立性原则，构建的测试组织也应该具有独立性，即独立于开发人员之外。通过独立的测试员进行测试和评审，发现缺陷的效率会明显提高。

独立测试组织成员构成包括：

1）开发小组内的独立测试员。

2）组织内独立的测试小组，向项目经理或执行经理汇报。

3）企业组织、用户团体和 IT 企业内的独立测试小组。

4）针对特定测试目标的测试专家，如可用性测试员、安全性测试员、认证的测试员（根据标准或规范对产品进行认证）。

5）从组织外引入的测试员等。

对于庞大复杂或注重安全性的项目，最好让独立的测试员进行多个级别的测试。开发人员也可以参与其中（特别在测试级别比较低的时候），但是开发人员缺少目的性会限制他们的测试效率。独立测试员有权要求定义测试过程及规则。只有在明确授权的情况下才能充当这种过程相关的角色。

独立测试有以下优点：

1）与开发小组分离（如果完全独立）。

2）作为最后的检查点（Checkpoint），独立测试员可能是项目质量控制的关键。

3）开发人员可能缺乏质量责任感，而独立测试人员正好弥补开发人员的不足。

测试任务可以由专门的测试员独立完成，也可以由其他脚色配合，比如项目经理、质量经理、开发人员、企业和领域内专家、基层组织或 IT 的策划执行部门等。

13.3.2　测试组织的几种结构

Ron. Patton 在他的著作《软件测试》中，根据测试项目的大小，把测试组织分成了 3 类。

1. 融合式测试组织结构

小型项目（小于10人）通常不设专门的测试机构，测试团队属于整个开发项目组，测试人员向开发组长报告测试情况，参见图13-3。

这种组织结构简单，层次少，小组成员之间结合紧密，交流直接、顺畅，因此运作高效。很多小型项目由于缺乏人手，很难成立独立的测试团队，因此往往将测试团队置身于开发团队之内。

但是，在这种融合式的组织结构中，对于测试工作是不利的。

首先，这种组织结构违背了软件测试的独立性原则，软件测试变成了开发的附庸机构，在项目开发一切顺利的情况下，这种组织还是可能正常运转，即测试员和程序员各司其职。当项目出现进度和质量之间的矛盾时，比如项目要求在2周之内完成，但是还有30个测试缺陷没有改进，由于时间紧迫，开发负责人可能会忽略测试的结果。

其次，测试结果的好坏是有条件的，如果开发管理员的经验丰富并且熟悉测试，则测试工作会开展顺利，如果管理员只重视开发而不重视测试，则可能使测试工作形同虚设。

最后，这种组织结构容易使测试团队被开发团队融合而消失，对于小型项目而言，程序团队是必须的，而测试团队排在次要位置，造成测试团队人员心理和工作失衡，这样可能使测试团队的成员变成程序员，从而丧失测试团队。

2. 依附式测试组织结构

针对中型或稍大型的项目，独立的测试团队变得重要，成立与开发组平级的测试团队变得重要，于是构建了依附式的测试组织结构（依附于开发项目），参见图13-4。

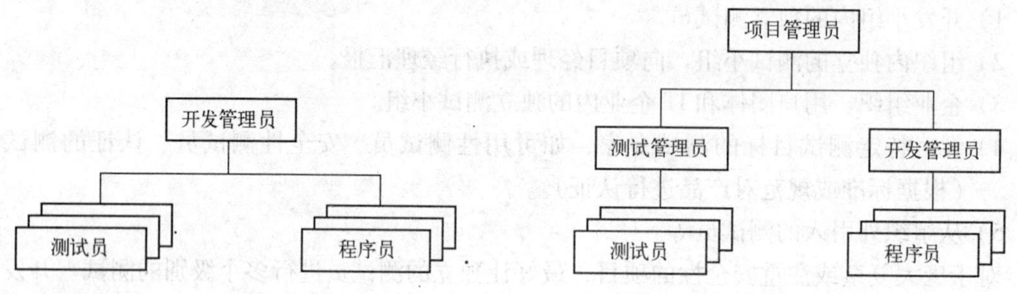

图13-3　针对小型项目的融合式组织结构　　图13-4　依附于项目的测试组织结构

在依附式测试组织结构中，具有独立的测试小组，测试小组有自己的负责人，他们专注于自己的测试工作，由于测试团队与开发团队是平级关系，他们不会受到开发团队太多的影响。这种对立的测试团队对于保证软件质量是至关重要的。

当然由于测试团队依附于整个项目管理组，其质量的最终决定权在项目管理员，在开发进度、资源和质量发生冲突时，还是可能对测试组不利。对于质量要求不是非常严格的项目，这种组织结构是一种好的形式，兼顾了开发的效率及质量；对于软件质量要求严格的项目，比如银行安全系统、航空航天系统，应该有更严格的质量保证组织结构。

3. 独立式测试组织结构

对于大中型软件项目或者可靠性、安全性要求很高的软件项目而言，需要真正高级别的独立质量团队，来监督和控制所有项目的质量水平，这就产生了独立式测试组织结构，参见图13-5。

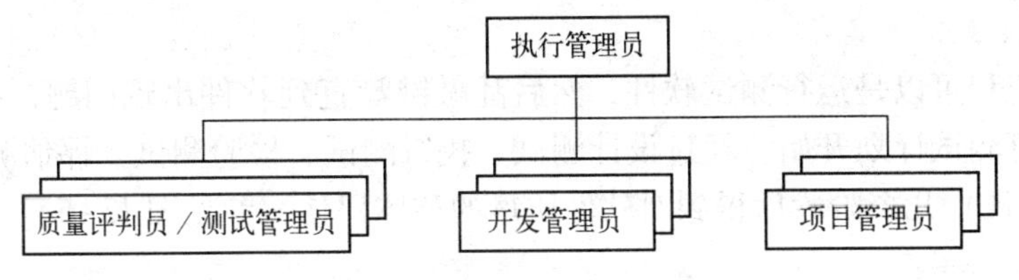

图 13-5　独立式组织结构

在独立式组织结构中，质量测试组、开发组以及项目组是平级的，质量管理小组直接向更高级的执行管理员报告，由于执行管理员不直接参与项目，而是管理公司所有的项目，他更可以从整体和全局的角度来看待公司的项目和质量之间的关系，作出更公平合理的判断。

在这种组织结构中，质量管理人员往往具有更高的授权及独立性，他们可以坚持自己的原则和标准，不受单个项目的影响，这样更能够保证测试工作的独立性。当然，在这种组织结构下，也需要加强不同部门之间的合作协调，才能使整个工作开展得更加顺利。

上述3种测试组织结构只是具有代表性的3种测试组织结构，除此之外，还可能存在很多其他类型的测试组织结构，对于任何测试组织结构而言，都存在正反两方面的影响，不同的公司应该根据自己的情况，选择适合于自身需求的测试组织结构。

提示：

任何事物，能够给我们带来好处就一定会同时带来坏处，反之也一样，我们的选择是权衡的结果，选择测试组织结构也是一样。

13.3.3　与测试工作相关的人员

关心软件质量的人员并非只有软件测试员，从使用者开始，到项目开发人员和管理人员都对软件的质量感兴趣，他们的认识和态度都将对最终的软件质量产生影响。

William. E. Perry 在他的著作《软件测试的有效方法》中指出，世界级的测试模型中，软件测试涉及到以下人员。

- 软件客户：是指签约要求开发软件的人员或部门。
- 软件用户：最终使用软件的个体或群体。
- 软件开发人员：接收软件用户的需求或者在必要时协助编写需求、设计、制造及维护软件的个体或群体。
- 开发测试人员：在软件开发群体中从事测试工作的个人或群体。
- IT 管理人员：指负责完成信息技术任务的个人或群体，软件测试支持完成该任务。
- 高级管理人员：公司的 CEO 和其他负责完成公司任务的高级执行主管人员，信息技术是支持该任务的活动。
- 审计员：负责测试信息技术领域中各种控制的有效性、效率与适应性的个人或群体，软件测试被认为是根据审计功能控制的。
- 项目经理：负责管理软件的构建、维护和/或实现的个人。

13.4　构建标准的测试流程

软件测试流程是指从软件测试开始到软件测试结束为止的一系列准备，执行及分析的过程。

软件测试流程可以是运行测试软件，然后乱敲键盘直到软件出现问题，报告软件出错；也可以是从制订测试计划开始，经过设计测试、执行测试、检验测试、评估测试和总结测试（即给出测试报告）几个阶段后得到对软件质量的整体评估，参见图 13-6。

提示：

软件测试流程的优劣决定了测试结果的好坏。因此，测试工作也是需要有标准流程进行指导的。

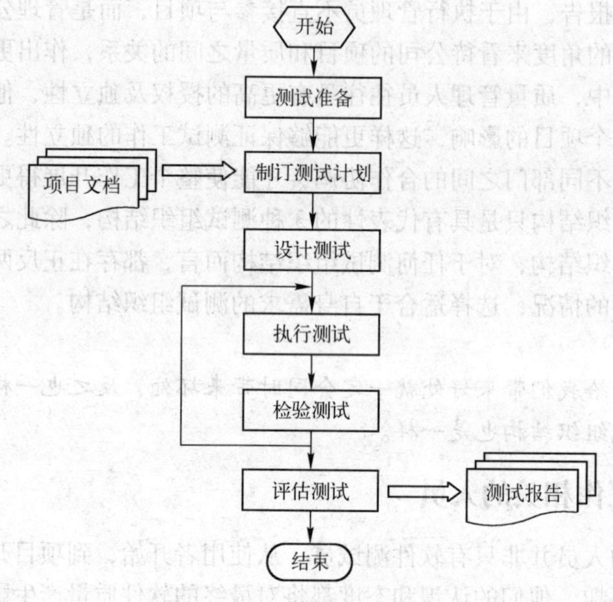

图 13-6 软件测试的标准流程

正如有很多软件开发标准过程一样，也存在很多软件测试的流程，前面的章节已经接触到了一些软件测试的流程，这一节讲解的软件测试流程是一种正规的、适应于国际标准的软件测试流程，它可以适用于各种软件项目的测试。

标准的测试过程通常用文档进行保证，这个过程包括以下几个方面。

1）输入：完成每个任务所需要的入口标准或交付产品。

2）执行规程：将输入转换成输出的工作任务或过程。

3）检验规程：确定输出是否符合标准的过程。

4）输出：这个过程中产生的出口标准或交付产品。

对于图 13-6 规定的标准测试流程而言，首先是进行测试准备，包括构建测试组织，确定测试的目标、策略，准备相应的测试标准及测试过程，培训测试人员等；然后制订测试计划作为后续开展测试工作的总体指导方针，测试计划的制订需要根据各种项目文档，包括需求规格说明书、设计文档、源码等；设计测试根据测试计划的目标和测试内容，设计达到目标的具体测试案例；然后就按照测试案例执行测试，测试案例可能通过测试也可能出错，这就是测试检验的工作，对于错误的测试案例需要修改，修改完成后再测试，因此执行测试和检验测试是需要循环的。在测试的过程中将不断对测试进行评估，最后给出测试报告。

在这一过程中，还会有很多中间输入和中间输出，在后续的章节中我们会详细讨论。

对于每一个单独的测试而言，都可以按照测试计划、测试执行、测试检查（缺陷跟踪）及测试统计 4 个过程来进行。

13.5　构建标准的测试文档

测试的标准过程是由众多的测试标准文档进行保证的，IEEE Std 829—1998 规定了测试工作中所需要的各种标准文档，这些文档之间的关系参见图 13-7 所示。

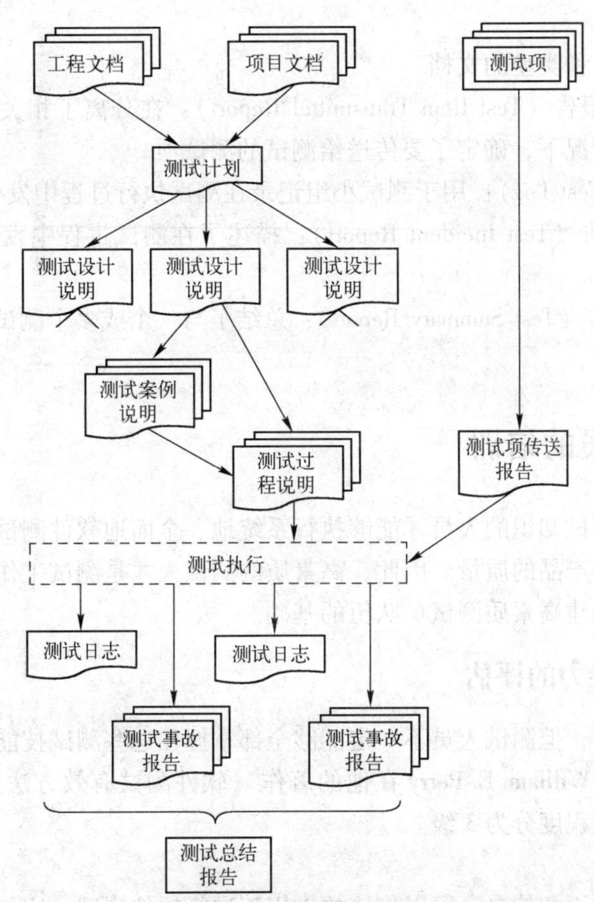

图 13-7　与测试过程相关的测试文档之间的关系（来源于 IEEE Std 829—1998）

图 13-7 中包括以下各类文档。

（1）测试计划

测试计划（Test Plan）描述了测试活动的范围、方法、资源以及进度等，测试计划还要确定测试项，测试特征（Features），执行的测试任务，每一个测试任务的负责人以及与计划相关的风险等。

（2）测试设计

测试设计包含 3 种类型的文档。

1）测试设计说明（Test Design Specification）：细化了测试方法以及确认了设计覆盖的特征以及相关的测试，也确认了测试案例和测试过程，完成测试必须的工作以及制定测试通过和失败的准则等。

2）测试案例说明（Test Case Specification）：文档化了案例的输入以及预期输出结果，实际输出值等。测试案例也包含特定测试案例测试过程中的限制。测试案例与测试设计分离是考虑到可以使用多个测试设计以及在不同情况下重用测试设计。

3）测试过程说明（Test Procedure Specification）：确定了为实现相关测试设计的操作以及执行指定案例所需要的所有步骤。测试过程与测试设计分离是因为它们是分步骤地，并且在设计中不包含外部细节。

（3）测试报告

测试报告包含4种类型的文档。

1）测试项传送报告（Test Item Transmittal Report）：在分离了相关开发组和测试组并想要正式开始测试的情况下，确定了要传送给测试的测试项。

2）测试日志（Test Log）：用于测试小组记录在测试执行过程中发生的相关事情。

3）测试事故报告（Test Incident Report）：描述了在测试过程中发生的任何需要在将来进一步调查的事件。

4）测试总结报告（Test Summary Report）：总结了与一个或多个测试设计指南相关的测试活动。

13.6 测试人员的培训

只有具有一定测试知识的人员才能够执行系统地、全面地软件测试工作，并得到良好的测试结果，保证软件产品的质量。因此，高素质的测试人才是测试工作中重要的一环，而对测试人员的培训是构建高素质测试员队伍的基础。

13.6.1 测试员能力的评估

测试技能有很多，但测试人员不一定能够全部掌握住这些测试技能，按照测试人员对测试技能的掌握程度，William. E. Perry在他的著作《软件测试有效方法》中将测试人员对于每种测试知识的掌握程度分为3级。

1. 无能力

不具有该技能或不相信自己可以将该技术用于进行软件测试。比如，不知道什么是因果图测试或用例测试技术，因此完全无法将该项技术用于到软件测试中。

2. 有能力

已经学习了测试技能，但没有充分的实践这种测试技能，从而不能认为自己已经完全掌握了这种技能。比如，测试员知道WinRunner测试工具可用于自动化的功能测试，而LoadRunner测试工具可以用于软件的负载测试，但是测试员从来没有使用过这种测试工具。

3. 完全有能力

不仅理解测试技能，还知道如何使用这项技能，对于有效执行技能非常有信心。比如，测试员不仅了解基本路径分析法，而且已经使用过该方法测试过很多程序，发现过很多问题，理解了这种测试技术的使用技巧。

通常而言，为了有效地测试，需要测试组中至少有一名成员能够完全有能力掌握测试中需要使用到的测试技术。

13.6.2 CSTE CBOK 公共知识体系

CSTE（Certified Software Tester）是指软件测试工程师认证。

CBOK（Common Body of Knowledge）是指软件测试员培训的公共知识体系。

CBOK 将作为培训软件测试工程师的系统的、完善的知识体系。

2006 软件测试员公共知识体系（Common Body of Knowledge for Software Testers）包含了软件测试所需的 10 个知识类别。

1. 软件测试原则和概念

这部分内容是软件测试的基础知识，由测试词汇表、测试途径、方法、步骤和技术以及测试人员在执行测试活动时所使用的材料表示。

2. 创建测试环境

测试环境包括围绕和影响软件测试的所有条件、环境和影响因素，即测试政策、测试过程、测试工具，管理人员对软件测试的支持以及为测试软件和多操作系统环境而开发的软件测试实验室。

3. 管理测试项目

这部分内容包括软件测试涉及的项目计划、人员配备、时间调度和制定预算、通信、指派和监控工作等。

4. 软件测试计划

测试计划说明测试的目的、策略、资源、进度以及评估软件应用程序的业务风险和技术风险。测试计划人员必须理解开发方法和环境才能有效地计划测试。

5. 执行测试计划

这部分说明执行测试、设计测试用例以及监控测试所需要的技能，包括设计测试和准备测试数据、脚本，运行测试，缺陷跟踪等。

6. 测试状态、分析和报告

这部分内容包括根据测试计划显示的测试状态，报告应该记录已经执行的测试以及这些测试的状态。测试人员应该评审和指导对测试结果和已发现缺陷的统计分析并通过测试工作获得的经验用于改进测试过程。

7. 用户验收测试

软件开发的根本目的是满足用户的实际需求，测试人员应该在项目的前期与用户协同工作，从而清晰地定义软件可满足用户需求的标准。这部分内容包括验收测试的概念、验收测试计划过程以及验收测试执行。

8. 测试由外部公司开发的软件

这部分讲解如何测试通过购买的现有商业软件（COTS）或签约由外部公司完成所有或部分开发软件的测试。包括理解内部开发和外部开发软件测试之间的差别，理解选择 COTS 软件的过程，执行外部软件测试的要求和方法。

9. 测试软件控制和安全规程的充分性

这部分内容包括内部控制和安全的软件系统原则和概念，测试内部控制的系统，测试软件系统安全的充分性等内容。

10. 测试新技术

这部分讲解测试人员需要获取的当前测试技能以及可能获取的新技术，包括理解新技术的挑战，评价新技术是否适合公司的政策和规程等。

以上 10 部分软件测试知识构成了软件测试人员系统掌握的完整测试知识体系，软件测试公司可以根据自己的需要对测试人员进行相应的培训。关于这部分的更详细的知识可以参考 William. E. Perry 所著《软件测试的有效方法》一书中的相关内容。

13.7 测试工具

工具的使用可以帮助人们提高劳动效率，使人具有更多思考问题的时间。同样的，测试工具的使用帮助测试人员提高测试的效率，减轻测试人员的劳动，因此需要构建相应的测试工具集。

有各种各样的软件分析工具以及各种软件工具的分类，如手工测试工具、自动化测试工具、黑盒测试工具、白盒测试工具、静态分析工具、动态分析工具、负荷测试工具等。表 13-1 是根据 William. E. Perry 所著《软件测试的有效方法》中的描述所列举的常见测试工具集。

表 13-1 常见测试工具集

序号	工具	描述
1	边界值分析	将系统划分为多个段，在这些段的边界进行测试
2	捕获/重放	允许捕获数据及测试结果，然后在将来的测试中重放捕获的内容
3	检查表	用于评审预先确定的区域或功能的一系列探查问题
4	代码比较	标识相同程序的两个版本之间的区别
5	基于编译器的分析	利用编译器或添加到编译器的诊断程序标识编译时的程序缺陷
6	控制流分析	需要开发程序的图形表示来分析程序中的分支逻辑
7	数据流分析	确保已经适当定义程序使用的数据并且适当使用这些已定义数据的方法
8	数据库	收集用于测试或关于测试的数据的库
9	灾难测试	预先确定灾难的规程，将其作为测试恢复过程的基础。然后引发和模拟这种灾难，将其作为测试规程及恢复的基础
10	探测	使用监视器和计数器来确定预测事件的发生频率
11	映射	分析在测试期间执行计算机程序的各部分以及程序中每条语句或例程执行的频繁程度，该过程用于探测系统缺陷
12	并行模拟	开发计算机系统中某一段的较为不精确的版本，从而确定测试产生的结果是否合理
13	快照	输出处理期间预先确定内存位置的状态。当执行特定的指令或处理具有特定属性的数据时，就可以输出计算机内存的状态快照
14	符号执行	允许在没有测试数据的情况下测试程序。程序的符号执行可产生一个表达式，使用该表达式评价编程逻辑的完整性
15	测试数据生成器	可用于针对测试目的而自动生成测试数据的软件系统
16	测试脚本	表示一系列连续的操作，自动化系统的用户可输入这些操作以确认软件处理的正确性
17	跟踪	一种路径表示。计算机程序在处理数据时遵循该路径，或者在数据库中遵循该路径以定位一块或多块数据，这些数据用于产生处理的逻辑记录的
18	实用程序	可用于测试应用系统的通用软件程序包。最有价值的实用程序是分析或列出数据文件的实用程序

13.8 测试的其他管理

除了上述的软件测试过程管理之外，软件测试还包括很多其他方面的管理，包括软件的配置管理，为了更好地进行测试，需要对被测试软件的配置进行管理；软件测试的风险管理，即在测试过程中发生突发事件后的处理方法；软件测试的成本管理，即如何控制软件测试的成本等。

13.8.1 配置管理

配置管理的目的是在项目和产品的生命周期内建立和维护软件或系统产品（组件、数据和文档）的完整性。

对测试而言，采用配置管理需要保证以下两个方面。

1）识别出所有测试件（Testware）控制其版本，跟踪相互之间有关联以及和测试项之间有关联的变更，从而在测试过程中可以维持测试的可追溯性。

2）在测试文档中，可以明确所有待测的文档和测试项。

对于测试员来说，配置管理可以帮助他们唯一地确定测试项、测试文档、测试用例和测试用具（Test Harness）。

在测试设计阶段，应该制定配置管理的规程和工具等基础设施，并将其文档化。

13.8.2 风险管理

风险（Risk）是指发生事件、危险、威胁以及由此产生不可预测后果的可能性，即潜在的问题。风险级别由风险发生的可能性（Likelihood）和发生后产生的影响两个方面来决定。

1. 项目风险

项目风险（Project Risk）是指项目是否能够按要求交付软件产品的风险。

1）供应商的问题：第三方存在的问题，合同方面的问题。

2）公司组织因素：技能和人才的储备，个人和培训问题。政策因素，比如与测试员进行需求和测试结果沟通方面存在问题；测试和评审中的经验信息不能得到进一步应用。对测试或测试的预期评估不合理，比如认为在测试中发现问题是没有价值的。

3）技术方面的问题：不能定义正确的需求，需求的扩展和原来设定的限制冲突；分析、设计、编码和测试质量问题。

在分析、管理和如何降低这些风险的时候，测试经理需要遵循已经建立的有效项目管理原则。软件测试文档标准 IEEE Std 829—1998 中的测试计划概要对风险和一些偶然因素进行陈述。

2. 产品风险

产品风险（Product Risk）是在软件或系统中潜在失效的区域（即将来可能发生不利的事件或危险）。产品风险对产品质量而言是一个风险，包括：

1）易错（Error-Prone）的软件交付使用。

2）软件或硬件可能会对个人或公司造成伤害的可能性。

3）劣质的软件特征，比如功能性、安全性、可靠性、可用性和性能等。

4）软件没有实现既定的功能等。

风险通常可以用来决定从什么地方开始测试，什么地方需要更多的测试。测试可以减少风险发生的概率，或可以减少风险的影响。

基于风险的测试方法在项目的初期阶段就可以开始。它对产品风险的识别以及在测试计划、规格说明、测试准备和执行方面具有指导作用，在基于风险的测试方法中，识别出的风险可用于以下方面。

1）决定采用何种测试技术。

2）决定测试的范围。

3）区分测试的优先级，从而尽早地发现严重的缺陷。

4）决定是否可以通过一些非测试的活动来减少风险，比如对缺乏经验的设计者进行相应的培训等。

基于风险的测试依赖于集体的智慧或对业务的理解，从而决定风险和需求采用的测试级别。

为了使产品失效机会最小化，风险管理活动采取了一些有效的方法。

1）评估及定期进行的重新评估工作产品可能存在的风险。

2）对哪些风险进行处理。

3）处理这些风险采取的行动。

另外，测试可以识别新的风险，有助于对风险的跟踪，以及降低风险的不确定性等。

13.9　小结

正规的测试管理包括测试计划、测试设计、测试执行和测试总结，但在开始测试管理之前，先要构建测试环境，测试环境是完成正规测试的前提条件和保证。

通常而言，测试环境由测试的组织结构、测试的标准流程、测试的标准文档、测试人员的培训及测试的工具等组成。测试组织结构是测试活动顺利进行的基础，强调测试中人的因素；测试的标准流程是指导测试工作顺利完成的指导方针，好的测试流程可以保证得到好的测试结果；测试文档则是测试标准流程正确运行的保证，测试文档涵盖了测试流程中的各个阶段；测试人员的培训保证测试工作中得到合适的高素质测试人才，他们是所有测试工作得以完成的根本保障；测试工具则用于帮助提高测试效率。

习题 13

1. 简述测试环境要素。

2. 为什么要保证测试组织的独立性？

3. 以图示的形式表达软件测试的标准流程。

4. 用图示方法表示 IEEE Std 829—1998 规定的测试工作中所需要的各种标准文档及其关系。

第 14 章 测 试 计 划

14.1 测试计划概述

14.1.1 为什么要引入测试计划

为什么要制订测试计划？首先，计划是工作或行动前预先拟定的具体内容和步骤，在实际生活中进行的各种活动都可以制订计划，比如我们去旅游，可以制订一个旅游计划；人们去学习，需要制订一个学习计划；人们去工作，需要制订一个工作计划。预先拟订的计划是完成相应任务的总体指导方针、原则和步骤，促使有条不紊地完成一件工作，使工作变得可以预期、可以控制。计划的根本目的是把工作做好，这就是所谓“三思而后行”。

软件测试工作对于软件项目而言是一件重要的、复杂的、正规的工作，更需要有测试计划作为工作总的指导原则，如果没有测试计划，测试工作就像一盘散沙。制订测试计划至少有如下好处。

1）测试计划是项目管理人员、测试人员以及设计人员之间共同交流和参与的结果，测试计划使项目的各个成员充分沟通，以达到有效测试的目的。

2）测试计划预先规定了测试的目的、方法、步骤、进度、风险等内容，按照计划进行测试可以使测试工作进行得更加顺利。

3）测试计划对测试工作进行了分解，便于明确测试人员的工作责任和内容。测试计划又可以在测试过程中起到监督和控制的作用。

4）测试计划是测试工作的起点，只有在制定了完善的测试计划之后，才可以开始测试工作。

14.1.2 测试计划的目的

测试计划用于描述测试活动的范围、方法、资源以及进度。确定被测试项、被测试特征、执行的测试任务、每个测试任务的执行人以及与这个计划相关联的风险等。

14.2 测试计划的相关术语

表 14-1 所列为与软件测试计划相关的术语。

表 14-1 与测试计划相关的术语

序 号	术 语	说 明
1	测试计划（Test Plan）	描述了测试活动的范围、方法、资源以及进度等，测试计划还要确定测试项、测试特征（Features）、执行的测试任务、每一个测试任务的负责人以及与计划相关的风险

（续）

序　号	术　语	说　明
2	软件项（Software Item）	源代码、目标代码、作业控制代码、控制数据或这些项的集合
3	测试项（Test Item）	用于测试的软件项
4	设计级别（Design Level）	软件项的设计分解（比如系统、子系统、程序或模块）
5	软件特征（Software Feature）	软件项的可分辨特性（比如性能、可携带性或功能性）
6	通过/失败准则（Pass/fail Criteria）	用于确定软件项或软件特征通过或失败于一个测试的判定规则

14.3　测试计划的多样性

在软件的开发过程中，测试计划并非只有一个，在软件开发的不同阶段会制订不同的测试计划，比如，在项目的需求分析之后，可以制订系统测试计划；在进行了概要设计之后则制订集成测试计划；在详细设计之后则制订单元测试计划。

测试计划是持续的活动，需要在整个测试生命周期中进行调整。从测试中得到的反馈信息可以识别可变风险（Changing Risks），从而对计划作相应的修改。随着项目的测试计划不断推进，将有更多的信息和具体细节包含在计划中。

14.4　测试计划的注意事项

1. 测试计划的文档化

测试计划需要文档化。测试是一项正规的工作，因此具有严格的要求。对于测试的要求需要通过文档化来界定、讨论并加以明确，否则不能保证测试的计划性。

2. 测试计划的重点在于计划过程

尽管测试计划的文档化是重要的，但是如果把制订的计划文档束之高阁，或者没有人能够理解这个测试计划，那么测试计划文档将变得没有意义。

测试计划是产品计划的一部分，重点在于计划过程。测试计划过程的最终目标是软件测试小组的意图、期望的交流以及对执行任务的理解和有效地执行测试等。

测试小组的负责人不仅要完成测试计划，更重要的是让项目负责人、开发人员、测试人员能够理解测试的过程，即测试的执行过程。

3. 影响测试计划的因素

测试计划受到很多因素的影响，包括组织内的测试策略、测试的范围、测试目标、风险、约束（Constraints）、临界状态（Criticality）、可测试性和资源的可用性（Availability）等。

14.5　测试计划的内容

按照 IEEE Std 829—1998 的描述，测试计划包含以下内容：

1）测试计划标识符。

2）简介。

3）测试项。

4）被测试特征。

5）不被测试的特征。

6）测试方法。

7）测试项的通过和失败准则。

8）暂停准则和重启需求。

9）测试发布物。

10）测试任务。

11）环境需求。

12）责任。

13）工作人员及培训需求。

14）进度。

15）风险及应变计划。

16）批准。

以下关于测试计划内容的描述均以 IEEE Std 829—1998 为蓝本进行描述。

14.5.1 测试计划标识符

指定分配给某个测试计划的唯一标识符，这可以作为项目配置管理的输入，比如 AP05-0103 等。

14.5.2 简介

概述测试的目的、背景、范围以及参考文档，概括被测试的软件项及软件特征。

比如 BL-420 生物信号采集与处理系统是用于医学研究中采集生物生理信号的系统，该系统软件 2.0 版本是在 1.0 版本基础上改进而来，主要引入了新的数据存储格式以及更多地分析功能，经过一年的设计、编码，目前已经完成编码、单元测试、集成测试工作，开始进入到系统测试阶段。本测试计划针对该系统的 2.0 版本，包括测试其全部的功能和性能，重点测试 2.0 版本新引入的功能部分。

尽量提供以下在最高级别测试计划中需要的参考文档。

1）项目授权。

2）项目计划。

3）质量确认计划。

4）配置管理计划。

5）相关策略。

6）相关标准。

14.5.3 测试项

识别包含版本及修订版本信息的测试项，测试项列举如下。

1. 程序模块

被测试的程序模块将按照表 14－2 中的方式进行标识。

表 14-2　被测试模块

序　号	类　型	库	成员名字
1	源代码	SOURLIB1	AP0302　AP0305
2	可执行代码	MACLIB1	AP0301　AP0302　AP0305

2. 工作控制过程

应用程序、分类及公用程序的控制过程将按照表 14-3 中的方式进行标识。

表 14-3　被测试项目标识

序　号	类　型	库	成员名字
1	应用程序	PROCLIB1	AP0401
2	分类	PROCLIB1	AP0402
3	共用程序	PROCLIB1	AP0403

3. 用户操作步骤

用户参考步骤可以引用其他资料来描述，比如，在《信号采集与处理系统用户参考手册》（AP02-04）中描述的在线操作步骤将被测试。

4. 操作员操作过程

操作员操作过程可以引用其他资料来描述，比如，系统测试包括在《信号采集与处理系统操作参考手册》（AP02-02）中描述的操作过程。

14.5.4　被测试的特征

识别所有被测试的软件特征以及他们的组合。识别与测试特征及它们的组合相关联的设计指南。这里描述的测试特征通常是在较高层次中的描述，其细节在后续的测试设计中再展开。

例如对于信号采集与处理系统而言，下面列表描述被测试的特征。

在表 14-4 中，测试设计说明标识符是指为完成该测试特征对应的测试设计说明文档的唯一标识符，通过该标识符可以找到相应的对该测试项进行测试的详细测试设计文档，测试设计说明在下一章中讲解。

表 14-4　信号采集与处理系统被测试特征描述

序　号	测试设计说明标识符	被测试特征描述
1	AP06-01	数据存储格式
2	AP06-02	数字滤波功能
3	AP06-03	积分功能
4	AP06-04	数据导出功能
5	AP06-05	数据列表功能
6	AP06-06	数据报告功能
7	AP06-07	安全性
8	AP06-08	可恢复性
9	AP06-09	性能

14.5.5 不被测试的特征

识别所有不被测试的特征及特征的有意义的组合并说明原因。

对于 BL-420 信号采集与处理系统 2.0 版本而言，由于其已经删除了数据同步显示功能，因此不再对原需要规规说明书上的该项功能进行测试。

14.5.6 测试策略（方法）

测试策略是描述测试的总体方法，为每一个主要的特征组或特征组合指定测试方法保证这些特征组被充分地测试，指出用于测试指定特征组的主要活动，技术以及工具。

在测试计划中，需要详细地描述测试方法，以识别主要的测试任务以及估算每个测试的时间。指出有意义的测试限制，比如，可用的测试项、可用的测试资源以及测试期限等。

（1）测试方法分类

测试方法可以按照以下描述分类。

1）预防性方法，测试用例的设计越早越好。

2）被动性方法，在软件或系统设计出来后设计测试用例。

（2）典型测试方法

典型的测试方法还包括：

1）分析的方法，比如基于风险的测试，直接作用在最大风险的领域。

2）基于模型的方法，比如利用失效率（Failure Rate）的统计信息或使用方法的统计信息来进行随机测试（Stochastic Testing）。

3）系统的（Methodical）方法，比如基于失效的（包括错误推测（Error Guessing）和故障攻击（Fault-attacks））方法，基于检查表（Check-list）的方法，基于质量特征（Quality Characteristic）的方法。

4）基于与过程或标准一致方法，比如在工业化标准中规定的或其他敏捷的方法。

5）动态和启发式的方法，比如被动而非提前计划的探索性测试，因而其执行和评估是同时进行的。

6）非回归（Regression-averse）方法，比如重用已经存在的测试材料，广泛的功能回归测试的自动化，测试套件标准化等。

通常而言，测试策略并非只使用一种测试方法，而是使用多种测试方法的组合。比如基于风险的动态测试方法，边界值分析与因果图分析相结合等。

14.5.7 测试出口准则

测试出口准则（Exit Criteria）的目的是定义什么时候可以停止测试，比如某个测试级别的结束，或者测试达到了规定的目标（98%的测试案例通过）。

出口准则的主要内容包括完整性测量，代码、功能或风险的覆盖率。

14.5.8 挂起准则以及重启要求

挂起（Suspension）准则是指用于暂停所有或部分与测试计划相关联测试项的测试活动的准则。

重启要求则是指测试挂起后要重新开始测试必须重复的测试活动。

例如信号采集与处理系统在测试过程中发现严重缺陷，出现记录的文档无法打开，这将造成该系统的主要功能不能实现，因此需要挂起测试，直到解决该问题为止。在解决已发现的严重问题后可以重新开始测试。

14.5.9 测试交付文档

测试工作需要交付以下文档。

1）测试计划。

2）测试设计说明。

3）测试用例说明。

4）测试过程说明。

5）测试项传输报告。

6）测试日志。

7）测试事故报告。

8）测试总结报告。

9）测试输入和输出数据被认为是可交付物。测试交付物还可能包括开发的测试工具（比如模块测试中的驱动器和测试桩等）。

14.5.10 测试任务

识别准备测试和执行测试必需的一组任务。测试计划中的任务通常是较高层的任务，在测试设计中还可以细化这些任务。表14-5列举了信号采集与处理系统的测试任务。

表14-5 BL-420信号采集与处理系统的测试任务列表

序号	任务	前导任务	特殊技术	责任人	工时/月	完成期限
1	准备测试计划	完成系统设计描述	—	测试管理员，资深测试分析员	1	2011-7-1
2	准备测试设计说明	任务1	关于信号采集系统的知识	资深测试分析员	1	2011-8-1
3	准备测试案例说明	任务2	—	测试分析员	2	2011-10-1
4	准备过程说明	任务3	—	测试分析员	0.5	2011-10-15
5	构建测试数据	任务4	—	测试分析员	0.5	2011-11-1

14.5.11 测试团队的责任

明确测试团队的分工和责任对于测试工作的顺利开展起到保障作用。如果责任不明，容易造成相互推诿责任的情况，造成测试工作难于进行。

测试团队中可能包括开发人员、测试人员、操作人员、用户代表、技术支持人员、管理人员以及质量支持成员等。表14-6明确了测试团队中各种角色的责任，该表来自于Ron. Patton的《软件测试》一书。

表 14-6　软件开发团队的责任

序号	任　　务	项目管理	开发小组	测试小组	技术作者	市场	产品支持
1	编写产品可视表述	—				√	
2	建立产品部件清单	√					
3	建立项目小组的联系	√					
4	产品设计/功能划分	√					
5	项目进度制定	√					
6	制定/修改产品说明书	√					
7	审查产品需求说明书	—	—	—	—	—	—
8	内部产品体系化	—	√				
9	设计和开发产品		√				
10	测试计划			√			
11	审查测试计划	—	—	√	—	—	—
12	单元测试		√				
13	通用测试			√			
14	建立配置清单		—	√		—	—
15	配置测试			√			
16	定义性能指标	√		—			
17	执行指标测试			√			
18	内容测试（文档测试）			—	√		
19	外部代码小组测试		√	—			
20	自动化/维护构造过程		√				
21	软件构造/复制			√			
22	软件质量评判					√	
23	建立 Beta 清单					√	
24	管理 Beta 程序	—		—			—
25	审查打印材料	—	—	—	√	—	—
26	定义演示版	—				√	
27	制作演示版	—				√	
28	测试演示版			√			
29	软件会议	√	—	—		—	—

注：1. 表中行表示测试相关的任务，列表示测试团队中的相关角色。

2. √表示该角色负主要责任，－表示该角色负相关责任，空格表示对此项任务不负责任。

14.5.12　环境需求

描述测试工作需要的测试环境特性。测试环境包括硬件环境和软件环境。硬件环境包括计算机及其与测试软件相关的其他硬件系统，比如通讯硬件；而软件环境包括操作系统、测试软件依赖的其他平台以及测试工具等。

除了指出与测试直接相关的软硬件环境之外，还需要指出测试所需要的资源以及不能为测试组提供的所有需要的资源等。这些资源包括以下 5 个方面。

1）人员：人数，经验和专长，人员是全职、兼职还是学生。

2）场地：测试场地在什么地方，有多大等。

3）设备：计算机、测试硬件、测试工具等。

4）外包公司：是否需要外包公司，怎么选择，费用如何。

5）其他资源：培训资料，联系方式等。

测试工作依赖于测试环境，如果不在测试计划中指出测试环境以及测试所需要的资源，测试执行过程中就会遇到困难，而临时性的解决方案往往对测试工作造成障碍。

14.5.13 进度

在测试计划中的一项很重要的工作就是测试进度的制定，测试进度保证测试工作的时间是可以预见的。

测试进度是与测试里程碑相关的，比如完成全部功能测试的时间。测试进度定义这些测试里程碑并估计完成每个测试任务所需要的时间，为每一个测试任务和测试里程碑制定进度表。为每一个测试资源（包括设备、工具和人员）指出使用周期等，参见表 14-5。

作为测试计划的一部分，完成测试进度安排可以为产品小组和项目管理员提供信息，以便更好地安排整个项目的进度，并帮助项目负责人做出一些决定，如由于进度原因取消一些功能，将其推迟到下一个版本中等。

14.5.14 风险和应变计划

指出测试计划中的高风险假设，为每一个风险制定应变计划（测试项的延迟交付可能需要增加加班安排来满足发布日期）。

即使对于小型项目，也需要在开发计划中指出项目潜在问题和风险，比如测试人员不足、测试人员缺乏经验、测试工具缺乏、软件说明书不全等，这样在遇到这些情况时可以按照预先制定的应变计划来处理。

14.5.15 批准

指出批准该计划的所有人员的名字和头衔，预留签字和日期的空间。

14.6 小结

管理工作最基本的流程就是计划、执行、监督、改进。测试工作的开始就是制订测试计划，测试计划可以保证项目管理人员、测试人员以及设计人员之间共同交流，以达到有效测试的目的；测试计划对测试工作进行了分解，便于明确测试人员的工作责任和内容；测试计划又可以在测试过程中起到监督和控制的作用。

测试计划内容众多，包括测试活动的范围、测试方法、资源、进度、测试项、测试特征（Features）、不被测试的特征、测试的通过和失败准则、测试暂停和重启需求、执行的测试任务、每一个测试任务的负责人以及与计划相关的风险及应变计划等。

习题 14

1. 名词解释
- 测试计划（Test Plan）
- 软件项（Software Item）
- 测试项（Test Item）
- 软件特征（Software Feature）
- 通过/失败准则（Pass/fail Criteria）

2. 阐述软件测试计划的注意事项。

3. 软件测试计划包括哪些内容？

第15章　测试设计

15.1　测试设计概述

测试计划为测试工作的开展确立了目标、方向、策略以及进度、风险控制等事项，但是测试计划还不足以细致到直接指导测试执行的程度，在测试计划和测试执行之间还存在着一个中间环节，即测试设计。对于测试设计而言，最重要的是测试案例设计，测试执行是由测试案例驱动的。

对于测试计划而言，重点在于强调计划的过程，即要让测试相关人员理解测试计划；而对于测试设计而言，强调的是测试执行的细节，因此需要详细设计，特别重视测试设计文档的编写。

测试管理工作与软件开发一样，都有自己的严格流程。图15-1对软件开发和软件测试进行了类比。

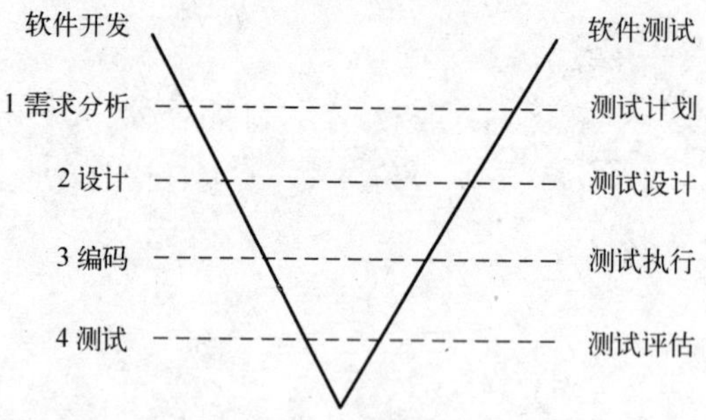

图15-1　软件开发与软件测试过程的类比

实际上，软件开发和软件测试之间并非存在如图15-1所示的一一对应关系，软件测试仅仅是软件开发过程中的一个步骤，采样这种对比的方法，是因为相对于软件测试管理而言，软件开发的过程更加深入人心，更加易于理解，因此在两者之间进行类比，目的在于方便理解软件测试管理的过程。

测试计划相当于软件开发的需求分析，是从总体上、宏观上来确定要完成的测试工作；而测试设计与软件设计相似，是细化测试方法、设计测试案例以及说明测试案例的执行过程，是实现测试的详细步骤；而测试执行相当于根据详细设计进行编码，而测试评估与项目开发中的测试相似，对软件测试的结果以及项目的整体状况给出客观的评价。

15.2　测试设计与测试计划之间的关系

测试设计与测试计划在时间和内容上是紧密相关的。通常而言，在测试计划之后紧接着开始测试设计。测试设计是对测试计划方法和内容的进一步细化，是对同一个测试过程和内容详略不同的设计层次。测试设计的目的在于使测试执行顺利进行。

按照 IEEE Std 829—1998 的描述，测试设计包含 3 部分内容：测试设计说明、测试案例说明、测试过程说明。测试设计 3 部分内容与测试计划之间的关系参见图 15-2。

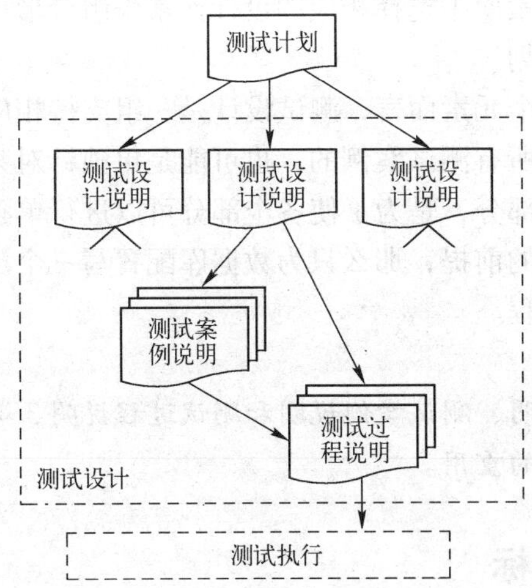

图 15-2　测试计划到测试执行之间的测试设计（来源于 IEEE Std 829—1998）

通常而言，一个测试计划对应于一个测试设计，而测试设计则是若干类文档的一组组合。每一个测试设计包含若干测试设计说明，每个测试设计说明又由很多测试案例说明构成，而测试设计说明和测试案例说明又直接使用测试过程说明，它们之间的关系参见图 15-3。

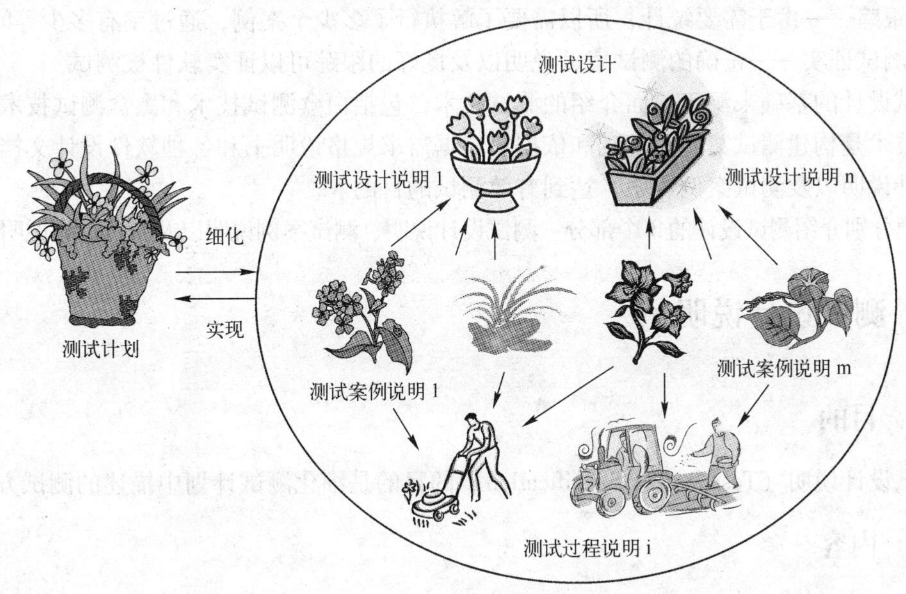

图 15-3　测试设计与测试计划的关系（细化的关系）

图 15-3 形象地说明了测试计划与测试设计以及测试设计内部各组成部分之间的关系。

测试计划和测试设计之间是双向相关的。首先有了测试计划，然后根据测试计划进行测试设计，这个过程称为测试计划的细化。这个过程包括构建多个测试设计说明，对于每个测试说明又构建多个测试案例，然后把测试案例执行或测试环境配置的公共步骤抽取出来形成测试过程说明，这是先有测试计划再有测试设计的元素。另一种情况是，前期已经设计了很多测试设计的元素，而再制订新的测试计划时，为了完成新测试计划对应的测试设计工作，仅仅是从已有的测试设计元素库中选择相应的设计元素来组合形成新的测试设计，这是先有测试设计元素，再有测试计划。

对于测试设计内部的3个元素而言，测试设计是一组支持相应测试目的的测试案例的集合，而测试过程可能是针对所有测试案例的，也可能是单独针对某些或某个测试案例的。之所以要把测试设计分成3个部分，是为了使各个部分可以进行单独的排列组合，比如，数据库配置过程是所有测试案例的前提，那么只为数据库配置写一个测试过程说明，而没有必要在每个案例中都添加这个过程。

提示：

测试设计由测试设计说明、测试案例说明和测试过程说明3部分构成，之所以这样构建测试设计，是为了测试文档的重用。

15.3 测试设计的目标

测试设计要达到以下4个目标。

1）组织性——正确的测试设计会组织好案例，以便全体测试员和其他项目小组成员有效地审查和使用。

2）重复性——测试案例说明保证可以重复使用测试案例。

3）跟踪——由于需要统计，所以需要了解执行了多少个案例，通过率有多少等问题。

4）测试证实——正确的测试案例说明以及良好的跟踪可以证实软件被测试。

测试设计的基础来源于前面介绍的测试技术，包括白盒测试技术和黑盒测试技术等，这些测试技术是构建测试案例的基础和依据。根据需求规格说明书和各种软件设计文档来构建测试设计说明以及测试案例说明，达到有效测试的目的。

下面分别介绍测试设计的3个部分：测试设计说明、测试案例说明以及测试过程说明。

15.4 测试设计说明

15.4.1 目的

测试设计说明（Test Design Specification）的目的是细化测试计划中描述的测试方法。

15.4.2 内容

测试设计说明包含以下内容。

1. 测试设计说明标识符

指定分配给这个测试设计说明的唯一标识符。该标识符可以用于在其他文档中引用定位。

2. 被测试特征（功能特征）

识别测试项并且描述其特征及组合是测试设计说明的目标。

3. 测试方法细化

细化测试计划中描述的方法。包括应用的特定测试技术，比如应用比较器程序或可视化的检查列表。

描述任何分析的结果为测试案例选择提供依据，例如指出允许容错决定的条件（比如区分有效输入和无效输入的条件）。

总结任何测试案例的通用属性，这可能包含输入限制，对于一组相关测试案例的任何输入都必须是真的，比如任何共享的环境需求、任何共享的特殊过程需求、任何共享案例的依赖。

4. 测试案例标识

列举每一个与这个测试设计相关的测试案例标识符以及简短的描述。特殊的测试案例可能会在多个测试设计说明中被识别。列举与这个测试设计说明相关的每一个测试过程的标识符与简短的描述。

表 15-1 是对表 14-4 测试计划中描述的一个测试特征的测试方法细化。在测试计划中并没有说明如何测试积分功能，只是提到要测试这个特征，在测试设计中，把测试积分功能对应于 5 个测试案例，说明了测试这个功能的细节。表 15-1 中所列举的测试案例和测试过程标识就是我们后面进行测试执行的依据。

表 15-1　测试设计说明细化测试计划中的测试方法

测试设计标识符	测试计划中测试特征描述	细化的测试方法		测试案例标识符	测试过程标识符
AP06-03	积分功能	案例 1	通常积分测试	CS1056	TP-15
		案例 2	正数积分测试	CS1057	TP-15
		案例 3	负数积分测试	CS1058	TP-15
		案例 4	绝对值积分	CS1059	TP-15
		案例 5	回零积分	CS1060	TP-15
		⋮			

5. 特征通过/失败准则

描述用于确定特征及其组合的测试通过或失败的准则。

15.5　测试案例说明

前面讲了很多测试技术，包括黑盒测试、白盒测试、边界值分析、因果图、路径覆盖等，这些依赖于软件需求规格说明书或者设计文件及源代码的测试技术用于在这里生成实际的测试用例。

15.5.1　目的

测试案例说明（Test Case Specification）的目的是定义测试设计说明中识别的测试案例，参见表 15-1。

在测试设计中仅仅指出了需要的测试用例，还没有测试用例的详细描述，还无法利用这些测试用例进行测试。而在测试案例说明中，就是要详细地定义这些测试案例，包括它们的标识符、输入及预期输出等。

15.5.2 内容

测试案例说明包含以下几部分内容。

1. 测试案例标识符

测试案例标识符用于描述分配给这个测试案例的唯一标识符，便于在其他文档中引用。

2. 测试项

测试项用于识别和简单描述应用到这个测试案例中的测试项及其特征。

对于每一个测试项，考虑提供如下的测试项参考文档。需求规格说明书、设计说明书、用户指南、操作手册和安装指南。

3. 输入说明

输入说明指出执行每一个测试案例需要的输入。有些输入可能是值，而另一些输入可能是具有名字的常量表或者事务文件。如有必要，指出所有输入之间的关系。

4. 预期输出说明

预期输出说明指出测试项预期的输出和特征。为每一个预期的输出和特征提供准确的值。

5. 环境需求

（1）硬件说明

硬件说明指出执行这些测试案例所需要的硬件特性及配置。

（2）软件说明

软件说明指出执行这些测试案例所需要的系统和应用软件。这些软件可能是操作系统、编译器、模拟器以及测试工具。

（3）其他

“其他”指出执行这些测试案例所需要的其他需求，比如独特的设备或特殊的训练人员等。

6. 特殊的过程需求

描述执行这些测试案例过程中的任何特殊限制。这些限制可能需要特殊的安装，操作员干预，输出确定的过程等。

7. 中间案例依赖

列举出那些先于这个测试案例执行的所有测试案例的标识符，总结这些依赖的性质。

测试案例可以简单描述，也可以详细描述，这要根据测试需要而定。原则上对测试案例的描述越详细越便于测试案例的执行，而且详细的测试案例由于条件清晰便于问题的追溯，并且可以保证测试案例具有较好的重复性。但是由于测试案例众多，如果不使用计算机数据库管理，将很难管理详细的测试案例。

表 15-2 是对表 15-1 中引用的测试案例的细化，这是一个简单的测试案例表，只表达了测试案例中应该表达的主要内容，但仍然是有效的测试案例表。

表 15-2　一张简单的测试案例表

测试案例标识符	测试案例说明	输入	预期结果	测试过程标识符	实际结果	是否通过
CS1056	通常积分测试	32，-24，56，-23，77	118	TP-15		
CS1057	正数积分测试	32，-24，56，-23，77	165	TP-15		
CS1058	负数积分测试	32，-24，56，-23，77	-47	TP-15		
CS1059	绝对值积分	32，-24，56，-23，77	212	TP-15		
⋮						

表 15-3 列举了一个比较详细的测试案例表，其中包含了很多关于测试案例的详细信息。当然，根据需要测试案例设计人员还可以在测试案例表中增加其他信息。

表 15-3　一张较为详细的测试案例表

1. 测试软件基本信息			
软件名称	BL-420 信号采集与处理系统	软件版本	2.0
测试功能模块名	数据处理		
2. 测试环境描述			
硬件配置描述	CPU 为 Intel 2.0GHz，RAM 为 2GB	软件平台描述	Windows XP
相关应用软件描述	无		
3. 测试用例信息			
测试案例标识符	CS1058	用例设计人员	李薇茜
测试用例设计时间	2011-8-15	用例更新时间	2012-2-18
测试用例描述	测试数据处理功能中的绝对值积分，在计算积分时先对所有数据求绝对值然后再求积分		
依赖用例	无		
测试步骤	TP-15		
测试输入	32，-24，56，-23，77		
预期结果	212		
实际结果			
测试用例通过说明			

15.6　测试过程说明

15.6.1　目的

测试过程说明（Test Procedure Specification）——描述执行一组测试案例的执行步骤，更一般地，包括为了评估这组测试案例特征而分析软件项的步骤。

15.6.2　内容

测试过程说明包含以下几部分内容。

1. 测试过程说明标识符

分配给这个测试过程说明的唯一标识符，便于在其他参考文档，如测试案例说明中引用。

2. 目的

测试过程说明的目的是用于对一组测试案例的执行步骤进行统一描述，便于在测试案例中引用，帮助测试案例的执行。

3. 特殊需求

识别执行这个过程需要的任何特殊需求。这些可能包括前导过程，特殊的技能需求或者特殊的环境需求，比如测试飞行模拟器软件，需要具有飞行的技能，具有飞行模拟环境等。

4. 过程步骤

测试过程通常包括 10 个步骤。

1）日志（Log）：描述用于记录测试执行结果，观察到的事件以及其他与测试相关的事件的任何特殊的方法或格式。

2）准备（Set Up）：描述准备执行这个过程所需要的动作序列（Action Sequency）。

3）开始（Start）：描述开始执行过程的动作。

4）执行（Proceed）：描述执行这个过程中所需要的任何动作。

5）测量（Measure）：描述如何作测试测量（比如描述使用网络模拟器测量远程终端的响应时间）。

6）终止（Shut Down）：描述当非计划事件造成终止测试时所需要执行的动作。

7）重新开始（Restart）：识别任何程序上的重启点并且描述在每一个重启点重启过程所需要的步骤。

8）停止（Stop）：描述执行有序停止所需要的步骤。

9）恢复（Wrap up）：描述恢复环境所需要的动作。

10）意外（Contingencies）：描述处理可能发生在执行过程中的异常事件以及所需要的动作。

例如为了执行表 15-2 中测试案例 CS1058，我们调用了测试过程说明 TP-15，TP-15 的描述参见表 15-4。

表 15-4　测试案例 CS1058 对应的测试过程 TP-15 的描述

测试过程说明标识符	TP-15
测试过程目的描述	为了对信号采集与处理系统中的积分数据处理功能进行测试
特殊需求	无

测试过程步骤：

1）启动 Windows XP 软件。

2）启动信号采集与处理系统软件。

3）选择菜单命令“数据处理”→“积分”，弹出积分参数设置对话框。

4）在积分参数设置对话框中选择“绝对值积分”。

15.7　小结

测试计划还不足以细致到直接指导测试执行的程度，在测试计划和测试执行之间还存在着一个中间环节，这就是测试设计。

测试设计包含 3 个方面的内容：测试设计说明、测试案例说明、测试过程说明。测试设计说明是为了进行软件某一方面特征测试而设计的一组测试案例的集合；测试案例说明是所有测试案例的详细描述；而测试过程说明则描述某一个测试案例执行的详细过程。

通常而言，一个测试计划对应于一个测试设计，而测试设计则包含若干组测试设计说明，每个测试设计说明又引用一组相关的测试案例，这组测试案例共同支撑测试某一项软件特征；所有测试案例的详细描述构成测试案例库；每个测试案例可以引用不同的测试过程说明；所有的测试过程说明构成测试过程说明引用库。三者之间的关系参见图 15-4。

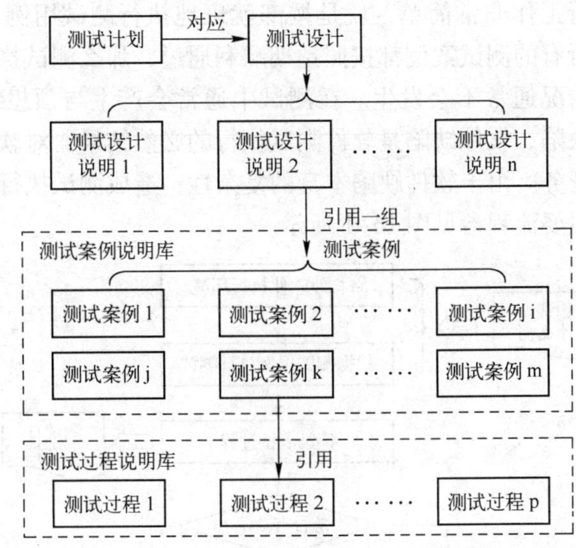

图 15-4　测试设计说明、测试案例说明与测试程序说明之间的关系

习题 15

1. 阐述测试设计要达到的目标。
2. 阐述测试设计说明、测试案例说明、测试过程说明三者之间的关系。
3. 阐述测试案例说明的内容。

第 16 章　测 试 执 行

16.1　测试执行概述

在完成了详细的测试设计之后，就可以开始真正的测试工作了，即测试执行。

表面看来测试执行工作非常简单，就是按部就班地执行测试用例，没有太多的技术含量，其实不然。如果所有的测试案例都按照预期顺利通过，那么测试执行确实非常简单，但是在实际测试中这种情况通常不会发生。在测试中通常会产生与预想结果不一致的测试结果，这就产生了软件缺陷，软件缺陷是软件测试执行的必然结果，对软件缺陷的管理便成了软件测试执行的重要任务。由于软件缺陷本身的复杂性，造成测试执行变得复杂。

动态测试执行的主要流程参见图 16-1 所示。

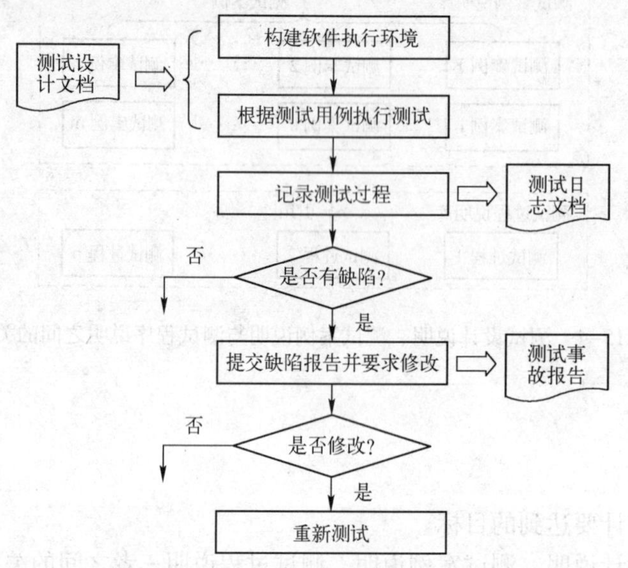

图 16-1　测试执行的流程

测试可以分为静态测试和动态测试，图 16-1 的测试执行流程是指动态测试流程，即运行软件，执行测试用例进行软件测试。

通常而言，除非是极其简单的软件，在开始执行测试软件之前，都需要对测试软件的运行环境进行配置，包括测试软件运行的硬件环境、软件操作系统、数据库系统以及其他支持系统等，关于软件运行配置可以参照测试过程说明中的相应部分。

配置完软件环境之后开始运行被测软件，按照测试案例说明中的测试用例一个一个地执行，并对每一个测试用例的执行过程进行记录，形成测试日志。如果一个测试用例没有缺陷，则执行下一个测试用例，如果发现执行某个测试用例时实际输出与预期的输出不一致，则认为该测试用例未通过，详细记录该软件缺陷的属性状况，形成测试事故报告，并提交到测试负责人，由测试负责人交由开发人员修改，如果开发人员对相关软件缺陷进行了修改，则重新测试，否则继续测试下一个测试案例，直至测试完全部测试用例为止。

16.2 测试日志

测试日志（Test Log）是软件测试执行过程中的常规记录。构建软件测试日志的目的是为了对软件测试过程进行证实，另外，当出现软件缺陷时，便于追溯软件缺陷的根源。

16.2.1 目的

提供按事件顺序记录的测试执行过程中相关事件的详细记录。

16.2.2 内容

测试日志通常包含以下几部分内容。

1. 测试日志识符

分配给这个测试日志的唯一标识符。

2. 描述

描述针对这个日志中所有记录的信息，排除针对某条日志的特殊记录，通常包含以下信息：

1）识别包含版本/修订版本号的测试项。对于每一个测试项，提供存在的转换报告。

2）识别测试管理环境属性。包括设备识别、使用的硬件（内存、CUP 型号、硬盘）、使用的系统软件以及可用的资源等。

3. 活动和事件登记（Activity and Event Entries）

对于每一个事件记录其从开始到结束的活动。记录当时的日期、时间以及测试员身份。记录的信息包括以下内容。

1）执行描述（Execution Description）：记录被执行测试过程的标识符，记录在测试期间的所有现场人员，包括测试员、操作者以及观察者，并指出每一个人员的作用。

2）程序结果（Procedure Results）：对于每一个执行过程，记录其可见的观察结果（比如错误消息、终止等）、输出的位置以及测试执行的成功或失败。

3）环境信息（Environmental Informaiton）：记录对于这个测试日志而言的环境信息。

4）异常事件（Anomalous Events）：记录异常事件发生的前后情况、开始执行测试过程或测试失败的相应环境状况（比如断电或系统软件问题等）。

4. 事故报告标识符（Incident Report Identifiers）

记录每一个测试事故报告的标识符。

16.2.3 状态

描述测试项的状态（Status），包括与项目文档的偏离、与前期转换这些项之间的偏离以及与测试计划的偏离等。

16.2.4 批准

指出批准（Approvals）这个报告的所有人员的名字和头衔，在报告中留下签字和标注日期的空间。

16.2.5 举例

BW-200 生理无线遥测系统软件测试日志

2011 年 9 月 12 日

8:30 李金利 启动软件开始测试。

8:40 李金利 设置系统工作条件：采样率为 500 Hz，采集信号类型为脑电，滤波为 30 Hz，工作方式为连续记录，然后启动系统开始工作，系统启动的过程参见测试程序说明 TP11-16。

8:40 张祥同 将测试动物放到无线接收板上。

10:40 李金利 观察系统的运行情况，系统运行良好。

10:40 李金利 结束本次测试。

有时候测试日志看起来像流水账。

16.3 软件缺陷

如果测试工作一切顺利，所测试的软件从未发现问题，那么软件缺陷（Software Fault）无从谈起。当然，实际的软件测试一定会发现软件缺陷。为了修复这些发现的软件缺陷，首先应该了解这些软件缺陷的属性，然后记录、跟踪这些软件缺陷，直到软件缺陷被修复为止。

16.3.1 软件缺陷属性

软件缺陷是复杂的，当软件缺陷引入之后，为了更好地管理这些软件缺陷，需要记录软件缺陷的属性。软件缺陷的属性是管理软件缺陷及形成软件缺陷报告的基础，软件缺陷属性参见表 16-1。

表 16-1 软件缺陷属性

序号	缺陷属性	描述
1	标识符	标识某个软件缺陷的唯一编号，便于缺陷的区分和识别
2	描述	描述发生缺陷软件的版本、模块、环境以及触发的过程，产生的现象
3	缺陷类型	软件缺陷的分类，比如功能性缺陷、用户界面缺陷、性能缺陷等
4	严重性	软件缺陷对于软件质量的破坏程度，反映其对产品和用户的影响，分为致命、严重、一般和微小 4 级
5	优先级	描述缺陷被处理的紧急程度，可以分为紧急、高、一般和低
6	状态	用于描述缺陷的生命周期，可以分为打开、修复、关闭、审查和推迟 5 种
7	起源	缺陷引起的故障或事件第一次被检测到的阶段，包括需求、构架、设计、编码、测试、发布等
8	再现性	缺陷是否可以再现

16.3.2 软件缺陷的严重性和优先级

软件缺陷的严重性和优先级是两个最为重要的软件缺陷属性。

1. 严重性

对于软件缺陷而言，有些对用户的影响巨大，比如程序崩溃、数据丢失；而有些则对用户影响不大，比如界面的排列。之所以要区分软件缺陷的严重性，就是要区分缺陷的重要程度，以便于确立软件缺陷修复的优先程度。通常而言，严重性可以分为4级，参见表16-2。

表16-2 软件缺陷的严重性

序号	严重级别	描述
1	致命缺陷	系统主要功能完全丧失，比如系统崩溃、数据丢失、数据损毁
2	严重缺陷	系统主要功能部分丧失，比如操作错误、结果错误、功能遗漏
3	一般缺陷	系统次要功能部分丧失，比如错别字、系统布局不合理、罕见故障
4	微小缺陷	不影响系统的正常使用，可能是操作的不方便，改进建议等

2. 优先级

优先级表示软件缺陷修复的紧急程度。通常而言，优先级别高的软件缺陷应该先修复，优先级别低的软件缺陷排在以后修复。优先级的分类参见表16-3。

表16-3 软件缺陷的优先级

序号	优先级别	描述
1	紧急	立即修复，阻止进一步测试
2	高	在产品发布之前必须修复
3	中	如果时间允许修复
4	低	可能会修复，但也可能放弃修复

一般而言，优先级通常与软件缺陷的严重性相关，即越严重的缺陷具有越高的优先级，得安排先修复，比如在数据采集与处理系统中，每次存储的数据读出后发现与原始数据不同，即数据损毁，其严重性是1级，优先级也是1级，得以最快速度修复。但这并非是绝对的，有些错误非常严重，但出现的频率很低，比如信号采集与处理系统在实时采集血压数据的过程中，偶尔在数小时后会出现血压非正常突然下降的现象，这也是属于数据损坏，应该是严重的错误，但是由于出现的几率很小，不能重现，因此无法确认是否能够修复，可能将其严重性定为1级，优先级定为3级。

16.4 测试事故报告

当在测试执行过程中发现软件缺陷之后，应该详细记录软件缺陷的属性，形成软件缺陷报告，即测试事故报告（Incident Report），以便于软件缺陷的管理，软件缺陷管理包括：软件缺陷修复→再测试→关闭的整个过程。

在软件产品的开发、评审、测试和使用的过程中都会产生缺陷。在软件开发过程中，各类工作产品都可能产生缺陷，如代码、分析设计说明书、测试计划等，都需要通过缺陷报告的形式来记录这些缺陷，便于将来修复这些缺陷。

缺陷报告有以下作用：

1）为开发人员和其他人员提供问题反馈，在需要的时候可以鉴别、隔离和纠正这些缺陷。

2）为测试组长提供被跟踪测试系统的质量和调整测试进度的依据。

3）为测试过程改进提供第一手资料。

下面我们将对测试事故报告的内容进行详细介绍，缺陷事故报告通常分为4部分。

16.4.1 目的

描述在测试过程中发生的任何需要进一步调查的事件，这种事件通常对应软件缺陷。

16.4.2 内容

测试事件报告通常包含以下4部分内容。

1. 测试事件报告标识符

测试事件报告标识符指定分配给这个测试事件报告的唯一标识符。

2. 概述

总结事件，识别涉及到的测试项及其版本或修订版本，参考相应的测试过程说明、测试案例说明以及测试日志等。

3. 事件描述

事件描述提供事件的详细描述。事故的描述必须是明确和通用的，即描述引起事故的直接原因。描述的事故最好是可再现的，偶然出现的错误往往难于修复，而重复出现的错误几乎肯定可以得到修复。这个描述可能包含输入、期望的结果、实际的结果、异常、日期和时间、操作步骤、环境、严重性、优先级、尝试重复、测试人员和 观察员等部分。

4. 影响

指出已知的关于事件对测试计划、测试设计说明、测试过程说明或测试案例说明的影响。

16.5 软件缺陷的管理

测试的目的是发现缺陷，在测试过程中发现缺陷，需要对缺陷的发现、提交、分类、修改、解决方案验证等整个过程进行跟踪。为了保证能够修复所有记录的缺陷，测试组织内需要建立一套完整的缺陷管理过程和规则。

每一个测试中发现的软件缺陷都应该被管理，直到该缺陷被修复为止。如果测试员只发现软件缺陷，而不跟踪这些发现的软件缺陷，结果可能是程序员知道后自己修改了这些缺陷，也可能是发现的错误丢在一边，没有人理会，软件依然存在这些缺陷。如果是后一种情况发生了，对于测试员而言，其工作会变得毫无意义，最多只说明了软件存在问题，并不能解决问题。软件的缺陷处于一种失控状态，没有人知道软件是否存在缺陷、是否可以发布软件等等，因此只有对软件缺陷进行深入细致的管理，才会使软件测试的意义充分体现。

要对软件缺陷进行有效管理，首先要理解软件缺陷生命周期的概念，然后根据软件缺陷本身的生命周期对其进行管理。

16.5.1 软件缺陷的生命周期

管理软件缺陷的目的是为了消除软件缺陷，要消除软件缺陷，必须要知道软件缺陷的形态变迁，即其产生、存在直到消亡的整个过程，这就是软件缺陷生命周期（Software Fault Life Cycle）。

软件缺陷生命周期描述的是软件缺陷状态的转换，软件缺陷的生命状态参见表 16-4。

表 16-4 软件缺陷生命周期中的各种状态

序号	状态名	状态描述
1	打开	测试员发现软件缺陷并在相应的记录系统中登记了该缺陷。此时，软件缺陷被告知程序员进行修复
2	解决	程序员修复了软件缺陷并在相应的记录系统中说明了缺陷修复。此时，软件缺陷被交给测试员进行重新测试以确认修复
3	关闭	测试员重新测试确认软件缺陷已经被修复并在记录系统中登记。此时，该软件缺陷消失，生命结束
4	审查	这是一个附加状态，是指测试员打开软件缺陷后，交由缺陷管理委员会决定该缺陷是否应该修复的状态，在确定之前并不交由程序员修改
5	推迟	这是一个附加状态，是指缺陷管理委员会审查后认为该软件缺陷可以在软件的下一个版本中修复，在该版本中不修复的状态

了解了软件缺陷的状态之后，就可以考虑这些状态的变化。软件缺陷管理的目的就是确保软件缺陷向关闭的状态转化。

1. 最简单的软件缺陷生命周期

最简单的软件缺陷生命周期变化如图 16-2 所示。

最简单的软件缺陷生命周期不考虑实际缺陷的复杂程度。假设所有的缺陷都是可以修复的，只要发现了缺陷，就必然可以修复，而且缺陷没有反复，保证通过再次测试从而关闭该缺陷。这种理想状态下的软件缺陷生命周期只说明了软件缺陷应该是怎样变迁的，但是软件缺陷的实际情况可能比这要复杂得多。

2. 通用的软件缺陷生命周期

通用的软件缺陷生命周期变化如图 16-3 所示。

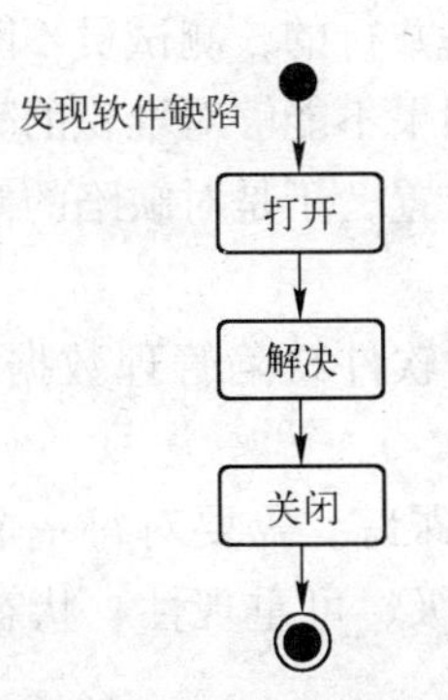

图 16-2 最简单的软件缺陷生命周期

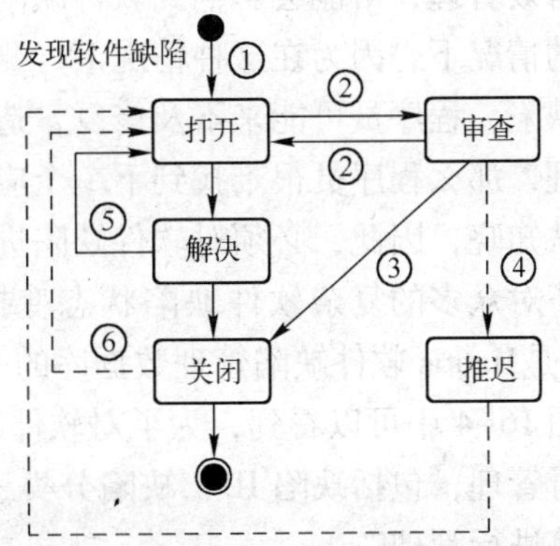

图 16-3 通用的软件缺陷生命周期

Ron. Patton 在其所著的《软件测试》一书中描述了这个通用的软件缺陷生命周期。这个通用的软件缺陷生命周期几乎涵盖了软件缺陷状态的各种情况及其之间的转换，在不含排列组合的情况下，可以梳理出 6 条主要的状态转换路径，参见图 16-3。

1）打开→解决→关闭到结束。这就是前面描述的最简单的软件缺陷生命周期。这种软件缺陷的状态转换在软件生命周期中是最常见的，但是它并不能涵盖软件缺陷的复杂变化。

2）打开→审查→打开。严格地讲，这不算一条完整的生命周期路径，因为它最后只回到打开状态，要完成整个生命状态周期，还要与其他路径相结合。在这条软件缺陷状态转换路径中，引入了对软件缺陷的审查机制，由软件缺陷管理委员对软件缺陷进行审查，在审查完成后，确认该缺陷确实存在，然后该软件缺陷又回到了打开状态。

3）打开→审查→关闭到结束。软件审查委员会经过对打开的软件缺陷的审查，认为该软件缺陷不算真正的缺陷，不必让程序员进行修改，比如由于测试员错误理解软件需求规格书所造成的软件缺陷，此时缺陷管理委员会直接关闭该软件缺陷，结束其生命周期。

4）打开→审查→推迟→打开。软件缺陷委员会审查之后，确认该软件缺陷存在，但是并非严重的缺陷，而由于发布时间的紧急或者开发资金的问题等，使得不能在软件的这个版本中修复，于是要求将这个缺陷推迟到下一个版本中进行修复。

5）打开→解决→打开。在这条软件缺陷状态的变化路径中，软件缺陷按照正规的路径交由程序员修改，修改后又交给测试员进行测试，测试员测试之后发现该缺陷并未修复，于是又将其设定为打开状态。

6）打开→解决→关闭→打开。这条路径很罕见，为什么会在缺陷被关闭之后再次被打开呢？这涉及到软件的回归测试。通常而言，当软件进行修改之后需要对软件进行再测试，在再测试的过程中，原来认为修复的软件缺陷再次发生，通常是由软件内部的关联性引起的，造成已经关闭的软件缺陷再次被打开。

16.5.2　软件缺陷的数据库跟踪管理

对于一个软件缺陷而言，其有着复杂的生命周期；而对于一个项目的测试而言，可能存在成千上万个软件缺陷。面对如此众多的软件缺陷及每个软件缺陷的复杂状态转换，如果无法进行有效管理，可能会影响到软件缺陷的修复程度。特别是在要求软件代码编写和软件测试分离的情况下，因为在这种情况下，测试员和程序员的工作是并行的，测试员不断发现新的软件缺陷，程序员可能来不及修复，造成软件缺陷的堆积，如果不能够对堆积的软件缺陷进行管理，那么程序员很难找到下一个应该修复的缺陷的代码位置，于是对缺陷的修复状况也是无从知晓，因此，必须对软件缺陷进行有效跟踪和管理。

为了对众多的复杂软件缺陷状态变换进行管理，需要引入软件缺陷管理数据库工具。图 16-4 是Mantis 软件缺陷管理数据库的一个界面。

从图 16-4 中可以看到，为了对软件缺陷进行有效的管理和跟踪，需要对每一个软件的属性进行管理，包括缺陷 ID、缺陷分类、缺陷的严重性、优先级、可重现性、状态以及缺陷描述等进行管理。

软件缺陷管理数据库就像是测试工程师和程序员之间的一座桥梁，测试人员不断打开缺陷放入数据库中，而程序员则不断修复数据库中打开的缺陷。打开了多少、修复了多少以及各种缺陷的分布，在软件缺陷管理数据库中一目了然。

Viewing Issue Advanced Details [Jump to Notes] [Wiki] [Issue History] [Print]

ID	Category	Severity	Reproducibility	Date Submitted	Last Update
0008159	[Demo] GUI	tweak	always	2010-04-06 22:20	2010-04-09 04:10

Reporter	wpl	View Status	public		
Assigned To					
Priority	normal	Resolution	reopened	Platform	
Status	feedback			OS	
Projection	none			OS Version	
ETA	none	Fixed in Version		Product Version	
		Target Version		Product Build	

Summary	0008159: teststött
Description	teststött
Steps To Reproduce	
Additional Information	
Tags	No tags attached.
Attached Files	

图 16-4　Mantis 软件缺陷跟踪数据库

16.5.3　并非所有的缺陷都可以修复

软件测试员经过努力工作，发现大量的软件缺陷，从测试员的角度来讲，他们希望发现的所有软件缺陷都得到修复，以证明其工作价值。但是不幸的是，并非所有发现的软件缺陷都会得到修复，这可能会让测试员垂头丧气，但是，测试员必须要理解这种状态的发生，由于下列的原因可能导致软件缺陷不被修复。

1. 时间紧迫

如果有足够的时间，所有已发现的软件缺陷都应该被修复。

软件项目通常按照计划执行，有一个发布的日期。当发布日期临近时，如果还有很多测试软件缺陷没有关闭，此时，要么推迟发布；要么只修复严重的缺陷，而放弃修复大量一般性软件缺陷。推迟发布对于商业运作的工作而言，往往会造成商业上的巨大损失，比如波音公司推迟其 787 飞机的发布，微软公司推迟其 Windows 操作系统的发布都会引起公司股价的下跌，因此从商业价值考虑，推迟发布是无奈之选，而非必然之选。

图 16-5 说明随着软件发布日期的临近，修复软件缺陷的可能性降低。相对而言，一般性的软件缺陷修复的几率小于严重软件缺陷修复的几率，这是因为，通常而言，严重软件缺陷的优先级要高一些，在时间不足的情况下，优先修复严重的软件缺陷，而一般的软件缺陷

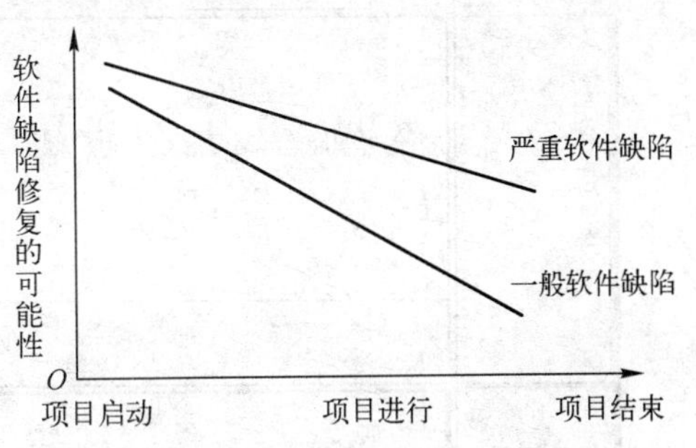

图 16-5　软件缺陷修复的可能性与软件项目的发布日期有关

可能会被放弃。

2. 不是真正的软件缺陷

前面讲解软件缺陷生命周期时提到，由软件缺陷审查委员会审查的软件缺陷，可能并不被认为是软件缺陷，从而放弃修改。比如，在生物信号采集与处理系统中，具有发出电刺激的功能，由于操作习惯的差异，有些客户要求在设置电刺激的参数过程中就发出电刺激，而不需要专门设置一个启动刺激的按钮，而另一些用户的意见恰恰相反，那么设置了启动刺激按钮算是缺陷吗？显示不是，因此也没有必要修复。

3. 修复的风险太大

对于软件核心代码的修复往往要特别慎重，因为这会引发软件缺陷的连锁反应。比如，在信号采集与处理系统中，需要不断解释从外部设备传入的数据，数据是按照帧传递的，参见图 16-6。程序并不能保证每次解释数据时能够得到完整的数据帧，一种数据解释的方法是必须要等到完整的数据帧才开始解释；另一种解释方法是得到半帧数据也解释。前一种方法逻辑简单，不易出错；后一种方法效率较高，实时性也好。最开始设计和实施时采用前一种方法对数据进行解释，软件工作良好，但如果测试员认为这样解释的实时性不好，因此提出按后一种方案改进。这就需要注意了，这涉及到代码的核心部分，如果改不好会引起整个程序无法工作或造成不可预知的错误，缺陷审查委员会经过审查，认为修改风险太大，放弃修改。

帧头标志	帧类型	帧长度	帧数据

图 16-6　信号采集与处理系统的数据结构

4. 软件缺陷不可重现

测试员在软件测试事故报告中描述的软件缺陷可能是一个偶发事件，并不能很好的重现这种缺陷。比如在信号采集与处理系统中记录血压的过程，经过了大约 2 小时，由于不明原因造成记录的血压突然下降（见图 16-7），而且无法重现该现象。这种不能重现的软件缺陷通常原因不明，程序员往往无法确认软件缺陷的真正位置，这种缺陷可能无法修复。

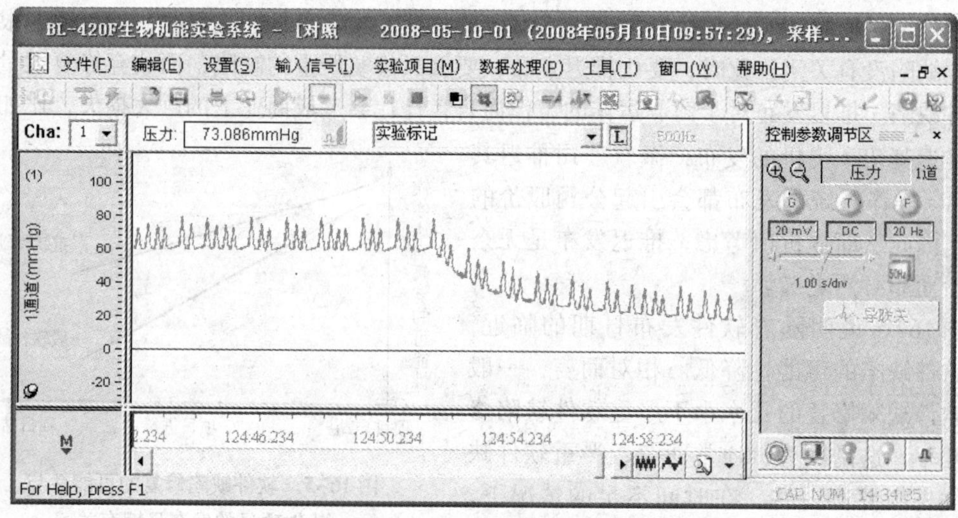

图 16-7　不能重现的软件缺陷

对于以上提到的缺陷不被修复的各种情况，测试员需要有良好的心态和沟通能力，与整个项目团队合作沟通，尽量解决已发现的软件缺陷而不是抱怨。

16.6 小结

在完成了详细的测试设计之后，就可以开始测试执行了，软件测试执行的过程就是运行在测试设计中生成的测试案例的过程。如果所有的测试案例都按照预期顺利通过，那么测试执行将变得非常简单，但是在实际测试中通常会产生与预想结果不一致的测试结果，这就产生了软件缺陷，软件缺陷是软件测试执行的必然结果，对软件缺陷的管理变成了软件测试执行的重要任务。

为了更好的管理软件缺陷，引入了软件缺陷属性和生命周期的概念。软件属性用于描述软件缺陷的特征，包括软件缺陷类型、严重性、优先级、可再现性等；而软件缺陷的生命周期把软件缺陷分成了打开、修复、关闭等状态，任何一个软件缺陷都要经历这三种状态才会得到解决。为了更好的管理软件缺陷，通常引入软件缺陷管理数据库来完成这种工作。

习题 16

1. 用图示的方法阐述测试执行的流程。
2. 描述软件缺陷的主要属性。
3. 绘制通用的软件缺陷生命周期变化图并说明。
4. 为什么并非所有的软件缺陷都可以得以修复？

第17章 测试评估

17.1 测试评估概述

在进行了软件缺陷的跟踪管理和修复之后，是否软件测试的工作就算完成？其实不然。在测试的过程中，如何评估软件测试的效果呢？还有很多关于软件测试的疑问有待解决，比如：

1）每天发现的软件缺陷有多少？软件缺陷发现的趋势是增多还是减少？是否可以发布软件？

2）发现软件缺陷的严重程度如何？严重性和优先级为1级的软件缺陷有多少？

3）被测试的软件哪些功能模块引发的软件缺陷最多，哪些最少？

4）软件缺陷中多少比例被认为不是缺陷？多少比例修复被推迟？多少比例被修复？

5）发现的软件缺陷中，处于打开状态的有多少，处于解决和关闭状态的又有多少……

所有上面列举的这些问题将对软件的状态、进度、风险等方面做出正确的判断和评估起到重要作用。除此之外，从本次测试中得到了什么样的经验，比如，发现了程序员某种类型的常见错误，总结了改进测试、提高测试效率的方法等，这些都对将来的测试有所帮助。对于上述问题的回答及总结即是测试评估的作用。

测试评估包括两方面内容：一是量化测试过程，即在测试的过程中，不断反馈和总结测试过程中遇到的情况，然后给项目经理提供有关测试当前状况的信息，这被称为测试监控（Test Monitor）；二是在测试完成之后，对整个测试进行总结、分析，从而构建更好的测试模型，为将来的测试做准备，这被称为测试过程改进（Test Process Improvement）。

测试监控的目的是为测试过程提供反馈信息和测试的可见度。监控的信息可以通过手工或自动的方式进行收集，同时可以用来衡量出口准则，比如测试覆盖率等。

测试度量（Test Metrics）是指评价测试状况的指标，比如测试的覆盖程度等，可以通过测试度量来评估测试的进度是否与原计划一致或者测试中的其他问题。常用的测试度量包括以下几个方面。

1）测试用例准备阶段工作所占时间的百分比。

2）测试用例执行量（执行的测试用例数/没有执行的测试用例数，通过/失败的测试用例数）。

3）缺陷信息（缺陷密度，发现并修改的缺陷，失效率，重新测试的结果）。

4）需求或代码的测试覆盖率。

5）测试中严重缺陷发生的时间阶段。

6）测试成本。

测试控制（Test Control）描述了根据收集的测试信息和度量采取的纠正活动。行动可能包括测试活动，也可能影响软件生命周期中其他的活动或任务。下面有几个测试控制活动的例子。

1）当有明确的风险发生时（比如软件交付延迟），需要重新设定测试的优先级。

2）根据测试环境可用性，改变测试的时间进度表。

3）设定入口准则：修改后的缺陷必须经过相关的开发人员测试后才能将它们集成到版本中去。

只有在测试过程中加入了测试评估，才算形成了一个闭环的测试反馈系统，可以对测试中发生的各种情况进行反馈控制，以便测试工作的顺利完成。由于测试执行中会发现各种各样的软件缺陷，对这些发现的缺陷进行统计、分析得到关于测试的度量，这就是软件评估的工作；这些测试度量反过来指导测试控制，以修正测试执行，使测试执行适应于实际的测试情况。

整个的测试过程是一个闭环的自修正系统，也是一个动态的变换过程，即根据实际情况不断修正测试计划及测试执行，其中关键的数据反馈是由测试评估提供的。由此可见，测试评估对于测试的顺利进行是必不可少的，参见图 17–1。

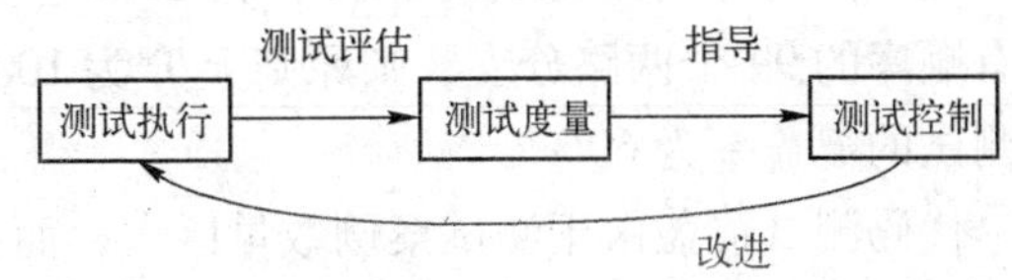

图 17–1　测试评估对于测试过程的作用

17.2　软件测试评估的分类

软件测试评估贯穿于软件的整个测试过程，因此非常重要。软件评估的方法主要包括覆盖评估和质量评估。

覆盖评估（Converage Evaluation）是对测试完全程度的评估，其建立在测试覆盖的基础之上，这通常与测试的定义相关，与完成计划的程度相关。比如我们定义了 1000 个测试案例，到目前为止测试了多少？还剩多少？在代码测试中我们采用基本路径测试法，定义了多少基本路径？测试了多少基本路径等。

质量评估（Quality Evaluation）是对测试软件的整体质量状况的评估，其建立在对测试过程中发现的软件缺陷的分析和修复基础之上。它不断监控软件测试过程中总结出来的中间结果，然后通过对这些中间结果的分析又反过来对软件测试的过程进行指导，比如修复缺陷的程度对软件的发布起到指导作用。

17.2.1　覆盖评估

覆盖评估是用来度量软件测试的完成程度。进行测试，按照测试计划会有一个工作量，比如，计划进行功能测试，列出测试软件功能的所有案例，到目前为止测试完成的案例数可以作为功能测试完成覆盖的评估。

最常见的覆盖评估包括基于需求的测试覆盖和基于代码的测试覆盖。如果在测试时已经对需求进行了完全分类，那么基于需求的覆盖评估就可以告诉项目经理对需求测试完成的定量程度；对于基于代码的覆盖测试而言，则可以评估已经执行的测试覆盖了多少代码或多少条路径。可以使用手工或自动化方式进行覆盖测试，通常而言，使用自动化进行覆盖测试更加有效。

1. 基于代码的测试覆盖

基于代码的测试覆盖显示到目前为止，测试已经执行了多少代码，已经测试了多少路径。

白盒测试中基于控制流测试的技术是代码测试覆盖的基础。从语句测试到路径测试，每一种测试策略都给出了对于测试代码需要的测试数量。

基于代码测试覆盖率的计算公式如式（17-1）所示：

$$Coverage\_Code = (T^c / T^p) \quad (17\text{-}1)$$

其中，Coverage_Code 表示代码测试的覆盖率；T^c表示已执行的代码或路径测试案例数；T^p表示测试计划确定的代码测试案例总量。

在不同的控制流测试策略中 T^c 和 T^p都是变化的。比如，进行基本路径测试，假设代码中有顺序的 99 个两路分支，则原则上 T^p为 100 个测试案例，假设到目前为止 T^c是 60，则代码测试的覆盖率为 60%。

代码测试覆盖由于测试案例数量巨大，而且需要了解代码的内部情况，通常适用于较低级别的软件测试，比如单元测试和集成测试，而且这些测试通常由开发人员完成。代码测试覆盖率越高，后续代码出现问题的几率就会越低，这对软件产品的整体质量以及节约后续测试时间都是有好处的。当然，代码测试的目标是基于代码的正确性，但是代码的正确性并不能保证需求的正确性，因此基于需求的测试从某种意义上来讲更加重要。

2. 基于需求的测试覆盖

基于需求的测试覆盖显示到目前为止完成需求测试的程度。每一个需求就像软件开发中设定的功能点，开发过程中通过对完成功能点的百分比来确认完成开发任务的进度，而在测试中可以通过确认完成的测试需求百分比来监控测试的完成进度。由于这是一个动态的过程，在测试过程中会反复变化。

有 3 种基于需求的测试覆盖度量指标：基于计划的测试覆盖程度，已实施的测试覆盖程度和已执行成功的测试覆盖程度。

（1）基于计划的测试覆盖程度

在制订计划的过程中，按式（17-2）计算计划的测试覆盖程度。

$$Coverage\_Plan = (T^p / RfT) \quad (17\text{-}2)$$

其中，Coverage_Plan 表示计划测试需求的覆盖率；T^p表示测试计划确定的测试用例数量；RfT 表示测试需求的总数。

RfT 是一个进行完全需求测试的理论测试用例总数。比如为了覆盖被测软件所有的功能，按照某种测试策略（黑盒的边界值测试），总共需要设计 1 万（RfT）个测试用例。但在进行具体的测试设计时，可能设计从 5 千到 1 万（T^p）不等的实际测试用例，这样，计划的测试覆盖率将从 50% 到 100% 不等。

基于计划的测试覆盖率是对于软件测试的完全程度的预期，这与所测试软件的目的相关。对于质量要求严格的软件，比如航空航天、医疗器械软件等，通常需要尽量做到 100% 的需求覆盖测试，但是对于一般的软件而言，可以根据公司的具体要求设计计划覆盖程度。

（2）基于已实施的测试的覆盖程度

计划测试覆盖率是预先确定的指标，是静态的；而已实施的测试覆盖率表示当前已执行的测试案例覆盖率，是动态的。按式（17－3）计算已实施的测试覆盖率

$$Coverage\_Done = (T^D / T^P) \qquad (17\text{-}3)$$

其中，Coverage_Done 表示已实施测试的覆盖率；T^D 表示到目前为止已执行的测试用例数量；T^P 表示测试计划确定的测试用例总量。

已实施的测试覆盖率可以看出测试工作已经完成的程度，比如计划测试 10000 个测试案例，到目前为止已经执行了 8000 个测试案例，说明已经实施的测试覆盖达到计划的 80%，从而为项目管理人员对测试程度有一个定量的认识。

（3）基于成功的测试的覆盖程度

已实施的测试覆盖程度从一个方面表达了测试完成的程度，但是它并不能很好地说明测试工作真正的完成情况，因为虽然测试完成了 80% 的计划要求测试案例，但是在这 80% 已执行的测试案例中有 20% 发现了软件缺陷，这些发现的缺陷不仅需要程序员进行修改，还需要测试员进行重新测试，使得真正有效的测试覆盖率低至 60%。

为了表达真正有效的测试覆盖程度，引入了基于成功的测试覆盖程度。成功的测试是指测试过程中没有发现软件缺陷，表示测试通过，或者即使测试员发现了软件缺陷，程序员进行了修改并重新测试通过。我们按式（17－4）计算已成功的测试覆盖程度

$$Coverage\_Success = (T^S / T^P) \qquad (17\text{-}4)$$

其中，Coverage_Success 表示已成功测试的覆盖率；T^S 表示到目前为止已成功完成测试的测试用例数量；T^P 表示测试计划确定的测试用例的数量。

已成功的测试覆盖率可以表达出真实的测试工作完成程度，比如计划测试 10000 个测试案例，目前为止已经测试成功了 9000 个测试案例，说明已经完成了 90% 的测试工作量。

17.2.2 质量评估

覆盖评估能够有效地评价测试完成的量，但对于测试的质还不能进行很好地评价。在测试的过程中，一方面随着测试工作的推进，测试完成的量会越来越多，但是另一方面还有一些关于发现测试缺陷本身状态的评估也会同时展现，这些与缺陷相关的测试评估我们称为测试质量评估。

测试质量评估与软件缺陷的分析统计密切相关。缺陷分析就是分析软件缺陷在于缺陷相关联的一个或者多个参数值上的分布。缺陷分析提供了软件的可靠性指标，这些分析为揭示软件的缺陷趋势及缺陷分布提供了判定依据。

用于描述软件测试特定属性度量单位的术语被称为软件测试的度量（Metric）。有很多软件测试度量，比如测试人员每天发现软件缺陷的平均数，软件缺陷在不同功能区域的分布，软件缺陷的消除速度等。

用于软件缺陷分析的软件度量主要有以下 4 类。

1. 缺陷发现率

缺陷发现率（Defect Discovery Rate）是指平均每天发现的软件缺陷数与测试时间的

关系，通过对缺陷发现率作图，可以看到随着时间的推移，缺陷发现率的变化趋势，参见图 17-2。

在测试的初期，软件缺陷打开的数量会快速增长，这是大量发现软件缺陷的时期。随着时间的推移，软件缺陷发现率会达到峰值。至此之后，软件缺陷发现率会逐渐降低，当软件缺陷的发现速率降到一定程度后（比如每天发现 1 个），软件的质量已经处于一个稳定期，这为软件的发布提供了一个依据。

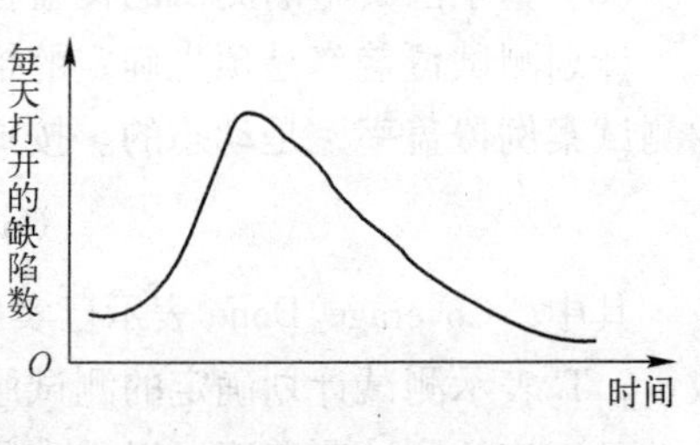

图 17-2　缺陷发现率

在实际的工作中，还应该分析每天软件缺陷发现率减少的具体原因，是按照恒定的测试工作量发现软件缺陷的速率确实降低了，还是因为测试人员减少或者测试用例减少所至，以便得到更为准确的缺陷发现率数据。

2. 缺陷潜伏期

软件缺陷潜伏期（Software Defect Latent Period）是指缺陷引入阶段与缺陷发现阶段之间的时间差，这是分析缺陷的另一个度量单位。前面已经讲到，软件缺陷发现的时间越晚，修护缺陷所需要花费的代价越大，比如，在需求阶段发现的软件缺陷，如果在需求评审时就被发现，那么该缺陷花费的修复费用为 0；如果该缺陷在设计阶段才发现，其修复成本变为 10；如果到了测试阶段才发现该缺陷，则其修复成本变为 100，以此类推。

分析缺陷的潜伏期有利于了解缺陷修复的成本，因此，当统计发现缺陷的平均潜伏期变长时需要加强前期的评审工作；如果缺陷的平均潜伏期较短，这说明软件开发的每个阶段都进行了认真的测试，没有将本阶段的软件缺陷带入到下一个阶段，在这种情况下，软件缺陷的修复成本最低。

表 17 - 1 中，软件缺陷的潜伏期等于软件缺陷的发现阶段减去软件缺陷的引入阶段，发现缺陷每向后推移一个阶段，潜伏期的值加 1。比如，在需求分析阶段造成的软件缺陷，如果在需求分析阶段发现了该缺陷，缺陷潜伏期为 0；如果在概要测试阶段发现了该缺陷，则发现缺陷向后延伸了一个阶段，潜伏期为 1；如果在详细设计阶段发现了该缺陷，则潜伏期又增加 1，变为 2；以此类推，如果在产品发布时才发现需求阶段引入的软件缺陷，则潜伏期为 8。最好的结果就是软件缺陷的潜伏期为 0。

表 17-1　软件缺陷潜伏期的度量

缺陷引入阶段	缺陷发现阶段（缺陷潜伏期 = 缺陷发现阶段 - 缺陷引入阶段）								
	需求分析	概要设计	详细设计	编码	单元测试	集成测试	系统测试	验收测试	产品发布
需求分析	0	1	2	3	4	5	6	7	8
概要设计		0	1	2	3	4	5	6	7
详细设计			0	1	2	3	4	5	6
编码				0	1	2	3	4	5

3. 软件缺陷密度

软件缺陷密度（Software Defect Desity）——是指单位代码量所引入的软件缺陷个数。代码量通常以千行为单位，软件缺陷密度的计算公式如（17 - 5）。

$$Defect\_Desity = (D/T) \qquad (17-5)$$

其中，Defect_Desity 是软件缺陷密度；D 是软件缺陷总数；T 是指被测试软件的代码行或功能点数量。比如某个项目有 100 千行代码，软件测试小组一共发现了 300 个软件缺陷，则每千行的软件缺陷密度为 3(300/100)。

很多软件公司均使用该指标来度量软件质量。通常而言，要求每千行代码的缺陷数小于 3。

可以把软件缺陷密度这个度量单位引入评价软件的各个模块的质量，如果某个软件模块的缺陷密度高于其他模块，说明该模块具有更多的软件缺陷，需要花费更多地关注度。

图 17-3 中，模块 CBAG 的缺陷密度较大，需要认真测试，因为发现的缺陷越多，原则上该软件模块本身的缺陷也越多。

除了要关注软件缺陷在不同模块中的分布之外，还需要关注软件缺陷严重性的分布，因为不同严重程度的缺陷对于软件的影响不同。如果严重程度高的缺陷较多软件质量不可靠，需要进行更多的测试，如果软件缺陷的严重性都不高，则软件相对而言质量更好。

图 17-4 中，严重性为 1 的软件缺陷占 45%，而严重性为 4 的缺陷占 7%，说明发现的软件缺陷都比较严重，软件的可靠性存在很大问题，需要修改后再加大测试力度。

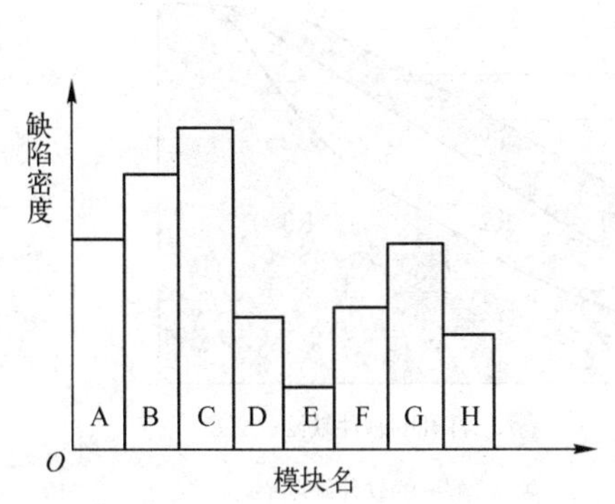

图 17-3　模块中的软件缺陷密度分布

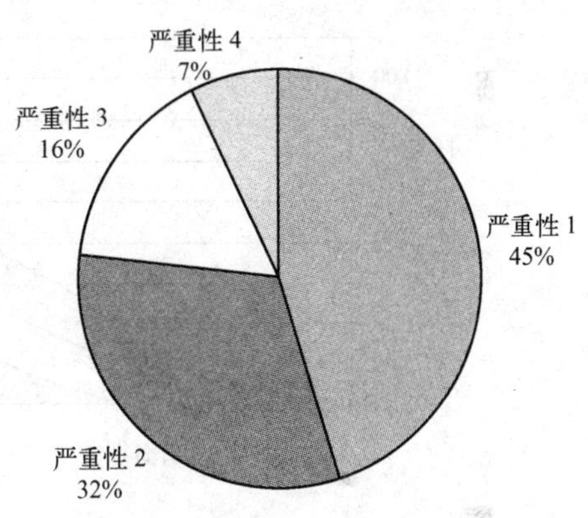

图 17-4　软件缺陷严重性分布图

4. 整体软件缺陷的累积及清除率

前面提到软件缺陷的发现率降低并稳定之后，就为软件的发布打下了基础，但是单凭软件缺陷的发现率很难确认软件可以发布，因为还没有跟踪软件缺陷的清除率。发现的软件缺陷通常会越积越多，这就需要程序员不断地修复，直到缺陷关闭，只有发现的软件缺陷都关闭之后才能认为软件可以发布了。

为了很好地表达软件的清除率，需要引入以下一些参数：

F：描述软件规模的代码行或功能点数。

D1：软件开发过程中（含测试）发现的软件缺陷。

D2：软件发布后发现的软件缺陷。

D：发现的软件总缺陷数，D = D1 + D2。

可以根据以下几个公式来评估开发软件项目的质量：

软件质量(每功能点的缺陷数) = D2/F　　(17-6)

软件缺陷注入率 = D/F　　(17-7)

整体软件缺陷清除率 = D1/D　　(17-8)

假设软件有100个功能点，即 F = 100，在软件的开发过程（含测试）中发现了30个软件缺陷，即 D1 = 30，在软件发布后又发现了 3 个缺陷，即 D2 = 3，D = D1 + D2 = 33。根据式（17-6）~式（17-8）可以得到：

软件质量(每功能点的缺陷数) = D2/F = 3/100 = 3%

软件缺陷注入率 = D/F = 30/100 = 30%

整体软件缺陷清除率 = D1/D = 30/33 = 91%

据资料统计，美国软件公司的平均整体软件清除率达到85%，有一些著名的软件公司，其主要产品的整体软件清除率可以达到98%。

整体软件缺陷的清除率可以表示软件缺陷的修复程度，但是其需要统计软件发布后所发现的软件缺陷，这对于确认软件是否可以发布并不是十分有效。为此，Pon. Patton 在其《软件测试》一书中引入了当前打开软件缺陷及其修复情况的关联图，参见图 17-5。在这个图形中，通常并不关心软件发布后的缺陷状况，而只关注当前已经打开的软件缺陷及其关闭的程度。如果软件缺陷发现速率已经降低到一个很低的水平，保持稳定，并且累积打开的软件缺陷已经基本全部关闭，则说明该软件的测试工作可以结束，软件可以发布了。

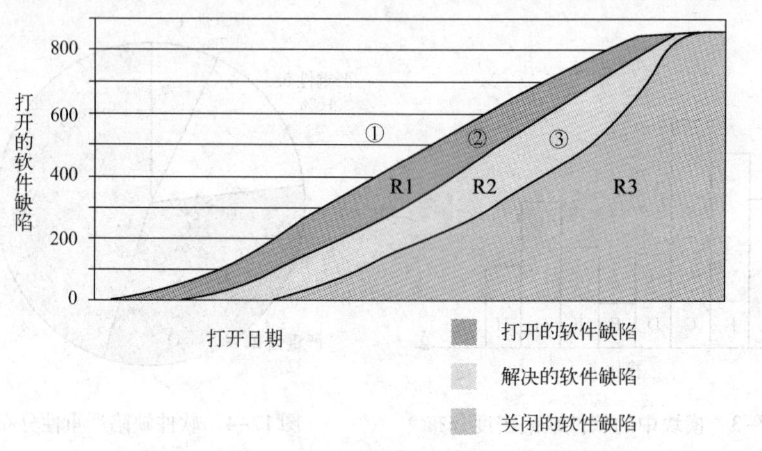

图 17-5　软件缺陷打开、修复和关闭的关系图

在图 17-5 中，不仅可以表示当前软件的清除速率，还可以表示不同软件开发人员：测试员、程序员之间当前工作量的程度。在图 17-5 中，最上面的曲线①表示到目前为止累积打开的软件缺陷数，中间的曲线②表示程序员已经修复的软件缺陷，但还没有得到测试员的验证（未关闭），下面的曲线③表示已经关闭的软件缺陷。

曲线①和②之间围成的红色区域 R1 表示程序员修复缺陷后还未得到测试员再次检验的软件缺陷数，如果 R1 区域的面积增大，说明需要重新检验的软件缺陷增多，测试员的工作量增大；曲线②和③之间围成的黄色区域 R2 表示还未得到修复的软件缺陷，如果 R2 区域的面积增大，说明程序员有很多软件缺陷没有修复，程序员的工作量增加；曲线③下面的区域表示已经修复并关闭的软件缺陷。

软件测试初期，软件测试员发现很多软件缺陷，红色区域增大，程序员的工作量增大；然后程序员逐渐修复发现的缺陷，红色区域又减少，黄色区域增大，程序员工作量减少，测试员工作量增大；随着测试员对已经修复的软件缺陷进行再测试，关闭的缺陷会增多，测试员的工作量又会变小，直到最后三条曲线稳定重合，说明程序员和测试员的工作量都减少，软件质量稳定，可以发布了。

17.3 软件测试总结报告

在软件测试完成之后，需要书写软件测试总结报告，它是对软件测试的总体总结，非常重要。软件测试总结报告通常包含目的、概述以及详细总结三个部分。

17.3.1 目的

总结指定测试活动的结果并依据这个结果对软件进行评估。

17.3.2 内容

测试总结报告包含以下主要内容。

1. 测试总结报告标识符（Identifier）

测试总结报告标识符指定分配给这个测试总结报告的唯一标识符，便于在其他地方引用。

2. 概述（Summary）

概述总结测试项的评价。识别测试项，指出它们的版本/修订版本。指出测试活动发生的环境。

3. 差异（Variances）

差异报告测试项与测试设计说明相比的差异。指出所有与测试计划，测试设计或测试过程之间的差异，并指出每一个差异的原因。

4. 广泛评价（Comprehensiveness Assessment）

广泛评价评估测试过程的详尽程度相对于计划制定的准则的详尽程度。识别并没有充分测试的特征以及特征组合。

5. 结果总结（Summary of Results）

总结测试结果。识别所有相关的事件并总结它们的解决方法，识别所有的未解决的事件。

6. 评估（评估）（Evaluation）

评估对于每一个测试项及它的限制提供一个总体评估，这个评估基于测试结果以及测试项通过/失败准则，估计该测试项包含的失败风险。

7. 活动总结（Summary of Activities）

总结主要的测试活动以及事件、资源消耗数据、总共的员工数、总共的机器时间以及总共花在每一个主要测试活动上的时间等。

8. 批准（Approvals）

指出批准这个报告所有人员的名字和头衔，提供签名以及标注日期的空间。

17.4 小结

测试评估是对软件测试工作整体进展状况的监督和评价，是保证测试完整性和有效性的重要工作。软件测试评估贯穿于软件的整个测试过程，实施软件测试的有效监督。软件评估主要包括覆盖评估和质量评估。

覆盖评估是对测试完全程度的评价，其建立在测试覆盖的基础之上，这通常与我们对测试的定义相关，与完成计划的程度相关。覆盖评估又包含基于代码的测试覆盖，基于需求的测试覆盖两种方法。

质量评估则是对测试软件的整体质量状况的评估，其建立在对测试过程中发现的软件缺陷的分析和修复基础之上。它不断监控软件测试过程中总结出来的中间结果，然后通过这些中间结果的分析又反过来对软件测试的过程进行指导。质量评估是与软件缺陷分析相关的，有 4 类主要的软件度量用于软件缺陷分析，包括缺陷发现率、缺陷潜伏期、缺陷密度以及缺陷的清除率。

习题 17

1. 软件测试评估的分类。

2. 有哪些软件缺陷分析的度量？

3. 根据下面对软件测试结果的描述，计算软件的质量、缺陷注入率、缺陷清除率 3 个指标。

假设软件有 320 个功能点，在软件的开发过程（含测试）中总共发现了 79 个软件缺陷，在软件发布后又发现了 12 个缺陷。

4. 简述软件测试总结报告的内容。

第六部分　软件测试工具

通常使用工具可以给人们带来效率，节约人们的脑力和体力，运用软件测试工具也是一样，可以有效地提高测试效率，节约测试人员的劳动。测试工具通过自动化重复性的工作来提高测试的效率，同时也可以通过注入模拟系统的行为来改善测试的可靠性。软件测试工具的引入是软件测试发展的必然，就像程序员最开始使用机器码编程，逐渐转变使用高级语言编程一样（使用编译器工具）。

第 18 章　测试自动化及测试工具

18.1 测试自动化基础

18.1.1　测试自动化的引入

随着软件应用的普及，因为软件缺陷带来的经济损失也越来越大。据统计，在美国每年有平均 600 亿美元到 1000 亿美元的损失，并且这个数字还在增长。软件测试面临巨大的压力。由于软件的开发周期和资源有限，软件测试的努力和范围往往不如我们的期望。软件测试是一种劳动密集型任务，特别是完成完全测试，于是软件测试的自动化成为首选。

1. 为什么要自动化测试

对速度的追求是信息时代的永恒主题。技术是一种竞技武器，交货日期则是市场的直接压力。产品的推迟发布会直接影响软件公司的利润、客户和市场份额，许多企业采取自动化软件开发来缩减产品推向市场的时间。自动化软件测试有 3 个主要好处：

1）扩大测试覆盖率，减少软件缺陷。

2）节省时间，降低人力成本。

3）提高软件开发的生产力。

许多编程团队越来越多地依赖自动化测试，特别是采用测试驱动开发（TDD）方法的团队，采用测试框架编写测试脚本，并在持续集成软件时，在每次通过版本控制系统 Checkin 代码的时候，自动执行测试脚本，从而实现测试的自动化。尽管测试自动化不能减少人工测试时的任何工作，但对于回归测试仍然是有用的，只是需要一个设计很好的测试脚本套件进行支持。自动化测试在软件测试不同阶段中的优势参见表 18-1。

表 18-1　自动化测试在软件测试不同阶段中的优势

测试阶段	描　述	备　注
单元测试	通常是开发人员的职责，有多种不同的方法可用，是一个测试框架，开发人员在编写代码前填写不同的单元测试，当测试通过时代码也被完成	通过使用正式的单元测试，开发人员可编写稳定、高效的代码
集成测试	验证不同组件间的集成	大量边缘测试被合并以制造出不同的错误测试
系统测试	模拟用户使用系统以验证系统具有期望的功能	不需要进行自动化的测试，安装测试、安全性测试，通常是手工完成，因为系统的环境是恒定的
回归测试	重复已存在的测试，如果是手工完成，只在项目结尾执行一到两次	最适合执行自动化测试，每次构建完成后执行自动化的回归测试，验证被测系统
性能测试	包括负载测试、压力测试、并发测试等	如果没有自动化测试工具，将不能实现。通常模拟用户负载的高密度性能测试

18.1.2　测试自动化的基本概念

测试自动化(Test Automation）是指用软件来设置测试条件，控制测试的执行，将实际的输出与预期的输出比较，以及其他的测试控制和测试报告等功能。通常，测试自动化是将一个人工进行的正式的测试过程用自动化方式实现。

1. 相关术语

需求(Requirement）是指要求测试的特征或功能。一个商业的要求是描述直接对客户来说有用的、必须的应用功能：“系统是什么”，是一个功能需求，阐明了应用功能生效的属性；“系统该怎样”，是一个性能需求，阐明了应用的容量和速度，如最大可接受的量、处理时间、最多的同一时间的访问量。

测试(Test）——测试周期和测试计划，以及测试用例和测试脚本的组合。

测试用例(Test Case）是一组的输入和预期的响应，用于证实是否满足需求。根据不同的自动化方法，测试用例可能是一个或多个数据记录，在一个测试脚本中。

测试脚本(Test Script）是一系列命令或事件，存储在一个脚本语言文件中，该文件执行测试用例和报告结果。像一个程序一样，测试脚本包括影响脚本执行的逻辑分支，创建多个可能的路径。测试脚本也依赖自动化方法，它可能包括常量或者变量，这些变量在回放中会改变值。

测试周期(Test Circle）是一组独立的测试，这些测试作为一个单元，按一定的序列执行。周期通常与应用的操作周期相关，或按应用运行的范围，或按应用的优先级或内容。例如一个新的软件构建验证周期，回归测试周期等。

测试计划(Test Plan）由一系列周期和一个完整的执行集构成，从最初的测试环境搭建到测试报告和测试清除。

2. 手工测试与自动化测试比较

虽然手动测试可能会发现许多应用软件的缺陷，但这是一个费时费力的过程。此外，它可能无法有效的找到某些类别的缺陷。测试自动化是将需要手工完成的测试过程，用计算机程序完成。一旦测试都实现了自动化，这些测试就可以快速和反复运行。这对于需要很长的维修周期的软件，往往是成本效益最高的方法。因为即使是很小的修改，也需要重新的测试。

哪些需要自动化测试，什么时候进行自动化测试，是否真的需要自动化测试的决定是测试（或开发）的团队必须作出的、至关重要的决定。选择了正确的自动化测试的产品，在很大程度上决定了自动化测试的成功。应该避免自动化测试不稳定的功能或正在发生变化的功能。手工测试与自动化测试比较如表18-2。

表18-2　手工测试与自动化测试比较

	手 工 测 试	自动化测试
人力和成本	需要投入一定的人力去设计并执行测试用例，但不需要购买工具软硬件的成本	前期需要投入大量人力进行测试脚本开发和调试工作，需要购买测试工具，但后期只需要很少的人就可以完成大部分测试工作
速度		以人工测试的10倍、100倍甚至1000倍的速度来执行

（续）

	手工测试	自动化测试
效率	当测试员忙于执行测试用例时他会无暇进行其他工作	测试工具减少了执行测试用例的时间，测试员会有更多的时间进行测试计划，考虑新的测试用例
准确度和精确度	测试员执行几百个测试用例之后注意力会分散并开始犯错误	测试工具会一如既往地每次执行同样的测试并毫无差错地检查结果
测试人员技能要求	需要掌握基本的测试技能，对测试对象的全面了解	除了要达到手工测试所要求的技能外，还需要具备应用测试工具的技能
回归测试	需要重新测试，效率低	可以通过工具自动执行上一个版本已经测试过的用例
发现错误的能力	经常能够发现一些测试用例之外的错误	只能周而复始地进行着同样的测试，一般发现不了隐秘的错误
可行性	可以进行简单的功能测试、代码测试，但对于性能测试则不太可行	对功能、代码、性能测试都能够支持
仿真和模拟		模拟真实的情况大大减少执行测试需要的物理资源

3. 自动化测试误区

1）自动化测试可以代替手工测试。事实证明，自动化测试只能发现15%的软件缺陷，其余的85%还是需要手工测试来实现。因此，自动化测试更适合对软件质量稳定和模块的重复执行进行测试，也就是性能测试和回归测试。

2）自动化测试时间排在软件开发之后。理想情况下，自动化测试工程师应该在项目开发开始就介入到整个过程中，自动化测试工程师更偏重于开发需要实现脚本的开发和维护，所以在项目一开始就必须调查自动化测试所采用技术的可用性，避免后期影响项目进度。

3）自动化测试适用于所有项目。自动化测试脚本的开发和维护需要大量的时间作保证。所以，在需求不明确、软件不稳定、项目周期短和一次性的项目等条件下并不适合进行自动化测试。

4）为自动化而自动化。自动化的目的是测试而不是自动化，自动化测试应该是先进的测试手段，是提高测试质量，测试速度的手段，而不是单纯为了技术研究而做的事情。

5）过分相信自动化测试。自动化测试的实现一般都需要通过测试工具的帮助。但是工具毕竟是工具，对于测试结果的分析还需要依靠测试人员丰富的经验，从而也说明，执行自动化测试同样需要测试基础。

18.1.3　测试自动化的方法和过程

测试自动化并不是简单的重复手动测试过程（捕获和回放）。实际上，自动化和手动测试有着根本上的不同，它们有着完全不同的问题和机会，最好的自动化也不能完全取代手动测试。自动化是针对可预见性的，而用户是不可预见的。因此，使用自动化测试发现能预见的缺陷，用手动测试发现不能预见的缺陷。如果能理解测试自动化的基础，则有助于提高自动化测试的成功的机会。

（1）定义测试过程

关键的是没有很好定义的测试过程是不能自动化的。一个完整的手动测试过程可能还不够正式或者文档化，以支持我们很好地定义一个自动化测试程序库。因此，在自动化测试实施之前，需要人工定义好自动化测试需要的测试计划、测试用例、测试脚本等。

（2）测试件也是软件

即使很好地定义了测试过程，自动化测试依然是一个挑战。我们需要搭建一座桥梁，跨越“测试什么”和“怎么自动化测试”的鸿沟。自动化测的原则建立在一个基本的前提上：测试件也是软件。

（3）测试和自动化是两个不同的概念

这听起来好像有点奇怪，测试和自动化真的是两件不同的事。测试是一种训练，自动化却不是，自动化软件测试只不过是另外一种自动化，如表 18-3 所示。

表 18-3 测试与自动化的区别

测　试	自　动　化
应用的专业知识和技能	开发的专业知识和技能
测试什么	如何自动化
测试用例	测试脚本

1. 自动化测试方法

自动化软件测试方法需要考虑多方面的问题，包括测试人员、测试工具以及具体的被测应用程序等，为自动化测试设计一个整体的方法是很重要的，否则每一个测试人员将采用他自己的方式去测试，就会导致分散的测试资源和很多重复的努力。自动化软件测试方法已经有 5 代，其特点描述如表 18-4 所示。

表 18-4 自动化测试方法

自动化测试进化	方法	优　点	缺　点	用　法
一代	录制和回放	自动化的测试脚本能够被自动的生成，而不需要有任何的编程知识	拥有大量的测试脚本，当需求和应用发生变化时相应的测试脚本也必须被重新录制	当测试的系统不会发生变化时，实现小规模的自动化
二代	录制、编辑和回放	减少脚本的数量和维护的工作	需要一定的编程知识，频繁的变化难于维护	回归测试时，用于被测试的应用有很小的变化
三代	编程和回放	确定了测试脚本的设计，在项目的早期就可以开始自动化的测试	要求测试人员具有很好的软件技能，包括设计、开发	大规模的测试套件被开发、执行和维护的专业自动化测试
四代	数据驱动的测试	能够维护和使用良好的、有效的模拟真实使用中的测试数据	软件开发的技能是基础，并且需要访问相关的测试数据	大规模的测试套件被开发、执行和维护的专业自动化测试
五代	使用动作词的测试自动化	测试用例的设计被从测试工具中分离了出来	需要一个具有工具技能和开发技能的测试团队	专业的测试自动化将技能的使用最优化的结合起来

下面我们将分别描述两种常用的自动化测试方法。

(1) 捕获与回放

捕获与回放方法意味着，当测试被手动执行时，程序的输入和输出将在后台被捕获，如图 18-1 所示。在子序列被自动回放期间，测试脚本将运用捕获的输入反复执行相同的事件序列，然后将实际的测试结果和先前所捕获的测试结果进行比较，如果前后两次的结果不一致，则报告错误。捕获与回放方法适合于大多数的自动化测试工具，尽管各种工具的实现不同。图 18-2 是一个捕获与回放测试方法的测试脚本截图。

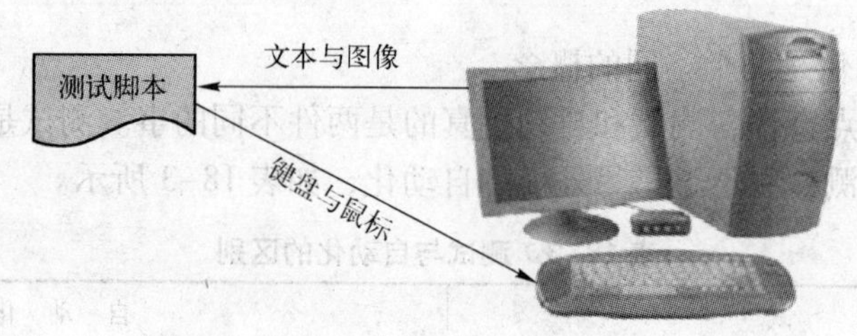

图 18-1　捕获与回放自动化测试方法

```
Select menu item" Char of Accounts >> Enter Accounts"
Type" 100000"
Press Tab
Type" Current Asserts"
Press Tab
Select Radio Button" Balance Sheet"
Check box" Header" on
Select list box item" Asset"
Push button" Accept"
```

图 18-2　捕获与回放测试方法的测试脚本截图

如图 18-2 所示，从菜单（Menus）、选择按钮（Radio Buttons）、列表框（List Boxes）、检查框（Check Boxes）和按钮（Push Buttons），以及文本（Text）和按键（Keystrokes）选择的测试输入存储在脚本中，并同时在脚本中明确其输出（期望的结果）。

(2) 数据驱动

经典的捕获/回放和数据驱动的区别是前者案例的输入和输出是固定的，后者的输入和输出是变化的，如图 18-3 所示。通过手动执行完成测试，然后替换获取的输入和期望的输

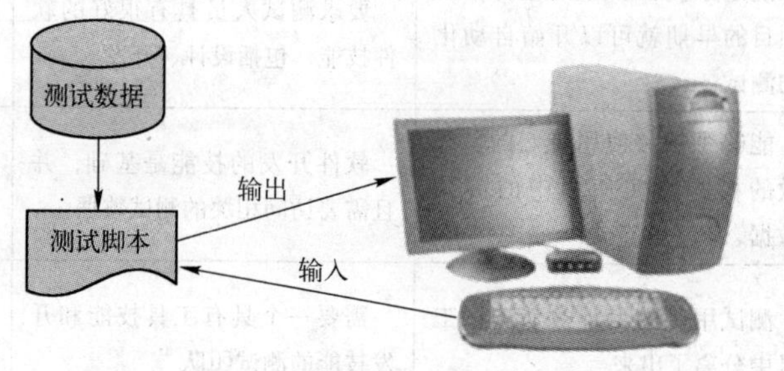

图 18-3　数据驱动自动化测试方法

出，存储在脚本以外的数据文件中。活动的序列保持固定，并且存储在测试脚本之中。数据驱动适合大多数使用脚本语言的测试工具，但不是纯正的捕获/回放工具。

图 18-4 是一个以前的捕获/回放脚本的例子，修改并增加一个外部文件，用变量来替换固定的值，并增加注释。

```
Select menu item" Char of Accounts >>  Enter Accounts"
Open file" CHTACCTS. TXT"               * Open test data file
Label" NEX"                             * Branch point for next record
Read file" CHTACCTS. TXT"               * Read next record in file
End of file ?                           * Check for end of file
  If Yes, goto" END"                    * If last record, end test
Type ACCTNO                             * Enter data for account#
Press Tab
Type ACCTDESC                           * Enter data for description
Press Tab
Select Radio button STMTTYPE            * Select Radio button for statement
Is HEADER = " H" ?                      * Is account of header?
  Is yes, Check Box HEADER on           * If so, Check header Box
Select List box item ACCTTYPE           * Select List box item for type
Push button" Accept"
Verify text MESSAGE                     * Verify message text
If no, Call LOGERROR                    * If Verify fails, log error
  Press Esc                             * Clear error condition
Call LOGTEST                               *  Log test case results
Goto" NEXT"                             * read next record
Label" END"                             * End of test
```

图 18-4　数据驱动测试方法的测试脚本截图

2. 自动化测试过程

在理想的情况下，测试应该和应用程序的系统开发生命周期平行，这个周期通常被描述为：

软件

项目计划	需求	设计	编码	测试	维护

测试件

测试计划	测试用例	测试脚本	测试执行/维护

软件测试是软件开发周期中非常重要的过程。通过测试，最终软件应用的质量得以提高。但是，软件测试是一个非常昂贵的过程，它消耗大量的金钱，时间和人力资源。软件测试的自动化由一系列的过程、活动和工具组成，以便能够执行被测软件，并记录测试结果。一般的测试过程如图 18-5 所示。每个活动有一个特定的交付，从一个阶段到另一个阶段。最后结果是缺陷报告和其他文档。这些文档用于开发团队找出故障原因，并予以纠正。

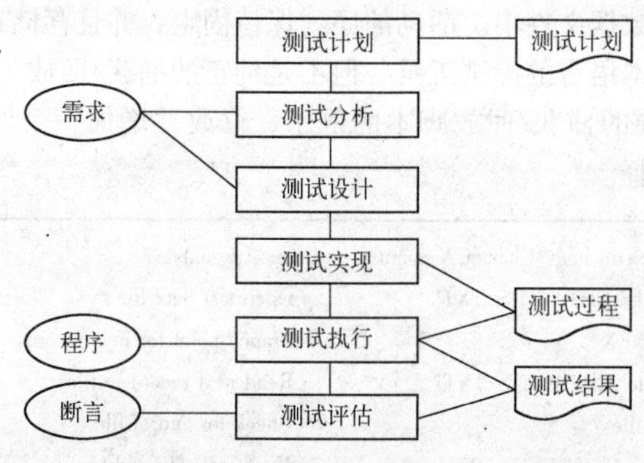

图 18-5　自动化测试过程

（1）自动化测试计划

一个自动化测试计划描述了该自动化测试的步骤。它规划出测试库所需必要的组件，所使用到的资源，任务分配和从一个步骤到另一步骤的进入/退出规则。需要注意的是自动化测试计划是在整个测试周期中每当项目有进展和获得信息更新的时候都需要被维护的这么一个具有生命力的文档。

（2）测试分析、设计与实现

一个测试集由一组相关的测试用例组成。这些测试用例要么是受被测程序的功能影响要么是受被测程序的边界影响。不仅测试集需要被考虑，测试用例在测试集里的顺序也同样需要被关注。一个测试集的执行可能是从执行该测试集的测试工具的一个可用特性，又或者是为了在该工具上使用驱动程序而被编写的脚本。

（3）测试执行

既然一个理想的自动化测试周期不依赖于人为的干预或者监控，测试的执行过程一定要彻底地记录下测试结果。这个文档必须能有效的判断哪个测试通过了、哪个测试失败了、性能怎么样以及提供额外的可能被用来辅助错误诊断的信息。

（4）分析结果评估

在每个测试周期的末段，一定要对测试结果（执行的形式、性能和错误日志）进行分析。自动化测试不一定能产生正确或有意义的结果。例如，测试日志可能会显示上百条错误记录，但是进一步的验证可能会显示出一个早期的，致命的失败测试，并且这个测试反过来会危及到所有测试子集所用到的数据库的完整性。

18.1.4　自动化测试框架

测试框架就像是一个应用程序架构，它描述了自动化测试环境的整体结构，定义通用的功能、标准化测试，为测试结构提供测试模板，定义测试和测试命名、文档化和管理的基本规则，建立可维护、可移动的测试库。定义和设计一个的好的测试框架是非常重要的。对于一个应用，至少可以假设开发人员对软件设计和开发原则有一个基本的理解，但是对于自动化测试，很可能测试人员没有这样的技术背景，不知道，或很少知道结构化的开发技术。这里提到的测试框架可以用于任何自动化方法，方法的唯一不同点在于对单个测试用例和测试脚本的组织形式。通过应用框架可以感受到来自于分享通用功能的效率，以及标准测试和提供的模板的有效性。

通用函数是指那些实现自动测试任务的例程，这些函数通过整个测试库共享。有些函数被所有的测试共享，比如从不希望的错误、日志结果中恢复的函数等。这些函数通常以子程序的形式出现，它们能够从任何地方被调用，并且能返回到调用者。其他形式的通用函数是使用脚本，例如刷新数据库，填入一组已知的记录，删除临时工作文件，或管理测试环境等。明确的定义和共享这些例程会减少和简化测试件的开发和维护。这些脚本必须有一定的组织，只有这样才能单独运行，或作为一个完整测试周期的部分连续执行。图 18-6 是自动化测试框架流程。

（1）SETUP

SETUP 为测试执行准备测试环境。它在每一个测试周期的开始执行，用于验证配置是否正确，是否安装了正确的应用程序版本，所有必要的文件是否可用，所有临时文件或工作文件是否删除等。它也可以完成后台管理任务，例如备份永久性文件，以便以后在系统失效中恢复。如果有必要的话，它还可以初始化数据，甚至为了改进数据库的性能而调用必要的排序算法。基本上，SETUP 是为测试配置或安装测试环境。

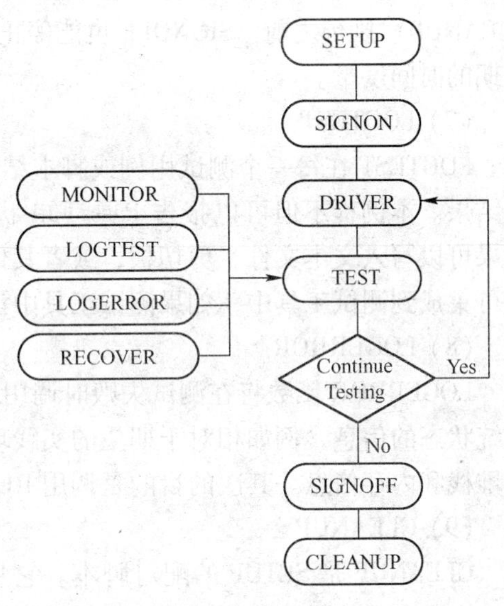

图 18-6　自动化测试框架流程

（2）SIGNON

SIGNON 用于加载应用程序，确保应用程序是可执行的。首先给出访问应用程序所必需的用户名和密码的提示，然后从 SETUP 程序结束的点，运行应用程序，进入另一个已知点，例如主菜单界面。为了测算这个测试周期的执行时间，也可以开启时钟计算器。SIGNON 应该是在每次执行周期执行 SETUP 操作后执行，但它也能作为恢复序列的一部分，在测试失败需要应用程序终止或重启时被执行。

（3）DRIVER

DRIVER 调用一系列的测试用例，组装成一个测试套件或者测试周期。一些测试工具提供该项功能，如果在测试工具中没有该功能，应该开发这个函数。理想情况下，该函数依赖于一个数据文件，用来存储的执行的测试列表和测试序列。如果没有，针对每一个测试套件可能需要单独开发并将其命名为 DRIVER 函数。注：如果你使用 DRIVER 去设计每一个单独的测试，那么在该测试结束时应返回 DRIVER 函数，以便被下一个测试所调用。

（4）MONITOR

用于在每一个事务提交后或者在系统正常的间隙时检查系统当前的状态。对于基于主机的应用程序，这可能是状态行；而对于网络应用程序，这可能是系统消息的广播区域。这个脚本的目的是检查不希望发生的、但可能不可避免会发生的同步消息或者事件。由于结果比较常常是基于预期结果的，必须对一些非预期的结果进行检查，否则主机或网络故障或警告可能会被忽略。

（5）RECOVER

RECOVER 常常被 LOGERROR 调用，实际上，在回滚期间可能被任何丢失上下文环境的脚本调用。取代简单的完全终止测试执行，盲目的继续执行和生产更多的错误，RECOVER将系统的上下文环境恢复到一个正常状态，以便测试套件中的子测试序列可以执行。这包含通过应用程序导航到达一个预先定义的点，例如主菜单，终止应用程序并重启应用程序。RECOVER在重启应用程序时调用SIGNON脚本重新加载应用程序。

（6）SIGNOFF

SIGNOFF与SIGNON时配对的脚本，它终止应用程序并返回系统到一个已知的点，例如程序管理器或者命令提示行。它用在最后一个测试套件结束时，其他共享例程（例如CLEANUP）执行之前。SIGNOFF也能停止测试周期计时器，然后提供一个本次测试的执行周期的时间度量。

（7）LOGTEST

LOGTEST在每一个测试用例或脚本结束时被调用，用于记录当前正在执行的组件的执行结果。本例程不但可以报告Pass/Fail状态，而且还可以清除时间和其他一些测量结果。结果可以写入文本文件、剪切板，或者其他以后可以生产报告的存储媒体。一个测试日志函数可集成到测试工具中，如果测试工具中没有该函数，就应该开发并提供该类函数。

（8）LOGERROR

LOGERROR函数将在测试失败时调用。最初目的是在错误发生时尽可能多的收集关于系统状态的信息，例如相对于期望的实践环境，更多比较成熟的版本可能会涉及到错误发生时堆栈和内存信息。其次的目的是调用RECOVER函数，以便为下一测试恢复环境。

（9）CLEANUP

CLEANUP是SETUP的配对脚本。它从选择的点开始，比如程序管理器，或命令行提示。它主要功能是清除测试环境，包括删除临时文件、工作文件、结果文件备份，以及确保测试环境没有积累由于测试执行过程而产生的“垃圾”。合理设计CLEANUP例程将会保证测试环境的有组织和有效性。

假如设计的测试框架包含了这些共用的函数，当不同的测试人员在为解决同一个问题设计测试用例时，便能避免冗余的产生，也可以提升框架的一致性和结构，使其提供可维护的能力。

18.2 常见的自动化测试工具介绍

自动化软件测试工具是多样化的，它们可以在不同的测试领域使用。在这个时刻有很多工具来帮助软件测试：捕获/回放工具、测试自动执行工具、覆盖分析工具、测试用例生成工具、逻辑性和复杂性分析工具、代码插装工具、缺陷跟踪工具和测试管理工具等。

18.2.1 测试工具分类

1. 捕捉/回放工具

捕捉/回放工具用来记录脚本文件中的测试任务，允许以后回放。它可进行多次测试，并比较结果。这些工具在回归测试中非常有用，类似于测试自动执行工具，只是测试用例是由用户在脚本文件中指定。

2. 覆盖分析工具

覆盖分析工具用来评价测试用例对被测代码结构的覆盖率。这些工具用于识别没有被测试用例覆盖的代码序列。

3. 测试用例生成工具

测试用例生成工具基于诸如需求、数据模型和对象模型等信息，用于产生有意义的测试用例。使用这些工具的主要优点是通过寻找保证最佳代码覆盖率的测试用例，以减少测试的冗余。

4. 测试数据发生工具

测试数据发生工具用于将测试需要的数据填入文件和数据库。数据是随机选择，或基于一些特定的条件。这些工具通常用于当运行测试和负载测试中需要大宗数据时。

5. 逻辑性和复杂性分析工具

逻辑性和复杂性分析工具用来量化代码的复杂性。这些工具有许多可以显示代码的图形结构。这些工具有助于找到必要的测试用例，以执行一些复杂的模块中的代码。

6. 代码插装工具

代码插装工具用于被测程序源代码分析，并插入对特定的功能调用，以收集程序运行的有关资料。

7. 缺陷跟踪工具

缺陷跟踪工具用于管理检测到的错误、状态的信息，并集中这些信息，以便提供有关该缺陷趋势的信息。基于观察到的趋势，改进软件开发周期中的一些过程。

8. 测试管理工具

测试管理工具用于协助测试计划，组织测试元素，包括脚本文件、测试用例、测试报告和测试结果等。

18.2.2 常用测试工具介绍

软件测试工具的主要产品是 Rational（Rational TestFactory、Rational TestManager、Rational Robot、Rational ClearQuest）和 Mercury Interactive（WinRunner、LoadRunner、Test - Director）等。目前常用的自动化测试工具一般可以分为白盒测试工具、黑盒测试工具、性能测试工具，此外还有测试管理（测试流程管理、缺陷跟踪管理、测试用例管理）工具。常用的白盒测试有 Telelogic 公司的 Logiscope 软件、Compuware 公司的 DevPartner 软件以及 IBM 公司的 Rational-Purify 等；常用的黑盒测试工具有 IBM 公司的 Rational 系列，如 TeamTestRobot、Compuware 公司的 QACenterm 等。如图 18-7 所示，从图中可清楚地看出测试工具在测试周期中的地位。

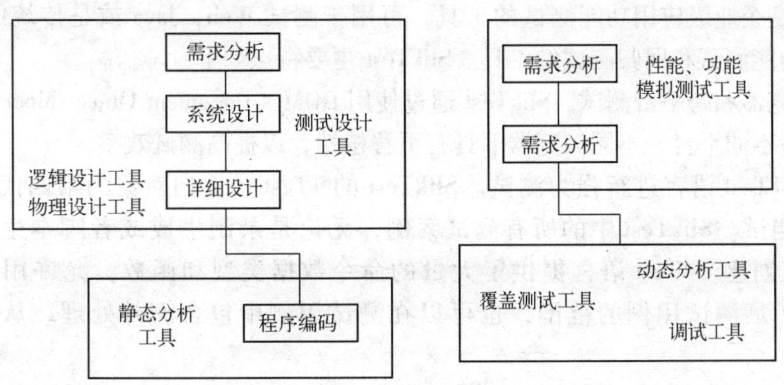

图 18-7　测试周期中的测试工具

自动化测试工具要实现自动化从而代替人的手工操作只需要实现如下的3个功能。

1）对象识别。手工测试中点击鼠标和键盘是必须的操作，使用工具来做测试则需要首先找到它应该点哪个对象，应该在哪个文本框中输入值。

2）检查点。检查点就是期望结果。我们将期望结果写入检查点，运行过程中工具将实际结果与检查点进行对比来决定测试是否成功代替人工判断。

3）参数化。为了实现的代码的重用和不同的输入，使用参数化来完成并可提升测试效率。当前流行的自动化测试工具有很多，对每种测试工具的功能和特性有个大体的了解，才能帮助测试人员从一开始就知道哪一款测试工具适合自己的项目，从而保证测试效率。

18.2.3 功能测试工具简介

1. WinRunner

WinRunner软件是Mercury公司开发的一款备受欢迎的软件功能测试工具。目前有超过2.4万家企业和25万名质保专家在使用这款强大的解决方案。WinRunner可以自动捕获、验证、重放用户间的交流，让测试人员可以轻松识别缺陷，以确保业务流程部署后可以顺利、可靠地运行。WinRunner的主要功能包括创建测试、插入检查点、检验数据、增强测试、运行程序、分析结果、维护测试。WinRunner能够有效地帮助测试人员对复杂的企业级应用的不同发布版进行测试，提高测试人员的工作效率和质量，确保跨平台的、复杂的企业级应用无故障发布及长期稳定运行。

WinRunner通过自动捕获检验和重复用户交互的操作，检验应用程序是否如期运行。WinRunner能够确保跨越多个应用程序和数据库的业务流程在初次发布时就能避免出现故障，并且可以长期可靠运行。WinRunner的使用过程如下：用WinRunner创建一个测试，记录下一个标准的业务流程；在记录一个测试的过程中可插入检查点，在查询潜在错误的同时，比较预想和实际的测试结果；在插入检查点后，WinRunner会收集一套性能指标，在测试运行时对其验证。WinRunner执行测试时自动操作应用程序，它的意外处理功能为测试排除干扰，包括消息和警报，一旦测试运行后，WinRunner的互动式的报告工具通过提供详尽的、易读的报告，其中列出测试中发现的差错和出错的位置。

2. SlikTest

SlikTest是企业级应用功能测试的工具，可用于测试Web，Java或是传统的C/S结构，是自动化的功能测试和回归测试的工具。SlikTest主要特点如下：

1）跨浏览器和跨平台测试。SlikTest通过使用DOM（Document Object Model）技术，确保测试脚本在不同平台、不同浏览器下具有可移植性，以提高测试效率。

2）使用4Test语言进行强力测试。SlikTest的4Test是面向对象的第四代语言，特别适用于复杂测试。SlikTest中的所有测试案例，无论是录制生成或者脚本生成，均可使用4Test语言创建。4Test语言提供了大量的命令数据类型和函数，允许用户通过循环和分支结构扩展测试用例的范围，也可以在测试用例中包含例外处理，从而保证脚本的强壮性。

3）分布式应用的集中测试。SlikTest的分布式测试结构可以同时跨越多平台运行同一个测试，包括Windows和UNIX前端浏览器，以及基于Java的网络系统环境。

4）对质量过程的有效管理。SlikTest 提供了跨多平台、开发环境、多浏览器的测试计划开发、执行及结果报告，通过 SlikTest 可以共享测试计划、词汇、测试案例等。

3. QTP

Mercury/HP 公司的 QTP – Quick Test Professional 是一款基于 Web 的自动化功能测试软件，可以在各种 IT 和应用程序环境中进行质量保证测试，包括一套完整的、基于角色的应用程序，以及开放、可扩展的基础构架，以便对主要的质量活动进行优化和自动化。QTP 有如下特点：

1）轻松创建测试。直观的记录流程能在 GUI 上轻轻建立测试，即使技术知识有限的用户也能生成完整的测试，可以直接编辑测试指令来满足各种复杂测试的需求。

2）拥有 Windows 和 UNIX 上的功能测试软件。支持在不同的 UNIX 和 Windows 版本上实现不同应用类型的测试，如 Terminal、GUI、Web 和 ERP 等。

3）支持不同的开发语言和标准。支持 Delphi、Java、C、C++、VB、PowerBuilder、Web、.NET 和 ERP 环境，如 Oracle、SAP、PeopleSoft、Siebel 等，以及 Oracle 开发环境，TE 开发环境等。

4）可插入检查点。包括文本的、GUI、位图和数据库，在查寻潜在错误的同时，比较预想和实际的测试结果。

5）增强测试。简单地将一个记录下的业务流程转化为一个数据驱动的测试，来反映多个用户各自独特，且真实的操作行为。

6）支持 Citrix 和 MS Terminal Service 环境中的安装和使用。

18.2.4 性能测试工具简介

1. LoadRunner

LoadRunner 是一种预测系统行为和性能的负载测试工具，通过模拟成千上万名用户和实施实时性能监测来确认和查找问题。LoadRunner 能够对整个企业架构进行测试，通过使用 LoadRunner，企业能最大限度地缩短测试时间、优化性能和加速应用系统的发布周期。LoadRunner 通过模拟实际用户的操作行为和实际实时性能监测，来帮助测试人员更快地确认和查找问题。

LoadRunner 中的 VirtualUserGenerator 引擎能很简便地创建系统负载，用 VirtualUserGenerator 建立测试脚本后，可以开始对其进行参数化操作，从而满足多套数据的测试，精确的反应工作负载。LoadRunner 内含的实时监测器可以实时显示交互的性能数据，从而从客户和服务器双方面评估这些系统组件的运行性能，以便更快地发现问题。一旦测试完毕，LoadRunner 汇总所有的测试数据，通过提供高级分析和汇报能力，以便迅速查找到性能问题，追溯原由。

2. JMeter

Apache JMeter 是 Apache 公司组织开发的基于 Java 的压力测试工具。最初设计用于 Web 应用测试，后来扩展到其他测试领域，用于测试静态和动态资源，例如静态文件、Java 小服务程序、CGI 脚本、Java 对象、数据库，FTP 服务器等，用于对服务器、网络或对象模拟巨大的负载，在不同压力类别下测试它们的强度和分析整体性能，可以使用 JMeter 做性能的图形分析，或在大的并发负载下测试服务器、脚本、对象。JMeter 工具有如下的特点：

1）能够对 HTTP 和 FTP 服务器进行压力和性能测试，也可以对任何数据库进行同样的测试（通过 JDBC）。

2）完全的可移植性和 100% 纯 Java。

3）完全的 Swing 和轻量组件支持（预编译的 JAR 使用 javax. swing. * 包）。

4）完全多线程框架。允许通过多个线程，并发取样和通过单独的线程组，对不同的功能同时取样。

5）精心的 GUI 设计，允许快速操作和更精确的计时。

6）缓存和离线分析、回放测试结果。

7）可链接的取样器，允许无限制的测试能力。

8）各种负载统计表和可链接的计时器可供选择。

9）数据分析和可视化插件，提供了很好的可扩展性，以及个性化。

10）具有提供动态输入到测试的功能。

11）支持脚本编程的取样器。

18.2.5 测试管理工具简介

1. TD/QC

TD-Test Director，是 Borland 公司产品 Turbo Debugger 的 IA－16 版本，是在 Windows 平台上，基于 B/S 框架的测试管理工具，也是一个具有图形用户界面的程序调试器。TD 可实现需求管理、测试计划、测试执行、缺陷管理等功能。利用 TD，用户能够调试已有的可执行程序；也可以在 TD 中直接输入程序指令，TD 能立即将输入的指令编译成机器指令代码并执行。

TestDirector 能消除组织机构间、地域间的障碍，让测试人员、开发人员或其他的 IT 人员通过一个中央数据仓库，异地交互测试信息。TestDirector 将测试过程流水化——从测试需求管理，到测试计划、测试日程安排、测试执行、出错后的错误跟踪。TD 采用 B/S 架构，其 Web 界面简化了需求管理过程，可以方便地测试应用软件的特性或功能。

QC-Quality Center，是 TD 的升级版本，支持多版本的操作平台，如 Windows，Solar's UNIX 等，是 Mercury Interactive 公司（现在软件版权属于惠普公司）推出的一个基于 Web、支持测试管理的软件工具。QC 把 TD 转移到了 J2EE 平台上，支持 WebLogic，JBoss，支持 QTP/WinRunner。该软件提供统一、可重复的流程，用于收集需求、计划和安排测试、分析结果，以及管理缺陷和问题。可使用该软件在较大的应用程序生命周期中实现特定质量流程和过程的数字化，该软件还支持在 IT 团队间进行高水平沟通和协调。

Quality Center 可以集成 Mercury 测试工具，以及第三方和自定义测试工具、需求和配置管理工具等，并实现无缝地与选择的测试工具通信，提供一种完整的解决方案，使应用程序测试完全自动化。Quality Center 可指导完成测试流程的需求指定、测试计划、测试执行和缺陷跟踪阶段。它把应用程序测试中所涉及的全部任务集成起来，有助于确保客户能够得到最高质量的应用程序。

2. Bugzilla

Bugzilla 是 Mozilla 公司提供的一款具有缺陷跟踪功能的软件，是一个共享的免费的产品缺陷记录及跟踪工具（Bug Tracking System），专门为 UNIX 而定制，创始人是 Terry. Weissman，开始时使用一种名为“TCL”的语言创建的，后用 Perl 语言实现，并作为 Open Source 发布。Bugzilla 可以管理软件开发中缺陷的提交（new），修复（resolve），关闭（close）等整个生命周期。Bugzilla 具有如下特点：

1）基于 Web 方式，安装简单、运行方便快捷、管理安全。

2）有利于缺陷的清楚传达，系统使用数据库进行管理，提供全面详尽的报告输入项，产生标准化的 Bug 报告。

3）提供大量的分析选项和强大的查询匹配能力，能根据各种条件组合进行 Bug 统计，当错误在它的生命周期中变化时，开发人员、测试人员及管理人员将及时获得动态的变化信息，允许获取历史纪录，并在检查错误的状态时参考这一记录。

4）系统灵活，强大的可配置能力。Bugzilla 工具可以对软件产品设定不同的模块，并针对不同的模块设定开发人员和测试人员，这样可以实现提交报告时自动发给指定的责任人，并可设定不同的小组；设定不同的用户对 Bug 记录的操作权限不同，可进行有效的控制管理；允许设定不同的严重程度和优先级，可以在错误的生命期中管理错误，从最初的报告到最后的解决，都有详细的记录，确保了错误不会被忽略，同时，可以让开发人员将注意力集中在优先级和严重程度高的错误上。

5）自动发送 E－mail 通知相关人员，根据设定的不同责任人，自动发送最新的动态信息，有效的帮助测试人员和开发人员进行沟通。

18.2.6 单元测试工具简介

1. C++Test

C++Test 是 Parasoft 公司开发的一款针对 C/C++的自动化测试工具。Parasoft 公司是全球领先的软件测试工具和整体解决方案的专业开发供应商，AEP（自动错误预防）理论的创始者，软件测试领域的领导者。Parasoft 公司成立于 1987 年，总部设在美国加利福尼亚州的蒙罗维亚市。前身是一家专业为美国国防部提供并行计算等专业服务的机构。拥有 20 年丰富的专业技术积累和行业应用经验，专注于软件测试领域，18 项软件技术专利，致力于帮助客户迅速提高软件质量的同时大幅缩短上市周期，降低开发成本，Parasoft 公司拥有遍布全球的分支机构和分销商网络，全球超过 1 万家客户，财富 500 强公司中的 58%。财富 100 强公司中的 88% 都正在使用 Parasoft 公司的产品和解决方案。C++Test 就是 Parasoft 公司的一个实践集成解决方案，它能有效提高开发团队工作效率和软件质量。C++Test 的主要功能如下：

1）内存错误检测，定位那些可能导致应用程序运行错误或者崩溃的，难以发现的内存错误。

2）静态代码分析，保证代码能够满足在安全性、可靠性、性能和可维护性等方面的统一的要求。通过建立预防编码规定，消除所有的编程错误。

3）静态数据流分析，在不需要测试用例，也不需要执行应用程序的情况下，检查复杂的运行时可能发生的错误。检测的缺陷主要包括使用未初始化或者未生命的内存、空指针的引用、数组和缓存的溢出、除数为零、内存和资源泄漏和无效代码。

4）计量分析，标记出更易于出错且难于维护的复杂代码。

5）同行代码审查过程自动化，自动化和管理的同行代码审查流程，包括准备、通知和跟踪，并减少在桌面上进行远程代码审查的开销。

6）生成和执行单元测试，使团队能够在系统完成之前就开始验证系统的功能和可靠性，减少了有些下游流程的时间和成本，如调试。

7）运行时错误检测，在应用程序运行时，自动地报告缺陷，包括内存泄露、空指针、未初始化的内存、缓存溢出等。

8）以目标为基础的嵌入式测试执行流程，支持在主机、模拟器和目标硬件上进行测试。自动执行完整的以目标为基础的测试执行流程，包括测试用例生成、交叉编译、部署以及将结果加载回图形用户界面。

9）自动化回归测试，生成并执行回归测试用例，以检查新增的代码是否破坏了现有的功能或影响了应用程序的行为。

10）覆盖率分析，用多指标的测试覆盖率分析器来评估测试套件的效率和完整性，包括语句覆盖、分支覆盖、路径覆盖和 MC/DC 覆盖。这些指标能够保证满足那些测试和验证要求。

11）团队部署和工作流程，建立一个可持续的进程，以确保软件验证任务能够更好地自动化，并根深蒂固地融入到团队的现有工作流程中，这样团队成员就能够集中精力去解决那些更需要智慧的问题。

12）错误分配和分发，简化错误复审和修改。每个缺陷都按照优先级排列，然后分配给编写相关代码的开发人员，并且直接把有问题的代码的直接链接发给他或她的 IDE。

13）集中式报告，确保对质量状况和进程的实时可视性。这能够帮助管理者评估审核记录趋势，同时能够帮助管理者决定，为了满足规定是否还需要进行其他活动。

2. CppUnit

CppUnit 是一个测试驱动开发的测试框架。CppUnit 是 xUnit 家族中的一员，它是一个专门面向 C ++的测试框架。CppUnit 是个基于 LGPL 的开源项目，最初版本移植自 JUnit，是一个非常优秀的开源测试框架。CppUnit 和 JUnit 一样主要思想来源于极限编程（XProgramming）。主要功能就是对单元测试进行管理，并可进行自动化测试。CppUnit 的主要模块包括：写测试配置、构造断言、创建测试套件、执行测试、跟踪测试执行、写测试结果、浏览测试结果、创建用户自定义断言等，这些模块概况了 CppUnit 的主要功能，现介绍如下：

1）开发测试用例，CppUnit 提供了测试对象，用于开发测试用例，以及对测试用例进行组织管理。

2）执行测试，在 CppUnit 中，可以只执行选定的测试，也可以方便地执行所有的测试。因此可以用于回归测试。

3）收集测试结果，CppUnit 中的测试结果监听者，能够监听测试用例的执行结果，担任结果处理的角色。

4）输出测试结果，可以定制不同的输出格式，让 CppUnit 按照要求将测试结果输出。

CppUnit 提供了丰富的断言，可以满足单元测试的各种需求，而且测试的过程是自动化的，不需要人工干预。CppUnit 是开源工具，不要任何费用，而且可以根据需要修改或添加功能，具有很好的灵活性。CppUnit 是一个测试框架，它只提供了测试的组织和测试结果的显示两方面的功能，不能全面的支持白盒测试。使用 CppUnit 进行单元测试时，需要程序员或测试人员手工编写测试用例，这个时间几乎是编写源程序时间的一到两倍。

3. GTest

GTest 全称 Google C ++ Testing Framework，简称为 Google Test，是 Google 公司发布的基于 xUnit 的 C ++ 单元测试框架。Google Test 能够在多种平台上使用，主要功能包括：支持自动发现测试用例；拥有丰富的断言集，可自定义断言；支持死亡测试；支持致命失败和非致命失败；在运行测试时可设定多种选项，能生成 XML 格式的测试报告等。GTest 的主要功能如下：

- 提供丰富与断言相关的宏，Google Test 中，断言的宏可以理解为分为两类，一类是 ASSERT 系列，当检查点失败时，退出当前函数；一类是 EXPECT 系列，当检查点失败时，继续往下执行。
- 提供了多种事件机制，Google Test 的事件一共有 3 种。全局的，所有案例执行前后；TestSuite 级别的，在某一批案例中第一个案例前，最后一个案例执行后；TestCase 级别的，每个 TestCase 前后。
- 参数化测试的功能，该功能处理测试函数需要传入不同的值的情况。GTest 还提供了应付各种不同类型的数据时的方案，以及参数化类型的方案。以便写更少更优美的代码，完成多种参数类型的测试案例。
- 提供死亡测试，通常在测试过程中，需要考虑各种各样的输入，有的输入可能直接导致程序崩溃，这时就需要检查程序是否按照预期的方式死掉。GTest 的死亡测试能做到在一个安全的环境下执行崩溃的测试案例，同时又对崩溃结果进行验证。
- 提供了一系列的运行参数，使用 Google Test 编写的测试案例通常本身就是一个可执行文件，因此运行起来非常方便。同时，Google Test 也提供了一系列的运行参数（环境变量、命令行参数或代码里指定），可以对案例的执行进行一些有效的控制。

18.2.7 自动化测试环境简介

Seapine 公司的应用程序生命周期管理（ALM）解决方案（Solution）是专为要求最为严苛的软件开发环境设计的。它是一个可扩展的、功能丰富且基于团队的工具。它可以用于高级问题跟踪、软件配置管理、自动化软件测试、测试用例管理、无缝集成，来实现对应用程序的开发过程进行更为有效地控制。

1. TestTrack Pro（开发工作流程和问题管理）

跟踪缺陷、问题和功能需求是任何一个软件开发和质量控制过程的重要组成部分。越早越快地解决 Bug，开发成本就越低，产品质量也越高。TestTrack Pro 使得改善质量、沟通和报告触手可及。使用 TestTrack Pro，在更短的时间创造出更好地软件。

2. TestTrack TCM（测试用例计划和跟踪）

测试应用软件需要成千上万的测试用例，大量用于执行这些测试用例的时间，以及有效管理测试结果的能力。同时，应用软件变得越来越复杂，开发的时间安排也越来越紧张，但是质量却不能打折。TestTrack TCM 能够管理软件测试进程的所有方面，包括测试用例生成、时间安排、执行测试、衡量以及报告。TestTrack TCM 能在更短的时间里做更多的测试，同时产品的质量在不断得到完善。

3. Surround SCM（软件配置管理）

可衡量的、可执行且可重复的软件配置管理和版本控制技术，对于能够按时发布高质量的软件产品至关重要。Surround SCM 的变更自动化、自定义元数据和虚拟分支，使得它能够完全控制软件变更过程、文件状态视图以及简化平行开发。

4. QA Wizard Pro（自动化功能测试和回归测试）

自动化测试是开发和发布高质量应用软件的重要组成部分。QA Wizard Pro 将 Web 和 Windows 应用程序的功能测试和回归测试自动化，帮助质量保证团队在更短的时间里对应用程序进行更多的测试。

5. TestTrack Studio（软件测试规划和跟踪）

从开发测试用例到解决缺陷，TestTrack Studio 能够跟踪和管理测试工作的所有细节。TestTrack Studio 完美地将 TestTrack Pro 的缺陷跟踪功能和 TestTrack TCM 的节省时间的测试用例管理功能融合到一个集成的测试环境中。在 TestTrack Studio 中，QA 经理、产品经理、开发人员和测试人员使用一个协作的解决方案来帮助公司更快的发布更高质量的产品。

6. Seapine CM（完整的软件变更和问题管理）

Seapine CM 将全面的配置管理和灵活的问题跟踪结合到一起，提供了一个完整的变更解决方案。Seapine CM 将高级配置管理工具 Surround SCM 和屡获殊荣的问题跟踪工具 TestTrack Pro 进行了无缝双向整合，它允许用户获取 Bug、Feature Requests，改变需求、源代码文件和任何工具中的数字资产。使用 Seapine CM，可以更聪明地工作，而不是更努力地工作。

18.3 小结

人们使用工具是为了节约体力和脑力，提高劳动效率。运用软件测试工具可以有效地提高测试效率，节约测试人员的劳动。测试自动化则是软件工具的提升，使得软件工具更具有智能性和自动性。

通常而言，在第一次采用自动化测试时，会付出比手工测试更高的代价，但是软件测试往往是重复的劳动，比如回归测试，自动化测试工具在随后的软件测试应用中会得到更高的效率，参见图 18-8。

本章讲解了测试自动化的概念、相关术语、优点及适应的软件测试阶段，介绍了自动化测试的两种常见方法：捕获与回放以及数据驱动的方法。介绍了自动化测试的过程和自动化测试框架。需要注意的是测试自动化并非万能，它不能完全代替人工测试，因为人具有灵活性，而自动化测试则是机械地执行人的指令。

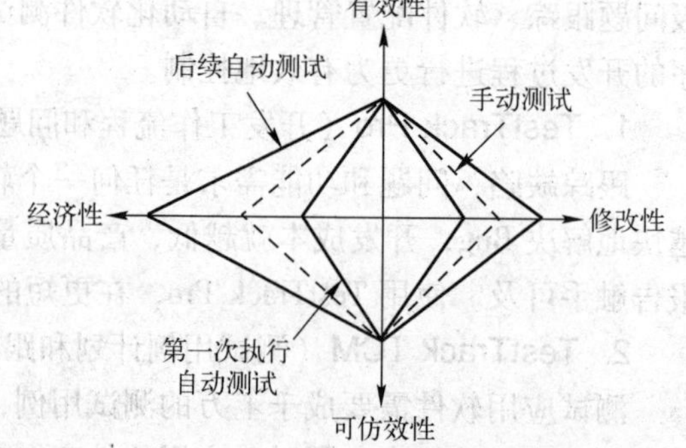

图 18-8 Keviat 图（自动测试的成本效益）

本章最后介绍了测试工具的分类，包括捕获/回放工具、测试自动执行工具、覆盖率分析工具、测试用例生成工具、逻辑性和复杂性分析工具、代码插装工具、缺陷跟踪工具和测试管理工具等，然后对一些常见的测试工具进行了简单介绍，比如 WinRunner、LoadRunner 等。

习题 18

1. 自动化软件测试的好处是什么?
2. 比较手工测试和自动化测试的差异。
3. 阐述软件自动化测试的过程。
4. 常见的测试工具如何分类?
5. 简单说明 WinRunner 测试工具的功能。

第七部分　软件测试的应用

大多数的软件测试应用属于软件系统测试的部分。当软件构建完成之后，不仅要进行软件的功能性测试，还需要进行软件的性能、约束条件等的测试，比如，软件对于硬件的适应性等，这些都是属于软件测试应用的范畴。

第19章　配置测试

19.1　配置测试概述

配置测试(Configuration Test）是指使用各种硬件来测试软件操作的过程。

操作系统、数据库管理系统和信息交换系统等软件都支持多种硬件配置，包括不同类型和数量的I/O设备通信线路，或不同的存储容量。配置测试主要是针对硬件而言。要保证测试的软件使用尽量多样化的硬件组合，其测试过程是测试目标软件在具体硬件配置情况下出不出现问题，为的是发现硬件配置可能出现的问题。如果所有人使用相同的计算机、相同的外设，或许就可以不提配置测试了，可是显然这是不可能事件。通常可能的配置数量非常之大，以至于测试无法面面俱到，但是至少应该使用每一种类型的设备，以最大和最小的配置来测试程序。如果软件本身的配置可忽略掉某些程序组件，或可运行在不同的计算机上，那么该软件所有可能的配置都应测试到。

常用的硬件配置包括主机、部件、外设、接口、可选项和内存、设备驱动程序。

1）主机。著名的计算机生产厂商有很多，像联想、宏基、Dell、HP等，各个厂家品牌机的配置千差万别。

2）部件。大多数PC机是模块化的，由各种主板、磁盘驱动器、CD-ROM驱动器、适配卡、声卡、网卡等部件构成。虽然各部件都有一定的生产标准和规范，但由于每一种部件都有很多不同的生产厂商制造，标准和规范没有得到很好的遵守，因此这些部件是引起软件问题的关键。

3）外设。是指独立工作的其他设备。它们通过接口与计算机进行联系，包括打印机、扫描仪、鼠标、键盘、显示器、投影仪、游戏杆等，外设容易引起兼容性问题。

4）接口。部件和外设都是通过各种接口与PC机相连的，接口可能在PC机内部，也可能在PC外部。常用的接口有USB、PCI、ISA、RS/232等。由于计算机硬件设备的飞速发展，为了适应不同的需求，硬件生产厂商常常会生产带有不同接口的同类部件或外设。

5）可选项和内存。许多硬件具有不同的可选项和内存容量，以适合用户的不同需要。

6）设备驱动程序。所有组件和外设都要通过设备驱动程序与操作系统联系，进而为应用程序提供服务。由于设备驱动程序直接与操作系统打交道，最容易造成系统错误。驱动程序是由相应的硬件生产厂商提供，测试硬件时，应同时进行其驱动程序的测试。

19.2　如何判定配置缺陷

判断缺陷是配置问题而不仅仅是普通缺陷最可靠的方法是，在另外一台有完全不同配置的计算机上一步步执行导致问题的相同操作，如果缺陷没有产生，就极有可能是特定的配置问题，在独特的硬件配置下才会暴露出来；如果缺陷在多种配置中产生，应该是普通的缺陷。

19.3 谁来修复配置缺陷

首先，要找出问题所在。一个配置问题产生的原因很多，要求测试人员在不同的配置中运行软件时仔细检查，以确定缺陷所在。

1）软件可能包含在多种配置中都会出现的缺陷。比如贺卡程序在使用激光打印机时工作正常，而在所有其他的打印机上都不能正常工作。

2）软件可能包含只在某一个特殊配置中出现的缺陷。比如某个视频播放程序只在某个品牌的某种特殊型号的显卡上不能正确播放。

3）某个硬件设备或者其设备驱动程序具有只是测试软件才揭示出来的缺陷。

4）硬件设备或者其设备驱动程序可能包含一个借助许多其他软件才能看出来的缺陷，尽管它可能对测试的软件特别明显。

前两种情况，显然要由项目开发小组负责修复缺陷。

后两种情况，责任不那么清晰。如果该硬件设备属于流行产品，被各界广泛使用，那么，开发小组需要针对缺陷对软件做修改，即使软件的运行是正确的。因为客户不关心缺陷是怎么产生的，他们只要求在自己的系统配置中能正常运行。

归根结底，无论问题出在哪里，解决问题都是开发小组的责任。

19.4 计算工作量

配置测试工作量可能非常大，不可能把可能出现的配置都测试一遍。

假设有一种新的3D游戏，画面丰富，具有多种音效，允许多个用户联机对战，还可以打印游戏细节以便进行策划。

此时，至少需要考虑各种图形卡、声卡、网卡和打印机进行配置测试。如果决定进行完整、全面的配置测试，检查所有可能的品牌和型号组合，就会面临巨大的工作量。

减少测试空间的答案是等价类划分。找出一个等价类划分方法，把巨大的配置可能性减少到尽可能可以控制的范围。由于没有完全测试，因此存在一定的风险，但这正是软件测试的特点！

19.5 执行配置测试

在制定配置测试计划时，会决定哪些配置重要，需要确定测试哪些设备，如何测试，这个决定过程实际上会进行等价类划分工作。执行配置测试的一般过程如下。

1. 确定所需的硬件类型

根据软件的功能，确定哪些类型的硬件需要测试。需要打印的，测试打印机；需要发出声音的，测试声卡；需要进行图形处理的，测试显示器、扫描仪、数码相机等。

注意：

在选择用哪些硬件来测试时容易忽略的一个特性例子是联机注册。有联机注册功能的软件系统，在配置测试中，需要测试 Modem 和网络连接。

2. 确定有哪些硬件、型号和驱动程序可用

目前有哪些硬件可用？可以从近期的计算机类杂志上，看哪些硬件可用，哪些是近期流

行的。还需要确定哪些型号实际上是一样的？这样可以只测试其中的一种型号即可。另外，还要确定要测试的设备驱动程序，一般选择操作系统附带的驱动程序、硬件附带的驱动程序或者硬件或操作系统公司网站上提供的最新的驱动程序。

3. 确定可能的硬件特性，模式和选项

每一种硬件设备都有各种不同的选项，比如彩色打印机可以打印彩色/黑白、照片/文字等，显卡可以设置不同的颜色数、屏幕分辨率等。如果要进行测试的软件只支持其中的几种选项设置，则只测试其支持的选项即可。如果被测软件没有指明其支持的各种硬件选项，此时由于配置参数太多，通常会主要测试常用的配置模式和软件明确要求必须支持的配置模式。

4. 将确定后的硬件配置缩减为可控制的范围

假设没有时间和计划测试所有配置，就需要把成千上万种可能的配置缩减到可以接受的范围，即要测试的范围。

一种方法是把所有配置信息放在电子表格中，列出生产厂商、型号、驱动程序版本和可选项。软件测试员和开发小组可以审查这张表，确定要测试哪些配置。

注意：

把众多配置等价划分为较小范围的决定过程最终取决于软件测试员和开发小组。这没有一个定式，每一个软件工程都不相同，都有不同的选择标准。一定要保证项目小组中的每一个人（特别是项目经理），搞清楚什么配置要测试，什么配置不测试，以及相应的原因。

5. 明确与硬件配置有关的软件唯一特性

不应该也没有必要在每一种配置中完全测试软件。只需测试那些与硬件交互时互不相同的特性即可。换句话说，只测试在不同配置下，软件所具有的唯一特征。

要找出进行测试的唯一特性不是非常容易。首先应该进行黑盒测试，通过查看产品找出明显的特性，然后与小组成员交流，了解其内部的程序结构情况，找出那些与配置有紧密联系的特性。比如测试字处理程序，不需要在每种打印机配置下都测试文件的打开、保存等操作，只需测试在不同的字体、颜色、嵌入图片等情况下检查打印效果即可。如图 19-1 所示。

图 19-1 打印机配置测试用例

6. 设计在每一种配置中执行的测试用例

设计测试用例，并写出测试每一种配置的步骤。完成配置测试的测试用例步骤一般包括：

1）从清单中选择并建立下一个测试配置。

2）启动软件。

3）打开文件 configtest. doc。

4）确认显示出来的文件正确无误。

5）打印相关文档。

6）确认没有错误提示信息，而且打印的文档符合标准文档。

7）将任何不符之处作为软件缺陷记录下来。

实际上，这些步骤还有更多内容，包括具体要做什么、找什么的细节和说明。目标是建立任何人都可以执行的步骤。

7. 在每种配置中执行测试

执行测试用例，仔细记录并向开发小组报告结果，必要时还要向硬件生产厂商报告。执行配置测试后，明确缺陷是否是配置缺陷有时候很困难，而且非常耗时。配置测试员通常需要与程序员、白盒测试员紧密合作，分析缺陷来源。

如果软件缺陷是硬件的原因，就需要向生产厂商报告此错误，可以通过各种可行的方式（电子邮件、生产厂商的网站、电话等）进行问题报告。在错误报告中，要指明自己的软件测试员身份及所在的公司，并将测试软件的副本、测试案例和相关的细节发送给生产厂商，便于他们确认问题。

8. 反复测试直到小组对结果满意为止

配置测试一般不会贯穿整个项目期间。最初可能会尝试一些配置，接着整个测试通过，然后在越来越小的范围内确认缺陷的修复，最后达到没有未解决的缺陷，或只在罕见的配置中有缺陷，此时即可结束配置测试。

19.6 获得硬件

即使把要配置的硬件可能性用等价类划分到最低限度，仍然需要很多不同的硬件。如果每一个硬件都买来，其代价非常高昂。有些硬件只是为了测试某个步骤或功能而只使用一次，如果所有硬件都购买，会造成很大浪费。为了获得要进行测试的硬件设备，下面是常用的几个原则。

1. 只买可以或者将会经常使用的配置

某些硬件配置在很多的软件系统中都会用到，在测试小组中拥有这些配置可以方便地完成大多数软件的配置测试。另外，一个测试小组中的每个人具有不同的硬件配置，也可以较方便地进行配置测试。

2. 与硬件生产商联系，看能否租借甚至赠送某些硬件

对硬件生产厂商说明自己正在测试某个软件，希望测试能否在他们的硬件上运行，很多厂商会愿意租借甚至赠送某些硬件给你，因为他们也希望自己的设备能够被更多的软件支持，并在这些测试中检验设备的正确性。

3. 利用可以找到的硬件配置

向全公司的人询问其办公室和家里是否有配置测试需要的硬件，是否允许进行测试。

4. 到专业的配置和兼容性测试实验室去进行配置测试

如果预算充足，可以请专业的配置和兼容性测试实验室进行配置测试。这些专业的实验室拥有几乎所有知名品牌的硬件设备。这些实验室可以根据自身的经验帮忙选择合适的测试硬件并执行需要的测试，然后报告测试结果。

这种方式的缺点是开销会较大，但还是比自己购买硬件要便宜得多。而且这种方式也可以发现很多不容易找到的错误，避免错误遗留到最终发布的产品中。

19.7 小结

本章介绍了软件配置测试的概念及如何进行配置测试。配置测试主要是检查软件在不同硬件配置情况下是否能够正常运行，目的是发现软件在哪些硬件配置情况下会出现问题。本章介绍了常用的硬件配置、如何分离并解决配置缺陷等。

进行配置测试是软件测试新手经常被指派的工作，因为它容易定义，是基本组织技能和等价划分技术的入门，也是与其他项目小组成员合作的一种任务，是项目经理快速验证结果的手段。配置测试的难度是测试空间很繁杂。

习题 19

1. 常用的硬件配置有哪些？
2. 执行配置测试的一般过程是什么？
3. 获得要测试的硬件配置的常用方法有哪些？

第20章 兼容性测试

目前，各类应用软件系统已经到了多如牛毛的地步，而且可以预见其数量还将继续以爆炸式速度增长。软件之间的数据共享和系统资源分享便成为了一个问题，这也是兼容性测试存在的意义。为了最大程度地满足用户的各种需求，一些应用系统经常需要与其他某个系统之间进行导入、导出数据，还需要在各种操作系统和 Web 浏览器上运行，以及与同时运行在同一种硬件上的其他软件交叉操作。软件兼容性测试的目标是保证软件按照用户期望的方式进行交互。可以这样简单的理解，配置测试的对象是硬件，兼容性测试的对象是软件。

20.1 兼容性测试概述

兼容性测试(Compatible Test) 是一种非功能性的软件测试，其目的是评价软件对于其他软件的兼容性，检查软件是否能够与其他软件正确协作，看软件之间是否能够正确地交互和共享信息。以下是软件兼容性的几个例子。

- 在 Web 页面中剪切文字，在字处理软件（Word、记事本等）中粘贴。
- 在 Excel 中保存数据，在 Access 中导入 Excel 格式的数据。
- 在手机中保存通讯录信息，将其导入到计算机中进行保存和处理。
- 将某个系统升级到最新版本，在其中打开并处理以前版本系统保存的数据。
- 在 Windows XP 操作系统上运行的应用程序，在 Windows7 上也可以运行。

目前，越来越多的系统需要与其他系统互相协作工作，软件的兼容性是评价软件质量的一个重要方面。对于兼容性测试，需要考虑的问题包括以下方面。

1）操作系统（MVS、UNIX、Windows 等）。

2）数据库系统（Oracle、Sybase、DB2 等）。

3）其他系统软件（Web 服务器、网络工具、信息传输工具等）。

4）浏览器（Firefox、Netscape、Internet Explorer、Safari 等）。

5）软件版本的向前兼容和向后兼容。

6）数据共享时的格式问题等。

本章重点对操作系统兼容性、浏览器兼容性、软件版本的兼容性进行讨论。

20.2 与操作系统的兼容性

一个应用系统的最终用户究竟使用哪一种操作系统，取决于用户系统的配置。这样，就可能会发生兼容性问题，同一个应用可能在某些操作系统下能正常运行，但在另外的操作系统下可能会运行失败。因此，在系统发布之前，需要在各种操作系统下对系统进行兼容性测试。

操作系统兼容性的测试内容不仅包括安装，还需对关键流程进行检查。需要测试哪些操作系统及版本上的兼容性，一般需要考虑用户和市场需求，取决于软件用户的基本情况。市场上有很多不同的操作系统类型，最常见的有 Windows、Linux、UNIX、Macintosh 等，涉及到这些操作系统的兼容性测试，需要考虑各自的特征。

- Windows 平台：随着微软对 Windows 平台的不断升级，对于上一代操作系统，除非有特殊需求，一般都不再作出支持承诺。测试前要保证测试环境所有的补丁都已安装，在用户文档中也应给出提示。
- Linux 平台：Linux 作为自由软件，其核心版本是唯一的，而发行版本则不受限制，发行版本之间存在着较大的差异。因此被测软件不能简单地说支持 Linux，测试也不能只在 RedHat 最新发行版上进行，需要对发行商、多版本进行测试，用户文档中的内容应明确至发行商和版本号。
- UNIX 平台：由于 UNIX 平台上运行的软件往往需要重新编译才能运行，因此只需按软件的承诺选择测试环境即可。
- Macintosh：使用这类系统的往往是图形专用软件。

20.3 与浏览器的兼容性

浏览器是 Web 客户端最核心的构件，而来自不同厂商的浏览器对 Java、JavaScript、ActiveX、plug-ins 或不同版本的 HTML 有不同的支持，有些 HTML 标签或脚本只能在某些特定的浏览器上显示。例如，ActiveX 是 Microsoft 公司的产品，是为 Internet Explorer 而设计的；JavaScript 是 Netscape 公司的产品，Java 是 Sun 的产品等等。另外，框架和层次结构风格在不同的浏览器中也有不同的显示，甚至根本不显示。不同的浏览器对安全性和 Java 的设置也不一样。

测试浏览器兼容性的一个方法是构建一个兼容性矩阵。在这个矩阵中，测试不同厂商、不同版本的浏览器对某些构件和设置的适应性。

20.4 软件版本的兼容性

很多软件系统会不断地升级版本，对于这类软件很重要的一点是其对于以前版本和以后版本的兼容性问题，即向后兼容和向前兼容。向后兼容是指可以使用软件以前的版本，向前兼容是指可以使用软件的未来版本。

典型的向后兼容和向前兼容的例子是 Microsoft Office 系列软件。用以前 Excel 版本创建的文件可以在新版本的 Excel 中打开并编辑，在新版本中存储这个文件时，可以由用户选择是使用以前版本还是最新版本，如图 20-1 所示。

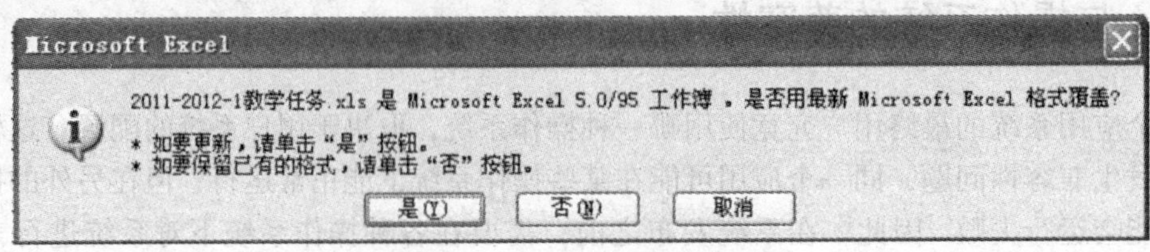

图 20-1　Excel 的向前兼容和向后兼容

20.5 数据共享时的兼容性问题

在应用程序之间共享数据可以增强软件的功能，提高被用户接受的程度。一些比较好的系统通常都支持并遵守关于数据共享的标准，与其他软件共享数据。

程序之间进行数据共享的主要方式包括以下操作。

1. 文件保存和文件读取

把数据存入外部存储设备（U 盘、光盘、移动硬盘等各类存储设备），然后在不同软件或不同计算机上的其他软件中读取。这种方式要求存储的数据格式要符合标准，才能在支持同一个标准的不同软件、不同计算机上保持兼容。

2. 文件导入和文件导出

这是很多程序为了与自身以前版本、其他程序之间保持兼容而采取的一种常用方式。比如在 Microsoft Word 中，可以导入多达几十种格式的文件，如图 20-2。

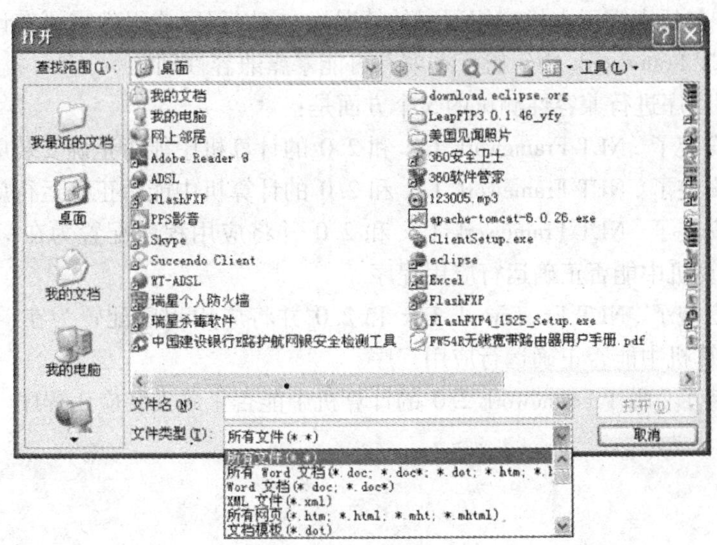

图 20-2 Microsoft Word 可以导入多种格式的文件

3. 剪切、复制和粘贴操作

另外一种数据传输方式是通过剪切、复制和粘贴操作，这种方式不需要借助磁盘文件进行数据共享，实际上是通过使用内存中的剪贴板实现。Windows 操作系统中的剪贴板可以用于存放各种不同的数据格式，比如文本、各种格式的声音、各种格式的图像等，用户执行复制或剪切操作后，所选数据就存放在剪贴板中，执行粘贴操作后，剪贴板中的数据就会复制到目标程序的相应位置上。

4. 动态数据交换

还有两个可以实现系统之间实时共享数据的方式：动态数据交换（Dynamic Data Exchange，DDE）和对象链接和嵌入（Object Linking and Embedding，OLE）。DDE 和 OLE 是 Windows 中使用的在两个程序之间实时传递数据的方式。复制粘贴是手工操作完成数据的传送，而 DDE 和 OLE 是实时在两个程序之间自动地进行数据传输。一个典型的例子是在 Word

中编辑由 Excel 创建的一个直方图。如果这个图是用复制粘贴的方式放入 Word 中，则这只是图在复制时刻的一个快照；如果把这个图作为一个对象与 Word 文档链接，则当这个图在 Excel 中发生变化时，新的图会自动出现在 Word 文档中。

20.6 兼容性测试的一个案例

许多使用托管代码的应用程序要求在计算机上安装特定版本的 .NET Framework，在某些情况下，在特定版本的 .NET Framework 上开发的应用程序尝试在较新版本的 Framework 中运行时可能会遇到问题。为了确保应用程序的正确性，需要在不同版本的 .NET Framework 环境中测试应用程序的兼容性。

可以进行下面 5 个方面的兼容性测试，以验证应用程序能否在较新的 .NET Framework 版本中正常工作。.NET Framework 兼容性的一个重要原理是并行（Side-by-Side，SxS）执行，这意味着完全托管的应用程序将尝试在其构建时所用的 .NET Framework 版本中运行。在某些配置中（包括寄宿于本机应用程序的情况），应用程序或组件需要在计算机上可用的最新版本的 .NET Framework 中运行，这就有可能暴露兼容性问题。

需要为应用程序进行兼容性测试的 5 个方面是：

1）在并行安装了 .NET Framework 1.x 和 2.0 的计算机中能否正确安装应用程序。

2）在并行安装了 .NET Framework 1.x 和 2.0 的计算机中能否正确运行应用程序。

3）在并行安装了 .NET Framework 1.x 和 2.0 并将应用程序配置为在 .NET Framework 1.x 上运行的计算机中能否正确运行应用程序。

4）在并行安装了 .NET Framework 1.x 和 2.0 并将应用程序配置为在 .NET Framework 2.0 上运行的计算机中能否正确运行应用程序。

5）在只安装了 .NET Framework 2.0 的计算机中能否正确安装应用程序。

20.7 小结

兼容性是日常软件使用中经常用到的术语，兼容性表示软件之间是否可以很好的交互或共享数据，比如运行在 Windows XP 下的程序是否可以运行在 Windows 7 下面？Word 2010 程序是否可以读取 Word 2003 的数据，反之如何？

本章介绍的兼容性测试是检查某种软件与其他软件之间的交互性和数据共享性，看被测软件在不同的软件环境下是否能够正常运行。本章介绍的兼容性测试中，经常需要进行的兼容性测试方面包括操作系统兼容性、浏览器兼容性、软件版本的兼容性等。

习题 20

1. 兼容性测试与配置测试的不同是什么？
2. 什么是向前兼容？什么是向后兼容？

第21章　本地化测试

21.1　本地化测试概述

本地化(Localization)就是将一个应用系统变成适用于某个特定区域或特定文化的过程，比如将英文版本的Windows操作系统改成中文版本的Windows操作系统就是本地化。为一个国家或地区编写的软件不一定能被其他地区或国家的用户很好地接受，即使都是英语国家也是这样，因为有美国英语、加拿大英语、澳大利亚英语和英国英语等，它们之间存在差异，对系统的要求也会不一样。

对一个应用系统进行本地化时，需要考虑到当地的语言、方言、地区习俗和文化。本地化包括用户界面的翻译、为适应特定文化而改变一些图形、帮助文档的翻译等。

本地化测试(Localization Testing)就是对软件的本地化版本进行的测试。在测试过程中，主要测试特定目标区域设置的软件本地化质量。

本地化软件的错误主要分为两大类。

1. 功能错误

功能错误一般是由于源程序软件编码错误引起的。

2. 翻译错误

翻译错误一般是由于软件本地化引起的。

本地化测试更注重因本地化引起的错误，例如翻译是否正确、本地化的界面是否美观、本地化后的功能是否与源语言软件保持一致等。本地化测试的环境是在本地化的操作系统上安装本地化的软件。

本地化测试是基于软件的全球化（Globalized）测试基础上进行的。在全球化测试中，已经验证了软件具有支持这种语言的功能。如果一个产品的全球化程度不足以支持这种目标语言，那么开始就不应该考虑将这个产品进行这种语言的本地化处理。

从测试方法上可以分为基本功能测试、安装/卸载测试、当地区域的软硬件兼容性测试。测试的内容主要包括软件本地化后的界面布局和软件翻译的语言质量，其中软件翻译的语言质量包含软件、文档和联机帮助等部分。这里主要介绍本地化测试的内容。

21.2　本地化测试的内容

在本地化测试中，一个主要的问题是确保被测产品能够适合要推向的市场。要达到这个目标，在进行本地化测试时，需要考虑如下5个方面的测试。

21.2.1　用户界面问题

用户界面问题通常表现为以下几方面。

1）控件的文字被截断。对话框中的文本框、按钮、列表框、状态栏中的本地化文字只显示了一部分。

2）控件或文字没有对齐。对话框中的同类控件或本地化文字没有对齐。

3）控件位置重叠。对话框中的控件彼此重叠。

4）多余的文字。软件程序的窗口或对话框中的出现多余的文字。

5）丢失的文字。窗口或对话框中的文字部分或全部丢失。

6）不一致的控件布局。本地化软件的控件布局与源语言软件不一致。

7）文字的字体、字号错误。控件的文字显示不美观，不符合本地化语言的正确字体和字号。

8）多余的空格。本地化文字字符之间存在多余的空格。

21.2.2 翻译质量问题

由于翻译的水平不够，可能出现的错误包括以下几个方面。

1）文字没有本地化。对话框或窗口中的应该本地化的文字没有本地化。

2）文字不完整地本地化。对话框或窗口中的应该本地化的文字只有一部分本地化。

3）错误的本地化。源语言文字被错误地本地化，或者对政治敏感的文字错误地进行了本地化。

4）不一致的本地化。相同的文字前后翻译不一致；相同的文字各语言之间不一致；相同的文字软件用户界面与联机帮助文件不一致 。

5）过度本地化。不应该本地化的字符进行了本地化。

6）标点符号、版权、商标符号错误。标点符号、版权和商标的本地化不符合本地化语言的使用习惯。

21.2.3 由于本地化出现的功能错误

功能缺陷是本地化软件中的某些功能不起作用、功能错误、或者与源语言功能不一致。在本地化测试中，首先要确定本地化软件功能是否与源语言软件功能一致。其次，需要测试由于本地化而带来的其他功能错误，主要包括以下方面内容。

(1) 功能不起作用：菜单、对话框的按钮、超链接不起作用。

(2) 功能错误

菜单、对话框的按钮、超链接引起程序崩溃。

菜单、对话框的按钮、超链接带来与源语言软件不一致的错误结果。

超链接没有链接到本地化的网站或页面。

软件的功能不符合本地化用户的使用要求。

(3) 热键和快捷键错误

菜单或对话框中存在重复的热键。

本地化软件中缺少热键或快捷键。

不一致的热键或快捷键。

快捷键或快捷键无效。

（4）文本计算错误

文字排序错误：在显示文件列表或者网站地址列表时，源语言程序中可能是按照英文字母字典序排序显示，在本地化为某种其他语言后，其排序规则会发生变化。软件是否支持以当地文字的排序方式显示？比如在中文显示中，是否支持按照中文笔画顺序排序？

大小写转换错误：很多程序员擅长的大小写转换方式是在字母的 ASCII 码值上加/减 32，可以完成英文字母 a ~ z 的大小写转换。问题是，这一点不适用于其他扩展字符。

21.2.4 源语言国际化缺陷

源语言国际化缺陷是在源语言软件设计过程中对软件的本地化能力的处理不足引起的，它只出现在本地化的软件中。包括的错误有以下方面。

1）区域设置错误

本地化日期格式错误。年月日的顺序，使用什么样的分隔符（“-”还是“/”），小于 2 位数的月和日是否应该有前导 0。

本地化时间格式错误。12 小时制还是 24 小时制，分隔符是什么。

本地化数字格式（小数点、千位分隔符）错误。

本地化货币单位或格式错误。不同地区货币符号及其显示位置各不相同。

本地化度量单位错误。米制还是英制。

本地化纸张大小错误。各地习惯使用的纸张是 A4 还是 letter 大小。

本地化电话号码。电话号码位数、分隔符。

地址错误。地址书写顺序、邮政编码位数等。

2）双字节字符错误

特别地，在测试本地化为中文的软件的时候，由于中文中的每个字是双字节字符，因此，要非常注意对双字节字符错误的测试。双字节字符错误产生原因有如下：一是源程序在设计时没有考虑双字节语言的支持；二是软件本地化后，单字节字符向双字节字符转化过程中，由于单字节和双字节之间的差别，可能使得某些本地化后的双字节字符显示为乱码；三是软件本地化后，对程序中控制符号如换行符“\n”的处理错误而引起乱码。双字节字符错误主要有如下几种：

不支持双字节字符的输入。

双字节字符显示乱码。

不能保存含有双字节字符内容的文件。

不能打印双字节字符。

21.2.5 安装/卸载性能测试

测试本地化的软件是否可以正确地安装/卸载在本地语言的操作系统上（包括是否支持本地语言的安装目录名）；安装/卸载前后安装文件、快捷方式、程序图标和注册表等的变化是否与源语言程序一致。

另外，最好还要在产品投入到当地市场之前，检查一下是否符合当地的法律、法规。

21.3 本地化测试的特点

本地化测试的对象是本地化的软件、网站、联机帮助等内容，除了具有软件测试的一般特征，还具有以下特征。

1. 本地化测试对语言的要求较高

不仅要准确理解源语言（因为原始的关于测试的全部文档，例如测试计划、测试用例、测试管理文档、工作邮件等都是用源语言写的），还要使用本地化母语的人员进行本地化测试，这可以帮助确定本地化软件中的语言质量问题。例如，要测试简体中文的本地化产品，中国内地人完全可以胜任，而测试德语本地化软件，需要母语是德语的测试人员才能满足要求。

2. 本地化测试以手工测试为主，但是经常使用许多定制的专用测试程序

手工测试是本地化测试的主要方法，为了提高效率、满足特定测试需要，经常使用各种专门开发的测试工具。

比如，HtmlQA 是 SDL International 公司针对软件本地化行业开发的商业工具，用于测试源语言和本地化语言的项目文件的本地化质量，每个项目文件包含一系列 HTML 文件。HtmlQA 可以执行一系列本地化 HTML 文件检查，确定本地化的 HTML 文件与源语言对应的 HTML 文件具有一致的功能。

3. 本地化测试通常采用外包测试进行

为了降低成本、保证测试质量，国外大的软件开发公司都把本地化的产品外包给各个不同的专业本地化服务公司，软件公司负责提供测试技术指导和测试进度管理。

4. 本地化测试的缺陷具有规律性特征

本地化缺陷主要包括语言质量缺陷、用户界面布局缺陷、本地化功能缺陷等，这些缺陷具有比较明显的特征，采用规范的测试流程，可以发现绝大多数缺陷。

5. 本地化测试特别强调交流和沟通

由于实行外包测试，本地化测试公司要经常与位于国外的软件开发公司进行有效交流，以便测试按照计划和质量完成。有些项目需要每天与客户交流，发送进度报告。更多的是每周报告进度，进行电话会议、电子邮件等交流。此外，本地化测试公司内部的测试团队成员也经常交流彼此的进度和问题。

6. 本地化测试属于发展比较迅速的专业测试

一方面，由于中国属于较大的软件消费市场，国外大的软件公司为了在中国获得更多的软件销售利润，越来越多的软件都要进行中文本地化。另一方面，中国成为新兴的软件外包服务提供国，国外公司逐渐把软件外包测试放在中国进行。这样，本地化测试就不断发展起来，目前中国很多大型本地化服务公司的本地化测试业务都呈现稳定增长的态势。

21.4 小结

随着越来越多国际化的软件出现，软件的本地化测试成为必需。本章介绍了本地化测试

的基本概念、本地化测试的内容及其测试特点。在本地化测试中，需要考虑的方面包括用户界面问题，翻译质量问题，由于本地化出现的功能错误、源语言国际化缺陷、安装/卸载性能测试等。实际上，在不同软件的本地化测试中，根据软件的实际情况，还会有其他一些需要考虑的方面和内容。

习题 21

1. 什么是本地化测试？本地化软件错误主要包括哪些内容？
2. 由于本地化出现的功能错误包括哪些？

第22章 网站测试

网站质量是软件质量面临的全新挑战。一个网站可以有成千上万的，比传统的、非Web应用程序更多的用户，网站的即时性创建和快速的应用交付给用户带来方便，但网站技术的复杂性和浏览器的差异性又使网站测试和质量控制更加困难，而且在某些方面比传统的客户端/服务器（C/S）架构的应用程序测试更微妙。网站的自动化测试是一种趋势，但自动化测试既是机遇又是挑战。

22.1 网站测试的基本概念

网站测试（Web Testing）是针对Web应用的软件测试。由一组相关的活动组成，这些活动都有一个共同的目标，就是发现网站在功能、性能等方面的缺陷。

为了实现这个目标，需要将软件测试的技术和方法运用到网站开发过程中。网站在投入运行之前进行完整的测试，可以帮助解决网站向公众公开所涉及的问题，比如Web应用的安全问题、网站的基本功能以及预期的流量、用户数量和巨大流量尖峰时的安全等。

网站有很多方面的质量度量，不同的网站涉及的质量因素是不同的，度量标准也是不同的，以下是一些常见的质量度量标准。

1）网站内容。包括内容的语法和语义两个层面，语法方面包括文本中的拼写、标点符号和语法的正确等；语义方面包括信息表达的正确性、内容的一致性和无二义性等。

2）网站功能。满足用户需求，包括功能的正确性、稳定性，对一些通用的实现标准（比如Java、AJAX等语言标准）的满足。

3）网站结构。网站的内容和功能的可扩展性，网站各部分的协调、网站内部和外部连接的有效性，网站的作图，网站各部分的连通等。

4）网站可用性。对各类用户有相应的界面支持，用户可以学习和使用所有需要的导航的语法和语义。

5）网站导航能力。能够正确引导用户的访问，所有链接的正确性、网页的可达到和可回溯。

6）网站性能。在不同操作条件、配置和负载下系统的相应速度和过载处理能力。

7）网站兼容性。支持在客户端或服务器端的不同的主机配置。

8）网站可交互性。网站与其他应用和数据库的交互能力。

9）网站安全性。没有潜在的漏洞、能抵抗攻击的能力，信息系统的数据保护和维护功能。

网站质量仍然是网站用户最关心的问题，网站的质量直接影响网站的经营。质量差的网站，比如缺损的网页、错误的图像、CGI-Bin错误等，可能使网站营运费用增加，失去企业形象，甚至损失销售收入。如果终端用户在使用网站过程中遇到错误，就会动摇他们对网站的信心，他们会转向其他网站寻找需要的内容和功能。因此，Web工程师一定要在网站投入使用之前尽可能多地排除错误。

网站的测试、确认和验收是一项重要而且富有挑战性的工作。网站测试与传统的软件测试不同，它不但需要检查和验证网站是否按照设计的要求运行，还要测试网站对不同的浏览器的适应，并从终端用户的角度进行网站安全性和可用性测试。然而，Internet 和 Web 媒体的不可预见性使测试网站变得困难。因此，必须研究新的方法和技术来测试和评估网站。

22.2 网站测试的步骤

网站在进行部署实施前需要进行测试。下面介绍网站测试的 5 个步骤，根据网站的大小、复杂度和整体策略，裁剪以下的步骤，以便符合具体的测试需求。

1. 确定测试目标

确保测试的目标是可实现的，通过编写具体的测试计划，使项目团队能正确理解测试的目标，并围绕目标开展工作。在编写测试计划时，应区分测试目标的优先次序，可以通过提问来明确测试目标的优先次序，比如“哪个是更重要的，是最少缺陷，还是推广到市场的时间最短。”

2. 制定测试流程和报告

保证测试项目组中的每个人都清楚在项目中担当的角色，知道谁在何时应该给谁做什么样的报告。需要正式或非正式地界定测试的流程和报告。不同的网站测试的流程和报告有不同的要求。

3. 创建测试环境

从开发产品的环境中分离出测试环境，这包括独立的 Web 服务器、数据服务器、应用服务器等，可以利用现有的计算机来构建这些测试环境，制定具体的步骤，并按照步骤来分配测试代码。同时，与开发组一起合作，以保证被测试源代码的每个版本都有唯一确定的定义。

4. 执行测试

在创建的测试环境下对网站进行系列测试，进行能在用户终端立刻见到的内容和界面的功能测试，然后聚焦在测试网站的技术能力，这些对用户来说不是显而易见的，比如网站的基础设施、安装和实现问题等。执行的测试顺序是：用户界面测试、网站功能测试、网站性能测试、网站兼容性测试等。

5. 跟踪测试结果

一旦开始执行测试计划，就会产生关于 Bug、问题、缺陷等的大量信息，需要简单地存储、组织和分派这些信息给开发人员，还需要管理测试结果和状态，并对测试结果进行分析，得出测试结论。

22.3 用户界面测试

1. 导航测试

导航描述了用户在一个页面内操作的方式，包括在不同的用户接口控制之间，或在不同的连接页面之间。通过考虑下列问题，可以决定一个网站是否易于导航。导航是否直观？网站的主要部分是否可通过主页存取？网站是否需要站点地图、搜索引擎或其他的导航帮助？导航的另一个重要方面是网站的页面结构、导航、菜单、链接的风格是否一致。应确保用户凭直觉就知道网站里面是否还有内容以及内容在什么地方。让最终用户参与导航测试，效果将更加明显。

2. 图形测试

网站的图形包括图片、动画、边框、颜色、字体、背景、按钮等。图形测试的内容有：图形是否有明确的用途？所有页面字体的风格是否一致？背景颜色是否与字体颜色和前景颜色相搭配？图片的大小和质量是否合适？文字回绕是否正确等。

3. 内容测试

测试网站提供信息的正确性、准确性和相关性。信息的正确性是指信息是可靠的，还是误传的。信息的准确性是指是否有语法或拼写错误，这种测试通常使用一些文字处理软件来进行。信息的相关性是指是否在当前页面可以找到与当前浏览信息相关的信息列表或入口。

4. 整体界面测试

整体界面是指整个网站的页面结构设计给用户的一个整体感。例如，当用户浏览网站时是否感到舒适？是否凭直觉就知道要找的信息在什么地方？整个网站的设计风格是否一致？对整体界面的测试采用手动测试，参与人员最好有外部人员。

22.4 网站功能测试

1. 链接测试

链接是网站的一个主要特征，它是在页面之间切换和引导用户访问页面的主要手段。链接测试可分为3个方面。首先测试所有链接是否按所指示链接到页面；其次测试所链接的页面是否存在；最后测试是否有孤立的页面存在（即没有链接指向的页面，只有知道正确的URL地址才能访问）。链接测试可以自动进行，现在已经有许多工具可以采用，比如Xenu Link Sleuth，HTML Link Validator等。链接测试必须在集成测试阶段完成，在整个网站的所有页面开发完成之后进行链接测试。

2. 表单测试

表单是用户提交信息的重要方式，当用户使用表单进行用户注册、登陆、信息提交等操作时，必须测试提交操作的完整性，以校验提交给服务器的信息的正确性。如果使用了默认值，还要检验默认值的正确性。如果表单只能接受指定的某些值，则也要进行测试。如果根据业务规则需要对用户输入进行校验，需要保证这些校验功能正常工作。表单测试可以采用自动化测试方法，比如第一个完整的版本采用手动检查，同时形成WinRunner（QTP）脚本；回归测试以及升级版本主要靠WinRunner（QTP）自动回放测试。

3. Cookies 测试

如果网站使用了Cookies，就必须检查Cookies是否能正常工作。测试的内容包括Cookies是否起作用？是否按预定的时间进行保存？刷新对Cookies有什么影响等。如果在Cookies中保存了注册信息，则确认该Cookies能够正常工作，而且已对这些信息加密。如果使用Cookies来统计次数，需要验证次数累计正确。可以采用黑盒测试方法，或查看Cookies软件的状态，软件工具的支持包括IECookiesView v1.50和Cookies Manager v1.1等。

4. 数据库测试

在 Web 应用技术中，数据库起着重要的作用。数据库为网站的管理、运行、查询和实现用户对数据存储的请求等提供空间。在使用了数据库的网站中，一般情况下，可能发生数据一致性错误和输出错误两种错误。数据一致性错误主要是由于数据库结构不正确，或用户提交的表单信息不正确而造成的；而输出错误主要是由于网络速度或程序设计问题等引起的。

5. 功能组件测试

测试人员需要对应用程序特定的功能需求进行验证。功能组件测试集中于检验功能的某一小部分，例如，一个独立的功能测试用例可能集中于检验当在网页中点击提交按钮时，是否正确的数据信息保存到数据库中；尝试用户可能进行的所有操作，这是用户之所以使用网站的原因，一定要确认网站能像广告宣传的那样神奇。需要深刻理解需求规格说明书，并进行需求的确认测试。

6. 设计语言测试

Web 设计语言版本的差异可以引起客户端或服务器端严重的问题，例如使用哪种版本的 HTML 等。当在分布式环境中开发时，开发人员都不在一起，这个问题就显得尤为重要。除了 HTML 的版本问题外，不同的脚本语言，例如 Java、JavaScript、ActiveX、VBScript 或 Perl 等也要进行验证。

22.5 网站性能测试

1. 连接速度测试

用户连接到网站的速度根据上网方式的变化而变化。当下载一个程序时，用户可以等较长的时间，但如果仅仅访问一个页面就不会这样。如果 Web 系统响应时间太长（例如超过 5 秒钟），用户就会因没有耐心等待而离开。有些页面有超时的限制，如果响应速度太慢，用户可能还没来得及浏览内容，就需要重新登陆了。连接速度太慢，还可能引起数据丢失，使用户得不到真实的页面。

2. 负载测试

负载测试是为了测量网站在某一负载级别上的性能，以保证网站在需求范围内能正常工作。负载级别可以是某个时刻同时访问网站的用户数量，也可以是在线数据处理的数量，例如，网站能允许多少个用户同时在线？如果超过了这个数量，会出现什么现象？网站能否处理大量用户对同一个页面的请求？负载测试应该安排在网站发布以后，在实际的网络环境中进行测试。

3. 压力测试

进行压力测试是指实际破坏一个网站，测试系统的反应。压力测试是测试系统的限制和故障恢复能力，也就是测试网站会不会崩溃，在什么情况下会崩溃。通常提供错误的数据负载，直到网站崩溃，接着当系统重新启动时获得存取权。压力测试的区域包括表单、登录和其他信息传输页面等。

负载/压力测试需要验证系统能否在同一时间响应大量的用户；在用户传送大量数据的时候能否响应，系统能否长时间运行。可访问性对用户来说是极其重要的。如果用户得到

"系统忙"的信息，他们可能放弃，并转向竞争对手。系统检测要使用户能够正常访问站点，在很多情况下，可能会有黑客试图通过发送大量数据包来攻击服务器。出于安全的原因，测试人员应该知道当系统过载时需要采取哪些措施，而不是简单地提升系统性能。压力测试关注瞬间访问高峰、每个用户传送大数据量、长时间的使用等环境下系统的反应，可以采用测试工具 WAS、ACT 协助进行测试。

4. 安全性测试

由于世界上有大量的高智商的黑客存在，任何一个网站都需要关注它的安全问题，需要测试网站在外部和内部威胁下的可靠程度（安全性），网站的安全性必须按照质量安全标准设计和检验。关于安全测试，将在下一节重点讨论。

22.6 网站兼容性测试

1. 平台测试

市场上有很多不同的操作系统类型，最常见的有 Windows、UNIX、Macintosh、Linux 等。网站的最终用户究竟使用哪一种操作系统，取决于用户系统的配置。这样，就可能会发生兼容性问题，同一个应用可能在某些操作系统下能正常运行，但在另外的操作系统下可能会运行失败。因此，在网站发布之前，需要在各种操作系统下对网站进行兼容性测试。

2. 浏览器测试

浏览器是 Web 客户端最核心的构件，来自不同厂商的浏览器对 Java、JavaScript、ActiveX、plug-ins 或不同的 HTML 规格有不同的支持。另外，框架和层次结构风格在不同的浏览器中也有不同的显示，甚至根本不显示。不同的浏览器对安全性和 Java 的设置也不一样。测试浏览器兼容性的一个方法是创建一个兼容性矩阵。在这个矩阵中，测试不同厂商、不同版本的浏览器对某些构件和设置的适应性。

22.7 小结

随着互联网的发展，网站越来越多的影响到人们的生活，从某种意义上讲，网站就是大众的应用软件，受到越来越多人群的关注和使用。本章讲解了网站测试的概念和测试的度量标准，分析了网站测试与通用应用程序之间的差异和测试的困难性，然后介绍了网站测试的步骤，最后对网站的界面测试、功能测试、性能测试、兼容性测试进行了详细的介绍。

习题 22

1. 网站有哪些质量度量？
2. 简单介绍网站测试的步骤。
3. 网站性能测试包括哪些方面的内容？

第 23 章　安全性测试

23.1　安全测试的概念

安全性(Security) ——是指避免受到意外和损失。这里的“意外”是指一个不受欢迎或不在计划内的，但不一定是没有预料到的事件，它至少引起了某特定层次的损失。安全是一个系统问题，不是软件问题。

系统可靠性(System Reliability) 是指一个设备或组件，在规定的环境条件下，在规定的时间内，能够出色地完成它的预订功能的可能性。

安全性不是可靠性。可靠性是对系统失败率的一个度量，用于表示系统不可靠；而安全性是对不安全软件条件的缺失的度量。一方面，一个系统可能是可靠的但不是安全的，比如一个医疗设备在过去的 3 个月里，出色地完成了上百次任务，但是过去 3 个月里有一次失败，导致了一个病人的死亡。另一方面，一个系统可能是安全的但是不可靠的，比如一个道路信号系统在它每次失败的时候都显示红灯。安全性对金融、国防、医疗器械、航空航天、核能和空间站等应用程序来说十分重要，一些严格的安全产品的例子包括心脏起搏器和电击除颤器、飞行控制系统、核能生产系统的开关系统等。

软件的安全性(Software Security) 是指在整个软件的生命周期中，防止应用程序或相关系统在设计、开发、部署、升级或维护中出现安全漏洞（安全策略的例外）。

软件控制着成千上万的系统，处理软件就像处理任何系统构件一样，需要确定出现安全漏洞的原因。如果软件出现安全漏洞，那么就要进行处理。事实上，软件不是漏洞，软件不会失败，对软件的健康监控只能保证软件按照规定执行，不可能检查每行代码，容错与安全不是一回事，卸载软件可能加剧危险的情况。确定软件安全性需求的主要步骤是：确定与系统有关的漏洞；将这些漏洞分类；确定解决漏洞的方法；分配适当的可靠性和有效性需求；确定一个合适的安全完整性级别（Safety Integrity Level，SIL)，根据该级别确定适当的开发方法。

安全测试(Security Testing) 是一个过程，以确定信息系统的数据保护和维护功能如所预期的一样。安全测试包括的 6 个基本的安全概念是：保密性、完整性、身份验证、可用性、授权和不可抵赖性。安全测试作为一个术语有许多不同的含义，并且可以用许多不同的方式完成，这种安全分类可以为在一个基本层面上了解这些不同的方法和意义提供帮助。用于安全测试交付的一般术语如下。

保密性(Confidentiality) 是指信息不对系统的实体（用户、进程或设备）披露的性质，除非它们已被授权访问这些信息。保留对信息访问和披露的授权限制，包括保护个人隐私和专有信息。

完整性(Integrality) 是指未经授权不能修改一个实体的特性。防范不当的信息修改或破坏，包括确保信息的不可否认性和真实性。

身份验证(Authentication) 是核实身份，或由一个实体（用户、进程或设备）声称或假定的其他属性，或验证数据的来源和完整性的过程。验证用户、过程或设备的身份，通常是作为允许访问信息系统的资源的一个先决条件。

可用性(Availability）是对经授权的实体的可访问和可用的特性。确保及时、可靠地获得和使用信息。

授权(Authorization）是指将访问权限授予一个用户、程序或过程，或授予这些特权的活动。

不可抵赖性(Non-Repudiation）是指保证信息的发送者提供了递交凭证和收件人有发件人的身份证明文件，所以以后也不能否认曾经处理的信息。提供能力，以确定是否给予了个人信息，如创建一个特定的动作、发送邮件、审批信息、并接收邮件。

23.2 安全测试分类

可以将安全测试分为：发现、漏洞扫描、漏洞评估、安全评估、渗透测试、安全审计和安全评审等，下面对这些分类作进一步的解释。

1）发现(Discovery）——这个阶段的目的是确定系统使用的范围和服务。它的目的不是去发现漏洞，而是版本检测，突出过时的软件/固件的版本，从而表明潜在的漏洞。

2）漏洞扫描(Vulnerability Scan）——继发现阶段之后，通过使用自动化工具匹配已知漏洞条件，观察是否存在已知的安全问题。通过工具自动设置报告的风险级别，这类工具为非人工的验证或解释。通过使用提供的凭据，进行身份验证服务（如本地Windows账户），可以删除一些常见的误报。

3）漏洞评估(Vulnerability Assessment）——信息系统或产品的系统化检验，以确定保安措施的充分性，识别安全的缺陷，提供数据来预测提出的安全措施的有效性，并确认实施后这些措施是充分的。

4）安全评估(Security Assessment）——建立在脆弱性评估基础上，加入人工核实，以确认风险，但不包括利用漏洞获得进一步的访问。验证可在授权访问系统，以确认系统设置形式，并检查日志、系统响应、错误信息、代码等，安全评估正寻求获得被测系统的覆盖的广度，而不是深度发现某个可能导致的特定的漏洞。

5）渗透测试(Penetration Test）——在评估中的一个测试方法，通常工作在特定的限制条件下，企图规避或攻击一个信息系统的安全性能。

6）安全审计(Security Audit）——由审计/风险功能的驱动下，看一个具体的控制或遵约问题。其特点是一个狭窄的范围，这种类型的约定可以利用前面讨论的任何一种方法(漏洞评估、安全评估、渗透测试)。

7）安全评审(Security Review）——验证适用于系统组件或产品的行业或内部安全标准。这通常是通过完成差距分析，并利用生成/代码审查或审查设计文档和架构图。此活动不采用较早的任何一种方法（漏洞评估、安全评估、渗透测试、安全审计)。

23.3 安全性测试技术

软件安全性测试的目标是对软件进行测试，以确保所有的漏洞被排除或者已经降低了风险。软件安全性测试的主要工作是验证分析结果、调查程序的行为、确保程序符合安全性需求。软件安全性测试重点在于定位程序的薄弱环节，并且确定那些可能违反安全性需求，并导致软件失败的极端或未预料到的情况。软件安全性测试在处理那些被划分为安全关键项（Safety Critical Items）的软件需求方面能力有限。软件安全性测试技术包括构建并分析故障树（Fault Tree），根据故障树生成测试用例。测试结果应该表明每个确定的漏洞都被有效地抵制了。测试覆盖率是用理想值的百分比来评估测试过程的性能，当考虑到一个系统的安全性需求时，任何测试模式都应该达到100%的测试覆盖率。

23.3.1 软件安全分析方法——故障树分析

故障树分析(Fault Tree Analysis，FTA）是用布尔逻辑联合一系列底层的事件，以分析系统的不良状态。故障树分析方法是1961年由H. A. Watson在贝尔实验室研究出来的，用于可靠性工程和系统安全工程，在数量上确定安全漏洞的概率，几乎每个工程准则都在使用这一方法。故障树分析是一种以树桩结构表示事件的图形表现形式，根结点表示一个或一类风险因素，它的叶子结点表示并行的或者有序的先决条件，这些先决条件可能导致该风险发生，这些先决条件可以用逻辑或（OR）和与（AND）进行组合，这些叶子结点可以用相同的方法进行扩展，直到所有的叶子结点都不能再拆分为子事件，用布尔代数量化故障树。故障树的符号如下。

- 矩形符号：表示由其他事件引起的故障事件。
- 圆形符号：表示基本事件。
- 菱形符号：表示未开发的事件（Undeveloped Event）。
- 与门符号：表示与门。
- 或门符号：表示或门。

图23-1为一个故障树的例子。

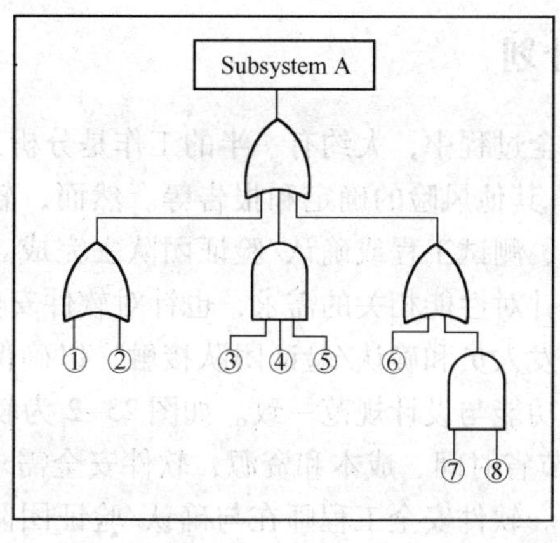

图23-1　一个故障树的例子

许多不同的方法可以用来对一个故障树分析建模，但最常用的方式可以总结为以下几个步骤。请记住，一个故障树用于分析一个单一的故障事件，并认为一个且只有一个事件可以在一个单一的故障树中分析。尽管“故障”可能相差很大，但一个故障树分析对一个事件遵循同样的步骤。故障树分析包括以下 5 个步骤。

1. 定义研究的不良事件

尽管一些事件很容易并能明显观察，但对不良事件的定义是非常难的。一个具有较广系统设计知识面的工程师，或者一个具有工程背景的系统分析师是可以帮助确定和量化不良事件的最佳人选。然后，不良事件用于进行故障树分析，一个事件一个故障树分析，不能两个事件用于一个故障树分析。

2. 获得对系统的理解

一旦选中不良事件，将对各种影响零个或多个不良事件概率的原因进行研究和分析。获得导致事件概率的确切数字通常是不可能的，因为这样做可能是成本很高和耗时的。计算机软件用来研究概率，这可能导致系统的分析成本更低。系统分析员可以帮助了解整个系统。系统设计师有系统的全部知识，这知识对不遗漏任何造成不良事件的原因是非常重要的。对于选定的事件，所有原因编号和按照出现的先后排序，用于下一步。

3. 构造故障树

在选择不良事件和分析系统（获知所有的造成的影响）后，构建故障树。故障树是基于 AND 和 OR 门，它定义了故障树的主要特征。

4. 评估故障树

在为特定不良事件集成故障树后，评估和分析任何可能的改进。换言之，研究风险管理，找出系统改进的方法。这一步是作为最后一步的导入。总之，这一步可以确定所有直接或间接地影响系统可能出现的危害。

5. 控制标识的风险

这一步非常具体，在不同系统有很大差别，但主要的问题始终是，在识别风险后使用所有可能的方法来减少风险发生的概率。

23.3.2 软件安全测试计划

事实上，在软件系统安全过程中，大约有一半的工作是分析工作，另一半工作包括软件安全需求实现的确认/验证，其他风险的确定和报告等。然而，软件安全工程师不需要进行测试，这最好留给测试专家、测试工程或确认/验证团队去完成。软件测试是所有软件开发工作的组成部分。测试不仅针对性能相关的需求，也针对软件安全需求。软件安全需求规格说明团队必须直接与软件开发人员和确认/验证团队接触，以确保代码正确地实现了所有的软件安全需求，并且系统的功能与设计规范一致。如图 23-2 为软件安全测试计划（Software Safety Test Planning），为了节省时间、成本和资源，软件安全需求规格说明团队将安全测试与常规的系统测试工作集成。软件安全工程师在与确认/验证团队合作中识别软件安全需求的重要部分，并通过测试验证。

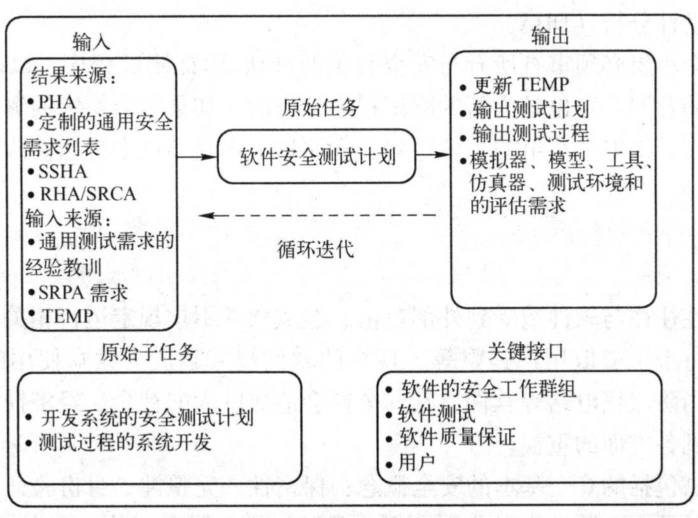

图 23-2　软件安全测试计划

软件测试计划过程必须确认所有的测试团队将使用的模拟器、模型、仿真器和软件工具（不论是为了确认/验证，还是为了安全性测试），以确保所有过程、需求和确认程序到位。这个确认必须在使用这些工具之前完成，以确保工具操纵和交互的数据按要求进行了处理。无效的模式、模拟器等将使测试结果无效。同样重要的是，该软件安全测试计划需解决软件需求工程师（SWSE）将如何参加测试工作组（TWG）会议，以及如何提供测试准备评审（TRR）和安全计划评审局（SPRA）的输入。

从这个软件的安全测试计划过程中输出的包括更新的验证/确认计划、更新的测试和评价总体规划（TEMP）以及模拟器、模型、仿真器、测试环境和工具的评估需求；还包括对软件测试计划（STP）的更新和修改测试程序的建议，以确保所有标识的软件安全需求的测试覆盖率，并根据安全需求标准分析中的需求跟踪矩阵（RTM）和软件验证树进行测试。安全管理者必须整合软件安全测试计划活动到整个软件测试计划和测试和评价总体规划。

这种整合应当包括所有安全关键代码和软件安全需求鉴定。该安全需求标准分析（SRCA）必须包括所有的软件安全需求。该软件安全性测试计划还必须解决测试时间表，包括所有的软件安全需求的功能资格测试（FQT）和系统级测试。安全必须将这个时间表集成到整个软件测试计划和测试/评价总体规划中。该软件安全性测试的时间表将在很大程度上取决于软件测试进度和安全分析。为了避免由于后期软件开发而压缩测试进度，安全时间表必须允许有足够的时间对测试结果进行有效分析。同样重要的是软件系统安全组确定系统级的测试程序或基准测试，来验证在分析（系统漏洞分析 SHA，子系统漏洞分析 SSHA）时确定的危险是否已经消除、减轻或控制。在软件安全性测试计划的过程中，系统的安全必须更新在安全需求标准分析时开发的需求跟踪矩阵，将需求和测试过程联系起来。每个软件安全需求应至少对应一个确认/验证测试程序。多个软件安全需求将链接到多个测试程序。

将软件安全需求与测试程序联系，允许安全工程师确认将测试所有与安全相关的软件。如果该系统存在的安全要求不能链接到现有的测试程序，安全工程师可以建议软件系统安全（SSS）团队开发测试程序，或建议添加一个额外的测试程序到的确认/验证测试程序中。软件安全需求有可能由于需求的性质或在测试设置限制而不能测试的情况。在这种情况下，必须执行软件详细设计分析（DDA）。

软件系统安全小组必须审查所有与安全有关的确认/验证测试程序，以确保测试程序满足软件安全需求的意图，这也是为新的测试程序开发的。如果一个特定的测试程序未能满足需求的目的，软件系统安全小组的责任是建议在测试工作组会议中适当修改验证/确认小组。

23.4 小结

软件的安全性往往与软件遭受到外部攻击、造成软件不按规定运行相关，比如黑客攻击银行系统，从银行系统盗取用户钱财等。现在的软件越来越成为大众使用的工具，有些软件，比如金融、国防、核电站等软件，其安全性会造成巨大的社会、经济损失，因此软件的安全性越来越受到各方面的重视。

软件安全测试包括的 6 个基本的安全概念：保密性、完整性、身份验证、可用性、授权和不可抵赖性。软件安全测试可以分为发现、漏洞扫描、漏洞评估、安全评估、渗透测试、安全审计和安全评审等类型。软件安全性测试的技术包括故障树分析和软件安全测试计划。

习题 23

1. 安全测试包括的基本安全概念是什么？
2. 安全测试可以如何分类？
3. 故障树分析包括哪些步骤？

第 24 章　面向对象测试

24.1　面向对象软件测试概述

面向对象技术是一种全新的软件开发技术，正逐渐代替传统的面向过程开发技术，被看成是解决软件危机的新兴技术。面向对象的软件与传统面向过程的软件相比，在分析、设计、结构和开发技术等方面，都有很大不同。

面向对象技术产生更好的系统结构、更规范的编程风格，极大地优化了数据使用的安全性，提高了程序代码的重用，一些人就此认为面向对象技术开发出的程序无需进行测试。尽管面向对象技术的基本思想保证了软件有更高的质量，但实际情况却并非如此。因为无论采用什么样的编程技术，编程人员的错误都是不可避免的。另外，由于面向对象技术开发的软件代码重用率高，更需要严格测试，避免错误的繁衍。因此，软件测试并没有因为面向对象编程的兴起而丧失它的重要性。

面向对象技术所独有的多态、继承、封装等新特点，使传统的软件测试技术和理论不能直接适用于面向对象技术开发的软件，需要有新的测试技术。因为此类软件具有传统软件所不存在的一些错误，或者使得传统软件测试中的重点不再显得突出，或者使原来测试经验认为和实践证明的次要方面成为了主要问题。

例如，在传统的面向过程程序中，对于函数 y = Function(x)，程序员只需要考虑一个函数 Function()的行为特点，而在面向对象程序中，程序员不得不同时考虑基类函数 Base::Function()的行为和继承类函数 Derived::Function()的行为。面向对象开发的主要特征是通过使用继承机制来实现抽象，由于抽象的使用，使得一些实现细节被隐藏，增加了测试的难度。

面向对象程序的结构不再是传统的功能模块结构，作为一个整体，原有集成测试所要求的逐步将开发的模块搭建在一起进行测试的方法已成为不可能。而且，面向对象软件抛弃了传统的开发模式，对每个开发阶段都有不同以往的要求和结果，已经不可能用功能细化的观点来检测面向对象分析和设计的结果。因此，传统的测试模型对面向对象软件已经不再适用。

24.2　面向对象测试模型

面向对象的开发模型突破了传统的瀑布模型，将开发分为面向对象分析（Object Oriented Analysis，OOA）、面向对象设计（Object Oriented Design，OOD）、面向对象编程（Object Oriented Programming，OOP）3 个阶段。分析阶段产生整个问题空间的抽象描述，在此基础上，进一步归纳出适用于面向对象编程语言的类和类结构，最后形成代码。由于面向对象的特点，采用这种开发模型能有效地将分析设计的文本或图表代码化，不断适应用户需求的变动。针对这种开发模型，结合传统的测试步骤的划分，面向对象测试一般也是分为单元测试、集成测试、系统测试。

面向对象单元测试（Object-Oriented Unit Test）是对程序内部具体单一的功能模块的测试，面向对象单元测试是进行面向对象集成测试的基础。

面向对象集成测试（Object-Oriented Integrated Test）主要对系统内部的相互服务进行测试，如成员函数间的相互作用、类间的消息传递等。

面向对象系统测试（Object-Oriented System Test）是基于面向对象集成测试的最后阶段的测试，主要以用户需求为测试标准。

在测试方法上，面向对象的单元测试，很大程度上可以直接使用传统的结构化测试方法；而对于面向对象的集成测试，结构化测试方法中需要具有处理面向对象方法的动态绑定技术。尽管各阶段的测试构成一相互作用的整体，但其测试的主体、方向和方法各有不同。

24.3 面向对象的单元测试

24.3.1 单元的定义

传统的单元测试是针对程序的函数、过程或完成某一特定功能的程序块。在面向对象单元测试中，单元的概念还没有普遍认可的定义。有人认为应该是类成员函数，也有人认为应该是类。实际上这两种观点的区别只是单元的粒度大小不同，下面通过例子分析这两种观点各自的特点。

如图24-1所示，假设类A有两个方法：METHOD1和METHOD2，它的某个对象与其他的一些类（B、C、D、E、F等）的对象有依赖关系。如果只是对A中的方法METHOD2进行了修改，在测试单元为“类”的观点中，此时所有涉及到类A的测试用例都需要重新运行，即类B、C、D、E、F的相应对象都会被重新测试。这种观点的好处是依赖图会简单得多，但缺点是会导致很多不必要的回归测试。

图24-2中，与图24-1中的类及其关系是一样的，不同的是以“方法”作为测试单元，依赖图中画出的是方法间的依赖关系。这样当METHOD2改变时，只有涉及到METHOD2的测试用例才会重新运行，也就是说，这时只涉及到类B中的方法会重新测试。这种做法的好处是可以极大地降低回归测试的开销，但缺点是在大型系统中，依赖图会变得极其复杂。

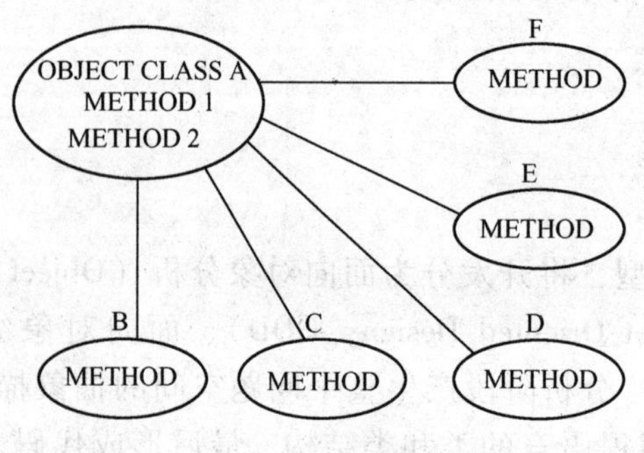

图24-1　类的对象及其依赖关系

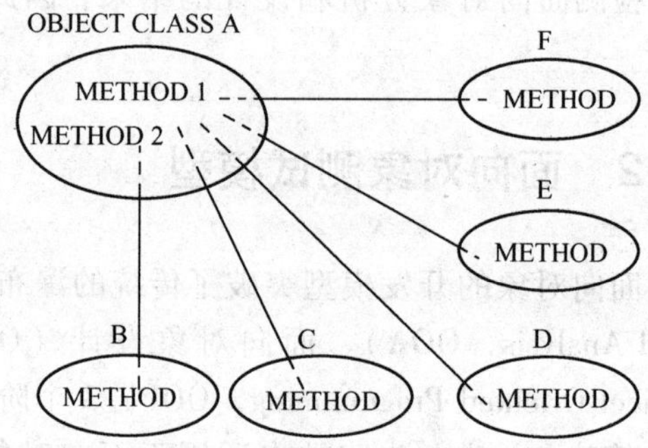

图24-2　类对象的函数之间的依赖关系

在测试面向对象软件时，如果以类作为一个基本测试单元，则对类的测试可以分为4类。

1）内部方法（Intra-method）测试：为具体方法构造的测试，即传统的单元测试。

2）交互方法（Inter-method）测试：一个类中多个方法一起测试，即传统的模块测试。

3）内部类（Intra-class）测试：为单独的类构建的测试，通常是类中调用各个方法的序列。

4）交互类（Inter-class）测试：同时测试至少一个类，通常要观察类之间的交互，实际上这是集成测试的一类。

早期的面向对象测试研究集中于交互方法（Inter-method）和内部类（Intra-class）的测试。后来的研究集中于面向对象软件的单一类和它们的使用间的交互级别和系统级别的测试。测试时涉及到继承、动态绑定和多态性，故不能定位在单一交互方法测试（Inter-method）级别或者内部类测试（Intra-class）级别中，因此就要求测试多个通过继承、多态联合的类，即交互类测试（Inter-class）测试。

24.3.2 单元测试方法

一些传统的单元测试方法在面向对象的单元测试中都可以使用。如等价类划分法、因果图法、边界值分析法、逻辑覆盖法、路径分析法、程序插装法等。

用于单元级测试进行的测试分析（提出相应的测试要求）和测试用例（选择适当的输入，达到测试要求），规模和难度等均远小于后面将介绍的对整个系统的测试分析和测试用例，而且强调对语句应该有100%的执行代码覆盖率。在设计测试用例选择输入数据时，可以基于以下两个假设。

1）如果函数（程序）对某一类输入中的一个数据正确执行，对同类中的其他输入也能正确执行。

2）如果函数（程序）对某一复杂度的输入正确执行，对更高复杂度的输入也能正确执行。

例如，需要选择字符串作为输入时，基于本假设，就无须计较于字符串的长度。除非字符串的长度是要求固定的。

在面向对象程序中，类成员函数通常都很小，功能单一，函数之间调用频繁，容易出现一些不宜发现的错误。比如如下几种情况。

- if(-1 == write(fid, buffer, amount)) error_out( )；该语句没有全面检查 write( ) 的返回值，只是假设了只有数据被完全写入和没有写入两种情况。如果测试时忽略了数据部分写入的情况，就给程序遗留了隐患。
- 按程序的设计，使用函数 strrchr( ) 查找最后的匹配字符，但程序中误写成了函数 strchr( )，使程序功能实现时查找的是第一个匹配字符。
- 程序中将 if(strncmp(str1, str2, strlen(str1))) 语句误写成了 if(strncmp(str1, str2, strlen (str2)))。如果测试用例中使用的数据 str1 和 str2 长度一样，就无法检测出这里的错误。

因此，在做测试分析和设计测试用例时，应该注意面向对象程序的这个特点，仔细进行测试分析和设计测试用例，尤其是针对以函数返回值作为条件判断选择以及字符串操作等情况。

24.3.3 面向对象单元测试的特殊性

面向对象编程的特性使得对成员函数的测试，又不完全等同于传统的函数或过程测试。尤其是继承特性和多态特性，使子类继承或重载的父类成员函数出现了传统测试中未遇见的问题。Brian. Marick 认为，需要考虑如下两方面的问题。

1. 继承的成员函数是否需要测试？

对父类中已经测试过的成员函数，两种情况需要在子类中重新测试：1）继承的成员函数在子类中做了改动；2）成员函数调用了改动过的成员函数的部分。

例如，假设父类 Base 有两个成员函数：Inherited( )和 Redefined( )，子类 Derived 只对 Redefined( )做了改动。Derived::Redefined( )显然需要重新测试。对于 Derived::Inherited( )，如果它有调用 Redefined( )的语句(如：x = x/Redefined( ))，就需要重新测试，反之，无此必要。

2. 对父类的测试是否能照搬到子类？

援用上面的假设，Base::Redefined( )和 Derived::Redefined( )已经是不同的成员函数，它们有不同的服务说明和执行。对此，照理应该对 Derived::Redefined( )重新测试分析以及设计测试用例。但由于面向对象的继承使得两个函数有相似，故只需在 Base::Redefined( )的测试要求和测试用例上添加对 Derived::Redfined( )新的测试要求和增补相应的测试用例。

例如，Base::Redefined( )含有如下语句：

```
If (value <0) message ("less");
    else if (value ==0) message ("equal");
    else message ("more");
```

Derived::Redfined( )中定义为

```
If (value <0) message ("less");
    else if (value ==0) message ("It is equal");
    else {
          message ("more");
          if (value ==88) message("luck");
    }
```

在原有的测试上，对 Derived::Redfined( )的测试只需做如下改动：将 value ==0 的测试结果期望值改动；增加 value ==88 的测试。

多态有几种不同的形式，如参数多态、包含多态、重载多态。包含多态和重载多态在面向对象语言中通常体现在子类与父类的继承关系，对这两种多态的测试参见前面对父类成员函数继承和重载的论述。包含多态虽然使成员函数的参数可有多种类型，但通常只是增加了测试的繁杂性。对具有包含多态的成员函数测试时，只需要在原有的测试分析和基础上扩大测试用例中输入数据的类型的考虑。

24.4 面向对象的集成测试

传统的集成测试，是由底向上通过集成完成的功能模块进行测试，一般可以在部分程序编译完成的情况下进行。而对于面向对象程序，相互调用的功能是散布在程序的不同类中，类通过消息相互作用来申请和提供服务。类的行为与它的状态密切相关，状态不仅仅是体现在类数据成员的值，也许还包括其他类中的状态信息。由此可见，类相互依赖极其紧密，根本无法在编译不完全的程序上对类进行测试。所以，面向对象的集成测试通常需要在整个程序编译完成后进行。此外，面向对象程序具有动态特性，程序的控制流往往无法确定，因此也只能对整个编译后的程序做基于黑盒的集成测试。

面向对象的集成测试能够检测出相对独立的单元测试无法检测出的那些类相互作用时才会产生的错误。基于单元测试对成员函数行为正确性的保证，集成测试只关注于系统的结构和内部的相互作用。面向对象的集成测试可以分成两步进行：先进行静态测试，再进行动态测试。

静态测试主要针对程序的结构进行，检测程序结构是否符合设计要求。现在流行的一些测试软件都能提供一种称为“逆向工程”的功能，即通过原程序得到类关系图和函数功能调用关系图，例如 International Software Automation 公司的 Panorama - 2 for Windows 95、Rational 公司的 Rose C ++ Analyzer 等，将“逆向工程”得到的结果与 OOD 的结果相比较，检测程序结构和实现上是否有缺陷。换句话说，通过这种方法检测 OOP 是否达到了设计要求。

动态测试设计测试用例时，通常需要上述的功能调用结构图、类关系图或者实体关系图为参考，确定不需要被重复测试的部分，从而优化测试用例，减少测试工作量，使得进行的测试能够达到一定覆盖标准。测试所要达到的覆盖标准可以是：达到类所有的服务要求或服务提供的一定覆盖率；依据类间传递的消息，达到对所有执行线程的一定覆盖率；达到类的所有状态的一定覆盖率等。同时也可以考虑使用现有的一些测试工具来得到程序代码执行的覆盖率。

具体设计测试用例，可参考下列步骤。

1）选定检测的类，参考 OOD 分析结果，得出类的状态和相应的行为，类或成员函数间传递的消息，输入或输出的界定等。

2）确定覆盖标准。

3）利用结构关系图确定待测类的所有关联。

4）根据程序中类的对象构造测试用例，确认使用什么输入激发类的状态、使用类的服务和期望产生什么行为等。

值得注意，设计测试用例时，不但要设计确认类功能满足的输入，还应该有意识地设计一些被禁止的例子，确认类是否有不合法的行为产生，如发送与类状态不相适应的消息，要求不相适应的服务等。

24.5 面向对象的系统测试

通过单元测试和集成测试，仅能保证软件开发的功能得以实现。但不能确认在实际运行时，它是否满足用户的需要，是否大量存在实际使用条件下会被诱发产生错误的隐患。为此，对完成开发的软件必须经过规范的系统测试。换个角度说，开发完成的软件仅仅是实际投入使用系统的一个组成部分，需要测试它与系统其他部分配套运行的表现，以保证在系统各部分协调工作的环境下也能正常工作。

系统测试应该尽量搭建与用户实际使用环境相同的测试平台，应该保证被测系统的完整性，对临时没有的系统设备部件，也应有相应的模拟手段。系统测试时，应该参考 OOA 分析的结果，对应描述的对象、属性和各种服务，检测软件是否能够完全“再现”问题空间。系统测试不仅是检测软件的整体行为表现，从另一个侧面看，也是对软件开发设计的再确认。系统测试需要对被测的软件结合需求分析做仔细的测试分析，建立测试用例。

这里说的系统测试是对测试步骤的抽象描述。它体现的具体测试内容包括以下方面。

1）功能测试：测试是否满足开发要求，是否能够提供设计所描述的功能，是否用户的需求都得到满足。功能测试是系统测试最常用和必须的测试，通常还会以正式的软件说明书为测试标准。

2）强度测试：测试系统的能力最高实际限度，即软件在一些超负荷的情况，功能实现情况。如要求软件某一行为的大量重复、输入大量的数据或大数值数据、对数据库大量复杂的查询等。

3）性能测试。测试软件的运行性能。这种测试常常与强度测试结合进行，需要事先对被测软件提出性能指标，如传输连接的最长时限、传输的错误率、计算的精度、记录的精度、响应的时限和恢复时限等。

4）安全测试：验证安装在系统内的保护机构确实能够对系统进行保护，使之不受各种非常的干扰。安全测试时需要设计一些测试用例试图突破系统的安全保密措施，检验系统是否有安全保密的漏洞。

5）恢复测试：采用人工的干扰使软件出错，中断使用，检测系统的恢复能力，特别是通信系统。恢复测试时，应该参考性能测试的相关测试指标。

6）可用性测试：测试用户是否能够满意使用。具体体现为操作是否方便，用户界面是否友好等。

7）安装/卸载测试等。

24.6 小结

随着面向对象开发技术的普及，面向对象的软件测试逐渐成为一个热门的测试研究方向。本章对面向对象测试进行了粗略的介绍，包括面向对象测试的基本概念、测试方法和类型、与传统测试方法的异同等。对面向对象测试模型中的单元测试、集成测试、系统测试进行了分析。通过本章的学习，读者可以对面向对象测试的基本过程和方法有一个较为清楚的理解，对于进行面向对象软件的测试有指导作用。

习题 24

1. 面向对象测试一般包括哪些测试阶段？
2. 面向对象集成测试中的静态测试和动态测试分别是指什么？
3. 面向对象的系统测试包括哪些内容？

第八部分　软件维护

软件开发工作的结果是交付满足用户需求的软件产品，软件产品一旦发布，就进入到维护期，而软件维护是软件生命周期中一个重要的部分，通常而言，软件系统的成本大约有80%会花费在初次部署之后的维护阶段。

软件测试和软件维护属于软件生命周期中两个不同的阶段，两者之间并不交叠（实际上，软件维护可能会含有软件测试），但是从它们都是为了更好地满足用户需求这个角度来讲，其目标又是相同的。软件测试提高软件产品的质量，而软件维护满足用户使用后在需求、质量等方面的变化要求。

第25章 软件维护

25.1 软件维护概述

维护的概念，在很多工程学科中都会出现。在工程学科中，工程产品由于时间的流逝和长期的使用会出现损坏，维护是作为保持一些产品正常运行而进行的维修过程，因此维护的作用在于当产品发行后保持其功能的完整和正常运作。

这种观念并不适合于软件，软件不会因为长期的使用和时间的流逝而磨损。然而，在每一个软件产品发行后，对软件模块的变更需求一直伴随着。Lehman 的进化率指出：成功的软件注定要随时间而变更。这种变更的优势在于满足用户多变的需求。由于软件的无限可塑性，因而软件模块常常被认为是一个系统中最容易变更的部分。

25.2 软件维护定义

软件维护的范围非常广泛，它往往包括软件系统开始运作后的各项维护工作（包括错误的修改、删除和改正）功能的增强，对数据需求和操作环境变换的适应，或者对其他质量属性变化的适应。

软件维护(Software Maintenance) 是在软件发布后，对软件的某个系统或构件进行变更的过程，其目的是改正错误、提高性能或者其他属性、或者为了适应变化的环境。这是IEEE 对软件维护的定义。

这个定义反映出普遍的一个观点，就是软件维护是一个交付后的活动。当系统交付给客户或用户后便启动，它包含了所有为了保持系统正常运行和满足用户需求的活动。这种观念在经典的瀑布模型中有着很好的体现，如图 25-1。

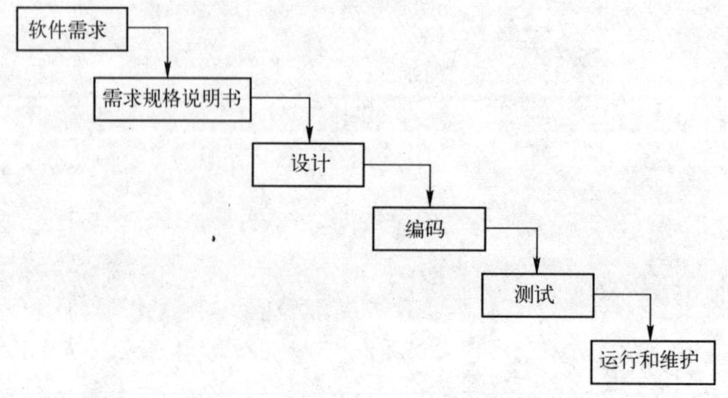

图 25-1 软件开发的瀑布模型

可以看到，其最后一个步骤就是“运行和维护”。

也有一些人不同意这种观点，他们认为软件维护应该在系统运行之前就开始，将维护当做交付后的活动是导致维护变得困难的主要原因。Pigoski 给出了一个新的软件维护定义：“软件维护是提供支持软件系统成本效益的所有行为总和，这些行为涉及交付前和交付后阶段。交付前行为包括制定规划（以支持交付后的系统运行）、可支持性以及运营决策。交付后行为包括软件变更、培训以及帮助文件。”这个定义与 ISO 标准中软件生命周期的软件维护一致，它明确消除了软件维护仅限于修正 Bug 和错误的观点。

25.3 软件维护分类

在 20 世纪 70 年代和 80 年代，一些学者已经开始研究软件维护现象，希望能够明确用户需求变化的原因，以及相应的变化频率和成本。根据这些研究成果，将维护行为分为几种类型，这些分类有助于更好的理解维护的重要意义。将维护工作进行分类，也首次证明了软件维护不仅仅是纠正错误。

Lienta 和 Swanson 将维护分为 3 类：修正型维护、适应型维护和完善型维护。修正型维护包括所有为了消除错误而进行的变更；适应型维护包括为了适应软件运行环境的变化而进行的改变，比如，为了使系统在新的硬件平台、操作系统、数据库管理系统、TP 监视器或者网络中运行，而对软件系统进行的改变；完善型维护是指根据用户的需求变化而进行的改变，包括增加、删除、扩展、修改某些功能，重写某些文档，提高性能或者改善易用性等。而 Pigoski 则建议将适应型维护和完善型维护合并，一起叫做增强型维护，因为它们都是为了加强系统各方面性能而进行的维护。

ISO 给出的 3 种维护类型是：解决问题型维护、修改界面型维护、功能扩充或性能改进型维护。解决问题型维护包括检测、分析并修正那些软件运行中出现的问题；修改界面型维护，一般是在由软件控制的硬件系统部分发生变化时进行；功能扩充或性能改进型维护是在系统维护阶段，根据用户的要求进行。

IEEE 对 Lientz 和 Swanson 的定义进行了修订，并加入了第四类维护：紧急性维护。IEEE 的定义如下：

修正型维护(Corrective Maintenance)——对软件产品交付后发现的错误进行修正。

适应型维护(Adaptive Maintenance)——软件产品交付后，为了使计算机程序能够在变化了的环境中使用，而进行的修改。

完善型维护(Perfective Maintenance)——软件产品交付后，为了提高程序性能或可维护性而进行的修改。

紧急型维护(Emergency Maintenance)——一种不定期进行的修正型维护。在系统运行过程中有时会出现一些问题，为保持系统能够运行，对出现的问题进行立刻补救。

这个定义体现了软件维护可以是定期的、不定期的，可以是主动的、被动的，如图 25-2 所示。

图 25-3 描述了 ISO 的定义和 IEEE 的定义中不同分类的对应关系。

	非计划	计划
被动的	紧急型	修正型、适应型
主动的		完善型

图 25-2　IEEE 关于软件维护的分类

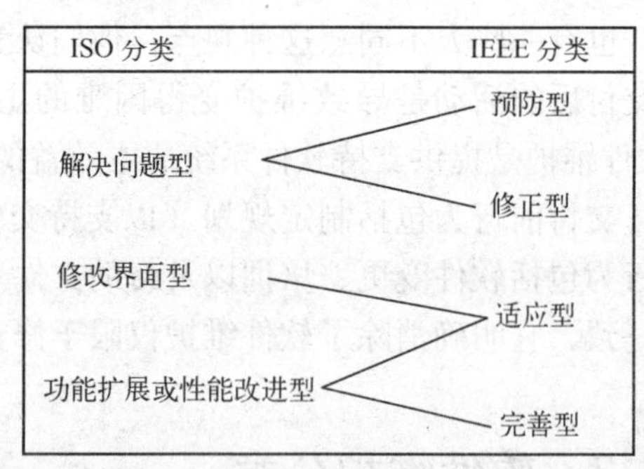

图 25-3　ISO 和 IEEE 关于软件维护分类的对应关系

25.4　软件维护的开销和挑战

软件维护的开销占了软件预算的很大一部分。自 1972 年开始，软件维护就被看做是像冰山一样，其大量潜在的问题和开销都隐藏在水面之下。一些调查显示，软件维护开销占生命周期开销的60% ~80%，维护的开销主要用于功能增强（占75% ~80%），而不是更正错误。另外，一些技术和管理方面的问题也是产生软件维护开销的原因，比如对程序的理解、回归测试等。

每当软件发生变更，维护人员对被修改系统的结构、行为和功能有一个完整的理解是非常重要的，只有这样，才能够达到维护的目标。因此，就需要维护人员花费大量时间阅读代码及其相关的文档，从而理解系统的逻辑、目的和结构。现有的统计表明，为理解系统而消耗的时间占维护时间的 50% ~90%。对系统进行详尽理解是一项非常复杂的工作，因为维护人员通常不是代码的编写者（或者在维护时，开发工作早已在很久之前完成），同时又缺乏完整的最新的相关文档。

软件维护的重大挑战之一是确定变更的部分对系统其他部分的影响。“影响分析”就是评估某个变更所导致的潜在影响，目的是尽量最小化不能预见的影响。“影响分析”的任务包括：评估所提出的变更是否恰当，评估可能的风险（包括对资源、需要付出的工作、时间安排等的估计），评估还有哪些与提出的变更相关的其他部分也需要进行修改。值得注意的是，虽然“影响分析”在维护过程中具有重要作用，但目前还没有业界一致认可的关于它的定义，IEEE 中关于软件工程的术语中也没有相关定义。

软件一旦发生变更，则必须重新对其进行测试，以确保它与需求说明一致，这个时候的测试称为回归测试。回归测试的目的有两个：确定变更是正确的以及确定没有修改的部分不会受到不良影响。回归测试不同于开发过程中的测试，这个时候有一些测试用例集可以重用。事实上，在维护过程中做的变更通常很小，大量重写代码的情况极其少见，因此，每次变更后重新执行所有测试用例的做法会带来不必要的极大开销。目前，已有学者研究出了一些选择性的进行回归测试的策略，这些策略只选择测试用例的一个子集进行重新测试，但却不会影响测试的效果。

25.5 软件维护模型

25.5.1 快速解决模型

典型的软件维护方法是首先从代码处入手，然后对其相关的文件进行必要的修改（如果有的话）。这个方法属于快速解决模型（Quick-fix Mode），如图 25-4 所示。

图 25-4 表示了将旧系统改为新系统的流程。理想情况下，代码修改后，与这个修改有关的需求、设计、测试以及所有其他文档都应该进行更新。然而，用户通常希望能够既便宜又迅速的修改软件，因此很多修改往往没有进行适当的规划、设计、影响分析以及回归测试，相关的文档没有及时更新。另外，用于时间和预算的限制，所做的修改通常没有用文档记录。此外，反复的修改还会脱离原来的设计，使今后的维护更加昂贵。

25.5.2 迭代增强模型

另外一种软件维护模型类似于进化生命周期模型的思想。进化生命周期模型认为，系统需求可能无法在早期完全明确，因此，系统开发过程中，会不断地基于用户对前一个版本的反馈，进行完善、修正以及细化。相应的软件维护模型是迭代增强模型，如图 25-5 所示。

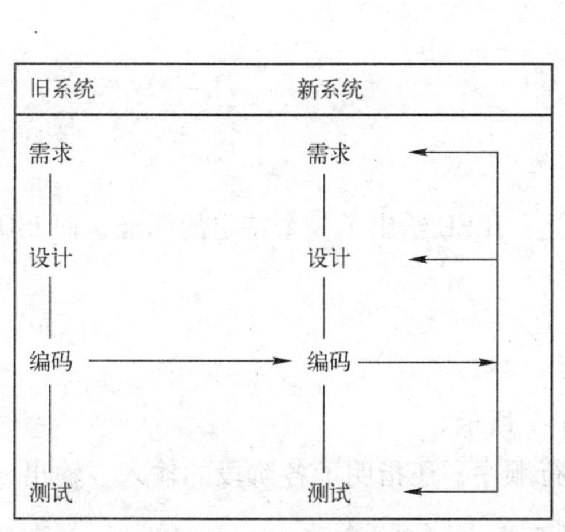

图 25-4 快速解决模型

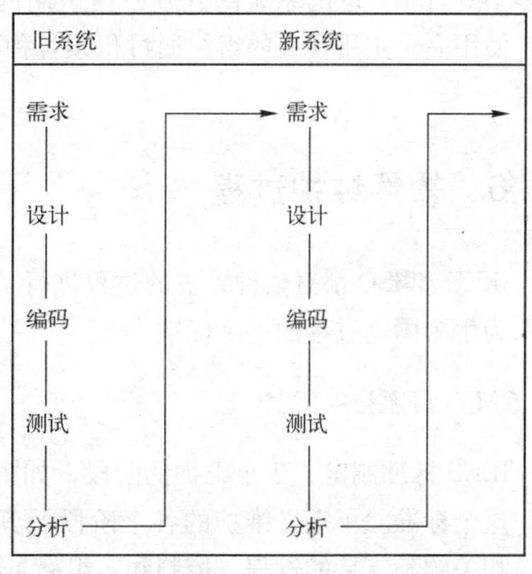

图 25-5 迭代增强模型

在这种模型中，一次新的维护伴随着对现存系统的需求、设计、代码、测试文档的分析而开始，然后更新此次修改会影响到的最高层次的文件，然后依次更新下层其他的相关文件。也就是说，在每一次的维护进化过程中，都会根据对现存系统的分析进行重新设计。迭代增强模型的主要优势在于，文档会随着代码的修改而保持更新。

25.5.3 完全重用模型

Basili 提出了一种完全重用模型，如图 25-6 所示。

这种模型认为，维护是面向重用（Reuse-oriented）软件开发的一种特殊情况。完全重用模型（Full-reuse）开始于对新系统的需求分析和设计，并重用早期系统中合适的需求、设计、代码和测试。与迭代增强模型不同的是，后者开始于对现存系统的分析。完全重用模型的核心是一个由定义系统早期版本的文档和组件构成的库。这使得重用变得简单，同时也促进了更多可重用组件的开发。

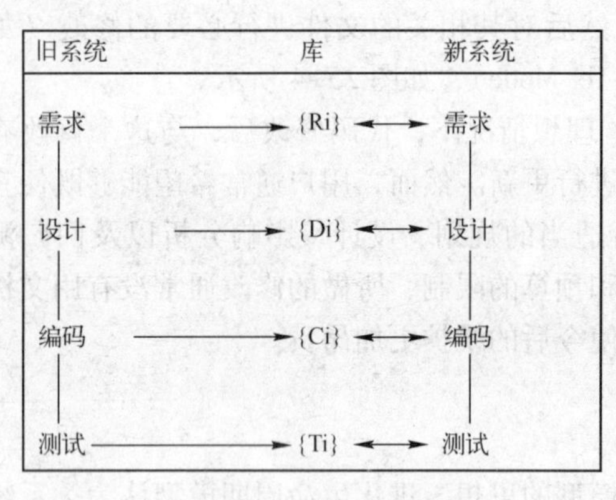

图 25-6　完全重用模型

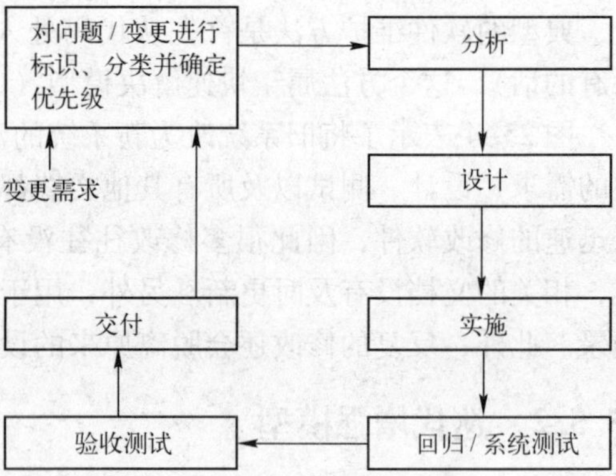

对问题 / 变更进行标识、分类并确定优先级
变更需求
分析
设计
实施
回归 / 系统测试
验收测试
交付

图 25-7　IEEE 的软件维护过程

迭代增强模型适用于那些具有很长使用寿命且不断进化的系统。而完全重用模型则适用于多个具有相关性的系统的开发，在短期内它显得开销较大，但在长期的运行中会凸显优势。使用完全重用模型的组织通过积累各种不同的可重用组件，使将来的开发具有高的成本效益。

25.6　软件维护过程

IEEE 和 ISO 都对软件维护的过程进行了描述。IEEE 给出了一个特定的标准，而 ISO 将其作为生命周期过程的一个标准。

25.6.1　IEEE－1219

IEEE 标准制定了 7 个维护的阶段，如图 25-7 所示。

这个标准除了定义维护的各个阶段及其执行顺序，还指明了各阶段的输入、输出、活动、相关的和支持的过程、控制和一组衡量标准。

1）对问题/变更进行标识、分类并确定优先级。这个阶段中，将用户（或程序员、或管理员）提出的变更需求进行初步处理，包括将其归为某个维护类别，给予一个优先级以及唯一的标识符。同时，确定是接受还是拒绝该变更需求。

2）分析。这个阶段初步确定维护的设计、实施、测试和交付计划。在可行性分析和详细分析两个层次进行分析。可行性分析确定可选的方案，并评估各方案的影响和成本；而详细分析则给出变更需求，设计测试策略，并制定实施计划。

3）设计。这个阶段实际给出对变更的设计，这就需要使用当前所有的系统和项目的文档、现有的软件和数据库以及分析阶段的结果。这个阶段的活动包括：确定受到影响的软件模块、修改这些软件模块的文档、生成新的测试用例以及确定回归测试。

4）实施。这一阶段的活动包括：编码、单元测试、集成修改后的代码、集成和回归测试、风险分析、审查。

5）回归/系统测试。这个阶段对整个系统进行测试，以保证系统与原来的需求和后来的变更一致。除了功能和接口测试，这个阶段还需要进行回归测试，以验证没有产生新的错误。

6）验收测试。这个阶段的测试主要针对完整集成的系统，涉及到用户、客户、或由客户指定的第三方。验收测试包括功能测试、互操作性测试和回归测试。

7）交付。修改后的系统在这个阶段发布，包括通知用户、安装和培训，以及准备和备份存档。

25.6.2 ISO－12207

前面的 IEEE－1219 标准主要侧重软件维护，而 ISO－12207 标准则着重于软件生命周期的整个过程。该标准将 17 个过程分为 3 大类：主要（Primary）过程类，辅助（Supporting）过程类和组织（Organizational）过程类。如图 25-8 所示。

可以看到，维护是主要过程类中的一个过程，也就是说，是软件生命周期中其中一个具有重要作用的过程。图 25-9 显示了维护过程中的一些活动，图中各活动的位置不代表各活动的执行时间次序。

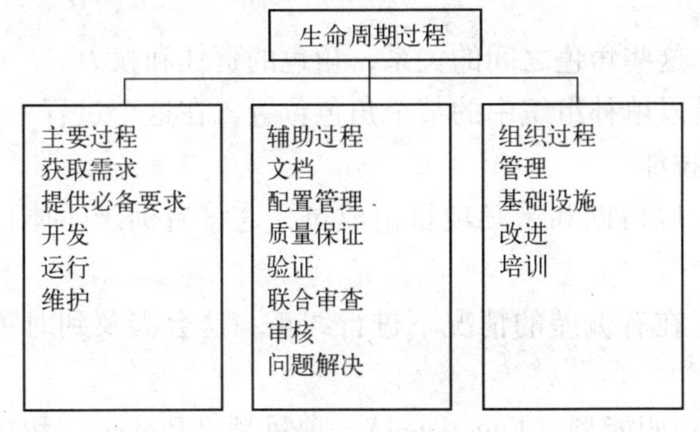

图 25-8 ISO 的软件生命周期过程

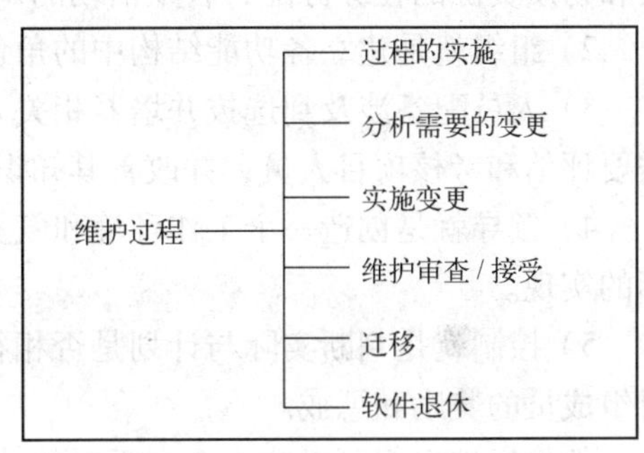

图 25-9 ISO 的软件维护过程

1）过程的实施。这个阶段的任务包括：制定软件维护的计划和过程、创建过程以便接受、记录和跟踪维护请求。此阶段开始于系统生命周期早期。也有学者指出，维护计划应当与开发计划同时进行。这个阶段需要对维护的范围进行定义，对可选方案进行分析和确定，确定维护人员的组织、责任和资源的分配等。

2）分析需要的变更。这个阶段的首要任务是分析提出的维护请求，包括报告的问题或者提出的变更，对其进行分类，评估其大小、费用和需要的时间，并评估其紧急程度。

3）实施变更。确认需要变更的项目，并确定执行变更的过程。另外，还需要对所做的变更进行测试，一方面，确保变更的完整性和正确性；另一方面，也可以确保系统的其他部分不会因为变更而出现错误。

4）维护审查/接受。这个阶段的任务是评估修改后系统的完整性，并在维护取得令人满意的结果后停止。这里可能需要涉及到一些辅助过程类似的过程，包括质量保证过程、验证（Verification）过程、合法性检查（Validation）过程以及联合审查过程。

5）迁移。这个过程是在系统从一个环境移到另一环境时发生。需要制定迁移计划并让系统用户/客户知道此计划，还要给出旧环境不再支持系统的原因，以及对新环境的描述，并说明新环境什么时候可以投入使用。其他需要考虑的还有：新旧环境同时运作时期的处理，评估迁移到新环境会带来的影响等。

6）软件退休。最后一个软件维护阶段是软件系统退休（Retirement），需要制定退休计划并通知用户。

25.7 软件维护管理

管理是“设计和维持一种环境的过程，在这个环境中，参与的个人构成工作小组，高效率地共同实现某个目标。”在软件维护中，这个目标就是在系统的整个生命周期中，提供成本效益（Cost-effective）支持。管理关注的是质量和生产力，这意味着效率和效益。许多学者认为，管理由5个独立的功能组成：规划、组织、领导、控制、人员配备，如图25-10所示。

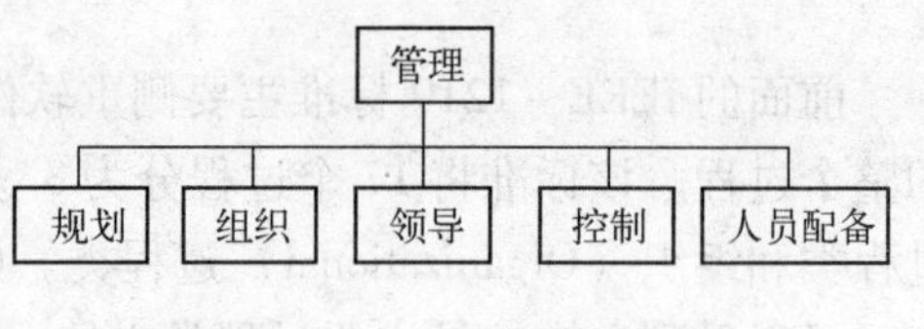

图25-10 项目管理的功能

1）规划包括选择任务和目标，为实现目标确定需要的活动。其中最重要的活动包括人员和物质资源的任务分配，各项活动的调度。

2）组织就是建立各功能结构中的角色，这些角色之间的关系，角色的责任和权力。

3）人员配备涉及到选拔并培养相关人员以填补组织中的某个角色位置，在这个过程中，需要评估和考核项目人员，并改善其知识和技能。

4）领导就是创造一个工作环境和气氛，以协助和激励项目组成员，这将有助于团体目标的实现。

5）控制就是判断实际与计划是否相符，在有偏差的情况下进行纠正。这会涉及到对项目组成员的奖励和惩戒。

软件维护组织可以分为3个不同的结构：职能型（Functional）、项目型（Project）和矩阵型（Matrix）。

职能型组织在本质上是分等级的，如图25-11所示。

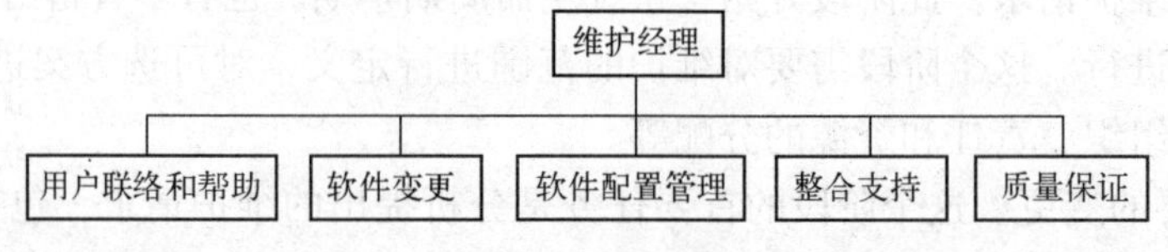

图25-11 职能型组织

这里，将维护组织分解为不同的职能部门，如软件变更、测试、文档化、质量保证等。职能型组织的优势在于有一个中央组织机构；缺点是各职能部门之间的交互问题难以解决（当一个职能部门参与到多个项目中时，对资源的竞争会导致冲突）。此外，由于没有一个完整的责任和权力中心，导致各职能部门只注重自身的目标而忽视团体目标。

项目型组织与职能型组织相反，如图25-12所示。

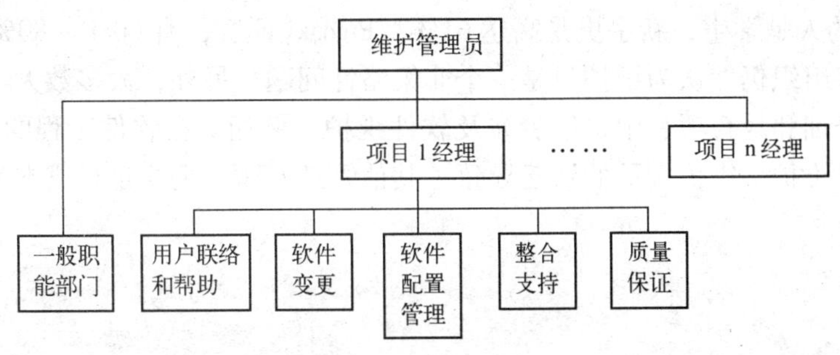

图 25-12　项目型组织

这里，管理者具有充分的责任和权力来管理整个项目，每个项目组自成一个整体，每个独立团队有自己所需要的资源。项目经理可以获得整体组织以外的额外资源。这种组织类型的优点是对项目的完全控制，快速决策，以及项目人员积极性高。缺点是何时构建团队，并有可能导致资源利用率低。

矩阵型组织是将上述两种组织类型的优点最大化整合，并尽量消除它们的缺点。如图 25-13 所示。

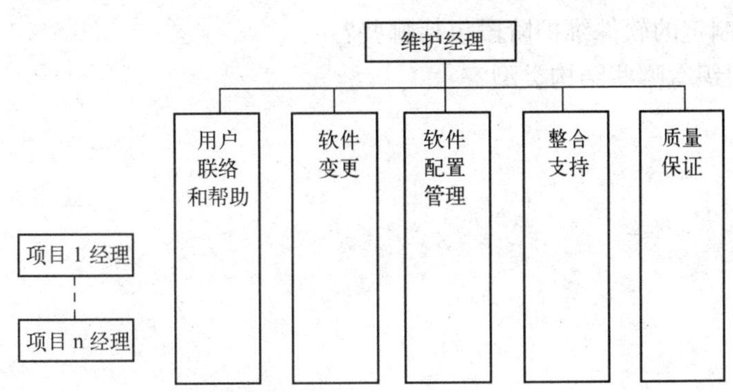

图 25-13　矩阵型组织

将各项目的横向组织和纵向组织相结合。该类型最大的优点是平衡各职能部门以及各项目的目标。主要的问题是每个人都需要面对两个项目经理，这样会导致冲突的发生。这可以通过如下方式解决：在进行决策时，为各职能部门经理和项目经理指定其角色、责任和权力，如图 25-14 所示。

	经理	
决策	职能	项目
变更预算	批准	提议
投放资源	批准	提议
改变需求	建议	决定
更改发布计划	建议	决定

图 25-14　一个冲突解决的例子

软件维护组织的共同问题在于缺乏有经验的人员。Beath 和 Swanson 的报告显示做维护的人中有25%的人是学生，新手更是高达61%。Pigoski证实，有60%～80%的维护人员是新聘人员。许多组织仍然认为维护只是一个非策略性问题。另外，大多数大学没有软件维护课程，在企业培训和教育项目中也很少涉及软件维护。例如，在软件工程的22门主干课程中，就没有软件维护。维护人员的缺乏导致了其他管理问题，主要是高成本和低士气。

25.8 小结

软件维护是保持高质量软件的一个重要手段，其范围非常广泛，往往包括软件系统开始运作后的各项维护工作，包括修改、删除和改正错误，根据需要增强功能等。本章内容来自于目前业界学者的研究成果，给出了目前较新的关于软件维护的定义、分类等，并介绍了一些知名学者给出的软件维护模型，最后分析了IEEE和ISO给出的软件维护过程。

习题25

1. IEEE的软件维护分为哪几类？
2. IEEE标准制定的软件维护阶段包括哪些？
3. 软件维护组织有哪些结构类型？

附录　习题答案

第1章　软件测试的历史

1. 谁被称为世界上第一位程序员？哪位科学家首次提出了Bug的概念？

答：阿达·洛甫雷斯（Ada. Lovelace 1815～1852）被称为世界上第一位程序员。美国计算机科学家格蕾丝·霍珀（Grace Hopper 1906～1992）首次提出了Bug的概念。

2. 软件测试发展5个阶段的时间和目的是什么？

答：1988年，Dave. Gelperin和William C. Hetzel将软件测试的历史按照时间分为了5个阶段，如表1-1所示。

表1-1　软件测试的历史年代划分和目的

序　号	年　代	目　的
1	1956年之前	面向调试的测试，测试和调试没有清晰的区分
2	1957～1978	面向证明的测试，证明程序可以运行
3	1979～1982	面向查错的测试，证明程序会出现错误
4	1982～1987	面向评估的测试，仅对软件的风险进行评估
5	1988～2000	面向预防的测试，防止软件不要出现错误

3. 请列举中1957～1978间对于软件测试有影响的事件

答：从1957年开始，软件测试和调试之间已经开始分家，这一阶段有影响的事件参见表1-2。

表1-2　1957～1978对于软件测试有影响的事件

序　号	时　间	事　件
1	1961.1	Herbert. Leeds和Jerry. Weinberg编写的《计算机编程基础》一书中描述有软件测试
2	1967	Herm. Schiller创造了第一个软件代码覆盖监视器，被称为Memmap，它用于支持IBM 360/370汇编语言
3	1968	第一次提出了软件工程和结构化编程的概念
4	1969	Richard. Bender和Earl. Pottorff创建了第一个静态和动态的使用数据流分析以提高测试覆盖率的工具，它把Memmap中基于代码的语句和分支测试覆盖率提高了25%
5	1973	Elmendorf和William. R. 介绍了软件功能测试中的因果图，Elmendorf还是创立了基于边界分析的等价类测试的第一人，该理论基础奠定了动态黑盒测试的基础
6	1975	Hamlet, R. G. 发表了基于编译器的系统测试，为编译器检查软件缺陷奠定了基础
7	1976	Fagan和Michael发表了文章《设计和代码审查以减少程序开发中的错误》；提出了代码审查的过程
8	1977	基于需求的测试被引入

第 2 章　软件测试在软件工程中的地位

1. 谁第一次提出了软件工程的概念？谁第一次提出了软件工程中瀑布模型的开发模式？

答：德国计算机科学家福瑞兹·鲍尔（ Fritz. Bauer 1924 ～ ）于 1968 年在北大西洋公约组织的计算机国际学术会议上第一次提出了软件工程（Software Engineering）的概念。1970 年，美国计算机科学家温斯顿. W. 罗伊斯（Winston W. Royce 1929 - 1995）提出了软件工程中最著名的开发模型——瀑布模式。

2. 解释管理学中的戴明环，软件测试和它有什么关系？

答：美国统计学家威廉. 爱德华兹·戴明（William. Edwards. Deming 1900—1993）博士提出了戴明环（PDCA 环）的概念。

戴明环是一种指导人们工作的管理方法。通常为完成任何一件工作都需要按照“计划→执行→检查→处理”这个 PDCA 循环来执行，这就构成了完成工作的戴明环，又被称为 PDCA 环，参见图 2-1。其中，检查就是为了解决执行过程中遇到的问题，监督计划执行的质量，而软件测试正是软件的检查和监督。

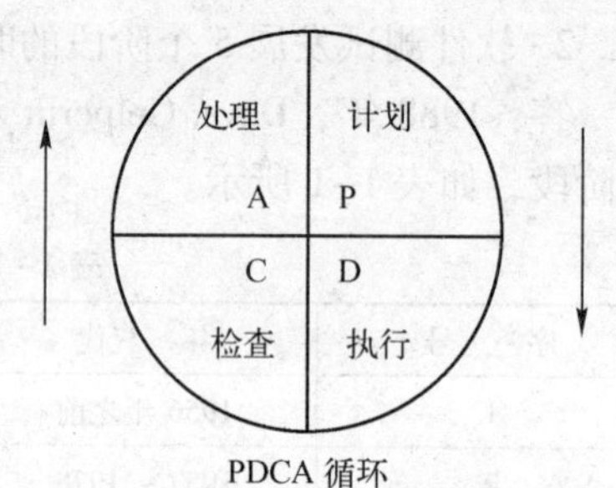

图 2-1　管理学中的戴明环

3. 请描述软件测试在软件知识工程体系中的内容。

答：软件测试在软件知识工程体系中的内容如图 2-2 所示。

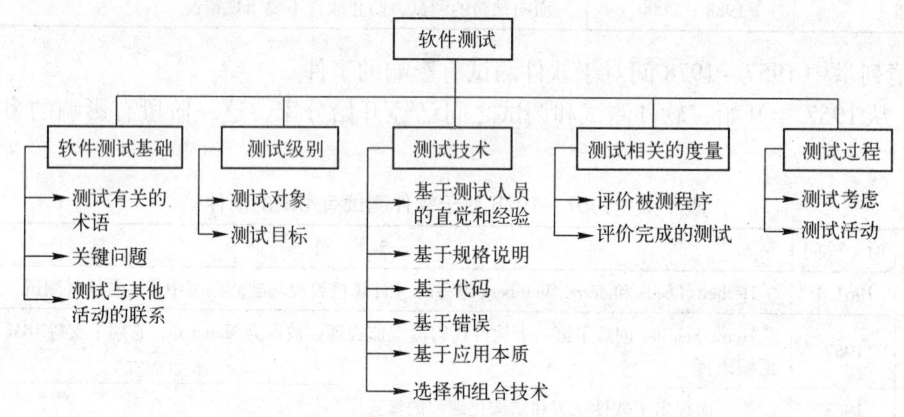

图 2-2　软件工程知识体系中软件测试的内容

第 3 章　软件测试基础

1. 什么原因引发软件错误？

答：有以下原因容易引发软件错误。

（1）人本身容易犯错误

所有的人都会犯错误，因此由人设计的代码、系统和文档中可能会引入缺陷，当存在缺陷的代码被执行时，系统可能无法执行期望的指令，从而引起软件错误。

（2）复杂的系统架构

在人本身不愿意犯错误的前提下而促使人犯错误的原因很大程度上是由于事物本身的复杂程度。

（3）代码的复杂程度

有时候为了完成一个复杂的功能，代码会变得很复杂，特别是代码中的判定、循环增多时，代码的复杂程度呈几何级数增长，这时候，人容易出现错误。

（4）新技术的运用

新技术最大的问题是其没有普遍试用，尽管其好处非常明确，但由于未得到全面的验证其问题并未充分暴露，这正如新完成的软件在没有经过充分测试的情况下使用容易遇到各种问题一样。

（5）时间上的压力

时间上的压力是产生程序错误的另一个原因。

（6）硬件环境

硬件环境的错误有时会引起软件的失效。

2. 举例说明软件故障造成的各种危害。

答：软件的故障会造成个人、社会以及公司商业上的损失，比如2005 年12 月8 日日本一家小型电信外包业务公司 J-COM 在东京证券交易所创业板上市。J-COM 公司股票的发行规模为14500 股，市场流通股为 3000 股，每股上市价格约为 67.2 万日元（约合4.61 万人民币）。当日上午 9:27，瑞穗证券公司大宗交易部的一名交易员将“以61 万日元的价格出售 1 股 J-COM 股票”误输入为“以 1 日元价格出售 61 万股 J-COM 公司股票”，交易电脑上出现错误警告，但是交易员忽略了该警告而确认卖出。两分钟之后，该交易员的助理发现了这一问题，于是该交易员与其助理马上向东京证券交易所的计算机连续三次发出了撤单指令，但均被交易所主机拒绝。由于 J-COM 公司实际发行股票数量只有 14500 股，瑞穗证券公司预约售出的股票数量是其发行量的 42 倍，属于卖空行为，因此瑞穗证券公司必须大量买入 J-COM 公司股票，以补足其卖空的数量。上午 9:37，瑞穗证券公司决定买入 J-COM 股票。于是 J-COM 公司股票价格又一路被拉升至涨停板（77.2 万日元）。仅当天回购股票一项，瑞穗证券公司的损失便达到了 270 亿日元。其后于 2005 年 12 月 13 日执行强制现金结算之后，瑞穗证券公司的损失达到 400 亿日元。

3. 为什么要引入软件测试？

答：软件错误已经成为软件本身的一种属性，人们不能保证编写的软件没有错误，但是通过严格地软件测试可以将软件中的错误减少到可以接受的程度，从而提高软件的质量，因此需要引入软件测试。软件测试可以达到以下目的。

1）软件测试可以降低软件错误的发生率，从而提高软件质量。

2）高质量软件会减少软件错误给社会、个人造成问题。

3）高质量的软件可以提高软件公司的商业信誉，从而使公司得到更多的收益。

4. 解释软件测试的成熟度。

答：美国软件工程师及作家鲍里斯·贝泽（Boris. Beizer）将软件测试成熟度分为以下5 级

0 级——软件测试和调试之间没有区别。

1 级——测试的目的是证明软件能够工作，这种方法的前提是：软件是正确的，这将阻止人们去发现软件的缺陷。

2 级——测试的目的是显示软件不能工作，这和 1 级测试是两种截然不同的心态。这种测试假定软件是有错误的，然后让测试员找出它们。

3 级——测试的目的不是为了证明什么，而是将可观察到的软件缺陷减少到一个可以接受的程度。测试员为程序员提供软件缺陷的信息，为管理员提供如果现在把软件系统发布给客户会对公司造成负面影响的评估报告。

4 级——软件测试将导致即使较少的软件测试也使软件是低风险的。

5. 阐述软件测试的独立性原则（心理学原则）。

答：测试的独立性原则包含两个方面的意思，一是程序员应该避开测试自己的程序；二是程序开发组织应该避开测试自己开发的程序。即使是在同样的公司完成开发和测试，开发和测试小组也应该是独立的，这将避免因受到时间和交货的压力而忽略测试。

6. 阐述软件测试的经济学原则。

答：软件测试的经济学原则包括两项内容。

制定的测试工作量要恰当。无法穷举测试，又要求尽量完全的测试，降低软件的风险，这就需要研究制定一个合适的软件测试工作量。

尽早的发现缺陷，尽早地修复缺陷，通常而言，缺陷的修复成本与缺陷修复的时间相关，从需求分析开始，到设计、编码、测试直到发布这个过程中，软件缺陷的修复费用呈快速增长趋势。

7. 介绍软件测试的 V 模型。

答：软件测试的 V 模型参见图 3-1。

V 模型是将软件开发的过程和软件测试的过程对应起来，该模型最早由保罗·茹克（Paul. Rook）在 20 世纪 80 年代后期提出，旨在改进软件开发的效率和效果。

V 模型的重要之处在于，将软件测试和软件设计、开发的过程进行了一一对应，比如详细设计对应于单元测试，概要设计对应于集成测试，而需求分析与系统设计对应于系统测试，用户需求则对应于验收测试。这个模型对软件测试的执行起到了重要的指导作用。

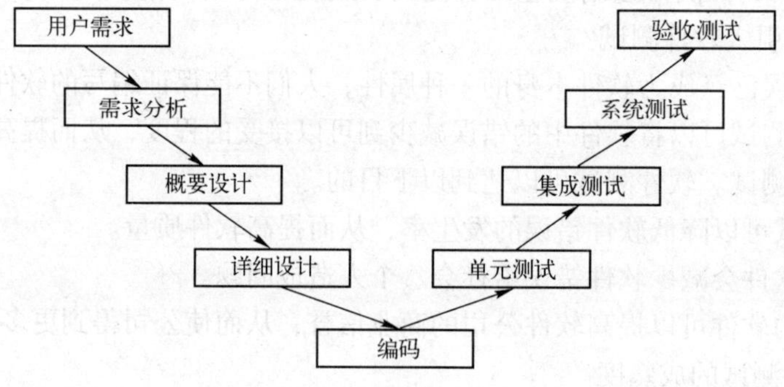

图 3-1　软件测试的 V 模型

第 4 章　建立软件测试系统

1. 按照本章介绍的测试流程，构造下面计算程序段的测试流程。

```
void static main (int argc, char* argv[ ] )
{
  int     x = atoi ( *argv[1] );
  int     y = atoi ( *argv[3] );
switch ( *argv[2] ) {
case      '+':                /// 输入加号计算两个数相加
          printf("%d + %d  = %d", x, y, x+y);
          break;
case      '-':                /// 输入减号计算两个数相减
          printf("%d-%d  = %d", x, y, x-y);
          break;
case      '*':                /// 输入乘号计算两个数相乘
          printf("%d * %d  = %d", x, y, x*y);
          break;
case      '\':                /// 输入除号计算两个数相除
          printf("%d * %d  = %d", x, y, x*y);
          break;
default:                      /// 输入其他符号打印正确的实用方法
          printf("Correct use: x +( - */) y ");
          break;
   }
}
```

上面的程序段根据用户的输入的符号和数值计算两个数的加、减、乘、除。如果用户没有输入正确的符号参数，则告诉用于正确的使用方法。

答：

(1) 建立测试用例。

该程序可以选择 +、-、*、/运算，测试时选择不同运算方法进行测试，另外输入一个不支持的参数形式见表 4-1。

表 4-1　测试 Calculate 程序的测试用例

测试用例编号	说明	操作过程	输入值	期望的结果
1	测试加法功能	运行软件	3+2	5
2	测试减法功能	运行软件	15-8	7
3	测试乘法功能	运行软件	12*3	36
4	测试除法功能	运行软件	12/4	3
5	测试错误参数	运行软件	无	显示使用方法

（2）执行测试用例。

在控制台上运行该程序，分别给程序带不同的输入参数，可执行程序的名字是 Calculate. exe。

1）Calculate 3 + 2

2）Calculate 15 – 8

3）Calculate 12 * 3

4）Calculate 12/4

5）Calculate

（3）记录运行的结果。

运行结果见表 4–2。

表 4–2　测试 Calculate 程序的结果记录

测试用例编号	输入值	期望的结果	实际的结果	通过
1	3 + 2	5	打印出“3 + 2 = 5”	通过
2	15 – 8	7	打印出“15 – 8 = 7”	通过
3	12 * 3	36	打印出“12 * 3 = 36”	通过
4	12/4	3	打印出“12/4 = 3”	通过
5	无	显示使用方法	弹出错误对话框	失败

（4）测试总结。

在 5 个测试用例中，通过了 4 个，最有一个测试用例失败。前 4 个测试用例中都输入了正确参数，因此正确；最后一个用例中没有带参数，因此出错，说明参数的个数会影响到程序运行的结果。可进一步测试带 2 个参数，3 个参数甚至更多参数的情况，以验证程序对于参数的保护情况。

2. 阐述测试系统的概念。

答：软件测试系统是进行软件测试所包含的全部内容，包括测试人员、测试环境、测试过程、测试件、测试原则、测试管理、测试策略以及测试技术等。这个系统彼此联系完成测试任务，其输入是一项测试任务，而输出则是测试的结果，如测试总结报告等。参见图 4–1。

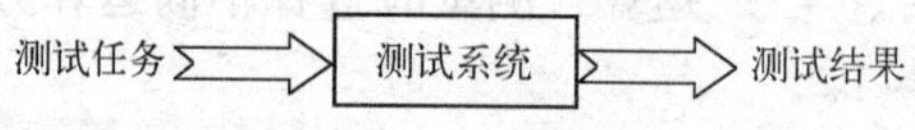

图 4–1　测试系统完成测试

美国软件测试认证委员会主席雷克斯 · 布莱克（Rex. Black 1964—）设计了一个测试系统，该系统包含测试团队、测试环境、测试件及测试过程 4 个主要部分，它们彼此联系，参见图 4–2。

在图 4–2 中，测试团队居中，处于核心位置，测试团队根据测试任务设计、创建测试环境、测试件以及测试过程；然后依赖测试环境并按照测试过程操作测试件完成测试工作，最后得出的测试报告又加入到测试件中。

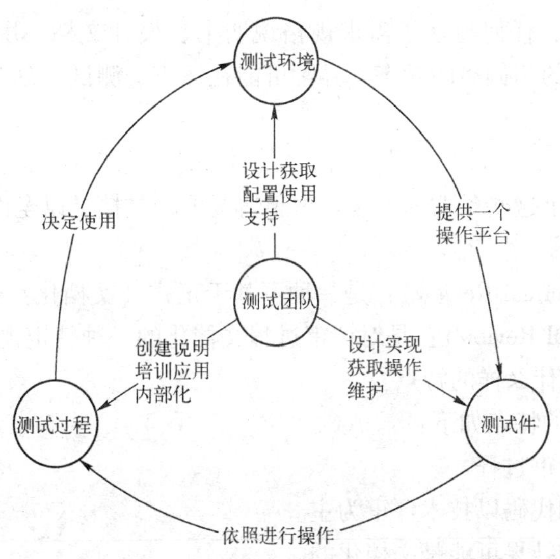

图 4-2　Rex. Black 构建的完整测试系统

3. 以图形的方式展示 Perry 的 7 步软件测试流程。

答：美国质量保证协会的创始人之一威廉 . E. 佩里（William. E. Perry）创建了一种软件测试的 7 步过程，这个过程建立在 1000 多家公司的实际测试经验基础之上。7 步模型与 V 模型相似，图 4-3 展示了这个软件测试的流程。

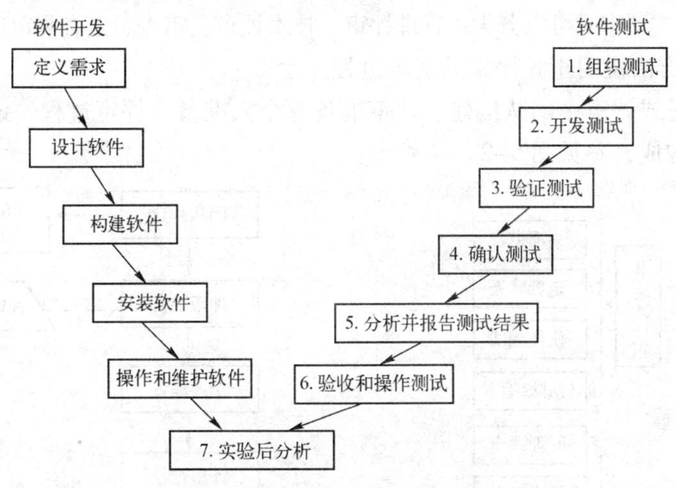

图 4-3　Perry 的 7 步软件测试过程

第 5 章　静态测试

1. 名词解释。

静态测试（Static Testing）：对组件/系统进行规格或实现级别的测试，而不是执行这个软件，比如代码评审。

动态测试（Dynamic Testing）：通过运行软件的组件或系统来测试软件。

评审（Review）：是指对产品或产品状态进行评估，以确定与计划的结果所存在的误差，并提供改进建议。

异常（Anomaly）：任何与基于需求规格说明书、设计文档、用户文档、标准或者人们的感觉和经验所希望的相偏离的状态。异常可能在评审、测试、分析，编辑或者软件的使用中被发现。

规格说明（Specification）：说明组件/系统的需求、设计、行为或其他特征的文档，常常还包括判断是否满足这些条款的方法。理想情况下，文档是以全面、精确、可验证的方法进行说明的。

非正式评审（Informal Review）：是一种不基于正式（文档化）过程的评审。

正式评审（Formal Review）：是对评审过程文档化的一种特定评审。

2. 非正式评审有什么样的特点？

答：非正式评审的特点如下：

1）没有正式的评审过程。

2）对设计文档和代码以技术评审为主。

3）评审的过程和结果可能是文档化的。

4）评审的投入少，效率高。

5）评审主要目的是以较低成本即时的发现问题。

3. 用图示的方法说明评审的分类。

答：根据 IEEE Std 1028—2008 软件评审与审计标准，按照评审过程的正式程度，严格程度可以将评审分为非正式评审和正式评审。非正式评审包括桌面审查、走廊聊天、伙伴测试或者结对编程等；正式评审又可以分为：管理评审、技术评审、审查、走查和审计等，参见图 5-1。

4. 用图示的方法说明正式评审的基本过程。

答：典型的正式评审由团队构建、评审准备、个人准备、评审过程、评审结束以及评审跟踪几个子阶段构成，参见图 5-2。

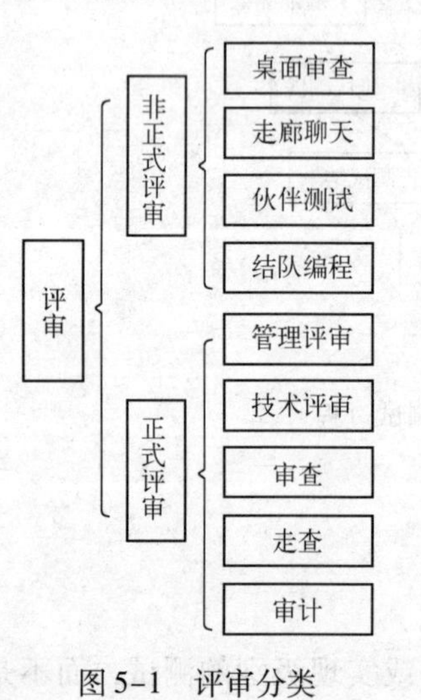

图 5-1　评审分类

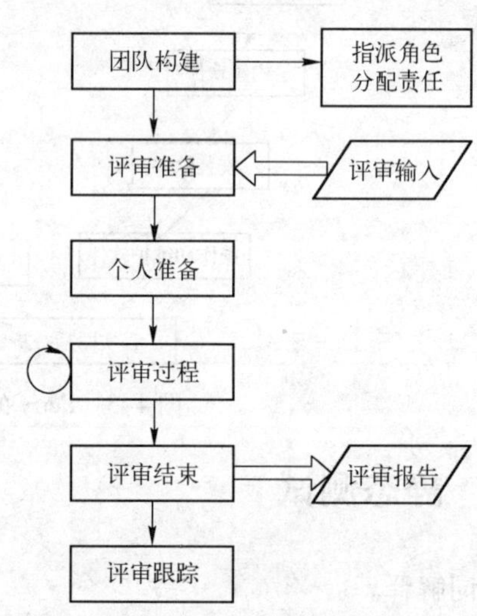

图 5-2　正式评审的流程

1）团队构建阶段：选择评审员，分配脚色：为正式评审的类型（比如审查）定义入口和出口准则；选择需要进行评审的文档或文档章节。

2）评审准备阶段：收集评审输入，分发文档，向评审参与者解释评审的目标、过程和文档，检查入口准则。

3）个人准备阶段：在评审会议之前，每位参与者准备各自的工作，标注可能的缺陷、问题和建议，然后将总结的资料发给评审领导。

4）评审过程阶段：召开评审会议，讨论软件产品，通过文档化或会议纪要的方式讨论和记录评审过程和结果。会议参与者也可以简单的表示缺陷，提出建议来处理缺陷，或为如何处理缺陷做决定，评审会议可能不止一次。

5）评审结束阶段：审查领导就各方面意见达成一致，给出评审总结报告，检查发现的缺陷，通常由作者进行修改。

6）评审跟踪阶段：检查缺陷是否已解决，收集度量和检查出口准则。

5. 管理评审的目的是什么？

答：管理评审的目的是监视软件开发的整个过程，确定开发计划和时间表的状态，确认需求和它们的资源分配，评估达到适当目的管理方法的有效性。管理评审支持关于纠错行为的决定，可以支持修改资源分配，修改项目的范围等决定。

管理评审判定实际情况与计划的一致性和偏离，确认管理过程是否充分。技术知识对于引导成功的管理评审也是至关重要的。

6. 简述审查的团队组成。

答：审查通常由2~6人参加（包括作者）。审查由一名公正的受过训练的人员领导，确定对异常修改和调查的行动是软件审查的强制元素，尽管并不一定能够在审查会议上解决这些问题，以分析和改进软件工程过程为目的的数据收集也是软件审查的强制元素，参见表5-1。

表5-1　审查的团队构成和角色职责

序号	角色	职　责
1	评审领导	审查领导负责完成与审查相关的计划和组织工作
2	记录员	记录员记录异常，活动项，决定以及评审团的其他建议
3	宣讲人	宣讲者将以可理解的逻辑形式引导审查团队读完软件产品，解释工作的片断（例如解释1~3行），加强重要的方面
4	作者	作者负责软件产品符合审查入口准则，使审查基于对软件产品的特殊理解，执行需要使软件产品符合审查出口准则的任何加工工作
5	审查者	审查者将识别和描述软件产品的异常。选择的审查者（如发起者、最终用户、程序员、测试员、项目管理员等）要具备一定的专业技能并且能够在审查会上表达不同的观点。只有那些与产品审查相关的观点才在审查会议上表达

需要注意的有：所有的参加者都是审查者，作者不能担任审查领导、宣读者和记录人员的角色，其他角色由团队成员分享，一个人可以担任多个角色。

行政职位高于所有审查队员的管理者不能够参加审查，避免他的意见左右整个审查会议。

7. 简述审查和走查之间的差异？

答：走查和审查都是对软件产品的细节进行检查和评估，其目的和整个评审的过程基本是一致的。

但走查的目的除了评审软件产品之外，还包括对新手的培训，审查却没有。代码走查的方式与审查也略微不同。走查不只是读程序或使用错误列表，实际上在走查中评审者模拟了计算机的执行，被指定的测试员带来了一些纸质的测试案例，这些案例包含有程序输入和期望的结果，在走查时，所有的这些案例都人为地在代码中走一遍，即测试数据在程序逻辑中进行一遍，程序的状态在纸上或白板上被监视。当然，要求测试的案例应比较简单，数量也不能太多，走查中很多程序问题是程序员找到的，而非案例。

审查则是一种同级评审，通过检查文档以检测缺陷，例如不符合开发标准，不符合更上层的文档等。审查这是最正式的评审技术，因此总是基于文档化的过程。

第6章 白盒测试

1. 名词解释。

静态白盒测试：一种不通过执行程序而进行软件测试的技术，它是检查软件产品的表达和描述是否与实际的要求一致，有没有冲突或者歧义。

动态白盒测试：通过设计测试用例，运行软件执行测试用例来达到测试的目的。是让软件系统在模拟的或真实的环境中执行，并对软件系统的运行行为进行分析的测试方法。

基于数据流的白盒测试：通过查看代码中变量的定义与引用等情况，判定软件可能存在的数据方面的隐患或错误。

变量被定义：如果程序中某个变量 x 的值被某条语句修改，称变量 x 被该语句定义，变量被定义通常意味着变量被赋值。

路径：从开始到结束执行之间运行的语句序列。

语句覆盖：通过执行一个测试用例集以达到所有语句至少覆盖一次的目的。

2. 阐述白盒测试的优缺点。

答：白盒测试的优点如下：

1）具有一定的理论基础保证，可以识别和测试代码中的每条分支路径，对代码的测试比较彻底，可以证明测试工作的完整性。

2）白盒测试的基本理论是程序数据流自动化分析的基础。

3）揭示隐藏在代码中的错误或缺陷，保证程序中没有不该存在的代码，比如后门。

4）保证程序中没有遗漏的重要处理分支，比如与 if 语句相对应的 else 语句。

5）减少程序中通用错误发生的几率，通过代码检查可以很容易发现程序中的笔误，代码混乱、不严格、不完整等问题。

6）在测试代码的过程中容易定位代码的错误，为修改软件错误提供强有力的支持。

7）对程序员起到监督的作用，迫使程序员去思考软件的实现，使程序员更加注意自己的代码风格，代码完整性以及对于代码的自我审查。

8）根据软件的内部结构进行最优化测试。

白盒测试缺点包括：

1）测试的执行路径可能非常多，造成无法实现完全的路径测试。

2）白盒测试假设控制流是正确的，因此测试人员只基于存在的路径进行测试，而对于不存在的路径则无法测试。

3）测试员必须具备编程知识，可能有很多测试员不具备这种知识，将无法进行白盒测试，比如财会人员无法对财务软件进行白盒测试。

4）通常而言，由于涉及到代码分析，白盒测试的效率不高，导致测试成本居高不下。

3. 下面的程序段用于求给定数组中的最大值，列表对该程序的被定义和被引用的变量，并作出数据流分析。

```
int Max ( int iNum   int * buf)
{
    intmax;
    for( int i = 0; i < iNum; i ++ )
    {
        if( max  < * (buf + i ) )
        {
            max = * ( buf + i );
        }
    }
    return( max );
}
```

表 6-1　例 3 中被定义或被引用的变量列表

序号	语　　句	被定义的变量	被引用的变量
1	intmax;		
2	for (int i = 0; i < = iNum; i ++)	i	i
3	if (max < * (buf + i))		max
4	max = * (buf + i);	max	
5	return (max);		max

从表 6-1 中我们可以看出：

第 3 条语句引用了变量 max，但前面没有对其进行定义，因此这里存在错误隐患。

4. 列举出习题 3 程序段的路径，绘制其控制流图，然后列举出其语句测试用例。

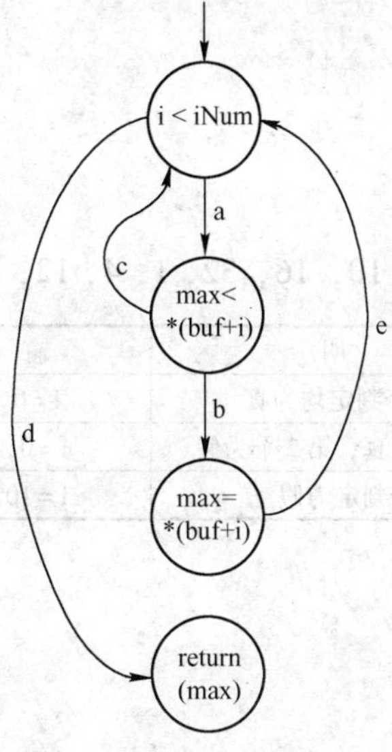

图　6-1

路径：

1 Abed 2 acd，3 d

语句测试用例

假设 iNum = 10，buf［］＝｛10，16，32，1，4，12，11，83，56，77｝

测试用例编号	说　明	输 入 值	期望的结果	路　径
Case1	所有语句执行一遍	i = 0，max = 0	83	abed

5. 根据习题 3 程序段控制流图，计算其基本路径数，并列举出基本路径及其测试用例。

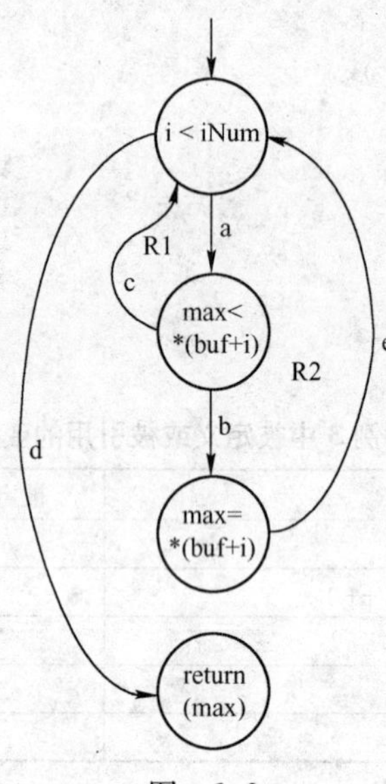

图　6-2

由于上面的控制流图有 2 个封闭区域，根据基本路径的计算方法

$$V(G) = R + 1 = 2 + 1 = 3$$

下面列出的是基本路径

a）abed

b）acd

c）d

语句测试用例

假设 iNum = 10，buf［］＝｛10，16，32，1，4，12，11，83，56，77｝

测试用例编号	说　明	输 入 值	路　径
Case1	第 1、2 个判定均为真	i = 0，max = 0	abed
Case2	第 1 个判定为真，第 2 个为假	i = 0，max = 12	acd
Case2	第一个判定为假	i = 10，max = 0	d

第 7 章　黑盒测试

1. 阐述黑盒测试的优缺点。

答：黑盒测试的优点包括：正规的黑盒测试可以指导测试人员选择高效和有效发现软件缺陷的测试子集，这些子集比随机选择同样数量的测试案例更有效，黑盒测试帮助实现测试回报的最大化。

黑盒测试的缺点包括：黑盒测试不能确认对测试软件测试的程度。无论多么聪明和勤奋的测试人员，都不可能通过黑盒测试测试程序的所有路径。

2. 下面对一个数据列表功能进行描述，对该功能进行等价划分并写出测试案例。

数据列表功能在计算机应用中普遍存在，我们假设有一个应用程序中的数据列表允许用户输入 20 行数据，每行有 8 列，每个单元格内仅可以输入数字，最大输入长度为 16 位，参见图 7-1，请对该数据列表进行等价划分并写出测试案例。

组内刺激参数设定：

序号	延时(ms)	波宽(ms)	幅度(mV)	频率(Hz)	波间隔(ms)	脉冲数	组间间隔(ms)
1	0	2	1000	2	498	1	500
2	0	2	1000	2	498	1	500
3	0	2	1000	2	498	1	500
4	0	2	1000	2	498	1	500
5	0	2	1000	2	498	1	500
6	0	2	1000	2	498	1	500
7	0	2	1000	2	498	1	500
8	0	2	1000	2	498	1	500

图 7-1　测试用数据列表示意图

答：等价划分如下：

1）首先对数据列表支持的行数进行等价划分，可以划分为 3 个等价区间。

小于 0 行	0 ~ 20 行	大于 20 行

2）其次对数据列表支持的列数进行等价划分，可以划分为 3 个等价区间。

小于 0 行	0 ~ 8 行	大于 8 行

3）最后对单元格支持的数据长度进行等价划分，可以划分为 4 个等价区间。

没有输入	输入 1 ~ 16 位数字	大于 8 位的数字	无效数字

测试案例如表 7-1。

表 7-1　按等价划分区间选择测试案例

序号	说　明	输 入 值	预期输出值	实际输出值	是否正确
1	测试行，小于 0 行	-1 行	不允许		
2	测试行，0 ~ 20 行	2 行数据	正确		
3	测试行，大于 20 行	21	不允许		
4	测试列，小于 0 列	-1 列	不允许		
5	测试列，0 ~ 8 列	3 列数据	正确		
6	测试列，大于 8 列	9	不允许		
7	测试单元格，小于 0 的数字	-1	不允许		
8	测试单元格，0 ~ 16 位的数字	123	236		
9	测试单元格，大于 16 位的数字	12345678901234500	不允许		
10	测试单元格，输入无效数字	adfadf	不允许		
⋮					

3. 根据习题 2 的描述，写出“延时”单元格的边界值测试。

假设延时的有效范围为 0 ~ 30000 ms，见表 7-2。

表 7-2　按等价划分区间选择测试案例

序号	说　　明	输 入 值	预期输出值	实际输出值	是否正确
1	下边界外，小于 0 ms	-1	不允许		
2	下边界，0 ms	0	0		
3	下边界内，1 ms	1	1		
4	上边界内，29999 ms	29999	29999		
5	上边界，30000 ms	30000	30000		
6	上边界外，30001 ms	30002	不允许		
7	2^{16}边界	65536	不允许		
8	无效数据，字符输入	Fadff	不允许		
9	无效数据，字符数字输入	30000 ms	不允许		
10					
⋮					

第 8 章　单元测试

1. 单元测试的对象？

答：单元测试的对象是构成软件产品或系统的最小独立单元，如封装的类或对象、独立的函数、进程、子过程、组件或模块等。单元测试中的单元是软件系统或产品中的可以被分离又能被测试的最小单元。如果某个组件比较大，可以进一步分离某些部分，直至分离到一个可接受的程度，这取决于可测试性和要求测试的粒度。

2. 单元测试与软件调试有何区别？

答：单元测试的目的是找出程序代码中存在的错误；而软件调试的目的是定位错误并修改代码以纠正错误；调试通常是由开发人员完成的，而测试可以由开发人员完成，也可以由测试人员来完成。

3. 测试驱动模块与桩模块有何区别？

答：驱动模块是指在对底层或子层模块进行单元测试时，所编制的调用被测模块的程序用于模拟被测模块的上级模块。驱动模块接受测试数据，把相关的数据传递给被测得下一层模块，启动/完成对该模块的测试。

桩模块是指对顶层或上层模块进行单元测试时，所编制的替代下层模块的程序用于模拟被测模块工作过程中所调用的模块。桩模块使上层模块不需要调用真实模块就能获得所需要的参数、返回值。

桩模块的使命除了使得程序能够编译通过之外，还需要模拟返回被代替的模块的各种可能返回值。驱动模块的使命就是根据测试用例的设计去调用被测试模块，并且判断被测试模块的返回值是否与测试用例的预期结果相符。

4. 简述 JUnit 的测试步骤？

答：JUnit 测试步骤：

1）重载 setUp( )，封装测试环境初始化及测试数据准备。

2）设计测试方法，以 testXXX 命名。

3）在测试方法中使用断言方法如 assertEquals( )，assertTrue( ) 等。

4）设计测试套件，或使用缺省的测试套件，调用 TestRunner 执行测试脚本，生成测试结果。

5）重载 tearDown( )析构测试环境，执行收尾动作。

第 9 章　集成测试

1. 如果每个单元都通过了测试，直接把它们集成一起会有什么后果？集成测试是否多此一举？

答：经过单元测试的软件模块可以确保其代码实现了预期功能，但当两个或多个模块通过接口构造成一个大的功能模块或子系统时，并不能保证这些组合起来的单元模块能够按照预期过程正确实现设计功能。单元测试是对模块内部的测试，集成测试主要是对系统中的模块之间的接口做测试，是单元测试的逻辑扩展。它在单元测试的基础上，将所有的软件单元按照概要设计规格说明的要求组装成模块、子系统或系统的过程中各部分工作是否达到或实现相应技术指标及要求的活动。所以集成测试是必不可少的环节。

2. 集成测试的层次如何划分？

答：集成测试侧重于模块间的接口正确性以及集成后的整体功能的正确性，是介于白盒测试和黑盒测试之间的灰盒测试。集成测试分为 3 个层次。

1）模块内的集成测试（接近白盒）。

2）子系统内的集成测试（灰盒）。

3）子系统间的集成测试（接近黑盒）。

3. 集成测试的方法有哪些？简述几种常用的集成方法。

答：系统集成方法就是选择什么方式把模块组装起来形成一个可运行的系统，它直接影响到模块测试用例的形式、所用测试工具的类型、模块编号和测试的次序。通常，有两种不同的集成方式：非递增方式和递增式方式。

非递增集成测试方式是指先分别测试每个单元模块，再把所有模块按设计要求连接在一起进行一次性集成测试。非递增集成测试方式是大爆炸开发模式经常采用的集成测试模式，所以又叫大棒式（Big – Bang）集成测试。

递增式集成测试方式是指把下一个要测试的模块同已经测试好的模块结合进来测试。递增式集成测试方式有很多种，如自底向上集成测试、自顶向下集成测试、核心集成测试、高频集成测试、三明治集成测试等。

第 10 章　系统测试

1. 在集成测试的时候，已经对一些子系统进行了功能测试、性能测试等，那么在系统测试时能否跳过相同内容的测试？

答：不能，因为集成测试是在仿真环境中开展的，那不是真正的目标系统。而且，单元测试和集成测试通常由开发小组执行。根据测试心理学的分析，开发人员测试自己的工作成果虽然是必要的，但很难做到客观、公正，不能作为已经通过测试的依据。所以系统测试应该严格按照《需求规格说明书》进行全面测试。

2. 系统测试与集成测试有何区别？

答：系统测试最主要的就是功能测试，测试软件《需求规格说明书》中提到的功能是否有遗漏，是否正确的实现。做系统测试要严格按照《需求规格说明书》，以它为标准。测试方法一般都使用黑盒测试法。

集成测试在系统测试之前，单元测试完成之后系统集成的时候进行测试。集成测试主要是针对程序内部结构进行测试，特别是对程序之间的接口进行测试。集成测试对测试人员的编写脚本能力要求比较高。测试方法一般选用黑盒测试和白盒测试相结合。

3. 功能性测试与非功能性测试有何区别？

功能性测试包括正常功能测试和健壮性测试，主要是根据产品规格说明书来测试系统是否满足各方面功能的使用要求，常见的测试方法有等价类划分、边界值分析、因果图、判定表分析法、状态转移图、流程分析法、正交实验法等，此外还经常用到的有输入、输出域覆盖法，异常分析法，比较法和错误猜测法等

非功能性测试与功能性测试有着很大的区别。往往在同一个项目中，与功能性测试相比较，非功能性测试所需要的测试用例数量会比较少，但是非功能性测试可能需要更多的资源。非功能性测试主要包括系统性能测试、可用性测试、可靠性测试及文档测试等，而性能测试则包含了负荷测试、强度测试、大数据量测试等。

第 11 章　确认测试

1. α 测试和 β 测试的区别是什么？

答：α 测试是由一个用户在开发环境下进行的测试，也可以是公司内部的用户在模拟实际操作环境下进行的测试。这是在受控制的环境下进行的测试。α 测试的目的是评价软件产品的 FURPS（即功能、可使用性、可靠性、性能和支持），尤其注重产品的界面和特色。α 测试人员是除开产品开发人员之外首先见到产品的人，他们提出的功能和修改意见是特别有价值的。α 测试可以从软件产品编码结束之时开始，也可以在模块（子系统）测试完成之后开始，还可以在确认测试过程中产品达到一定的稳定和可靠程度之后再开始。有关的手册（草稿）等应事先准备好。

β 测试是由软件的多个用户在一个或多个用户的实际使用环境下进行的测试。与 α 测试不同的是，开发者通常不在测试现场。因而，β 测试是在开发者无法控制的环境下进行的软件现场应用。在 β 测试中，由用户记下遇到的所有问题，包括真实的以及主观认定的，定期向开发者报告，开发者在综合用户的报告之后，做出修改，最后将软件产品交付给全体用户使用。β 测试主要衡量产品的 FURPS。着重于产品的支持性，包括文档、客户培训和支持产品生产能力。只有当 α 测试达到一定的可靠程度时，才能开始 β 测试。由于它处在整个测试的最后阶段，不能指望这时发现主要问题。同时，产品的所有手册文本也应该在此阶段完全定稿。由于 β 测试的主要目标是测试可支持性，所以 β 测试应尽可能由主持产品发行的人员来管理。

2. 确认测试主要内容有哪些？

答：确认测试的任务是验证软件的功能和性能及其他特性是否与用户的要求一致。在软件需求规格说明书描述了全部用户可见的软件属性，它是软件确认测试的基础。确认测试的主要内容有：安装测试、功能测试、可靠性测试、安全性测试、时间及空间性能测试、易用性测试、可移植性测试、可维护性测试、文档测试等多个方面。

3. 确认测试应该由谁来进行？为什么？

答：在对照需求做有效性测试和软件配置审查时，是由软件开发者在开发环境下进行的

测试。而接下来做验收测试时则以用户为主。软件开发人员和 QA（质量保证）人员也应参加。由用户参加设计测试用例，使用用户界面输入测试数据，并分析测试的输出结果。一般使用生产中的实际数据进行测试。

如果软件是为多个客户开发的，则需要进行 α 测试和 β 测试。α 测试是由一个用户在开发环境下进行的测试，也可以是公司内部的用户在模拟实际操作环境下进行的测试。软件在一个自然设置状态下使用，开发者坐在用户旁边，随时记下错误情况和使用中的问题。这是在受控制的环境下进行的测试。

β 测试是由软件的多个用户在一个或多个用户的实际使用环境下进行的测试。这些用户是与公司签订了支持产品预发行合同的外部客户，他们要求使用该产品，并愿意返回有关错位错误信息给开发者。与 α 测试不同的是，开发者通常不在测试现场。因而，β 测试是在开发者无法控制的环境下进行的软件现场应用。

第 12 章　回归测试

1. 为什么要引入回归测试？

答：在软件生命周期中的任何一个阶段，只要软件发生了改变，就可能会使原本工作得很正常的功能产生错误，就可能给该软件带来问题。软件的改变可能是源于发现了错误并做了修改，也有可能是因为在集成或维护阶段加入了新的模块；另外，开发者对错误理解的不够透彻，也可能导致所做的修改只修正了错误的外在表现，而没有修复错误本身，从而造成修改失败；修改还有可能产生副作用从而导致软件未被修改的部分产生新的问题，使本来工作正常的功能产生错误。同样，在有新代码加入软件的时候，除了新加入的代码中有可能含有错误外，新代码还有可能对原有的代码带来影响。因此，每当软件发生变化时，就必须重新测试现有的功能，以便确定修改是否达到了预期的目的，检查修改是否损害了原有的正常功能。同时，还需要补充新的测试用例来测试新的或被修改了的功能。所以必须引入回归测试来验证以前发现和修复的错误是否在新软件版本上再出现。

2. 简述回归测试的基本过程。

答：有了测试用例库的维护方法和回归测试集的选择策略，回归测试遵循下述基本过程进行：

1）识别出软件中被修改的部分。

2）从原基线测试用例库 T 中，排除所有不再适用的测试用例，确定那些对新的软件版本依然有效的测试用例，其结果是建立一个新的基线测试用例库 T0。

3）依据一定的策略从 T0 中选择测试用例测试被修改的软件。

4）如果必要，生成新的测试用例集 T1，用于测试 T0 无法充分测试的软件部分。

5）用 T1 执行修改后的软件。

步骤 2）和 3）测试验证修改是否破坏了现有的功能，步骤 4）和 5）测试验证修改工作本身。

3. 为什么用自动化测试来进行回归测试？

答：回归测试是一件辛苦而且乏味的工作，在实际工作中，回归测试需要反复进行，当测试者一次又一次地完成相同的测试时，这些回归测试将变得非常令人厌烦。但回归测试对于在软件生命周期来说又是必不可少的，因此可以结合自动化测试的优点，利用自动化测试工具或软件执行测试脚本，对不断变化的应用和环境实现重复的和一致的回归测试。

由于回归测试的动作和用例是完全设计好的，测试期望的结果也是完全可以预料的，将回归测试自动运行，可以极大提高测试效率，使得人们能够用最短的时间完成更多的回归测试，并且可以用更高的频率执行回归测试，从而有效降低测试成本、提高测试效率。同时，测试的自动化程度越高，回归的周期就越短，效果越明显，软件的质量也越高。

第 13 章　构建测试环境

1. 简述测试环境要素。

答：测试环境要素包括测试的组织结构、测试的标准流程、测试的标准文档、测试人员的培训及测试的工具等，见图 13-1。

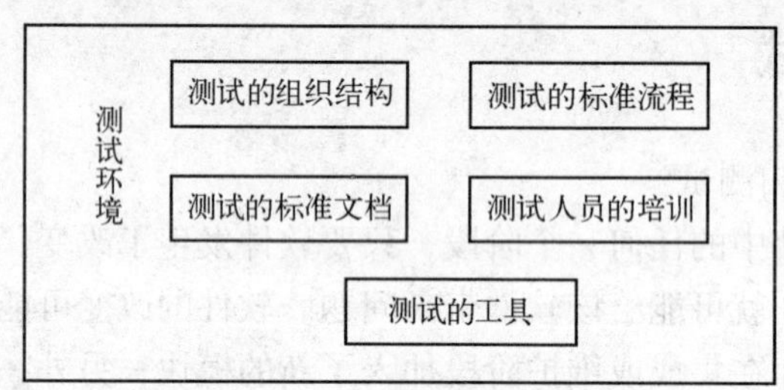

图 13-1　测试环境要素

2. 为什么要保证测试组织的独立性?

答：按照测试的独立性原则，构建的测试组织应该具有独立性，即独立于开发人员之外。独立的测试员进行测试和评审，发现缺陷的效率会明显提高。

独立测试有以下优点：

1）与开发小组分离（如果完全独立）。

2）作为最后的检查点（Checkpoint），独立测试员可能是项目质量控制的关键。

3）开发人员可能缺乏质量责任感，而独立测试人员正好弥补开发人员的不足。

3. 以图示的形式表达软件测试的标准流程。

答：标准的测试过程通常用文档进行保证，这个过程包括以下几个方面。

1）输入：完成每个任务所需要的入口标准或交付产品。

2）执行规程：将输入转换成输出的工作任务或过程。

3）检验规程：确定输出是否符合标准的过程。

4）输出：这个过程中产生的出口标准或交付产品。

对于图 13-2 规定的标准测试流程而言，首先是进行测试准备，包括构建测试组织，确定测试的目标、策略，准备相应的测试标准及测试过程，培训测试人员等；然后制订测试计划作为后续开展测试工作的总体指导方针，测试计划的制订需要根据各种项目文档，包括需求规格说明书、设计文档、源码等；设计测试根据测试计划的目标和测试内容，设计达到目标的具体测试案例；然后就按照测试案例执行测试，测试案例可能通过测试也可能出错，这就是测试检验的工作，对于错误的测试案例需要修改，修改完程后再测试，因此执行测试和检验测试是需要循环的。在测试的过程中将不断对测试进行评估，最后给出测试报告。

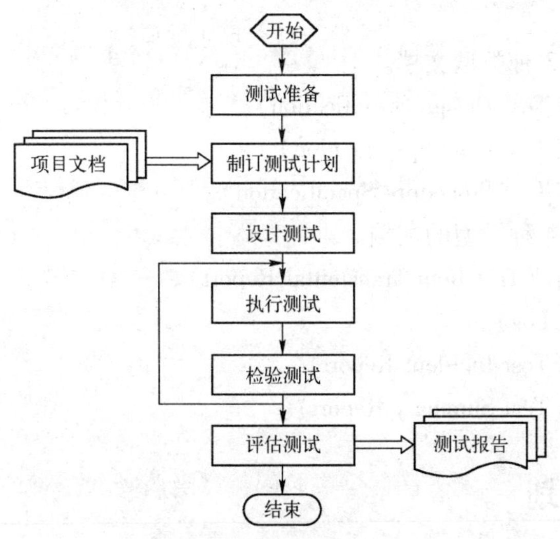

图 13-2　软件测试的标准流程

4. 用图示方法表示 IEEE Std 829 – 1998 规定的测试工作中所需要的各种标准文档及其关系

答：IEEE Std 829 – 1998 规定了测试工作中所需要的各种标准文档及其关系参见图 13-3

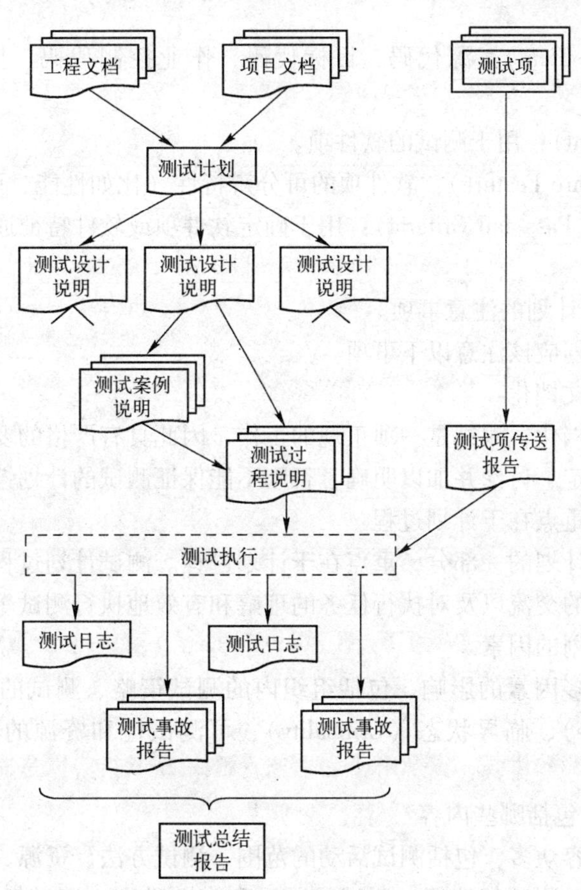

图 13-3　与测试过程相关的测试文档之间的关系（来源于 IEEE Std 829—1998）

（1）测试计划

（2）测试设计包含3种类型文档。

1）测试设计说明（Test Design Specification）。

2）测试案例说明（Test Case Specification）。

3）测试过程说明（Test Procedure Specification）。

（3）测试报告包含4种类型的文档。

1）测试项传送报告（Test Item Transmittal Report）。

2）测试日志（Test Log）。

3）测试事故报告（Test Incident Report）。

4）测试总结报告（Test Summary Report）。

第14章 测试计划

1. 名词解释。

测试计划（Test Plan）：描述了测试活动的范围、方法、资源以及进度等，测试计划还要确定测试项，测试特征（Features）、执行的测试任务、每一个测试任务的负责人以及与计划相关的风险。

软件项（Software Item）：源代码、目标代码、作业控制代码、控制数据或这些项的集合。

测试项（Test Item）：用于测试的软件项。

软件特征（Software Feature）：软件项的可分辨特性（比如性能、可携带性或功能性）。

通过/失败准则（Pass/fail Criteria）：用于确定软件项或软件特征通过或失败于一个测试的判定规则。

2. 阐述软件测试计划的注意事项。

答：制订测试计划应该注意以下事项。

（1）测试计划的文档化

测试计划需求文档化，测试是一项正规的工作，因此具有严格的要求。对于测试的要求需要通过文档化来界定、讨论并加以明确，否则不能保证测试的计划性。

（2）测试计划的重点在于计划过程

测试计划是产品计划的一部分，重点在于计划过程。测试计划过程的最终目标是软件测试小组的意图、期望的交流以及对执行任务的理解和有效地执行测试等。

（3）影响测试计划的因素

测试计划受到很多因素的影响，包括组织内的测试策略、测试的范围、测试目标、风险、约束（Constraints）、临界状态（Criticality）、可测试性和资源的可用性（Availability）等。

3. 软件测试计划包括哪些内容？

答：测试计划内容众多，包括测试活动的范围、测试方法、资源、进度、测试项、测试特征（Features）、不被测试的特征、测试的通过和失败准则、测试暂停和重启需求，执行的测试任务，每一个测试任务的负责人以及与计划相关的风险及应变计划等。

第 15 章　测试设计

1. 阐述测试设计要达到的目标。

答：测试设计要达到以下 4 个目标。

1）组织性——正确的测试设计会组织好案例，以便全体测试员和其他项目小组成员有效地审查和使用。

2）重复性——测试案例说明保证可以重复使用测试案例。

3）跟踪——由于需要统计，所以需要了解执行了多少个案例，通过率有多少等问题。

4）测试证实——正确的测试案例说明以及良好的跟踪可以证实软件被测试。

2. 阐述测试设计 3 方面内容测试设计说明、测试案例说明、测试过程说明三者之间的关系。

答：一个测试设计包含若干组测试设计说明，每个测试设计说明又引用一组相关的测试案例，这组测试案例共同支撑测试某一项软件特征；所有测试案例的详细描述构成测试案例库；每个测试案例可以引用不同的测试过程说明；所有的测试过程说明构成测试过程说明引用库。三者之间的关系参见图 15-1。

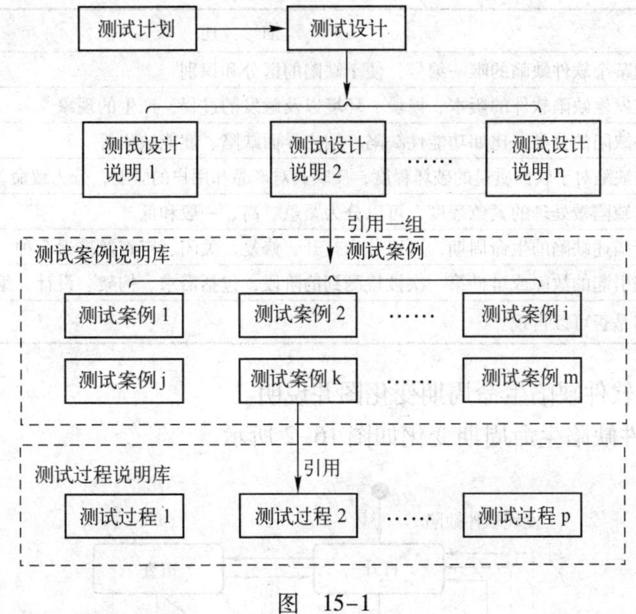

图　15-1

3. 阐述测试案例说明的内容。

答：测试案例说明包括测试案例标识符、测试项、输入说明、输出说明、环境需求、特殊的过程需求和中间案例依赖等几部分内容。

第 16 章　测试执行

1. 用图示的方法阐述测试执行的流程。

答：动态测试执行的主要流程参见图 16-1 所示。

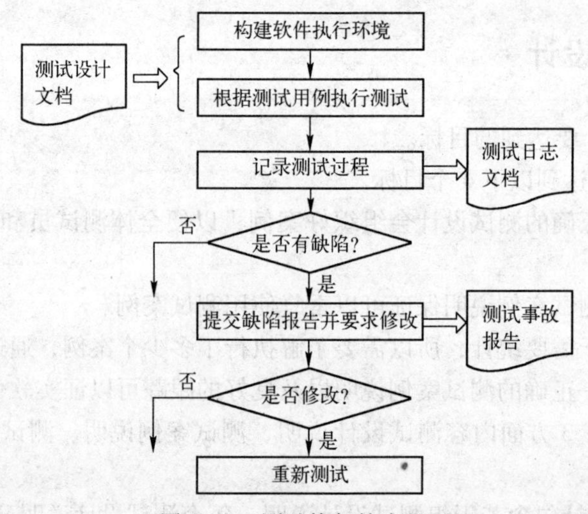

图 16-1　测试执行的流程

2. 描述软件缺陷的主要属性。

答：软件缺陷的属性是管理软件缺陷的基础，包括以下软件缺陷的属性，见表 16-1。

表 16-1　软件缺陷属性

序号	缺陷属性	描　述
1	标识符	标识某个软件缺陷的唯一编号，便于缺陷的区分和识别
2	描述	描述发生缺陷软件的版本、模块、环境以及触发的过程，产生的现象
3	缺陷类型	软件缺陷的分类，比如功能性缺陷、用户界面缺陷、性能缺陷等
4	严重性	软件缺陷对于软件质量的破坏程度，反映其对产品和用户的影响，分为致命、严重、一般和微小 4 级
5	优先级	描述缺陷被处理的紧急程度，可以分为紧急、高、一般和低
6	状态	用于描述缺陷的生命周期，可以分为打开、修复、关闭、审查及推迟 5 种
7	起源	缺陷引起的故障或事件第一次被检测到的阶段，包括需求、构架、设计、编码、测试和发布等
8	再现性	缺陷是否可以再现

3. 绘制通用的软件缺陷生命周期变化图并说明。

答：通用的软件缺陷生命周期变化如图 16-2 所示

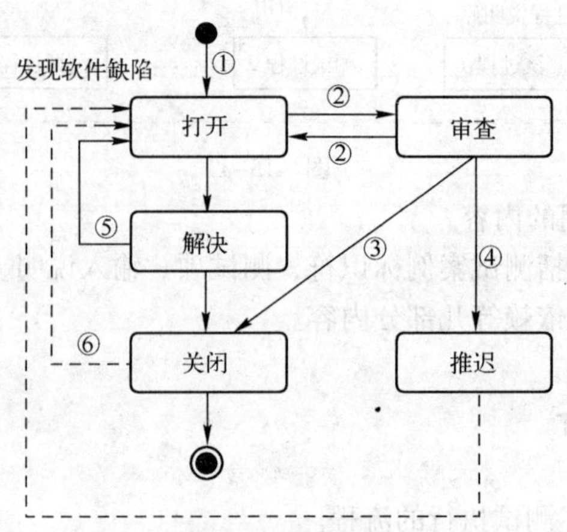

图 16-2　通用的软件缺陷生命周期

这个通用的软件缺陷生命周期几乎涵盖了软件缺陷状态的各种情况及其之间的转换，在不含排列组合的情况下，可以梳理出 6 条主要的状态转换路径。

1）打开→解决→关闭到结束。这就是我们前面描述的最简单的软件缺陷生命周期，这种软件缺陷的状态转换在软件生命周期中是最常见的，但是它并不能涵盖软件缺陷的复杂变化。

2）打开→审查→打开。严格地讲，这不算一条完整的生命周期路径，因为它最后只回到打开状态，要完成整个生命状态周期，还要与其他路径相结合。在这条软件缺陷状态转换路径中，引入了对软件缺陷的审查机制，由软件缺陷管理委员对软件缺陷进行审查，在审查完成后，确认该缺陷确实存在，因此该软件缺陷又回到了打开状态。

3）打开→审查→关闭到结束。软件审查委员会经过对打开的软件缺陷的审查，认为该软件缺陷不算真正的缺陷，不必让程序员进行修改，比如由于测试员错误理解软件需求规格书所造成的软件缺陷，此时缺陷管理委员会直接关闭该软件缺陷，结束其生命周期。

4）打开→审查→推迟→打开。软件缺陷委员会审查之后，确认该软件缺陷存在，但是并非严重的缺陷，而由于发布时间的紧急或者由于开发资金的问题等，使得不能在软件的这个版本中修复，于是要求将这个缺陷推迟到下一个版本中进行修复。

5）打开→解决→打开。在这条软件缺陷状态的变化路径中，软件缺陷按照正规的路径交由程序员修改，修改后又交给测试员进行测试，测试员测试之后发现该缺陷并未修复，于是又将其设定为打开状态。

6）打开→解决→关闭→打开。这条路径很罕见，为什么会在缺陷被关闭之后再次被打开呢？这涉及到软件的回归测试，通常而言，当软件进行修改之后需要对软件进行再测试，在再测试的过程中，原来认为修复的软件缺陷再次发生，通常是由软件内部的关联性引起的，造成已经关闭的软件缺陷再次打开。

4. 为什么并非所有的软件缺陷都可以得以修复？

答：由于以下原因可能导致软件缺陷不被修复。

1）时间紧迫。

2）不是真正的软件缺陷。

3）修复的风险太大。

4）软件缺陷不可重现。

第 17 章　测试评估

1. 软件测试评估的分类。

答：软件测试评估贯穿于软件的整个测试过程，因此非常重要。软件评估的方法主要包括覆盖评估和质量评估。

覆盖评估是对测试完全程度的评估，其建立在测试覆盖的基础之上，这通常与测试的定义相关，与完成计划的程度相关。

质量评估是对测试软件的整体质量状况的评估，其建立在对测试过程中发现的软件缺陷的分析和修复基础之上。它不断监控软件测试过程中总结出来的中间结果，然后通过对这些中间结果的分析又反过来对软件测试的过程进行指导。

2. 有哪些软件缺陷分析的度量？

答：有4类主要的软件度量用于软件缺陷分析。

1）缺陷发现率。缺陷发现率是指平均每天发现的软件缺陷数与测试时间的关系。

2）缺陷潜伏期。软件缺陷潜伏期是指缺陷引入阶段与缺陷发现阶段之间的时间差。

3）缺陷密度。软件缺陷密度是指单位代码量所引入的软件缺陷个数。

4）整体软件缺陷的累积及清除率。

3. 根据下面对软件测试结果的描述，计算软件的质量、缺陷注入率、缺陷清除率3个指标。

假设软件有320个功能点，在软件的开发过程（含测试）中总共发现了79个软件缺陷，在软件发布后又发现了12个缺陷。

答：由于软件有320个功能点，即功能点数 F = 320；软件开发过程中发现的软件缺陷 D1 = 79，软件发布后发现的软件缺陷为 D2 = 12，则总的软件缺陷 D = D1 + D2 = 79 + 12 = 91。根据公式得到：

软件质量（每功能点的缺陷数）= D2 / F = 12/320 = 3.75%

软件缺陷注入率 = D/F = 91 / 320 = 28.4%

整体软件缺陷清除率 = D1 / D = 79 / 91 = 87%

4. 简述软件测试总结报告的内容。

答：软件测试总结报告包括如下内容。

1）测试总结报告标识符，指定分配给这个测试总结报告的唯一标识符。

2）概述，总结测试项的评价。

3）差异，报告测试项与测试设计说明相比的任何差异。

4）广泛评价，评估测试过程的详尽程度相对于计划制定的准则的详尽程度。

5）结果总结，总结测试结果。识别所有相关的事件并总结他们的解决方法。

6）评估，对于每一个测试项及它的限制提供一个总体评估。

7）活动总结，总结主要的测试活动以及事件。

8）批准。

第18章　测试自动化及测试工具

1. 自动化软件测试的好处是什么？

答：自动化软件测试有3个主要好处。

1）扩大测试覆盖率，减少软件缺陷。

2）节省时间，降低人力成本。

3）提高软件开发的生产力。

2. 比较手工测试和自动化测试的差异。

答：手工测试和自动化测试的差异参见表18-1

表 18-1　手工测试与自动化测试比较

	手 工 测 试	自动化测试
人力和成本	需要投入一定的人力去设计并执行测试用例，但不需要购买工具软硬件的成本	前期需要投入大量人力进行测试脚本开发和调试工作，需要购买测试工具，但后期只需要很少的人就可以完成大部分测试工作
速度		以人工测试的 10 倍、100 倍甚至 1000 倍的速度来执行
效率	当测试员忙于执行测试用例时他会无暇进行其他工作	测试工具减少了执行测试用例的时间，测试员会有更多的时间进行测试计划，考虑新的测试用例
准确度和精确度	测试员执行几百个测试用例之后注意力会分散并开始犯错误	测试工具会一如既往地每次执行同样的测试并毫无差错地检查结果
测试人员技能要求	需要掌握基本的测试技能，对测试对象的全面了解	除了要达到手工测试所要求的技能外，还需要具备应用测试工具的技能
回归测试	需要重新测试，效率低	可以通过工具自动执行上一个版本已经测试过的用例
发现错误的能力	经常能够发现一些测试用例之外的错误	只能周而复始地进行着同样的测试，一般发现不了隐秘的错误
可行性	可以进行简单的功能测试、代码测试，但对于性能测试则不太可行	对功能、代码、性能测试都能够支持
仿真和模拟		模拟真实的情况大大减少执行测试需要的物理资源

3. 阐述软件自动化测试的过程。

答：软件测试的自动化由一系列的过程、活动和工具组成，以便能够执行被测软件，并记录测试结果。一般的测试过程如图 18-1 所示。

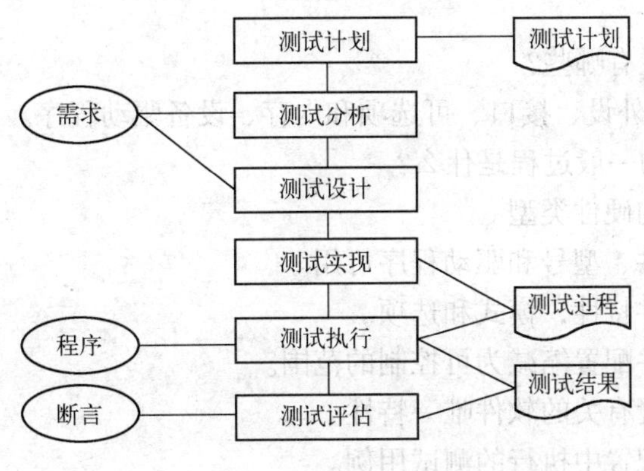

图 18-1　自动化测试过程

（1）自动化测试计划。

一个自动化测试计划描述了该自动化测试的步骤。它规划出测试库所需必要的组件，所使用到的资源，任务分配和从一个步骤到另一步骤的进入/退出规则。

（2）测试分析、设计与实现。

一个测试集由一组相关的测试用例组成。这些测试用例要么是受被测程序的功能影响要么是受被测程序的边界影响。

（3）测试执行。

测试的执行过程一定要彻底地记录下测试结果。这个文档必须能有效的判断哪个测试通过了、哪个测试失败了、性能怎么样以及提供额外的可能被用来辅助错误诊断的信息。

（4）分析结果评估。

在每个测试周期的末段，一定要对测试结果（执行的形式，性能和错误日志）进行分析。自动化测试不一定能产生正确或有意义的结果。

4. 常见的测试工具如何分类？

答：自动化软件测试工具是多样化的，它们可以在不同的测试领域使用。在这个时刻有很多工具来帮助软件测试：捕获/回放工具、测试自动执行工具、覆盖率分析工具、测试用例生成工具、逻辑性和复杂性分析工具、代码插装工具、缺陷跟踪工具和测试管理工具等。

5. 简单说明 WinRunner 测试工具的功能。

答：WinRunner 通过自动捕获检验和重复用户交互的操作，检验应用程序是否如期运行。WinRunner 能够确保跨越多个应用程序和数据库的业务流程在初次发布时就能避免出现故障，并且可以长期可靠运行。WinRunner 的使用过程如下：用 WinRunner 创建一个测试，记录下一个标准的业务流程；在记录一个测试的过程中可插入检查点，在查询潜在错误的同时，比较预想和实际的测试结果；在插入检查点后，WinRunner 会收集一套性能指标，在测试运行时对其验证。WinRunner 执行测试时自动操作应用程序，它的意外处理功能为测试排除干扰，包括消息和警报，一旦测试运行后，WinRunner 的互动式的报告工具通过提供详尽的、易读的报告，其中列出测试中发现的差错和出错的位置。

第 19 章　配置测试

1. 常用的硬件配置有哪些？

答：主机、部件、外设、接口、可选项和内存、设备驱动程序。

2. 执行配置测试的一般过程是什么？

答：1）确定所需的硬件类型。

2）确定有哪些硬件、型号和驱动程序可用。

3）确定可能的硬件特性，模式和选项。

4）将确定后的硬件配置缩减为可控制的范围。

5）明确与硬件配置有关的软件唯一特性。

6）设计在每一种配置中执行的测试用例。

7）在每种配置中执行测试。

8）反复测试直到小组对结果满意为止。

3. 获得要测试的硬件配置的常用方法有哪些？

答：1）只买可以或者将会经常使用的配置。

2）与硬件生产商联系，看能否租借甚至赠送某些硬件。

3）利用可以找到的硬件配置。

4）到专业的配置和兼容性测试实验室去进行配置测试。

第 20 章 兼容性测试

1. 兼容性测试与配置测试的不同是什么？

答：配置测试的对象是硬件，兼容性测试的对象是软件。

2. 什么是向前兼容？什么是向后兼容？

答：向后兼容是指可以使用软件以前的版本，向前兼容是指可以使用软件的未来版本。

第 21 章 本地化测试

1. 什么是本地化测试？本地化软件错误主要包括哪些内容？

答：本地化测试（Localization Testing）就是对软件的本地化版本进行的测试。在测试过程中，主要测试特定目标区域设置的软件本地化质量。本地化软件的错误主要分为两大类：第一，功能错误，由于源程序软件编码错误引起的；第二，翻译错误，由于软件本地化引起的。

2. 由于本地化出现的功能错误包括哪些？

答：

（1）功能不起作用：菜单、对话框的按钮、超链接不起作用。

（2）功能错误：

菜单、对话框的按钮、超链接引起程序崩溃。

菜单、对话框的按钮、超链接带来与源语言软件不一致的错误结果。

超链接没有链接到本地化的网站或页面。

软件的功能不符合本地化用户的使用要求。

（3）热键和快捷键错误：

菜单或对话框中存在重复的热键。

本地化软件中缺少热键或快捷键。

不一致的热键或快捷键。

快捷键或快捷键无效。

（4）文本计算错误：

文字排序错误。

大小写转换错误。

第 22 章 网站测试

1. 网站有哪些质量度量？

答：网站有很多方面的质量度量。

1）网站内容。包括内容的语法和语义两个层面，语法方面包括文本中的拼写、标点符号和语法的正确等；语义方面包括信息表达的正确性、内容的一致性和无二义性等。

2）网站功能。满足用户需求，包括功能正确性、稳定性，对一些通用的实现标准（比如 Java、AJAX 等语言标准）的满足。

3）网站结构。网站的内容和功能的可扩展性、网站各部分的协调、网站内部和外部连接的有效性、网站的作图、网站各部分的连通等。

4）网站可用性。对各类用户有相应的界面支持，用户可以学习和使用所有需要的导航的语法和语义。

5）网站导航能力。能够正确引导用户的访问，所有链接的正确性、网页的可达到和可回溯。

6）网站性能。在不同操作条件、配置和负载下系统的相应速度和过载处理能力。

7）网站兼容性。支持在客户端或服务器端的不同的主机配置。

8）网站可交互性。网站与其他应用和数据库的交互能力。

9）网站安全性。没有潜在的漏洞、能抵抗攻击的能力，信息系统的数据保护和维护功能。

2. 简单介绍网站测试的步骤。

答：网站测试的 5 个步骤如下。

（1）确定测试目标。

确保测试的目标是可实现的，通过编写具体的测试计划，使项目团队能正确理解测试的目标，并围绕目标开展工作。

（2）制定测试流程和报告。

保证测试项目组中的每个人都清楚在项目中担当的角色，知道谁在何时应该给谁做什么样的报告。不同的网站测试的流程和报告有不同的要求。

（3）创建测试环境。

从开发产品的环境中分离出测试环境，这包括独立的 Web 服务器、数据服务器、应用服务器等，可以利用现有的计算机来构建这些测试环境，制定具体的步骤，并按照步骤来分配测试代码。

（4）执行测试。

在创建的测试环境下对网站进行系列测试。执行的测试顺序是用户界面测试、网站功能测试、网站性能测试、网站兼容性测试等。

（5）跟踪测试结果。

一旦开始执行测试计划，就会产生关于 Bug、问题、缺陷等的大量信息，需要简单地存储、组织和分派这些信息给开发人员，还需要管理测试结果和状态，并对测试结果进行分析，得出测试结论。

3. 网站性能测试包括哪些方面的内容？

答：网站性能测试包括 4 方面的内容。

（1）连接速度测试

用户连接到网站的速度根据上网方式的变化而变化。当下载一个程序时，用户可以等较长的时间，但如果仅仅访问一个页面就不会这样。如果 Web 系统响应时间太长（例如超过 5 秒钟），用户就会因没有耐心等待而离开。

（2）负载测试

负载测试是为了测量网站在某一负载级别上的性能，以保证网站在需求范围内能正常工作。负载级别可以是某个时刻同时访问网站的用户数量，也可以是在线数据处理的数量。

(3) 压力测试

进行压力测试是指实际破坏一个网站，测试系统的反应。压力测试是测试系统的限制和故障恢复能力，也就是测试网站会不会崩溃，在什么情况下会崩溃。通常提供错误的数据负载，直到网站崩溃，接着当系统重新启动时获得存取权。压力测试的区域包括表单、登录和其他信息传输页面等。

(4) 安全性测试

由于世界上有大量的高智商的黑客存在，任何一个网站都需要关注它的安全问题，需要测试网站在外部和内部威胁下的可靠程度（安全性），网站的安全性必须按照质量安全标准设计和检验。

第23章　安全性测试

1. 安全测试包括的基本安全概念是什么？

答：安全测试包括的6个基本的安全概念，分别是：

1）保密性。信息不对系统的实体（用户、进程或设备）披露的性质，除非它们已被授权访问这些信息。

2）完整性。未经授权不能修改一个实体的特性。防范不当的信息修改或破坏，包括确保信息的不可否认性和真实性。

3）身份验证。验证用户、过程或设备的身份，通常是作为允许访问信息系统的资源的一个先决条件。

4）可用性。对经授权的实体的可访问和可用的特性。确保及时、可靠地获得和使用信息。

5）授权。是指将访问权限授予一个用户、程序或过程，或授予这些特权的活动。

6）不可抵赖性。保证信息的发送者提供了递交凭证和收件人有发件人的身份证明文件，所以以后也不能否认曾经处理的信息。提供能力，以确定是否给予了个人信息，如创建一个特定的动作、发送邮件、审批信息、并接收邮件。

2. 安全测试可以如何分类？

答：可以将安全测试分为发现、漏洞扫描、漏洞评估、安全评估、渗透测试、安全审计和安全评审等。

1）发现（Discovery）——这个阶段的目的是确定系统使用的范围和服务。它的目的不是去发现漏洞，而是版本检测，突出过时的软件/固件的版本，从而表明潜在的漏洞。

2）漏洞扫描（Vulnerability Scan）—— 继发现阶段之后，通过使用自动化工具匹配已知漏洞条件，观察是否存在已知的安全问题。通过工具自动设置报告的风险级别，这类工具为非人工的验证或解释。通过使用提供的凭据，进行身份验证服务（如本地 Windows 账户），可以删除一些常见的误报。

3）漏洞评估（Vulnerability Assessment）—— 信息系统或产品的系统化检验，以确定保安措施的充分性，识别安全的缺陷，提供数据来预测提出的安全措施的有效性，并确认实施后这些措施是充分的。

4）安全评估（Security Assessment）—— 建立在脆弱性评估上，加入人工核实，以确认风险，但不包括利用漏洞获得进一步的访问。验证可在授权访问系统，以确认系统设置形式，并检查日志、系统响应、错误信息、代码等，安全评估正寻求获得被测系统的覆盖的广度，而不是深度发现某个可能导致的特定的漏洞。

5）渗透测试（Penetration Test）—— 在评估中的一个测试方法，通常工作在特定的限制条件下，企图规避或攻击一个信息系统的安全性能。

6）安全审计（Security Audit）—— 由审计/风险功能的驱动下，看一个具体的控制或遵约问题。其特点是一个狭窄的范围，这种类型的约定可以利用前面讨论的任何一种方法（漏洞评估、安全评估、渗透测试）。

7）安全评审（Security Review）—— 验证适用于系统组件或产品的行业或内部安全标准。这通常是通过完成差距分析，并利用生成/代码审查或审查设计文档和架构图。此活动不采用较早的任何一种方法（漏洞评估、安全评估、渗透测试、安全审计）。

3. 故障树分析包括哪些步骤？

答：故障树分析包括以下5个步骤。

（1）定义研究的不良事件。

尽管一些事件很容易并能明显观察，但对不良事件的定义是非常难的。一个具有较广系统设计知识面的工程师，或者一个具有工程背景的系统分析师是可以帮助确定和量化不良事件的最佳人选。然后，不良事件用于进行故障树分析，一个事件一个故障树分析，没有两个事件用于一个故障树分析。

（2）获得对系统的理解。

一旦选中不良事件，将对各种影响零个或多个不良事件概率的原因进行研究和分析。获得导致事件概率的确切数字通常是不可能的，因为这样做可能是成本很高和耗时的。计算机软件用来研究概率，这可能导致系统的分析成本更低。系统分析员可以帮助了解整个系统。系统设计师有系统的全部知识，这知识对不遗漏任何造成不良事件的原因是非常重要的。对于选定的事件，所有原因编号和按照出现的先后排序，用于下一步。

（3）构造故障树。

在选择不良事件和分析系统（获知所有的造成的影响）后，构建故障树。故障树是基于AND和OR门，它定义了故障树的主要特征。

（4）评估故障树。

在为特定不良事件集成故障树后，评估和分析任何可能的改进。换言之，研究风险管理，找出系统改进的方法。这一步是作为最后一步的导入。总之，这一步可以确定所有直接或间接地影响系统可能出现的危害。

（5）控制标识的风险。

这一步非常具体，在不同系统有很大差别，但主要的问题始终是，在识别风险后使用所有可能的方法来减少风险发生的概率。

第24章　面向对象测试

1. 面向对象测试一般包括哪些测试阶段？

答：面向对象测试一般分为单元测试、集成测试、系统测试。

2. 面向对象集成测试中的静态测试和动态测试分别是指什么？

答：静态测试主要针对程序的结构进行，检测程序结构是否符合设计要求。动态测试设计测试用例时，通常需要上述的功能调用结构图、类关系图或者实体关系图为参考，确定不需要被重复测试的部分，从而优化测试用例，减少测试工作量，使得进行的测试能够达到一定覆盖标准。

3. 面向对象的系统测试包括哪些内容？

答：功能测试、强度测试、性能测试、安全测试、恢复测试、可用性测试、安装/卸载测试等。

第25章 软件维护

1. IEEE 的软件维护分为哪几类？

答：

修正型维护：对软件产品交付后发现的错误进行修正。

适应型维护：软件产品交付后，为了使计算机程序能够在变化了的环境中使用，而进行的修改。

完善型维护：软件产品交付后，为了提高程序性能或可维护性而进行的修改。

紧急型维护：为保持系统能够运行，而不定期进行的修正型维护。

2. IEEE 标准制定的软件维护阶段包括哪些？

答：IEEE 标准制定了 7 个维护的阶段：对问题/变更进行标识、分类并确定优先级；分析；设计；实施；回归/系统测试；验收测试；交付。

3. 软件维护组织有哪些结构类型？

答：软件维护组织可以分为 3 个不同的结构类型：职能型（Functional）、项目型（Project）和矩阵型（Matrix）。

参考文献

[1] Boris Beizer. Software Testing Techniques [M]. New York:Van Nostrand Reinhold,1990.

[2] Glenford J Myers. The art of software testing[M]. Chichester:John Wiley & Sons, Inc,2004.

[3] Lee Copeland. A Practitioner's Guide to Software Test Design[M]. Artech House Publishers,2004.

[4] Boris Beizer. Black - Box Testing[M]. Chichester:John Wiley & Sons, Inc., 1995.

[5] Paul C Jorgensen. Software Testing - A Craftsman's Approach[M]. CRC press,2002.

[6] Ron Patton. Software Testing[M]. 北京:机械工业出版社,2007.

[7] 佟伟光. 软件测试[M]. 北京:人民邮电出版社,2008.

[8] Rex Black. 软件测试实践——成为一个高效能的测试专家[M]. 郭耀,等译. 北京:清华大学出版社, 2008.

[9] William E Perry. 软件测试的有效方法[M]. 高猛,冯飞,徐璐,译. 北京:清华大学出版社,2008.

[10] Gerald M Weinberg. 完美软件——对软件测试的各种幻想[M]. 宋锐译. 北京:电子工业出版社,2009.

[11] Kent Beck. 测试驱动开发[M]. 孙方注释. 北京:人民邮电出版社,2007.

[12] 朱少民. 全程软件测试[M]. 北京:电子工业出版社,2007.

[13] Pressman R S. 软件工程:实践者的研究方法.(原书第5版)[M]. 梅宏,译. 北京:机械工业出版社,2002.

[14] 段念. 软件性能测试过程详解与案例剖析[M]. 北京:清华大学出版社,2006.

[15] IEEE Std 610 - 1990, IEEE Standard Glossary of Software Engineering Terminology[S].

[16] IEEE Std 829 - 1998, IEEE Standard for Software Test Documentation[S].

[17] ANSI/IEEE Std 1008 - 1987, IEEE Standard for Software Unit Testing[S].

[18] IEEE Std 1028 - 1997, IEEE Standard for Software Reviews[S].

[19] http://www.51testing.com/html/index.html,软件测试网[OL].

[20] http://www.ltesting.net/html/index.html,领测国际[OL].